建筑施工技术

主　编　周利梅　王　飞　赵　骏
副主编　陈　文　燕林涛　查富成
　　　　张帅帅　王晓青　吴玉洁
　　　　李铁成　张　博
参　编　刘　芳　薛　娜　李之洪

哈尔滨工程大学出版社
Harbin Engineering University Press

内容简介

本书主要内容有土方工程施工技术、地基与基础工程施工技术、钢筋混凝土工程施工技术、预应力混凝土工程施工技术、砌筑工程施工技术、结构安装工程施工技术、高层建筑工程施工技术、防水工程施工技术、装饰工程施工技术、季节性施工技术、BIM技术在施工过程中的应用，分别阐述了各模块主要工程施工技术的基本知识、基本理论、施工工艺及方法与措施、施工机械使用等。

图书在版编目（CIP）数据

建筑施工技术/ 周利梅，王飞，赵骏主编. —哈尔滨：哈尔滨工程大学出版社，2019.11

ISBN 978 - 7 - 5661 - 2473 - 9

Ⅰ.建… Ⅱ.①周… ②王… ③赵… Ⅲ.建筑装饰—施工技术 Ⅳ.TU74

中国版本图书馆 CIP 数据核字(2019)第 232740 号

责任编辑 于险波

封面设计 邢宏亮

出版发行	哈尔滨工程大学出版社
社　　址	哈尔滨市南岗区南通大街 145 号
邮政编码	150001
发行电话	0451－82519328
传　　真	0451－82519699
经　　销	新华书店
印　　刷	廊坊市鸿煊印刷有限公司
开　　本	787mm×1 092mm　1/16
印　　张	21.75
字　　数	482 千字
版　　次	2019 年 11 月第 1 版
印　　次	2019 年 11 月第 1 次印刷
定　　价	55.00 元

http://www.hrbeupress.com

E-mail：heupress@hrbeu.edu.cn

前　言

　　本书是根据目前高校房屋建筑工程专业的培养目标和相关课程的教学基本要求编写而成的。全书以工艺流程为主线，介绍了土方工程、地基与基础工程、钢筋混凝土工程、预应力混凝土工程、砌筑工程、结构安装工程、高层建筑工程、防水工程、以及装饰装修工程的施工技术，并对建筑施工新技术、新工艺进行了重点介绍。

　　本书系统地介绍了建筑施工技术的基本知识和基础理论，并结合近年发展起来的建筑施工新技术、新工艺、新成就，以及新修订的建筑结构设计与施工验收规范，增加了无黏结预应力结构施工及新型防水材料施工、新型装饰材料施工等内容。

　　本书共11章，由周利梅、王飞、赵骏担任主编，陈文、燕林涛、查富成、张帅帅、王晓青、吴玉洁、李铁成、张博担任副主编，刘芳、薛娜、李之洪担任参编。各章节具体编写分工如下：重庆电讯职业学院周利梅编写第1章、第2章、第10章；浙江振鸿建设有限公司王飞编写第3章；山东科技职业学院赵骏编写第4章、第8章；江阳城建职业学院陈文编写第5章；重庆电讯职业学院燕林涛编写第6章；重庆电讯职业学院查富成编写第7章；山东理工职业学院张帅帅、武汉城市职业学院王晓青、湖南有色金属职业技术学院吴玉洁、广西农业职业技术学院李铁成、黑龙江建筑职业技术学院张博共同编写第9章、第11章；湖南信息学院刘芳、东营职业学院薛娜、新余学院李之洪为本书的编写提供大量的参考资料。全书由周利梅统稿和修改工作。

　　限于时间和业务水平，书中难免存在不足之处，敬请同行和读者批评指正。

编　者

2019 年 8 月

目　录

第1章　土方工程施工技术

 章节概述

  土方工程是建筑工程的先导工程，是建筑施工主要的工种工程之一。它的施工过程包括一切土的挖掘、填筑、运输、平整和压实以及排水、降水、土壁支撑等施工准备与辅助工作。最常见的土方工程有场地平整、基坑（槽）开挖、土方填筑及基坑回填等。

  土方工程施工往往具有工程量大、劳动繁重和施工条件复杂等特点；受气候、水文、地质、场地限制和地下障碍等因素的影响，加大了土方工程施工的难度，因此在组织土方工程施工前，应详细分析与核对各项技术资料（如地形图、工程地质和水文地质勘查资料，地下管道、电缆和地下地上构筑物情况及土方工程施工图等），进行现场调查并根据现有施工条件，制订出技术可行、经济合理的施工方案，实行科学管理，以保证工程质量，并取得较好的经济效果。

 教学目标

  1. 掌握土的工程性质。

  2. 掌握场地平整及基槽土方量的计算方法。

  3. 了解土壁边坡支撑方法，掌握基槽施工中的排水，熟知基坑边坡塌方、遭水浸泡、回填土沉陷等的原因、预防措施及处理方法。

  4. 了解土方施工机械及选择，掌握回填土料的选择、填筑方法和影响压实的因素。

 课时建议

  10 课时。

1.1 土的分类及工程性质

1.1.1 概述

土方工程是建筑工程中的主要分部工程之一，它包括开挖、填筑和运输等主要施工过程以及排水、降水和土壁支撑等准备与辅助工作。

1. 土方工程的组成

（1）场地平整。

（2）基坑（槽）及管沟开挖。

（3）地下大型工程开挖。

（4）土方填筑。

2. 土方工程的特点

（1）工程量大、工期长　建筑工程的场地平整，面积往往很大，某些大型工矿企业工地面积可达数平方千米，机场面积可达数十平方千米。在大型基坑开挖中，土方工程量可达几百万立方米，若采用人工开挖、运输、填筑压实，劳动强度很大。

（2）施工条件复杂　土方工程施工多为露天作业，土又是成分较为复杂的天然物质，且地下情况难以确切把握，所以施工中直接受到地区气候、水文和地质等条件及周围环境的影响。

1.1.2 土的分类

土的分类方法较多，在施工中按照开挖的难易程度可将土分为八类，如表1-1所示。

表1-1　土的工程分类

土的分类	土的名称	开挖方法及工具
一类土 （松软土）	砂土；粉土；冲积砂土层；疏松的种植土；泥炭（淤泥）	用锹、锄头挖掘，少许用脚蹬
二类土 （普通土）	粉质黏土；潮湿的黄土；夹有碎石、卵石的砂；粉土混卵（碎）石；种植土及填土	用锹、条锄挖掘，少许用镐翻松
三类土 （坚土）	软及中等密实的黏土；重粉质黏土；砾石土；干黄土及含碎石、卵石的黄土、粉质黏土；压实的填土	主要用镐，少许用锹、条锄挖掘，部分用撬棍

表 1-1（续）

土的分类	土的名称	开挖方法及工具
四类土 （砂砾坚土）	坚硬密实的黏土或黄土；含碎石、卵石的中等密实的黏土或黄土、粗卵石；天然级配砂石；软泥灰岩	先用镐、撬棍，后用锹挖掘，部分用楔子及大锤
五类土 （软石）	硬质黏土；中等密实的页岩、泥灰岩、白垩土；胶结不紧的砾岩；软石灰及贝壳石灰石	用镐或撬棍、大锤挖掘，部分用爆破方法
六类土 （次坚石）	泥岩、砂岩、砾岩；坚实的页岩、泥灰岩、密实的石灰岩；风化花岗岩、片麻岩及正长岩	用爆破方法开挖，部分用风镐
七类土 （坚石）	大理岩；辉绿岩；玢岩；粗、中粒花岗岩；坚实的白云岩、砂岩、砾岩、片麻岩；石灰岩；微风化的安山岩、玄武岩	用爆破方法开挖
八类土 （特坚石）	安山岩；玄武岩；花岗片麻岩；坚实的细粒花岗岩、闪长岩、石英岩、辉长岩、辉绿岩、玢岩、角闪岩	用爆破方法开挖

1.1.3 土的组成及性质

1. 土的组成

土一般由土颗粒（固相）、水（液相）和空气（气相）三部分组成。这三部分之间的比例关系随着周围条件的变化而变化，三者相互间比例不同，反映出的土的物理状态不同，如干燥、稍湿或很湿，密实、稍密或松散。这些指标是最基本的物理性质指标，对评价土的工程性质和进行土的工程分类具有重要意义。

2. 土的性质

土有各种工程性质，其中对施工影响比较大的有土的质量密度、含水量、渗透性和可松性。

（1）土的质量密度

土的质量密度分为天然密度和干密度。土的天然密度指土在天然状态下单位体积的质量，用 ρ 表示，它影响土的承载力、土压力及边坡的稳定性。土的干密度指单位体积土中固体颗粒的质量，用 ρ_d 表示，它是检验填土压实质量的控制指标。一般黏土的密度为 1 800～2 000kg/m³，砂土的密度为 1 600～2 000kg/m³。土的密度公式为

$$\rho = \frac{m}{V} \tag{1-1}$$

式中 ρ——土的天然密度/（kg/m³）；

   m——土的总质量/kg；

   V——土的体积/m³。

— 3 —

（2）土的含水量

土的含水量指土中水的质量与固体颗粒质量之比，以百分数表示，即

$$\omega = \frac{m_{\mathrm{w}}}{m_{\mathrm{s}}} \times 100\% \tag{1-2}$$

式中　ω——土的含水量；

　　　m_{w}——土中水的质量/kg；

　　　m_{s}——土中固体颗粒的质量/kg。

一般，土的干湿程度用含水量表示。含水量在 5% 以下称为干土；在 5%～30% 以内称为潮湿土；大于 30% 称为湿土。含水量对土方边坡的稳定性、回填土的夯实等均有影响。在一定含水量的条件下，用同样的夯实机具，可使回填土达到最大的密实度，此含水量称为土的最佳含水量。各类土的最佳含水量如下：砂土为 8%～12%；粉土为 9%～15%；粉质黏土为 12%～15%；黏土为 19%～23%。

（3）土的渗透性

土的渗透性指土体中水可以流的性能，一般以渗透系数 K 表示。地下水的流动，以及在土中的渗透速度都与土的渗透性有关，地下水在土中的渗流速度一般可按达西定律计算确定，其公式为

$$v = Ki \tag{1-3}$$

式中　v——水在土中的渗流速度；

　　　i——水力坡度；

　　　K——土的渗透系数，m/d 或 cm/s。

K 值的大小反映渗透性的强弱。土的渗透系数可以通过室内渗透试验或现场抽水试验确定，一般土的渗透系数见表 1-2。

表 1-2　一般土的渗透系数

土的名称	渗透系数/（m/d）	土的名称	渗透系数/（m/d）
黏土	＜0.005	中砂	5～20
粉质黏土	0.005～0.1	均质中砂	35～50
粉土	0.1～0.5	粗砂	20～50
黄土	0.25～0.5	圆砾石	50～100
粉砂	0.5～1	卵石	100～500
细砂	1～5		

可以看出渗透系数 K 的物理意义，即当水力坡度 i 为 1 时地下水的渗流速度等于渗透系数，K 值的大小反映了土渗透性的强弱，影响施工降水与排水的速度。

在排水降低地下水时，需根据土层的渗透系数确定降水方案和计算涌水量；在土方填筑时，也需要根据不同土料的渗透系数确定铺填顺序。

（4）土的可松性

自然状态下的土经开挖后，其体积因松散而增加，以后虽经振动夯实，仍不能恢复原来的体积，这种性质称为土的可松性。土的可松性程度一般用可松性系数表示，即

$$k_s = \frac{V_2}{V_1} \tag{1-4}$$

$$k'_s = \frac{V_3}{V_1} \tag{1-5}$$

式中　k_s——最初可松性系数；

　　　k'_s——最终可松性系数；

　　　V_1——土在天然状态下的体积；

　　　V_2——土经开挖后的松散体积；

　　　V_3——土经填筑压实后的体积。

土的可松性对土方量的平衡调配，确定运土机具的数量和弃土坑的容积以及计算填方所需的挖方体积，确定预留回填用土的体积和堆场面积等均有很大的影响。

1.2　土方工程量的计算

土方工程量是土方工程施工组织设计的重要依据，是采用人工挖掘组织人力或采用机械施工计算机械台班和工期的依据。在土方工程施工前，通常要计算土方工程量，根据土方工程量的大小，拟订土方工程施工方案，组织土方工程施工。土方工程外形往往很复杂、不规则，准确计算土方工程量难度很大。一般情况下，将其划分成一定的几何形状，并采用具有一定精度且又与实际情况近似的方法进行计算。

1.2.1　基坑与基槽土方量的计算

1. 基坑土方量计算

基坑指长宽比小于或等于 3 的矩形土体。如图 1-1 所示，基坑土方量可按立体几何中棱柱体（由两个平行的平面做底的一种多面体）体积公式计算，即

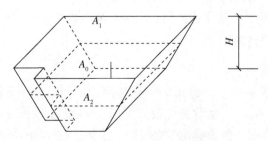

图 1-1　基坑土方量计算

$$V = \frac{H}{6}(A_1 + 4A_0 + A_2) \tag{1-6}$$

式中　H——基坑深度/m；

A_1，A_2——基坑上、下底的面积/m^2；

A_0——基坑中截面的面积/m^2。

2. 基槽土方量计算

基槽土方量可沿其长度方向分段后，按照上述同样的方法计算，如图 1-2 所示，即

$$V = \frac{L_1}{6}(A_1 + 4A_0 + A_2) \tag{1-7}$$

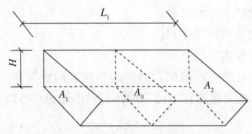

图 1-2　基槽土方量计算

将各段土方量相加，得综合方量为

$$V = V_1 + V_2 + \cdots + V_n \tag{1-8}$$

式中 V_1，V_2，$\cdots$，V_n 为各段土方量/m^2。

1.2.2　场地平整土方量计算

场地平整就是将天然地面平整施工成要求的设计平面。场地设计标高是进行场地平整和土方量计算的依据，合理选择场地设计标高，对减少土方量和提高施工速度具有重要意义。场地设计标高是全局规划问题，应由设计单位及有关部门协商解决。当场地设计标高无设计文件特定要求时，可按厂区内"挖填土方量平衡法"经计算确定，以达到土方量少、费用低、造价合理的效果。

场地平整土方量的计算方法有方格网法和断面法两种。断面法是将计算场地划分成若干横截面后逐段计算，最后将逐段计算结果汇总。断面法计算精度较低，可用于地形起伏变化较大、断面不规则的场地。当场地地形较平坦时，一般采用方格网法。

1. 方格网法土方量计算

（1）绘制方格网图

由设计单位根据地形图（一般在 1：500 的地形图上），将建筑场地划分为若干个方格，方格边长主要取决于地形变化复杂程度，一般取边长 $a = 10m$，$20m$，$30m$，$40m$ 等，通常采用 $20m$。各方格顶点号注于方格点的左下角，如图 1-3 中的 A_1，A_2，$\cdots$，E_3，E_4 等。

（2）求各方格顶点的地面高程

根据地形图上的等高线，用内插法求出各方格顶点的地面高程，并注于方格点的右上角，如图 1-3 所示。

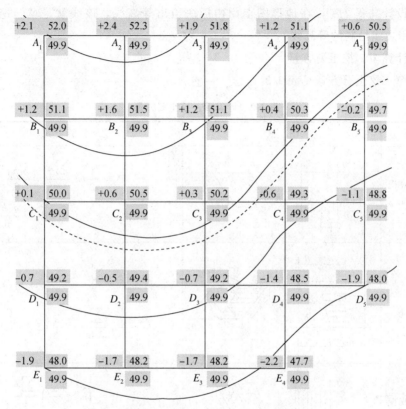

图 1-3　方格网法计算土方工程量图

（3）计算设计高程（挖填土方量平衡）

分别求出各方格四个顶点的平均值，即各方格的平均高程，然后将各方格的平均高程求和并除以方格数 n，即得到设计高程 $H_{设}$，并注于各方格点的右下角。计算公式为

$$H_{设} = \frac{1}{4n}\left(\sum H_{角} + 2\sum H_{边} + 3\sum H_{拐} + 4\sum H_{中}\right) \tag{1-9}$$

式中　$H_{设}$——场地的设计高程；

$H_{角}$——方格网角点的高程；

$H_{边}$——方格网边点的高程；

$H_{拐}$——方格网拐点的高程；

$H_{中}$——方格网中心点的高程。

（4）确定各方格顶点的填、挖高度

各方格顶点地面高程与设计高程之差为该点的填、挖高度，即

$$h = H_\text{地} - H_\text{设} \tag{1-10}$$

h 为"＋"表示挖深，为"－"表示填高，并将 h 值标注于相应方格顶点的左上角。

（5）确定填挖边界线

根据设计高程 $H_\text{设}$，在地形图上用内插法绘出等高线，该线就是填、挖边界线，图 1-3 中用虚线绘制的等高线。

（6）计算填、挖土石方量

计算填、挖土石方量见表 1-3。

表 1-3　计算填、挖土石方量

项　目	图　式	计算公式
一点填方或挖方（三角形）		$V = \dfrac{1}{2}bc\dfrac{\sum h}{3} = \dfrac{bch_3}{6}$ 当 $b = c = a$ 时，$V = \dfrac{a^2 h_3}{6}$
两点填方或挖方（梯形）		$V_+ = \dfrac{b+c}{2}a\dfrac{\sum h}{4} = \dfrac{a}{8}(b+c)(h_1+h_3)$ $V_- = \dfrac{d+e}{2}a\dfrac{\sum h}{4} = \dfrac{a}{8}(d+e)(h_2+h_4)$
三点填方或挖方（五角形）		$V = \left(a^2 - \dfrac{bc}{2}\right)\dfrac{\sum h}{5}$ $= \left(a^2 - \dfrac{bc}{2}\right)\dfrac{h_1+h_2+h_3}{5}$
四点填方或挖方（正方形）		$V = \dfrac{a^2}{4}\sum h = \dfrac{a^2}{4}(h_1+h_2+h_3+h_4)$

注：a 为方格边长。

2. 断面法土方量计算

沿场地某一方向取若干个相互平行的断面（可利用地形图或实际测量定出），将所取的每个断面（包括边坡断面）分成若干个三角形和梯形，再参照本节基坑与基槽土方量计算方法度算并汇总。

1.2.3 土方调配

土方调配是土方工程施工组织（土方规划）中的重要内容，在场地土方工程量计算完成后，即可着手土方的调配工作。土方调配就是对挖土、堆弃和填土三者之间的关系进行综合协调的处理。好的土方调配方案应该使土方的运输量或费用最少，而且施工方便。

1. 土方调配原则

（1）力求达到挖方与填方基本平衡和运距最短。使挖方量与运距的乘积之和最小，即土方运输量或费用最少，降低工程成本。有时仅局限于一个场地范围内的挖填平衡难以满足上述原则，可根据场地和周围地形条件，考虑就近借土或就近堆弃。

（2）近期施工与后期利用相结合。当工程分期分批施工时，若先期工程有土方余额，则应结合后期工程的需求来考虑利用量与堆放位置，以便就近调配。

（3）应分区与全场结合。分区土方的余额或欠额的调配必须考虑全场土方的调配，不可只顾局部平衡而妨碍全局。

（4）尽可能与大型建筑物的施工相结合。当大型建筑物位于填土区时，应将开挖的部分土体予以保留，待基础施工后再进行填土，以避免土方重复挖填和运输。

（5）合理布置挖、填方分区线，选择恰当的调配方向、运输线路，使土方机械和运输车辆的性能得到充分发挥。

（6）好土用在回填质量要求高的地区。

总之，进行土方调配必须依据现场具体情况、有关技术资料、工期要求、土方施工方法与运输方法等，综合考虑上述原则，并经计算比较，选择经济合理的调配方案。

2. 土方调配区的划分

（1）调配区的划分应与房屋或构筑物的位置相协调，满足工程施工顺序和分期分批施工的要求，使近期施工与后期利用相结合。

（2）调配区的大小应该满足土方施工用主导机械的技术要求，使土方机械和运输车辆的功效得到充分发挥。例如，调配区的范围应该大于或等于机械的铲土长度，调配区的面积最好和施工段的大小相适应。

（3）当土方运距较大或厂区内土方不平衡时，可根据附近地形，考虑就近借土或就近弃土，这时每一个借土区或弃土区均可作为一个独立的调配区。

（4）调配区的范围应该和土方工程量计算用的方格网协调，通常可由若干个方格组成一个调配区。

3. 土方调配图表的编制

（1）划分调配区　在场地平面图上先画出零线，确定挖填方区；根据地形及地理条件，再把挖方区和填方区适当地划分为若干个调配区，其大小应满足土方机械的操作要求。

（2）计算土方量　计算各调配区的挖方和填方量，并标写在图上。

（3）计算调配区之间的平均运距　调配区的大小及位置确定后，便可计算各挖填调配区之间的平均运距。当用铲运机或推土机平土时，挖方调配区和填方调配区土方重心之间的距离，通常就是该挖填调配区之间的平均运距，因此确定平均运距需先求出各个调配区土方的重心，并把重心标在相应的调配区图上，然后用比例尺量出每对调配区之间的平均运距即可。当挖填方调配区之间的运距较远，采用汽车、自行式铲运机或其他运土工具沿工地道路或规定线路运输时，其运距可按实际计算。

调配区之间重心的确定方法如下：取场地或方格网中的纵横两边为坐标轴，分别求出各区土方的重心位置，即

$$\overline{X} = \frac{\sum V \cdot x}{\sum V}, \quad \overline{Y} = \frac{\sum V \cdot y}{\sum V} \tag{1-11}$$

式中　$\overline{X}$，$\overline{Y}$——挖或填方调配区的重心坐标/m；

V——各方格的土方量/m³；

x，y——各方格的重心坐标/m。

为了简化计算，可用作图法近似地求出形心的位置来代替重心的位置。

（4）进行土方调配　土方最优调配方案的确定，是以线性规划为理论基础，常用"表上作业法"求得。

（5）根据表上作业法求得最优调配方案　在场地地形图上绘出土方调配区，图上应标出土方调配方向、土方数量及平均运距，如图1-4所示。

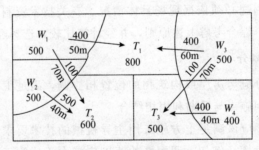

图1-4　土方调配图

1.3　基坑（槽）土方开挖施工

为了保持土方工程施工时土体的稳定性，防止塌方，保证施工安全，当挖方超过一定深度或填方超过一定高度时，应考虑放坡或加临时支撑以保持土壁的稳定。

1.3.1 土方边坡与土壁支撑

1. 土方边坡

土方边坡的稳定主要是由于土体内土颗粒间存在摩阻力和内聚力使土体具有一定的抗剪强度，土体抗剪强度的大小与土质有关。土体剪应力增加或抗剪强度降低，使土体中剪应力大于土体抗剪强度，造成土方边坡在一定范围内整体沿某滑动面向下和向外移动而丧失其稳定性。边坡失稳往往是在外界不利因素影响下触发和加剧的。引起土体剪应力增加或抗剪强度降低的主要因素有开挖深度过大；边坡太陡；坡顶堆放重物或存在动荷载；雨水或地面水浸入土体使土的含水量增加而造成土的自重增加；地下水渗流所产生的动水压力；土质较差；饱和的细砂、粉砂受振动而液化等，因此确定土方边坡的大小时应考虑土质、挖方深度（填方高度）、边坡留置时间、排水情况、边坡上部荷载情况、气候条件及土方施工方法等因素。

土方边坡坡度以其挖方深度（或填方高度）H 与其边坡底宽 B 之比来表示。边坡可以做成直线形边坡、折线形边坡及阶梯形边坡，如图 1-5 所示。

$$土方边坡坡度 = \frac{H}{B} = \frac{1}{\dfrac{B}{H}} = \frac{1}{m} \tag{1-12}$$

式中 m 为边坡系数。

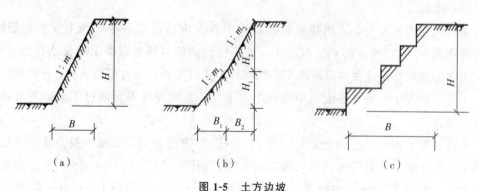

图 1-5 土方边坡

（a）直线形；（b）折线形；（c）阶梯形

当土质为天然湿度、且构造均匀、水文地质条件良好，并无地下水时，开挖基坑也可不必放坡，采取直立开挖不加支撑。放坡后基坑上口宽度由基坑底面宽度及边坡坡度决定，坑底宽度每边应比基础宽出 150～300mm，以便施工操作。

2. 土壁支撑

开挖基坑（槽）或管沟，采用放坡开挖比较经济，有时由于场地的限制不能按要求放坡，或因土质的原因，放坡增加的土方量很大，在这种情况下可采用边坡支护的施工方法。如果基坑（槽）或管沟需设置坑壁支撑，则应根据开挖深度、土质条件、地下水位、施工方法和相邻建筑物情况进行选择和设计。支撑必须牢固可靠，确保施工安全。土壁支撑结构主要包括横撑式支撑、土钉支护等。

（1）横撑式支撑

开挖狭窄的基坑（槽）或管沟时，可采用横撑式支撑，如图1-6所示。贴附于土壁上的挡土板，可水平铺设或垂直铺设，可断续铺设或连续铺设。断续式水平挡土板支撑用于湿度小的黏性土及挖土深度小于3m时。连续式水平挡土板支撑用于挖土深度不大于5m及较潮湿或松散的土。连续垂直挡土板支撑则常用于湿度很高和松散的土，挖土深度不限。

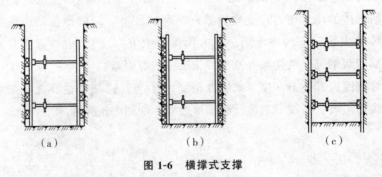

（a）　　　　　　　　　　（b）　　　　　　　　　　（c）

图1-6　横撑式支撑

（a）断续式水平挡土板支撑　　（b）连续式水平挡土板支撑　　（c）连续式垂直挡土板支撑

（2）土钉支护

基坑开挖的坡面上，采用机械钻孔，孔内放入钢筋注浆，在坡面上安装钢筋网，喷射厚度为80~200mm的C20混凝土，使土体、钢筋与喷射混凝土面板结合为一体，强化土体的稳定性。这种深基坑的支护结构称为土钉支护，又称喷锚支护、土钉墙。

土钉墙适用于一般黏性土和中密以上砂土，且基坑深度不宜超过15m，基坑边坡坡度一般为70°~80°。

土钉一般采用直径为16~25mm的HRB335级钢筋制成，长度一般为基坑开挖深度的7/10~1倍。土钉可按网格或梅花形布置，间距一般为1.0~2.0m，土钉与水平面倾斜角一般为5°~20°。喷射混凝土面层采用不低于C20的混凝土，厚度一般为60~150mm。面层配置直径为6~10mm的钢筋网，钢筋间距为150~300mm。

土钉墙施工的主要工序如下。

①基坑开挖与修坡　应坚持分层分段开挖与快速支护的原则，有利于保证基坑的稳定性，每层开挖的深度取决于土体的自立能力，一般每层开挖深度取土钉竖向间距，以便土钉施工。

②定位放线。

③安设土钉　有两种方法：一种是不注浆土钉，采取打入法施工；另一种是注浆土钉、首先用冲击钻或螺旋钻等钻孔，钻孔直径一般为70~120mm，然后尽快插入钢

筋以防塌孔，再用压力灌浆注入强度等级不低于 M10 的水泥砂浆，待水泥砂浆自孔口处溢出时，一面拔出浆管，一面应迅速堵上孔口，使之与周围土体形成黏结密实的土钉。施工时应设定位支架以使钢筋居中。

④挂钢筋网　钢筋网可减少喷射混凝土面层的收缩裂缝，使混凝土面层应力分布均匀，增加混凝土面层的强度，以提高土钉墙的整体性。

⑤喷射混凝土　将混凝土拌合料装入喷射机，以一定的压力和距离喷射，使混凝土与边坡黏结牢固。喷射混凝土的优点是黏结力强、密度大、强度高，可以防止坡面风化与松动。

1.3.2　土方填筑

1. 土料选择

填方土料应符合设计要求，保证填方的强度和稳定性，如设计无要求，应符合下列规定。

（1）碎石类土、砂土和爆破石渣（最大粒径不大于每层铺填厚度的 2/3，当用振动碾压时不超过铺填厚度的 3/4），可用作表层以下的填料。

（2）含水量符合压实要求的黏性土，可作为各层填料。

（3）淤泥和淤泥质土，一般不能作为填料，但在软土和沼泽地区，经过处理含水量符合压实要求后，可用于填方中的次要部位；

（4）碎块草皮和有机质含量大于 5% 的土，仅用于无压实要求的填方。

（5）含盐量符合规定的盐渍土，一般可用作填料，但土中不得含有盐晶、盐块或含盐植物根茎。

（6）冻土、膨胀性土、有机物含量大于 8% 的土以及水溶性硫酸盐含量大于 5% 的土均不能用作填土。

2. 填筑要求

土方填筑前，填方基底的处理应符合设计要求。设计无要求时，应符合下列规定。

（1）应清除基底上的垃圾、草皮、树根，排除坑穴中的积水、淤泥和杂物等，并应采取措施防止地表水流入填方区浸泡地基土。

（2）当填土场地地面坡度陡于 1∶5 时，应先将斜坡挖成阶梯形，阶高 0.2～0.3m，阶宽不小于 1m。

（3）当填方基底为耕植土或松土时，应将基底碾压密实。

（4）在水田、沟渠或池塘上填土前，应根据实际情况采用排水疏干、挖除淤泥进行换土或抛填块石及沙砾、掺石灰等方法处理后，再进行填土。

填土可采用人工填土和机械填土两种方法。人工填土用手推车送土，以人工用铁锹、耙和锄等工具进行回填；机械填土可采用推土机、铲运机和汽车等设备。填土施工应接近水平分层填土、分层压实，并分层检测填土压实质量，符合设计要求后，才能填筑上层。填土应尽量采用同类土填筑。如果采用不同填料分层填筑，则上层宜填筑透水性较小的填料，下层宜填筑透水性较大的填料。各种土不得混杂使用。分段填筑时，每层接缝处应做成大于 1∶1.5 的斜坡形，碾迹重叠 0.5~1.0m。上、下层错缝距离不应小于 1m。回填基坑（槽）和管沟时，应从四周或两侧均匀地分层进行，以防基础和管道在土压力作用下产生偏移或变形。

3. 填土压实方法

填土压实方法有碾压法、夯实法和振动压实法三种。此外，还可利用运土工具压实。

（1）碾压法

碾压法是利用机械滚轮的压力压实土壤，使之达到所需的密实度，此法多用于大面积填土工程。碾压机械有光面碾（压路机）、羊足碾和气胎碾。光面碾对砂土、黏性土均可压实；羊足碾需要较大的牵引力，且只宜压实黏性土，因在砂土中使用羊足碾会使土颗粒受到"羊足"较大的单位压力后而向四周移动，从而使土的结构遭到破坏；气胎碾在工作时是弹性体，其压力均匀，填土质量较好。还可利用运土机械进行碾压，也是较经济合理的压实方案，施工时使运土机械行驶路线能大体均匀地分布在填土面积上，并达到一定重复行驶遍数，使其满足填土压实质量的要求。

碾压机械压实填方时，行驶速度不宜过快，一般平面碾控制在 2km/h，羊足碾控制在 3km/h，否则影响压实效果。

（2）夯实法

夯实法是利用夯锤自由下落的冲击力来夯实土壤，主要用于小面积回填。夯实法分人工夯实和机械夯实两种。

夯实机械有夯锤、内燃夯土机和蛙式打夯机，人工夯实用的工具有木夯、石夯、飞碓等。夯锤是借助起重机悬挂一重锤进行夯土的夯实机械，适用于夯实砂性土、湿陷性黄土、杂填土以及含有石块的填土。

（3）振动压实法

振动压实法是将振动压实机放在土层表面，借助振动机械使压实机械振动，土颗粒在振动力的作用下发生相对位移而达到紧密状态。这种方法用于振实非黏性土效果较好。

如使用振动碾进行碾压，则可使土受振动和碾压两种作用，碾压效率高，适用于大面积填方工程。

4. 影响填土压实质量的因素

影响填土压实质量的因素很多，其中主要有土的含水量、压实功和铺土厚度。

（1）土的含水量

土的含水量的大小对填土压实质量有很大影响，含水量过小，土颗粒之间摩阻力较大，填土不宜被压实；含水量较大，超过一定限度时，土颗粒间的孔隙被水填充而呈饱和状态，填土也不宜被压实。只有当土具有适当的含水量，土颗粒之间的摩阻力由于水的润滑作用而减小，土才易被压实。土在最优含水量的情况下，使用同样的压实功进行压实，所得到的密度最大（图 1-7）。各种土的最优含水量和最大干密度可参见表 1-4。

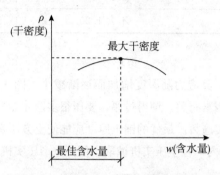

图 1-7　土的干密度与含水量关系示意图

表 1-4　最优含水量与最大干密度

序号	土的种类	变动范围	
		最优含水量/%	最大干密度/（t/m³）
1	砂土	8～12	1.80～1.88
2	黏土	19～23	1.58～1.70
3	粉质黏土	12～15	1.85～1.95
4	粉土	16～22	1.61～1.80

为了保证填土在压实过程中具有最优含水量，当土过湿时，应予以翻松晾干，也可掺入同类干土或吸水性土料；当土过干时，则应先洒水湿润。土的含水量一般以手握成团，落地开花为宜。

（2）压实功

填土压实后的密度与压实机械在其上所施加的功有一定关系。当土的含水量一定，在开始压实时，土的密度急剧增加，待接近土的最大密度时，压实功虽然增加许多，而土的密度则变化很小。在实际施工中，对不同的土应根据压实后的密实度要求和选择的压实机械选择合理的压实遍数，见表 1-5。

表 1-5　填方每层铺土厚度和压实遍数

压实机具	每层铺土厚度/mm	每层压实遍数/遍
平面碾	250～300	6～8
羊足碾	200～350	8～16
蛙式打夯机	200～250	3～4

表 1-5（续）

压实机具	每层铺土厚度/mm	每层压实遍数/遍
振动压实机	250～350	3～4
柴油打夯机	200～250	3～4
人工打夯	不大于 20	3～4

（3）铺土厚度

土在压实功的作用下，其应力随深度增加而逐渐减小（图 1-8），其影响深度与压实机械、土的性质和含水量等因素有关。铺得过厚，要压很多遍才能达到规定的密实度；铺得过薄，则要增加机械的总压实遍数。最优的铺土厚度应能使土方压实而机械功耗费最少。在表1-5 中规定的压实遍数范围内，轻型压实机械取小值，重型压实机械取大值。

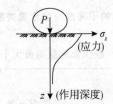

图 1-8　压实作用沿深度的变化

1.4　施工准备与辅助工作

1.4.1　施工准备工作

土方工程施工前，应做好各项施工准备工作，以保证土方工程顺利进行。施工准备工作主要包括学习和审查图纸；勘查施工现场；编制施工方案；平整施工场地；清除现场障碍物；做好排水、降水工作；设置测量控制网；修建临时设施及道路；准备施工机具、物资及人员等。

1.4.2　人工降低地下水位

在开挖基坑（槽）、管沟或其他土方时，若地下水位较高，挖土底面低于地下水位，开挖至地下水位以下时，土的含水层被切断，地下水将不断流入坑内。这时不但施工条件恶化，而且容易发生边坡失稳、地基承载力下降等不利现象，因此为了保证工程质量和施工安全，在土方开挖前或开挖过程中必须采取措施，做好降低地下水位的工作，使地基土在开挖及基础施工过程中保持干燥状态。

在土方工程施工中，地下水控制常采用的方法有集水井降水法和井点降水法。集水井降水法一般用于降水深度较小且地层中无流沙时；如果降水深度较大，或地层中有流沙，或在软土地区，则应采用井点降水法。不论采用哪种方法，降水工作都要持续到基础施工完毕并回填土后才能停止。

1. 集水井降水法

集水井降水法又称明沟排水法，是在基坑开挖过程中，沿坑底周围或中央开挖有一定坡度的排水沟，在坑底每隔一定距离设一个集水井，地下水通过排水沟流入集水井中，然后用水泵抽走，如图 1-9 所示。

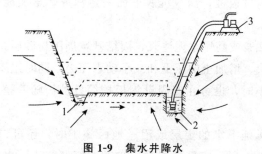

图 1-9　集水井降水

1—排水沟；2—集水井；3—水泵

（1）集水井及排水沟的设置

为了防止基底土的细颗粒随水流失，使土结构受到破坏，排水沟及集水井应设置在基础范围之外，距基础边线距离不少于 0.4m，并位于地下水走向的上游。根据基坑涌水量大小、基坑平面形状及尺寸以及水泵的抽水能力，确定集水井的数量和间距。一般每隔 30～40m 设置一个。集水井的直径或宽度一般为 0.6～0.8m。集水井的深度随挖土加深而加深，要始终低于挖土面 0.8～1.0m。井壁用竹、木等材料加固。排水沟深度为 0.3～0.4m，底宽不小于 0.2～0.3m，边坡坡度为 1∶1～1∶1.5，沟底设有1‰～2‰的纵坡。

当挖至设计标高后，集水井底应低于坑底 1～2m，并铺设厚 0.3m 的碎石滤水层，以免在抽水时将泥沙抽出，并防止坑底土被搅动。

集水井降水常用的水泵主要有离心泵、潜水泵和泥浆泵。选用水泵类型时，一般取水泵的排水量为基坑涌水量的 1.5～2.0 倍。当基坑涌水量很小时，也可采用人力提水桶、手摇泵等将水排出。

（2）流沙现象及防治

集水井降水法由于设备简单和排水方便，采用较为普遍。如果开挖深度较大、地下水位较高且土质较差，挖土至地下水位 0.5m 以下，则采用坑内抽水，有时坑底土会形成流动状态随地下水涌入基坑，边挖边冒，无法挖深，这种现象称为流沙现象。发生流沙现象时，坑底土完全丧失承载能力，施工条件恶化，严重时会造成边坡塌方及附近建筑物下沉倾斜，甚至倒塌。

颗粒细、均匀、松散、饱和的非黏性土容易发生流沙现象，但是否出现流沙现象

的重要条件是动水压力的大小和方向，因此防治流沙的主要途径有减少或平衡动水压力，或者改变动水压力的方向使之向下。其具体措施如下：

①安排在全年最低水位季节施工，使基坑内动水压力减小；

②采取水下挖土（不抽水或少抽水），使坑内水压力与坑外地下水压力平衡或缩小水头差；

③采用井点降水，使水位降至坑底 0.5m 以下，使动水压力的方向向下，坑底土面保持无水状态；

④沿基坑外围四周打板桩，深入坑底下面一定深度，增加地下水从坑外流入坑内的渗流路线，减小动水压力；

⑤采用化学压力注浆或高压水泥注浆，固结基坑周围粉砂层，形成防渗帷幕；

⑥往坑底抛大石块，增加土的压重和减小动水压力，同时组织快速施工；

⑦当基坑面积较小时，也可在四周设钢板护筒，护筒随着挖土不断加深，直到穿过流沙层。

此外，在含有大量地下水的土层或沼泽地区施工时，还可以采取土壤冻结法等。对位于流沙地区的基础工程，应尽可能采用桩基或沉井施工，以节约防治流沙所增加的费用。

2. 井点降水法

井点降水法就是在基坑开挖前，预先在基坑四周埋设一定数量的井点管，利用抽水设备从中抽水，使地下水位降至坑底以下，直至基础施工结束回填土完成为止。井点降水改善了施工条件，可使所挖的土始终保持干燥状态，同时还使动水压力的方向向下，从根本上防止流沙发生，并增加土中有效应力，提高土的强度或密实度，土方边坡也可陡些，从而减少挖土数量。但在井点降水过程中，基坑附近的地基土会有一定的沉降，施工时应加以注意。

（1）井点降水法的类型

井点降水的方法有轻型井点、电渗井点、喷射井点、管井井点及深井井点等。不同类型的井点降水及适用条件可参见表 1-6。

表 1-6　降水类型及适用条件

降水类型	土层渗透系数/（m/d）	降低水位深度/m
单层轻型井点	0.1～50	3～6
多层轻型井点	0.1～50	6～12
喷射井点	0.1～50	8～20
电渗井点	<0.1	根据选用井点确定
管井井点	20～200	3～5
深井井点	10～250	>15

（2）轻型井点降水

①轻型井点降水设备　轻型井点降水是沿基坑四周或一侧以一定间距将井点管（下端为滤管）埋入蓄水层内，井点管上端通过弯联管与总管连接，利用抽水设备将地下水经滤管抽入井点管，再经总管不断抽出，使原有地下水位降至坑底以下，如图 1-10 所示。

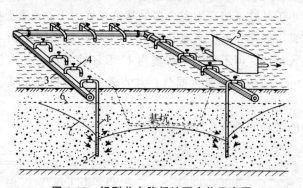

图 1-10　轻型井点降低地下水位示意图

1—井点管；2—滤管；3—集水总管；4—弯联管；5—水泵房；

6—原有地下水位线；7—降水后地下水位线

轻型井点降水设备由管路系统和抽水设备组成。管路系统包括滤管、井点管、弯联管及总管等。滤管为进水设备，如图 1-11 所示。其一般为长 1.0～1.5m、直径 38～55mm 的无缝钢管，管壁钻有直径 12～18mm 的梅花形滤孔。管壁外包两层滤网，内层为细滤网，采用 3～5 孔/mm² 黄铜丝布或生丝布，外层为粗滤网，采用 0.8～1.0 孔/mm² 铁丝丝布或尼龙布。为使水流通畅，在管壁与滤网间用铁丝或塑料管隔开，滤网外面再绑一层粗铁丝保护网。滤管下面为一铸铁塞头，滤管上端与井点管用螺钉套头连接。井点管为直径 38～51mm、长 5～7m 的钢管。集水总管为直径 100～127mm 钢管，每段长 4m，其上装有与井点管连接的端接头，间距为 0.8m 或 1.2m。总管与井点管用 90° 弯头连接，或用塑料管连接。抽水设备由真空泵、离心泵和集水箱等组成。

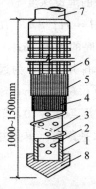

图 1-11　滤管构造

1—钢管；2—管壁小孔；3—缠绕的塑料管；4—细滤网；

5—粗滤网；6—粗铁丝保护网；7—井点管；8—铸铁塞头

②轻型井点布置　轻型井点布置，根据基坑大小与深度、土质、地下水位高低与流向和降水深度要求等确定。

a. 平面布置　图 1-12 所示为井点平面布设图。当基坑或沟槽宽度小于 6m，且水位降低深度不超过 5m 时，可采用单排线状井点，布置在地下水流的上游一侧，其两端延伸长度一般以不小于基坑（槽）为宜。如果基坑宽度大于 6m 或土质不良，且土的渗透系数较大，则宜采用双排井点。当基坑面积较大时，宜采用环状井点。为便于挖土机械和运输车辆进入基坑，可不封闭，布置为 U 形环状井点。井点管距离基坑壁一般不宜小于 0.7～1.0m，以防局部发生漏气；井点管间距应根据土质、降水深度、工程性质等决定，一般采用 0.8～1.6m。

一套抽水设备能带动的总管长度一般为 100～120m。

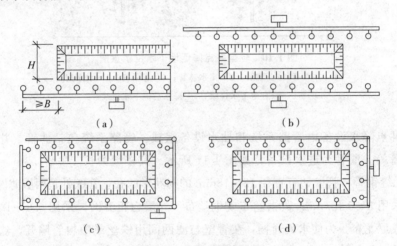

图 1-12　井点平面布设图

（a）单排布置；（b）双排布置；（c）环形布置；（d）U 形布置

b. 高程布置　在考虑到抽水设备的水头损失后，井点降水深度一般不超过 6m，采用一级井点降水（图 1-13）。井点管的埋设深度 H（不包括滤管）按下式计算

$$H = H_1 + h + iL \tag{1-13}$$

式中　H_1——井点管埋设面至基坑底的距离/m；

　　　　h——基坑中心处坑底面（单排井点时，为远离井点一侧坑底边缘）至降低后地下水位的距离，一般为 0.5～1.0m；

　　　　i——地下水降落坡度，环状井点为 1/10，单排线状井点为 1/4；

　　　　L——井点管至基坑中心的水平距离（单排井点为井点管至基坑另一侧的水平距离）/m。

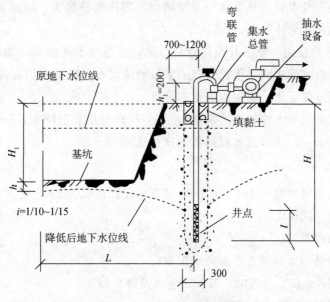

图 1-13　一级井点降水示意图

当一级井点降水系统达不到降水深度要求时，可采用二级井点，即先挖去第一级井点所疏干的土，然后在基坑底部装设第二级井点，使降水深度增加，如图 1-14 所示。

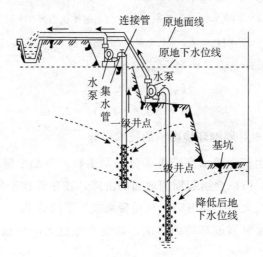

图 1-14　二级井点降水示意图

c. 轻型井点降水法的施工　轻型井点的安装是根据降水方案，先布设总管，再埋设井点管，然后用弯联管连接井点管与总管，最后安装抽水设备。

井点管的埋设一般用水冲法施工，分为冲孔和埋管两个过程。冲孔时，利用起重设备将冲管吊起，并插在井点位置上，开动高压水泵将土冲松，冲管边冲边沉。冲孔要垂直，直径一般为 300mm，以保证井管四壁有一定厚度的砂滤层，冲孔深度要比滤管底深 0.5m 左右，以防冲管拔出时部分土颗粒沉于底部而触及滤管。井孔冲成后，随时拔出冲管，插入井点管。井点管与井壁间应立即用粗砂灌实，距地面 1.0～1.5m 深处用黏土填塞密实，防止漏气。

d. 轻型井点的使用　轻型井点运行后，应保证连续不断抽水。如果井点淤塞，一般可以通过听管内水流声响、手摸管壁感觉振动情况和冬暖夏凉情况等简便方法检查，发现问题，及时排除隐患，确保施工正常进行

轻型井点法适用于土壤的渗透系数为 0.1～50m/d 的土层降水，一级轻型井点水位降低深度为 3～6m，二级井点水位降低深度可达 6～9m。

3. 应用案例

例　某工程基坑底宽 1.8m、深 3m，地下水位距地面 1.2m，土方边坡 1∶0.5，采用轻型井点降水。试确定：

(1) 平面布置类型；

(2) 井点管最小埋深及要求的降水深度；

(3) 当采用 6m 长井点管时，其实际埋深及降水深度。

解　(1) 计算基槽上口宽度：

$$B=1.8+2mH=1.8+2\times0.5\times3=4.8\text{m}<6\text{m}$$

则采用单排线状布置。

(2) 计算最小埋深 H_A 及降水深度 S

$$H_A\geqslant H_1+h_1+iL=3+0.5+1/4\times(1.8+0.5\times3+1.0)=4.6\text{m}$$

$$S=H_1+h_1-1.2=3+0.5-1.2=2.3\text{m}$$

(3) 若采用 6m 长井点管，确定 H_A 和 S

$$H_A=6.0-0.2=5.8$$

$$S=2.3+(5.8-4.6)=3.5\text{m}$$

4. 防止或减少降水对周围环境影响的技术措施

在降水过程中，由于会随水流带走部分细微土粒，再加上降水后土体的含水量降低，使土壤产生固结，所以会引起周围地面的沉降，在建筑物密集地区进行降水施工，会因长时间降水引起过大的地面沉降，从而带来较严重的后果。

为防止或减少降水对周围环境的影响，避免产生过大的地面沉降，可采取下列一些技术措施。

(1) 采用回灌技术

降水对周围环境的影响是由土壤内地下水流失造成的。回灌技术即在降水井点和被保护的建（构）筑物之间打设一排回灌井点，在降水井点抽水的同时，通过回灌井点向土层内灌入一定数量的水（降水井点抽出的水），形成一道隔水帷幕，从而阻止或减少回灌井点外侧被保护的建（构）筑物下的地下水流失，使地下水位基本保持不变，这样就不会因降水使地基自重应力增加而引起地面沉降。

回灌井点可采用一般真空井点降水的设备和技术，仅增加回灌水箱、闸阀和水表

等少量设备，一般施工单位皆易掌握。

采用回灌井点时，回灌井点与降水井点的距离不宜小于 6m。回灌井点的间距应根据降水井点的间距和被保护建（构）筑物的平面位置确定。

回灌井点宜进入稳定降水曲面下 1m，且位于渗透性较好的土层中。回灌井点滤管的长度应大于降水井点滤管的长度。

回灌水量可通过水位观测孔中的水位变化进行控制和调节，回灌后水位宜不超过原水位标高。回灌水箱的高度，可根据灌入水量确定。回灌水宜用清水。实际施工时应协调控制降水井点与回灌井点。

许多工程实例证明，用回灌井点回灌水能产生与降水井点相反的地下水降落漏斗，能有效地阻止被保护建（构）筑物下的地下水流失，防止产生有害的地面沉降。回灌水量要适当，过小无效，过大会从边坡或钢板桩缝隙流入基坑。

（2）采用砂沟、砂井回灌

在降水井点与被保护建（构）筑物之间设置砂井作为回灌井，沿砂井布置一道砂沟，将降水井点抽出的水适时、适量排入砂沟，再经砂井回灌到地下，实践证明亦能收到良好效果。

回灌砂井的灌砂量，应取井孔体积的 95%，填料宜采用含泥量不大于 3%、不均匀系数 3～5 的纯净中粗砂。

（3）使降水速度减缓

在砂质粉土中降水影响范围可达 80m 以上，降水曲线较平缓，为此可将井点管加长，以减缓降水速度，防止产生过大的沉降；也可在井点系统降水过程中，调小离心泵阀，减缓抽水速度；还可在邻近被保护建（构）筑物一侧，将井点管间距加大，需要时甚至暂停抽水。

为防止抽水过程中将细微土颗粒带走，可根据土的粒径选择滤网。另外，确保井点管周围砂滤层的厚度和施工质量，也能有效防止降水引起的地面沉降。

1.5　土方机械化施工

土方工程工程量大、工期长，为节约劳动力，降低劳动强度，加快施工速度，对土方工程的开挖、运输、填筑、压实等施工过程应尽量采用机械化施工。

土方工程施工机械的种类很多，有推土机、铲运机、单斗挖土机、多斗挖土机和装载机等。在房屋建筑工程施工中，尤以推土机、铲运机和单斗挖土机应用最广。施工时，应根据工程规模、地形条件、水文地质情况和工期要求正确选择土方施工机械。

1.5.1　推土机施工

推土机由拖拉机和推土铲刀组成（图 1-15）。按行走装置的类型可将推土机分为履带式和轮胎式两种。履带式推土机的履带板着地面积大，现场条件差时也可以施工，还可以协助其他施工机械工作，所以应用比较广泛。按推土铲刀的操作方式可分为液压式和索式两种。索式推土机的铲刀借助本身自重切入土中，在硬土中切入深度较小；液压式推土机的铲刀利用液压操纵，使铲刀强制切入土中，切土深度较大，且可以调升铲刀和调整铲刀的角度，具有较大的灵活性。

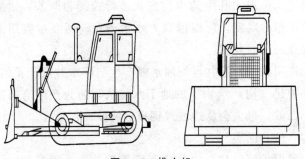

图 1-15　推土机

推土机操纵灵活、运转方便、所需工作面较小、行驶速度快、易于转移，并能爬 30°左右的缓坡，是最为常见的一种土方施工机械。它多用于场地清理和场地平整，开挖深 1.5m 以内的基坑（槽），堆筑高 1.5m 以内的路基、堤坝，配合挖土机和铲运机工作。在推土机后面安装松土装置，可破、松硬土和冻土等。推土机可以推挖一至四类土，经济运距在 100m 以内，效率最高在 40～60m。

为提高推土机的生产效率，增大铲刀前土的体积，减少推土过程中土的散失，缩短推土时间，常采用下列施工方法。

（1）下坡推土法　在斜坡上，推土机顺下坡方向切土与推运，借助机械本身的重力作用，以增加切土深度和运土数量，一般可提高生产效率 30%～40%，但坡度不宜超过 15°，避免后退时爬坡困难。

（2）多铲集运法　当推土距离较远而土质比较坚硬时，由于切土深度不大，应采用多次铲运、分批集中、一次推运的方法，使铲刀前保持满载，缩短运土时间，一般可提高生产效率 15% 左右。堆积距离不宜大于 30m，堆土高度宜小于 2m。

（3）并列推土法　平整场地面积较大时，可采用两台或三台推土机并列推土，铲刀相距 150～300mm，以减少土的散失，提高生产效率。一般采用两机并列推土可增加推土量 15%～30%，三机并列推土可增加推土量 30%～40%。

（4）槽形推土法　推土机连续多次在一条作业线上切土和推运，使地面形成一条浅槽，以减少土在铲刀两侧的散失，一般可提高推土量 10%～30%。槽的深度在 1m 左右，土埂宽约 500mm。当推出多条槽后，再推土埂。此法适合在运距较远、土层较厚时使用。

此外，还可以采用斜角推土法、之字斜角推土法和铲刀附加侧板法等。

1.5.2　铲运机施工

铲运机是一种能独立完成铲土、运土、卸土、填筑和整平的土方施工机械。按铲斗的操纵系统可分为索式铲运机和液压式铲运机两种。液压式铲运机能使铲斗强制切土，操纵灵活，应用广泛；索式铲运机现已逐渐淘汰。按行走机构可分为自行式铲运机（图1-16）和拖式铲运机（图1-17）两种。拖式铲运机由拖拉机牵引作业；自行式铲运机的行驶和作业都靠本身的动力设备，机动性大、行驶速度快，所以得到广泛采用。

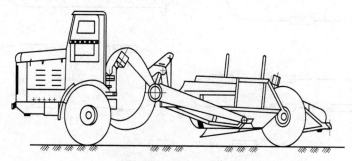

图 1-16　自行式铲运机

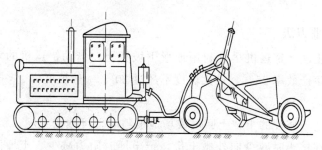

图 1-17　拖式铲运机

铲运机对行驶的道路要求较低，操纵灵活，行驶速度快，生产效率高，且费用低，在土方工程中常应用于大面积场地平整，开挖大型基坑填筑堤坝和路基等。自行式铲运机经济运距以 800～1 500m 为宜，适宜开挖含水量在 27% 以下的一至四类土，铲运较坚硬的土时，可用推土机助铲或用松土机配合。

1. 铲运机的开行路线

为提高铲运机的生产效率，应根据场地挖方区和填方区分布的具体情况、工程量的大小、运距长短、土的性质和地形条件等合理地选择适宜的开行路线，力求在最短的时间内完成一个工作循环。

铲运机的开行路线有多种，常用的有以下两种。

（1）环形路线　地形起伏不大、施工地段较短时，多采用环形路线。从挖方到填方按环形路线回转，每循环一次完成一次铲土和卸土，挖、填交替（图1-18（a）（b））；当挖、填之间的距离较短时，可采用大环形路线（图1-18（c）），一个循环可完

成多次铲土和卸土，这样可减少铲运机的转弯次数，提高生产效率。作业时应时常按顺、逆时针方向交换行驶，以避免机械行驶部分单侧磨损。

（2）"8"字形路线 施工地段较长或地形起伏较大时，多采用"8"字形路线（图1-18（d）），铲运机在下坡时斜向行驶，每个循环完成两次作业（两次铲土和卸土），比环形路线运行时间短，减少了转弯和空驶距离，提高了生产效率。

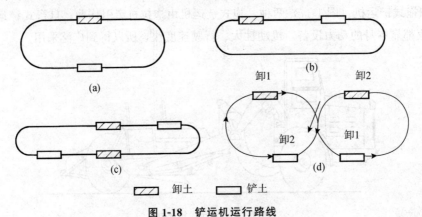

图1-18 铲运机运行路线

（a）环形路线；（b）大环形路线；（c）"8"字形路线

2. 铲运机作业方法

（1）下坡铲土法 铲运机尽量利用地形下坡铲土，借助铲运机的重力加深铲刀切土深度，可提高生产效率25%，最大坡度不超过20°，一般坡度为3°~9°，铲土厚度以200mm为宜。

（2）跨铲法 较坚硬的土铲土回填或场地平整时，可预留土埂，铲运机间隔铲土。这样可使铲土机在铲土时减少向外撒土量，铲土埂时阻力减少。土埂两边沟槽深度以不大于0.3m、宽度在1.6m以内为宜。

（3）助铲法 当地势平坦、土质较坚硬时，可另配台推土机在铲运机的后面进行顶推，协助铲土，以加大铲刀切土能力，缩短每次铲土时间，可提高生产效率30%左右。

1.5.3 单斗挖土机施工

单斗挖土机是大型基坑开挖中最常用的一种土方施工机械。挖土机按行走方式可分为履带式和轮胎式两种；按传动方式可分为机械传动和液压传动两种；按工作装置不同可分为正铲、反铲、拉铲和抓铲四种（图1-19）。在建筑工程中，单斗挖土机斗容量一般为 $0.5 \sim 2.0 \mathrm{m}^3$。

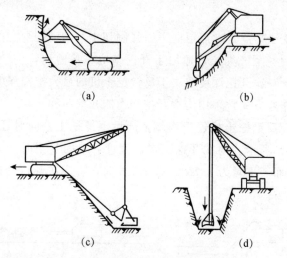

图 1-19　单斗挖土机

（a）正铲挖土机；（b）反铲挖土机；（c）拉铲挖土机；（d）抓铲挖土机

1. 正铲挖土机

正铲挖土机的挖土特点是"前进向上，强制切土"。其挖掘力大、生产效率高，适用于开挖停机面以上的含水量不大于 27％的一至四类土。当地下水位较高时，应采取降低地下水位的措施，把基坑土疏干。开挖大型基坑时需设坡道，挖土机在坑底作业。

正铲挖土机的作业方式有正向挖土、侧向卸土和正向挖土、后方卸土两种，如图 1-20 所示。

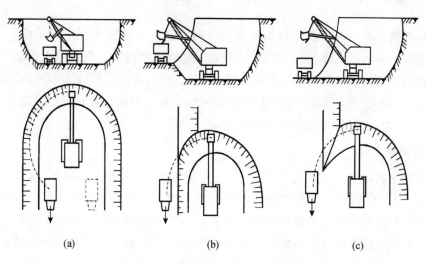

图 1-20　正铲挖土机开挖方式示意图

（a）后方装车；（b）（c）侧向装车

2. 反铲挖土机

反铲挖土机的挖土特点是"后退向下,强制切土"。其挖掘力比正铲挖土机小,适宜开挖停机面以下的一至三类土,适用于开挖基坑、基槽和管沟,也可用于地下水位较高处的土方开挖。一次开挖深度取决于反铲挖土机的最大挖掘深度。

反铲挖土机的作业方式常采用沟端开挖和沟侧开挖两种。

(1) 沟端开挖 反铲挖土机停于沟端,向后倒退挖土,同时往沟两侧弃土或装车运走,如图 1-21 (a) 所示。沟端开挖工作面宽度:单面装土时为 1.3R (R 为挖土机最大挖土半径),双面装土时为 1.7R。基坑较宽时,可多次开行开挖或按"Z"字形路线开挖。

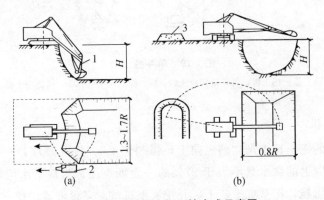

图 1-21 反铲挖土机开挖方式示意图

(a) 沟端开挖;(b) 沟测开挖

1—反铲挖土机;2—自卸汽车;3—弃土堆

(2) 沟侧开挖 反铲挖土机沿基槽的一侧移动挖土,将土弃于距基槽边较远处,但开挖宽度受限制(一般为 0.8R),且不能很好地控制边坡,机身停在沟边稳定性较差;一般只在无法采用沟端开挖或所挖的土不需运走时采用,如图 1-21 (b) 所示。

此外,当开挖土质较硬、宽度较小的沟槽时,可采用沟角开挖;当开挖土质较好、深度在 10m 以上的大型基坑、沟槽和渠道时,可采用多层接力开挖。

3. 拉铲挖土机

拉铲挖土机的挖土特点是"后退向下,自重切土",挖土时铲斗在自重作用下落到地面并切入土中。其挖土半径和挖土深度较大,但不如反铲挖土机灵活,开挖精确性差,可开挖停机面以下的一至三类土,适用于开挖大型基坑或水下挖土。

拉铲挖土机的开挖方式与反铲挖土机的开挖方式相似,也可分为沟端开挖和沟侧开挖。

4. 抓铲挖土机

抓铲挖土机的挖土特点是"直上直下,自重切土"。其挖掘力较小,适用于开挖停机面以下的一至二类土,可用于开挖窄面深的基坑、疏通旧有渠道以及挖取水中淤泥等，或用于装卸碎石、矿渣等松散材料；在软土地基地区，常用于开挖基坑、沉井等。

1.6　土方施工质量验收及安全

1.6.1　土方工程施工质量检验

1. 一般规定

（1）土方工程施工前应进行挖、填平衡计算，综合考虑土方运距最短、运程合理和各个工程项目的合理施工程序等，做好土方平衡调配，减少重复挖运。

说明：土方的平衡与调配是土方工程施工的一项重要工作。一般先由设计单位提出基本平衡数据，然后由施工单位根据实际情况进行平衡计算。如果工程量较大，在施工过程中还应进行多次平衡调配，在平衡计算中，应综合考虑土的松散性、压缩性、沉陷量等影响土方量变化的各种因素。

为了配合城乡建设的发展，土方平衡调配应尽可能与当地市、镇规划和农田水利等结合，将余土一次性运到指定弃土场，做到文明施工。

（2）当土方工程挖方较深时，施工单位应采取措施，防止基坑底部土的隆起，并避免危害周边环境。

说明：基底土隆起往往伴随着对周边环境的影响，尤其是当周边有地下管线、建（构）筑物、永久性道路等基础设施时，应密切关注。

（3）在挖方前，应做好地面排水和降低地下水位工作。

说明：有不少施工现场由于缺乏排水和降低地下水位的措施，而对施工产生影响，土方施工应尽快完成，以避免造成积水、坑底隆起及对环境影响增大。

（4）平整场地的表面坡度应符合设计要求，如设计无要求，排水沟方向的坡度不应小于2‰。平整后的场地表面应逐点检查，检查点为每100～400 m² 取1点，但不应少于10点；长度、宽度和边坡均为每20 m取1点，每边不应少于1点。

说明：平整场地表面坡度应由设计规定，但鉴于现行国家标准《建筑地基基础设计规范》（GB 50007—2011）中无此规定，所以条文中规定如设计无要求，一般应向排水沟方向做成不小于2‰的坡度。

（5）土方工程施工，应经常测量和校核其平面位置、水平标高和边坡坡度。平面控制桩和水准控制点采取可靠的保护措施，定期复测和检查。土方不应堆在基坑边坡。

说明：在土方工程施工测量中，除开工前的复测放线外，还应配合施工对平面位置（包括控制边界线、分界线、边坡的上口线和底口线等）、边坡坡度（包括放坡线、变坡等）和标高（包括各个地段的标高）等经常进行测量，校核是否符合设计要求。上述施工测量的基准——平面控制桩和水准控制点，也应定期进行复测和检查。

（6）对雨期和冬期施工还应遵守国家现行有关标准。

说明：雨期和冬期施工可参照相应地方标准执行。

2. 土方开挖

（1）土方开挖前应检查定位放线、排水和降低地下水位系统，合理安排土方运输车的行走路线及弃土场。

（2）施工过程中应检查平面位置、水平标高、边坡坡度、压实度、排水、降低地下水位系统，并随时观测周围的环境变化。

说明：土方工程在施工中应检查平面位置、水平标高、边坡坡度、排水、降水系统及周围环境的影响；对回填土方还应检查回填土料、含水量、分层厚度、压实度，对分层挖方也应检查开挖深度等。

（3）土方开挖工程质量检验标准应符合表1-7的规定。

表 1-7　土方开挖工程质量检查标准

| | 序号 | 项目 | 允许偏差或允许值/mm | | | | | 检查方法 |
| | | | 桩基、基坑、基槽 | 挖方场地平整 | | 管沟 | 地面基层 | |
				人工	机械			
主控项目	1	标高	−50	±30	±50	−50	−50	水准仪
	2	长度宽度	+200−50	+300−100	+500−150	+100		经纬仪用钢直尺
	3	边坡坡度	按设计要求					观察或者坡度尺检测
一般项目	1	表面平整度	20	20	50	20	20	用2m靠尺和楔形尺检查
	2	基地土性	按设计要求					观察或者土样分析

3. 土方回填

（1）土方回填前应清除基底的垃圾、树根等杂物，抽除坑穴积水、淤泥，验收基底标高。如果在耕植土上或松土上填方，则应在基底压实后再进行填方。

（2）对填方土料应按设计要求验收后方可填入。

（3）填方施工过程中应检查排水措施，每层填筑厚度、含水量、压实程度及压实遍数应根据土质、压实系数及所用机具确定。

（4）填方施工结束后，应检查标高、边坡坡度、压实程度等，检验标准应符合表1-7的规定。

1.6.2　土方工程施工安全措施

1. 基本规定

（1）土石方工程施工应由具有相应资质及安全生产许可证的企业承担。土石方工程施工企业的施工管理能力和安全管理能力是保障工程安全的首要前提，所以要求企业具备相应的施工资质和安全生产许可证。

（2）土石方工程应编制专项施工安全方案，并应严格按照方案实施。土石方工程在施工中易发生安全事故，应对安全风险进行预控，所以规定要事先编制专项施工安全方案，必要时由专家进行论证。

（3）施工前应针对安全风险进行安全教育及安全技术交底。特种作业人员必须持证上岗，机械操作人员应经过专业技术培训。施工前要根据工程实际情况对施工人员进行有针对性的安全教育和安全技术交底。

（4）施工现场发现危及人身安全和公共安全的隐患时，必须立即停止作业，排除隐患后方可恢复施工。施工中发现安全隐患时，要及时整改。当发现有危及人身安全和公共安全的隐患时，要立即停止作业，以避免事故的发生；在采取措施排除隐患后，方能恢复施工。

（5）在土石方施工过程中，当发现古墓、古物等地下文物或其他不能辨认的液体、气体及异物时，应立即停止作业，做好现场保护，并报有关部门处理后方可继续施工。

2. 场地平整安全技术的一般规定

（1）作业前应查明地下管线、障碍物等情况，制订处理方案后方可开始场地平整工作。随着城市建设的加快，各种地下管网、电缆交叉密布，地下管网被挖坏而造成停水、停气、停电、通信中断的事故频繁发生，因此场地平整工作开始前要做好场地地下管线、障碍物等情况的调查工作，并制定处理措施。

（2）土石方施工区域应在行车行人可能经过的路线点处设置明显的警示标志。有爆破、塌方、滑坡、深坑、高空滚石、沉陷等危险的区域应设置防护栅栏或隔离带。行人及车辆易掉进开挖沟槽、窨井里而造成人员伤亡及车辆损坏，因此设立警示标志和护栏是进行土石方施工的必要措施。警示标牌和防护栅栏要清、晰坚固，可抗日晒雨淋。

（3）施工现场临时用电应符合现行行业标准《施工现场临时用电安全技术规范》（JGJ46－2005）的规定。

（4）施工现场临时供水管线应埋设在安全区域，冬期应有可靠的防冻措施，供水管线穿越道路时应有可靠的防震、防压措施。施工现场临时供水管线埋设时除要合理避开交通繁忙线路和穿越主要通道外，还要考虑避免软弱地层，并采取必要的防冻、防压、防渗措施。

3. 基坑工程安全技术的一般规定

（1）基坑工程应按现行行业标准《建筑基坑支护技术规程》（JGJ120－2012）进行设计，必须遵循先设计后施工的原则，按设计和施工方案要求，分层、分段、均衡开挖，使支护结构受力连续均匀，防止坍塌。

（2）土方开挖前，应查明基坑周边影响范围内建（构）筑物、上下水、电缆、燃气、排水及热力等地下管线情况，并采取措施保护其使用安全，防止盲目开挖造成对建（构）筑物和管线的破坏。

（3）基坑开挖深度范围内有地下水时，应采取有效的地下水控制措施。

（4）基坑工程应编制应急预案。

4. 边坡工程安全技术的一般规定

（1）边坡工程应按现行国家标准《建筑边坡工程技术规范》（GBJ0330－2013）进行设计，应遵循先设计后施工，边施工、边治理、边监测的原则。边坡土石方作业贯彻"先设计后施工、边施工边治理、边施工边监测"的原则是确保土石方作业安全施工、科学有序的基本保证。

（2）边坡开挖施工区域应有临时排水及防雨措施。

（3）边坡开挖前，应清除边坡上方已松动的石块及可能崩塌的土体。

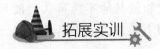 拓展实训

一、填空题

1. 在土方工程施工中，根据土的开挖难易程度不同，将土分为_____类。土经开挖后的松散体积与原来自然状态下的体积之比值，称为_____。土经回填压实后的体积与原来自然状态下的体积之比值，称为_____。

2. 可使填土获得最大密实度的含水量称为_____。

3. 土方工程主要包括土方的_____、_____、填筑和_____的过程。

4. 土的最优调配方案可采用_____法确定。

5. 人工降低地下水位的方法一般有_____和_____。

6. 排水沟与集水坑应设置在地下水流的_____。

7. 井点降水法中，_____法采用最广。

二、单项选择题

1. 在土方工程施工中，_____是计算土方施工机械及运土车辆等的重要参数。

A. 可松性系数　　　　　　　　　B. 可压缩性系数

C. 最初可松性系数　　　　　　　D. 最终可松性系数

2. 在土方工程施工中，_____是计算场地平整标高及填土时所需挖土量等的重要参数。

A. 可松性系数　　　　　　　　　B. 可压缩性系数

C. 最初可松性系数　　　　　　　D. 最终可松性系数

3. 土的可松性系数均（　　　）。

A. ＞1　　　　　　　　　　　　B. ＜1

C. ≤1　　　　　　　　　　　　D. ≥1

4. 场地平整土方量的计算方法，一般采用（   ）。

A. 面积法　　　　　B. 体积法　　　　　C. 方格网法　　　　　D. 断面法

5. 当基坑或沟槽宽度小于 6m，且降水深度不超过 5m 时，可采用的布置是（   ）。

A. 单排井点　　　　B. 双排井点　　　　C. 环形井点　　　　D. U 形井点

6. 当基坑或沟槽宽度大于 6m 或地质不良时，可采用的布置是（   ）。

A. 单排井点　　　　B. 双排井点　　　　C. 环形井点　　　　D. U 形井点

7. 当基坑面积较大时，可采用的布置是（   ）。

A. 单排井点　　　　B. 双排井点　　　　C. 环形井点　　　　D. U 形井点

三、判断题

1. 土的含水量是指土中水的质量与总质量的百分比。

2. 根据土的承载能力将土分为八类。

3. 渗透系数是表示单位距离内水穿透土层的能力。

4. 分类级别越小的土，可松性就越小，可松性越小的土就越难挖。

5. 土的可松性就是天然状态下的土经开挖后，其体积因松散而增加，以后经回填夯实可恢复原来体积的性质。

6. 工程上把压实系数作为评定土体密实程度的标准，以控制填土质量。

四、简述题

1. 用方格网法计算场地土方量的步骤有哪些？

2. 简述土方调配的原则。

3. 简述基坑边坡坍塌的预防和处理。

4. 简述土方回填时如何选择土料，填筑的方法和填筑的要求。

5. 回填土压实的方法及影响压实的因素有哪些，怎么检查填土压实质量？

6. 常用的土方施工机械有哪几种，其工作特点和适用范围各是多少？

五、综合题

1. 已知某基槽需挖土方 300m³，基础体积为 180m³，土的最初可松性系数为 1.4，最终可松性系数为 1.1，计算预留回填土量和弃土量。

2. 已知某基坑坑底面积是 40m×25m，基坑深 4m，基坑边坡坡度为 1∶0.4，计算该基坑土方量。（考点：基坑土方量计算）

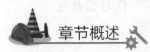

第2章　地基与基础工程施工技术

章节概述

　　地基与基础工程是建筑工程中重要的组成部分。任何一个建（构）筑物的正常使用都必须由上部结构、基础和地基三个组成部分共同承担。基础担负着建筑物上部的全部荷载并将其传递给地基，地基承受基础传来的全部荷载并随土层深度向下扩散。地基和基础工程通常位于地面以下，属于隐蔽工程，其施工质量将直接影响建筑物的使用与安全，一旦发生质量事故，处理和补救往往很困难。在建筑施工的历史上，许多建筑工程质量事故就发生在地基或基础的施工中。

教学目标

　　1. 了解基坑支护结构的形式。

　　2. 掌握地基处理与加固的施工方法。

　　3. 掌握基础施工的施工工艺流程。

　　4. 了解地基处理与加固的方法和施工过程。

　　5. 熟悉基础工程（浅基础、深基础、桩基础）的分类，并能掌握各类基础工程的施工工艺流程。

　　6. 掌握预制桩制作、起吊、运输、堆放工艺。

课时建议

　　10 课时。

2.1　浅基础施工

　　天然土地基的基础由于埋置深度不同，所采用的施工方法、基础结构形式和设计计算方法也不同，分浅基础、深基础和桩基础三类。浅基础由于埋深浅、结构形式简单、施工简便、造价较低，而成为建筑物最常用的类型。浅基础常见的形式有无筋扩展基础，扩展基础、筏板基础和箱型基础。

2.1.1　无筋扩展基础

无筋扩展基础又称刚性基层，一般由砖、石、混凝土、灰土和三合土等材料组成，且不配钢筋。这种基础的特点是抗压性好，整体性和抗拉、抗弯、抗剪性能差。它适用于地基坚实、均匀，上部荷载小，六层或者六层以下的一般民用建筑和墙承重的轻型厂房。

1. 砖基础

用于基础的砖强度等级应在 MU7.5 以上，砂浆强度等级一般不低于 M5。基础墙的下部要做成阶梯形。这种逐级放大的台阶形式习惯上称为大放脚，其具体做法有"二皮一收"和"二一间隔收"法。

2. 混凝土基础

混凝土基础也称素混凝土基础，具有整体性好、强度高和耐水性强等优点。

3. 毛石砌筑基础

采用强度等级不小于 M5 的砂浆进行砌筑时，毛石的断面多为阶梯形。基础墙的厚度和每个台阶的高度不应小于 400mm，每个台阶的挑出宽度不应大于 200mm，顶部要比墙或柱身每侧各宽 100mm 以上，如图 2-1 所示。

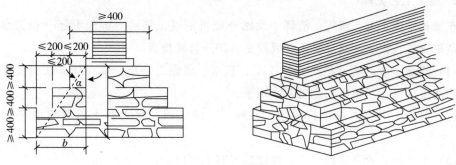

图 2-1　毛石砌筑基础

4. 无筋扩展基础施工工艺流程、方法及要求

（1）施工工艺流程

无筋扩展基础施工工艺流程：基底土质验槽→施工垫层→弹线抄平→基础施工。

（2）施工方法及要求

在进行基础施工前，应先行验槽并将地基表面的浮土及垃圾清除干净。在主要轴线部位设置引桩控制轴线位置，并以此放出墙身轴线和基础边线。在基础转角、交接及高低踏步处应预先立好皮数杆。当基础底标高不同时，应从低处砌起，并由高处向低处搭接。砖砌大放脚通常采用一顺一丁砌筑方式，最下一皮砖以丁砌为主。水平灰缝的厚度应控制在10mm左右，砂浆饱满度不得小于80%，错缝搭接，在丁字及十字接头处要隔皮砌筑。

在进行毛石基础砌筑时，第一层石块应铺浆，并应大面向下。砌体应分层平砌，上下错开缝隙，内外搭接，不得采用先砌外边后填心的砌筑方法。阶梯处，上阶的石块应至少压下阶石块的1/2，对于石块间较大的空隙应填塞砂浆后用碎石嵌实，不得采用先放碎石后灌浆或干填碎石的方法。在基础砌筑完成并验收合格后，应及时回填。回填时要在基础两侧同时进行，并分层夯实，压实系数应符合设计要求。

2.1.2 扩展基础

扩展基础是墙下或柱下钢筋混凝土基础，也称为柔性基础。

1. 构造要求

(1) 垫层厚度一般为100mm，混凝土强度等级为C15，基础混凝土强度等级不宜低于C15。

(2) 底板受力钢筋的最小直径不宜小于8mm，间距不宜大于250mm；当有垫层时钢筋保护层的厚度不宜小于35mm，无垫层时不宜小于70mm。

(3) 插筋的数目与直径应和柱内纵向受力钢筋相同；插筋的锚固及柱的纵向受力钢筋的搭接长度，按国家现行设计规范的规定执行。

2. 施工工艺流程

扩展基础施工工艺流程：清理、验槽→浇筑混凝土垫层→绑扎钢筋→相关专业施工→清理→支模板→浇筑混凝土→混凝土养护→拆除模板。

(1) 清除干净基坑（槽）内的浮土、积水、淤泥、杂物，基底局部软弱土层应挖去，用灰土或砾石回填压实至与基底相平。

(2) 混凝土浇筑前应进行验槽，轴线、基坑（槽）尺寸和土质等均应符合设计要求。

(3) 当基槽验收合格后，应立即浇筑混凝土垫层，以保护地基。

(4) 垫层灌浆完成后，当混凝土强度达1.2MPa时，方可在表面弹线进行钢筋绑扎，钢筋绑好后需在底面及侧面搁置钢筋保护层垫块，厚度为设计保护层厚度，垫块间距不宜大于1m，以防漏筋。

(5) 在钢筋绑扎及相关专业施工完工后，立即进行模板安装，保证模板表面平整、连接牢固。

(6) 当钢筋验收合格后即可浇筑混凝土。当浇筑现浇柱下条形基础时，应注意柱子插筋位置的正确，防止造成位移和倾斜；浇筑开始时，先满铺一层5～10cm厚的混凝土并捣实，使柱子插筋下段和钢筋网片的位置基本固定，然后对称浇筑。当浇筑锥形基础时，斜面部分的模板应随混凝土浇捣分段支设并压紧，以防模板上浮变形，严禁斜面部分不支模，而用铁锹拍实。条形基础根据高度分段分层连续浇筑，不留施工缝，各段各层间应相互连接，每段长 2～3m，做到逐层逐段呈阶梯形推进。

2.1.3　筏板基础

筏形基础又叫筏板形基础，即满堂基础，由底板、梁等整体组成。它是把柱下独立基础或者条形基础全部用连系梁联系起来，再整体浇筑底板。当地基特别软弱，建筑物荷载较大，地基承载力较弱时，常采用混凝土底板筏板，承受建筑物荷载，形成筏基，其整体性好，能很好地抵抗地基不均匀沉降。

筏板基础分为平板式筏基和梁板式筏基。平板式筏基支持局部加厚筏板类型；梁板式筏基支持肋梁上平及下平两种形式。一般来说，当地基承载力不均匀或者地基软弱时用筏板形基础。

1. 筏板基础施工工艺流程

(1) 钢筋工程施工工艺流程：放线并预验→成型钢筋进场→排钢筋→焊接→接头绑扎→柱墙插入钢筋定位→交接验收。

(2) 模板工程施工工艺流程。

240mm 砖胎模：基础砖胎模放线→砌筑→抹灰。

外墙及基坑：与钢筋工程交接验收→基坑模板设计→钢板止水带安装→交接验收。

(3) 混凝土工程施工工艺流程：钢筋模板交接验收→顶标高抄测→混凝土搅拌→现场水平垂直运输→分层振捣赶平抹压→覆盖养护。

2. 筏板基础施工要点

(1) 施工时，如果地下水位较高，则应采用降低地下水位的措施，使地下水位降低至基底以下不少于 500mm，保证无水情况下进行基坑开挖和钢筋混凝土筏板基础施工。

(2) 在防水保护层上弹好钢筋位置线，先铺下层网片的长向钢筋，后铺上层网片的短向钢筋，钢筋接头尽量采用焊接或机械连接，接头在同一截面相互错开 50%，钢筋网片绑扎后根据图纸设计依次绑扎局部加强筋。筏板基础钢筋工程如图 2-2 所示。

图 2-2　筏板基础钢筋工程

（3）底板外墙侧模采用 240mm 厚的砖胎模，高度同底板厚，砖胎模采用 MU7.5、M5.0 水泥砂浆砌筑，内侧和顶面采用 1：2.5 水泥砂浆抹面。

（4）筏板基础一般为大体积混凝土，其浇筑应按照大体积混凝土浇筑要求进行，并按规定留设后浇带。

2.1.4 箱形基础

箱形基础形如箱子，由钢筋混凝土底板及顶板和纵横向的内外墙组成，如图 2-3 所示。

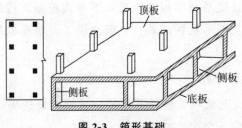

图 2-3 箱形基础

箱形基础有较大的抗弯刚度，不会因为地基的不均匀变形使上部结构产生较大的弯曲而造成开裂。当地基承载力较低而上部结构荷载又很大时，采用箱形基础比桩基础相对经济。近年来，在我国新建的一些高层建筑中，有不少都采用的是箱形基础。

1. 箱形基础的施工工艺流程

（1）钢筋绑扎工艺流程：核对钢筋半成品→弹钢筋位置线→绑扎基础钢筋（墙体、顶板钢筋）→预埋管线及铁件→垫好垫块及马凳铁→隐蔽工程检查。

（2）模板安装工艺流程：确定模板安装方案→搭设内外支撑→安装顶板→预检。

（3）混凝土工艺流程：搅拌混凝土→运输混凝土→浇筑混凝土→混凝土养护。

2. 箱形基础施工要点

（1）施工时，底板、内外墙和顶板的支模、绑扎钢筋、浇筑混凝土可分块进行，其施工缝的留设位置和处理应符合《混凝土结构工程施工质量验收规范》（GBJ0204—2015）的有关要求，外墙接缝应设止水带。

（2）基础的底板、内外墙和顶板宜连续浇筑完毕。为防止出现温度裂缝，一般应设置贯通止水带，宽度不宜小于 800mm，后浇带的钢筋应贯通，顶板浇筑后，相隔 2~4 周，用比设计强度等级提高一级的混凝土浇筑并后浇带振捣密实，且加强养护。

（3）基础施工完毕后，应立即进行回填土。停止降水时，应验算基础的抗浮稳定性，抗浮稳定系数不宜小于 1.2。如果不能满足，则应采取有效措施，如继续抽水直至上部结构荷载加上后能满足抗浮稳定系数要求为止，或在基础内灌水或加重物等，以防止基础上浮或倾斜。

2.2 桩基础施工

当天然地基上的浅基础沉降量过大或基础稳定性不能满足建筑物的要求时，常采用桩基础。它由桩和桩顶的承台组成，是一种深基础的形式。

按桩的受力情况，桩可分为摩擦型桩、摩擦端承桩、端承型桩。

端承桩是由桩的下端阻力承担全部或主要荷载，桩尖进入岩层或硬土层；摩擦桩指桩顶荷载全部由桩侧摩擦力承担；摩擦端承桩主要由桩侧摩擦力和桩端的阻力共同承担桩顶荷载。

按桩的施工方法，桩可分成预制桩和灌注桩。预制桩是在预制工厂或施工现场制作桩身，利用沉桩设备将其沉（打、压）入土中；灌注桩是在施工现场的桩位上用机械或人工成孔，吊放钢筋笼，然后在孔内灌注混凝土而成。

2.2.1 预制桩施工

1. 预制桩的制作、运输和堆放

预制桩主要有钢筋混凝土方桩、混凝土管桩和钢桩等，目前采用的多为预应力混凝土管桩。

（1）预制桩的制作

①钢筋混凝土方桩 钢筋混凝土方桩边长一般为200～500mm，可在工厂（为便于运输，一般不超过12m）或现场（一般不超过30m）制作。制作一般采用间隔、重叠生产，邻桩与上层桩的浇筑须待邻桩或下层桩的混凝土达到设计强度的30%以后进行，重叠层数一般不宜超过4层。预制桩钢筋骨架的主筋连接宜采用对焊，同一截面内主筋接头不得超过50%，桩顶1m内不应有接头，钢筋骨架的偏差应符合有关规定。桩的混凝土强度等级应不低于C30，浇筑时从柱顶向柱尖进行，应一次浇筑完毕，严禁中断。制作完后应洒水养护不少于7天。

②预应力混凝土管桩 预应力混凝土管桩是采用先张法预应力工艺和离心成型法制成的一种空心圆柱体系混凝土预制构件。它主要由圆筒形桩身、端头板和钢套箍等组成。

（2）预制桩的吊起、运输和堆放

当预制桩的混凝土达到设计强度标准值的70%后方起吊，吊点根据不同的桩长进行设置，预应力管桩吊点设置如图2-4所示。吊索与桩间应加衬垫，起吊时应平稳提升，采取措施保护桩身质量，以防止其被撞击和受振动。预制桩运输时的强度应达到设计强度标准值的100%。其堆放场地应平整坚实，排水良好。

预制桩应按规格、桩号分层叠置，支撑点应设在吊点或近旁处保持在同一横断平

面上，各层整木应上下对齐，并支撑平稳，堆放层数不宜超过 4 层。将预制桩运到施工现场指定位置堆放，应布置在打桩架附设的起重钩工作半径范围内。

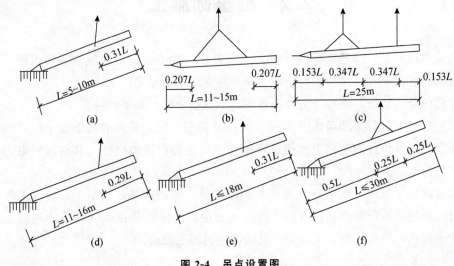

图 2-4　吊点设置图

2. 预制桩的施工

预制桩的施工按沉桩方法分为锤击沉桩、静力压桩等。

（1）锤击沉桩施工

锤击沉桩施工是利用桩锤下落产生的冲击能量将桩沉入土中，是混凝土预制桩最常用的沉桩方法。该法施工速度快，机械化程度高，适用范围广，现场文明施工程度高，但施工时有噪声污染和振动，对于城市中心和夜间施工有所限制。

①锤击沉桩施工工艺流程：测量定位→桩机就位→底桩就位、对中和调直→锤击沉桩→接桩、校核→送桩→截桩→收锤。

a. 测量定位　通过轴线控制点，逐个定出桩位，打设钢筋标桩，并用白灰在标桩附近地面上画一个圆心与标桩重合、直径与管桩相等的圆圈，以方便插桩对中，保持桩位正确。桩位的放样允许偏差，群桩为 20mm，单排桩为 10mm。

b. 底桩就位、对中和调直　底桩就位前，应在身上画出单位长度标记，以便观察桩的入土深度及记录每米沉桩锤击数。

c. 确定打桩顺序　打桩顺序根据桩的尺寸、密集程度、深度、桩机移动方向以及施工现场实际情况等因素来确定，一般分为逐排打桩、自中部向边缘打桩、分段打设等方式，如图 2-5 所示。

确定打桩顺序应遵循以下原则：桩基的设计标高不同时，打桩顺序宜先深后浅；不同规格的桩，宜先大后小；当一侧毗邻建筑时，由毗邻建筑物处向另一方向施打。当桩距大于或等于 4 倍桩径时，只需从提高效率出发确定打桩顺序，选择倒行和拐弯次数最少的方式，应避免自外向内，或从周边向中央进行打桩，以避免中间土体被挤密，桩难以打入，或虽勉强打入，但使邻桩侧移或上冒。

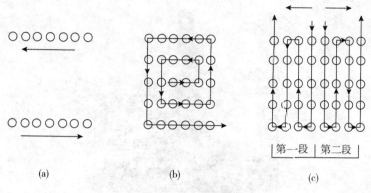

图 2-5　打桩顺序

（a）逐排打桩；（b）从中间向边缘打桩；（c）分段打桩

d. 锤击沉桩　锤击沉桩宜采取低锤轻击或重锤低打，以有效降低锤击应力，同时特别注意保持底桩垂直，在锤击沉桩全过程中都应使桩锤、桩身的中心线重合，防止桩受到偏心锤打，而使桩受弯、受扭。

e. 接桩、校核　方桩接头数不宜超过 2 个，预应力管桩单桩的接头数不宜超过 4 个，应避免桩尖接近硬持力层或桩尖处于硬持力层时接桩。接桩质量检查：焊缝质量、电焊结束后的停歇时间（大于 1min）、上下节平面偏差（10mm）、节点弯曲矢高（小于 $L/1000$）。

f. 送桩　当桩顶标高低于自然地面标高时，需用钢制送管桩（长为 4～6m）放于桩头上，锤击送桩管将桩送入土中。

g. 截桩　露出地面或未能送至设计桩顶标高的桩，即必须截桩，截桩要求用截桩器，严禁用大锤横向敲击和冲撞。

h. 锤击沉桩收锤　收锤通常以到达的桩端持力层、最后贯入度或最后 1m 沉桩锤击数为主要控制指标。

②锤击沉桩的机具主要包括桩锤、桩架和动力装置。预应力混凝土管桩一般选择筒式柴油打桩锤，如图 2-6 所示。

图 2-6　锤击沉桩

（2）静力压桩施工

静力压桩是通过静力压桩机的压桩机构，以压桩机自重和桩机上的配重作反力而将预制钢筋混凝土桩分节压入地基土层中成桩，如图 2-7 所示。其特点是桩机全部采用液压装置驱动，压力大，自动化程度高，纵横移动方便，运转灵活；桩定位精确，不

易产生偏心，可提高桩基施工质量；施工无噪声、无振动、无污染。

图 2-7　静力压桩

①静力压桩施工工艺流程：测量定位→压桩机就位→吊桩、插桩→桩身对中、调直→静压沉桩→接桩→再静压沉桩→送桩→终止压桩→切割桩头。

②施工注意事项及要点

a. 压桩施工时，应随时注意使桩保持轴心受压，接桩时也应保证上下接桩的轴线一致，压桩应连续进行，停歇后压桩力应增大，并使接桩时间尽量缩短，否则间歇时间过长会因土体固结而导致发生压不下去的现象。

b. 当接桩接近设计标高时，不可过早停压，否则在补压时会发生压不下去或压入过少的现象。

c. 在压桩过程中，当桩尖碰到夹砂层时，压桩阻力可能突然增大，可停车再开。忽停忽开的办法，使桩有可能缓慢穿过夹砂层。如果施工中有少量桩确实不能压至设计标高，又相差不多时，可以采取截桩的办法。

d. 压桩终止条件，按设计桩长和终止压力进行控制。

对于摩擦桩，按照设计桩长进行控制，但在施工前应先按设计桩长试压几根桩，待停置 24h 后，用与桩的设计极限承载力相等的终止压力进行复压，如果桩在复压时几乎不动，即可以此进行控制。对于端承摩擦桩或摩擦端承桩，按终止压力值进行控制。

2.2.2　混凝土灌注桩

与预制桩相比，灌注桩施工具有噪声小、挤土影响小、无须接桩等优点，但成桩工艺复杂，施工速度较慢，质量影响因素较多。根据成孔工艺的不同，灌注桩可分为人工挖孔灌注桩、泥浆护壁钻孔灌注桩、沉管灌注桩等。

1. 人工挖孔灌注桩

人工挖孔灌注桩是指采用人工挖掘成孔，然后安装钢筋笼、浇筑混凝土所形成的桩。这种桩的优点：所用的设备简单，噪声小、振动少，对施工现场周围的原有建筑物影响小；但人工挖孔灌注桩施工需要工人在井下作业，劳动条件差，应严格按操作规程施工，要特别重视施工安全。

人工挖孔桩灌注的直径除了要能满足设计承载力的要求外，还应考虑施工操作的要求，桩径不宜小于 800mm，桩底一般都要扩大。当采用现浇混凝土护壁时，护壁厚度一般不小于 $D/10+50mm$（D 为桩径），每段高 1m，并有 100mm 的放坡。

人工挖孔灌注桩施工过程中要确保安全，必须考虑防止土体坍塌的支护措施。支护方法除了可以采用钢管外，还可以用混凝土、型钢或木板板桩等材料做成护壁或沉井，而现浇混凝土分段护壁是目前常用的形式。在施工中，浇筑护壁的混凝土要注意捣实；分段浇筑的护壁混凝土强度达到 1MPa，常温下约经过 24h 后方可拆除模板；当浇筑桩身混凝土至钢筋笼的底面设计标高时，再安放钢筋笼。

人工挖孔灌注桩施工中要特别注意下列四个主要问题。

（1）必须保证桩孔的质量要求　桩孔中心线的平面位置偏差要求不超过 50mm，桩的垂直度偏差要求不超过 1%。

（2）注意防止土壁坍落及流沙事故　在开挖过程中遇到特别松散的土层或流沙层时，为了防止土壁坍落及流沙事故，可采用钢护筒或预制混凝土沉井等作为护壁，待穿过松软层或流沙层后，再按一般方法进行。流沙现象严重时则可采用井点降水方法。

（3）保证混凝土的浇筑质量　混凝土浇筑前应认真清除孔底的浮土、石渣。浇筑过程中要防止地下水的流入并排除流入的积水。桩身混凝土应一次连续浇筑完成，不留施工缝。

（4）必须制订好安全措施　要特别重视井下施工安全，制订出具体可靠的安全措施，严格执行安全操作规程。如施工人员戴安全帽；孔上有人监督防护；防止杂物滚入孔内；孔周设安全防护栏杆；设安全绳及安全软梯；向井下输送洁净空气，排除有害气体等。

2. 泥浆护壁钻孔灌注桩

泥浆护壁钻孔灌注桩是通过桩机在泥浆护壁条件下慢速钻进，将钻渣利用泥浆带出，并保护孔壁不致坍塌，成孔后再使用水下混凝土浇筑的方法将泥浆置换出来而成的桩，它是国内最为常用和应用范围较广的成桩方法。其特点是：可用于各种地质条件和各种大小孔径（300～2 000mm）和深度（40～100m），护壁效果好，成孔质量可靠；施工无噪声、无振动、无挤压；机具设备简单、操作方便、费用较低；但成孔速度慢，效率低，用水量大，泥浆排放量大，污染环境，扩孔率较难控制。该成桩方法适用于地下水位较高的软、硬土层，如淤泥、黏性土、砂土、软质岩等土层。

（1）泥浆制备的方法应根据土质条件确定

在黏土和粉质黏土中成孔时，可注入清水，以原土造浆护壁，排渣泥浆的密度应控制在 1.1～1.3g/cm³；在其他土层中成孔时，泥浆可选用高塑性的黏土或膨润土制备；在砂土和较厚夹砂层中成孔时，泥浆密度应控制在 1.1～1.3g/cm³；在穿过砂夹卵石层或容易塌孔的土层中成孔时，泥浆密度应控制在 1.3～1.5g/cm³。泥浆具有排渣和护壁作用，根据泥浆循环方式的不同，可分为正循环和反循环两种施工方法，如图 2-8 所示。

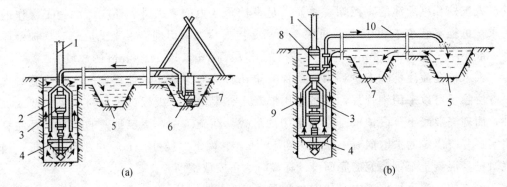

图 2-8 循环排渣方法

(a) 正循环 (b) 反循环

1—钻杆；2—送水管 3—主机；4—钻头；5—沉淀池；

6—潜水泥浆泵；7—泥浆池；8—秒石泵；9—抽渣管；10—排渣胶管

正循环回转钻机成孔的工艺原理是由空心钻杆内部通入泥浆或高压水，从钻杆底部喷出，携带钻下的土渣沿孔壁向上流动，由孔口将土渣带出并流入泥浆池。正循环具有设备简单、操作方便、费用较低等优点，适用于小直径孔（不宜大于 1 000m），钻孔深度一般以 40m 为限，但其排渣能力较弱。反循环回转钻机成孔的，泥浆带渣流动的方向与正循环回转钻机成孔的情况相反。反循环工艺泥浆上流的速度较高，能携带大量的土渣。反循环成孔是目前大直径桩成孔中的一种有效施工方法，适用于大直径孔和孔深大于 30m 的端承桩。

（2）施工工艺流程及施工要点

①泥浆护壁钻孔灌注桩施工工艺流程：放样定位→埋设护筒→钻机就位→钻孔→第一次清孔→吊放钢筋笼→下导管→第二次清孔→灌注混凝土。

a. 埋设护筒 埋设护筒的作用主要是保证钻机沿着桩位垂直方向顺利工作，保护孔口中，储存泥浆，使泥浆高出地下水位和保护桩顶部土层不致因钻杆反复上下升降、机身振动而导致坍孔等。护筒的上口应高出地面 30～40cm 或高出地下水位 1.5m 以上，以保持孔内泥浆面高出地下水位 1.0m 以上。筒身要保持竖直，四周应用黏土回填，分层夯实，防止渗漏。

b. 钻机就位 钻机就位前，应先平整场地，保证钻机平稳、牢固。钻机就位后应认真检查磨盘的平整度及主钻杆的垂直度，控制垂直偏差在 0.2% 以内，钻头中心与护筒中心的偏差宜控制在 15mm 以内，并且在钻进过程中要经常复检、校正。桩径允许偏差为 +50mm，垂直度允许偏差小于 1%。

c. 钻孔 钻孔作业应分班连续进行，认真填写钻孔施工记录，交接班时应交代钻进情况及下一班注意事项。开钻时，在护筒下一定范围内应慢速钻进，待导向部位或钻头全部进入土层后，方可加速钻进，钻进速度应根据土质情况、孔径、孔深和供水、供浆量的大小确定，在钻孔、排渣或因故障停钻时，应始终保持孔内具有规定的水位和满足相对密度及黏度要求的泥浆。钻头到达持力层时，经判定满足设计规范要求后，方可同意施工收桩提升钻头。

d. 清孔　当钻孔达到设计深度后进行清孔。对于原土造浆的钻孔，采用注清水清孔；注入制备泥浆的钻孔，可采用换浆法清孔。不论采用何种清孔方法，在清孔排渣时，必须注意保持孔内水头，防止塌孔。不应采取加深钻孔深度的方法代替清孔。

e. 灌注混凝土　清孔合格后应及时浇注混凝土，浇注方法采用导管进行水下浇筑，对泥浆进行置换。

②施工中常见的质量问题及处理措施

a. 钻孔　上下反复扫孔，直至把孔位校直；或在倾斜处回填砂黏土，待沉积密实后再钻。

b. 坍塌　若发生塌孔，应探明塌孔位置，将砂和黏土混合物回填到塌孔位置以上1～2m；若塌孔严重，应全部回填，待回填物沉积密实后再重新钻孔。

c. 瓶颈现象　处理时可用钻头反复扫孔，以扩大孔径。

d. 钻孔倾斜　可在倾斜处吊住钻头，上下反复扫孔，直至把孔位校正；或在偏斜处回填砂黏土，待沉积密实后再钻。

3. 沉管灌注桩

沉管灌注桩是利用锤击打桩法或振动打桩法，将带有活瓣式桩靴或预制钢筋混凝土桩尖的钢管沉入土中，当桩管打到要求深度后，放入钢筋骨架，然后边浇筑混凝土边锤击或振动拔管。该方法适用于一般黏性土、泥质土、砂土和人工填土地基。

（1）锤击沉管灌注桩施工工艺流程：桩机就位→吊起桩管→套混凝土桩尖→扣上柱帽→起锤沉管→边浇筑混凝土边拔管。

（2）施工要点　施工时，吊起桩管垂直套入预先埋好的混凝土桩尖，压入土中。桩尖与桩管接口处应垫麻（草绳）垫圈，以防地下水渗入管内。检查桩管与桩锤、桩架等是否在同一垂线上，若在同一垂线上即可在桩管上扣上桩帽，起锤沉管。先用低锤轻打，观察无偏差后方可进行正常的施工，直至设计深度。检查管内若无泥浆或水，即可灌注混凝土。桩管内混凝土尽量满贯，拔管时要均匀，且保持连续密锤轻击，并控制拔管速度，一般土层以不大于1m/min为宜，软弱土层与软硬土层交界处，应控制在0.8m/min以内。在管底未拔到桩顶设计标高前，倒打或轻击不得中断。拔管时应注意使管内的混凝土量保持略高于地面，直到桩管全部拔出地面为止。

2.3　深基础施工

通常将埋深大于5m的基础称为深基础，一般有地下连续墙、沉井等，而桩基础属

于深基础的特殊形式。

2.3.1 地下连续墙施工

地下连续墙的施工过程是利用专用的挖槽机械在泥浆护壁下开挖一定长度（一个单元段），挖至设计深度并清除沉渣后，插入接头管，再将在地面上加工好的钢筋笼用起重机吊入充满泥浆的沟槽内，最后用导管浇筑混凝土，待混凝土初凝后拔出接头管，则一个单元槽段施工完毕，再如此逐段施工，即形成地下连续的钢筋混凝土墙。地下连续墙可作为防护墙、挡土墙、地下结构的边墙和建筑物的基础。

地下连续墙施工工艺流程：修筑导墙→挖槽→清槽→吊放钢筋笼、导管→接头施工→浇筑混凝土。

（1）修筑导墙 修筑导墙是建造地下连续墙必不可少的临时构造物，导墙的作用是挖槽导向、防止槽段上口塌方、存蓄泥浆，同时导墙的精度和施工质量直接影响着地下连续墙的工程质量。导墙深度一般为1～2m，顶面高出施工地面，可防止地面水流入槽段。导墙一般采用简易的钢筋混凝土导墙形式。

（2）挖槽 挖槽是地下连续墙施工中的主要工序，它是在泥浆中按单元槽段进行，挖至设计标高后要进行清孔（清除槽底的沉渣），然后尽快下放接头管和钢筋笼，并立即浇筑混凝土，以防槽段塌方。有时在下放钢筋笼后要进行第二次清孔。目前我国常用的挖槽设备是导杆抓斗和多头钻成槽机。

（3）清槽 在成槽过程中采用泥浆护壁，以防槽壁塌方，因此清槽的方法有沉淀法和置换法两种。

（4）吊放钢筋笼 钢筋笼根据设计图纸在现场加工制作。为防止在吊放钢筋笼时碰撞槽壁和影响钢筋笼垂直度，宜采用厚3.2mm钢板（30cm×50cm）作为定位垫块焊接在钢筋笼上，并根据单元槽长度确定钢筋笼预留灌注混凝土导管位置。钢筋笼的吊放应用横吊梁或吊架。吊点布置和起吊方式，要注意防止起吊时引起钢筋笼变形。将钢筋笼插入槽段，并垂直插入直径大致与墙厚相同的接头管，同时要对准槽段慢慢放下，防止碰撞槽壁造成塌方和加大清孔的工作量。

（5）接头施工 地下连续墙混凝土浇筑时，连接相邻单元槽段之间地下连续墙的施工接头，最常用的是圆形接头管方式。根据混凝土的硬化速度，依次适当地拔动接头管，在混凝土开始浇筑约2h后，为了便于使混凝土脱开，将接头管转动并拔出约10cm，在浇筑完毕2～3h之后，采用起重机和千斤顶，从墙段内将接头管慢慢地拔出。先每次拔出10cm，拔到0.5～1.0m时，再每隔30min拔出0.5～1.0m，最后根据混凝土顶端的凝结状态全部拔出。接头管位置就形成了半圆形的榫槽。

（6）浇筑混凝土的导管采用直径30cm的钢导管，在浇筑混凝土前对导管进行强度和密封试验，合格后方可使用。根据单元槽段长度确定下设导管根数（槽段为3.2～5.4m下设两根导管，槽段为5.4～7.2m下设三根导管，导管间距不大于3m，导管位置和槽段端部接头部位不大于1.5m），导管最初下设到距槽底30～40cm，导管埋入混凝土深度为 2～6m，两根或三根导管浇筑混凝土要均衡连续浇筑，并保持两根或三根导管同时进行浇筑，各导管处的混凝土面在同一标高上。浇筑混凝土顶面高出设计标高 300～500mm，待混凝土初凝后凿除。拔出接头管后再进行另一单元槽段施工。

2.3.2　沉井施工

沉井施工法是修筑地下工程和深埋基础工程所采用的重要施工方法之一，在给水和排水工程中常用于取水构筑物、排水泵站、大型集水井等工程，平面布置多为圆形、矩形、椭圆形、菱形和不规则形状，适用于地下水位高、渗水量较大或有地下承压水、流沙、软土层、现场狭窄地段及附近已建成地下管线或地上建筑物等。

沉井施工法的主要施工过程包括沉井制作、沉井下沉和沉井封底。在地下水位低于基坑底面不小于 500mm 的地面上制作井筒，其后在井筒内施工挖土，并使井筒依靠自身质量来克服其外壁与土间的摩阻力，而逐渐下沉至设计标高。施工时，根据不同的情况和条件，井筒可以采取一次制作一次下沉，也可以采用分节制作，制作与下沉交替进行。井筒下沉到设计标高后，方可进行筒内土层的清理及平整，最后浇筑混凝土垫层和混凝土底板，完成沉井的封底工作。

1. 沉井的施工工艺流程

沉井的施工工艺流程：基坑开挖→刃脚支架制作→井壁制作→沉井下沉→泥井基底清理、平整→沉井封底。

（1）基坑开挖　为减少沉井下沉深度，可在井壁制作前先进行基坑开挖，基坑底面的平面尺寸应比刃脚外壁每侧各大 2m，边坡系数为 0.5，基坑采用集水井明排法降低地下水位。

（2）刃脚支架制作　扩大沉井刃脚的支撑面，减小对砂垫层的压力，在刃脚浇筑环形混凝土垫层。在砖支架靠近刃脚的表面，用水泥砂浆抹面，并铺上薄三合板或一层油毡。

（3）井壁制作　井壁为钢筋混凝土结构。沉井模板采用组合钢模板，竖向分节制作。底梁和刃脚内侧采用非标准木模时，支模顺序为先内模后外模，一次支到比浇筑混凝土施工缝高 100mm 以上处，待钢筋安装完毕后再进行外模支设和加固。在沉井壁内外模板的外侧，搭设脚手架。

混凝土浇筑一般采用泵送混凝土工艺进行，将沉井井壁分成偶数段，布置两个混凝土输送出口，同时对称分层进行浇筑。施工中避免高低悬殊，荷载不均衡，防止造成地基不均匀下沉或产生倾斜。井壁分节制作时，应在第一节混凝土达到设计强度的 70％后，再浇筑其上一节混凝土。上、下节井壁混凝土的接缝采用凹式水平施工缝，施工缝处凿毛并冲洗干净后，先浇一层减少一半石子混凝土约 70mm 厚，然后按正常混凝土施工配合比浇筑混凝土。刃脚模板应在混凝土达到设计强度的 75％后方可拆除。

为保证沉井现浇钢筋混凝土的抗渗性能，将混凝土的施工配制强度相对设计要求的混凝土强度值提高一个等级。由于大体积混凝土易出现收缩性裂缝，并提高混凝土的抗收缩性能，在混凝土内加入适量的 U 型膨胀剂，可防止混凝土硬化时收缩过大。

（4）沉井下沉　在沉井刃脚浇筑的混凝土达到设计强度，井壁最后一次浇筑的混凝土达到设计强度的 75% 后，沉井开始下沉。沉井开挖下沉方法有排水挖土下沉、不排水开挖下沉及吸泥下沉。

①排水开挖下沉　在稳定土层中，土的渗透性较小时可采用排水开挖下沉法。

②不排水开挖下沉　井内挖土深度，一般最深应超过刃脚下 2m；尽量加大刃脚对土的压力；通过粉砂、细砂等松软地层时，不宜采用以降低井内地下水位而减少浮力的方法促使沉井下沉；应保持井内地下水位比井外高 1～2m，以防止流沙涌向井内而引起沉井倾斜。

③吸泥下沉　吸泥机有水力吸泥机、水力吸石筒及空气吸泥机。吸泥时，吸泥管口泥面高度一般为 0.15～0.5m。吸泥时应经常变换位置，提高吸泥效果，使井底泥面均匀下降，靠近刃脚及隔墙下的土层如不能向中间自行坍落，可用高压水枪射水冲击。吸泥操作水深不宜小于 5m，因此筑岛一段开始下沉时，可采用排水开挖或抓斗下沉方法，或向井内注水，增大吸泥深度。

（5）沉井基底清理　沉井下沉到设计标高后，应进行基底清理以便于封底，有排水清底或水下清底。

（6）沉井封底　沉井下沉至设计标高并清除沉淀淤泥后，应进行沉降观察，8h 内沉降量不大于 10mm 方可封底。封底采用垂直导管法灌注水下混凝土。

2. 质量检验标准

主控项目：混凝土强度；封底前沉井的下沉稳定；封底后的位置；刃脚平均标高（按设计标高控制）；刃脚平面中心线位移；四角中的任意两角的底面高差±8mm。

一般项目：钢材、对接钢筋、水泥骨料等原材料检查；结构体外观；平面尺寸（长、宽）；曲线部分半径，两对角线差；预埋件；下沉过程中的偏差；封底混凝土坍落度。

2.4　地基处理及加固技术

2.4.1　换填垫层法

1. 换填垫层法的概念与应用

换填垫层法也称换填法，是将基础下一定深度范围内的软弱土层全部或部分挖除，然后分层回填砂、碎石、素土、灰土、粉煤灰、高炉干渣等强度较大、性能稳定且无侵蚀性的材料，并分层夯实（或振实）至要求的密实度。换填法包括低洼地筑高（平整场地）或堆填筑高（道路路基）。

当软弱地基的承载力和变形不能满足建筑物要求，且软弱土层的厚度又不很大时，换填垫层法是一种较为经济、简单的软土地基浅层处理方法。根据不同的回填材料，可分为砂垫层、碎石垫层、素土或灰土垫层、粉煤灰垫层及干渣垫层等。换填垫层法可就地取材、施工方便、机械设备简单、工期短、造价低。

2. 换填垫层法的使用范围

《建筑地基处理技术规范》（JGJ 79—2012）规定：换填垫层法适用于浅层软弱地基及不均匀地基的处理。工程实践表明：换填垫层法主要用于淤泥、淤泥质土、湿陷性黄土、素填土、杂填土地基及暗沟、暗塘等的浅层处理。

换填垫层法的处理深度常控制在 3～5m。若换填垫层太薄，其作用不甚明显，所以换填垫层的厚度不宜小于 0.5m，也不宜大于 3m。换填垫层法各种垫层的适用范围见表 2-1。

表 2-1　换填垫层法各种垫层的适用范围

垫层种类	适用范围
砂垫层 （碎石，砂砾）	中、小型建设工程的滨、塘、沟等局部处理；软弱土和水下黄土处理（不适用于湿陷性黄土）；也可有条件地用于膨胀土地基
素土垫层	中小工程，大面积回填，湿陷性黄土
灰土垫层	中小工程，膨胀土，尤其是湿陷性黄土
粉煤灰垫层	厂房、机场、港区路线和堆场等大、中、小型工程大面积填筑
干渣垫层	中、小型建筑工程，地坪、堆场等大面积地基处理和场地平整；铁路、道路路基处理

3. 加固机理

换填垫层处理软土地基，其加固机理和作用主要体现在以下几个方面：①提高浅层地基承载力；②减少地基的变形量；③加速软土层的排水固结；④防止土的冻胀；⑤消除地基上的湿陷性、胀缩性或冻胀性。换填垫层法在处理一般软弱地基时，主要作用为前三种，在某些工程中也可能几种作用同时发挥。

4. 设计计算

垫层的设计内容主要包括垫层厚度和宽度两方面，要求垫层有足够的厚度以置换可能被剪切破坏的软弱土层，有足够的宽度防止砂垫层向两侧挤出。主要起排水作用的砂（石）垫层，一般厚度要求 30cm，并需在基底下形成一个排水面，以保证地基土排水路径的畅通，促进软弱土层的固结，从而提高地基强度。

5. 施工技术

按密实方法和施工机械不同，换填垫层法有机械碾压法、重锤夯实法和平板振动法。垫层施工应根据不同的换填材料选择施工机械。

（1）机械碾压法

机械碾压法是采用各种压实机械来压实地基土的密实方法。此法常用于基坑底面积宽大、开挖土方量较大的工程。

机械碾压法的施工设备有平面碾、振动碾、羊足碾、振动压实机、蛙式夯、插入式振动器和平板振动器等。一般粉质黏土、灰土宜采用平面碾、振动碾或羊足碾；中小型工程也可采用蛙式夯、柴油夯；砂石等宜用振动碾；粉煤灰宜采用平面碾、振动碾、平板振动器、蛙式夯；矿渣宜采用平板振动器或平面碾，也可采用振动碾。

在工程实践中，对垫层碾压质量的检验，要求获得填土最大干密度。其关键在于施工时控制每层的铺填厚度和最优含水量，其最大干密度和最优含水量宜采用击实试验确定。所有施工参数（如施工机械、铺填厚度、碾压遍数与填筑含水量等）都必须由工地试验确定，对现场试验应以压实系数 λ_c 与施工含水量进行控制。不具备试验条件的场合，可按表 2-2 选用垫层的每层铺填厚度及压实遍数。

表 2-2　垫层的每层铺填厚度及压实遍数

施工设备	每层铺填厚度/mm	压实遍数
平面碾	200～300	6～8
羊足碾	200～350	8～16
蛙式夯	200～250	3～4
振动碾	600～1300	6～8
振动压力机 2t，振动力 98kN	1200～1500	1～0
插入式振动器	200～500	—
平板振动器	150～250	—

为获得最佳夯压效果，宜采用垫层材料的最优含水量 w_{op} 作为施工控制含水量。对于粉质黏土和灰土，现场可控制在最优含水量 $w_{op} \pm 2\%$ 的范围内；当使用振动碾压时，可适当放宽下限范围值，即控制在最优含水量 $w_{op} - 6\% \sim w_{op} + 2\%$ 的范围内。

最优含水量可按《土工试验方法标准》（GB/T 50123—2019）中轻型击实试验的要求求得。在缺乏试验资料时，也可近似取 3/5 倍液限值，或按照经验采用塑限 $w_p \pm 2\%$ 的范围值作为施工含水量的控制值。

为了保证有效压实深度，机械碾压速度控制范围：平面碾为 2km/h，羊足碾为 3km/h，振动碾为 2km/h，振动压实机为 0.5km/h。

（2）重锤夯实法

重锤夯实法是用起重机将夯锤提升到某一高度，然后自由落锤，不断重复夯击以加固地基。重锤夯实法一般适用于地下水位距地表 0.8m 以上稍湿的黏性土、砂土、湿陷性黄土、杂填土和分层填土。重锤夯实法的主要设备为起重机械、夯锤、钢丝绳和吊钩等。

当直接用钢丝绳悬吊夯锤时，吊车的起重能力一般应大于锤重的3倍；采用脱钩夯锤时，起重能力应大于夯锤质量的1.5倍。

夯锤宜采用圆台形，锤重宜大于2t，锤底面单位静压力宜为15~20kPa，夯锤落距宜大于4m。垫层施工中应进行现场试验，确定符合夯击密实度要求的最少夯击遍数、最后下沉量（最后两击的平均下沉量）、总下沉量及有效夯实深度等。黏性土、粉土及湿陷性黄土最后下沉量不超过10~20mm，砂土不超过5~10mm时应停止夯击。施工时夯击遍数应比试夯时确定的最少夯击遍数增加1或2遍。实践经验表明，夯实的有效影响深度约为锤底直径的1倍。

重锤夯实法施工要点如下。

①重锤夯实施工前应在现场试夯，试夯面积不小于10m×10m，试夯层数不少于2层。

②夯击前应检查坑（槽）中土的含水量，并对土的含水量进行处理。

③在条基或大面积基坑内夯击时，第一遍宜一夯挨一夯进行，第二遍应在第一遍的间隙点夯击，如此反复，最后两遍应一夯套半夯进行；在独立柱基基坑内，宜采用先外后里或先周围后中间的顺序进行夯打；当基坑底面标高不同时，应先深后浅逐层夯实。

④注意边坡稳定及夯击对邻近建筑物的影响，必要时应采取有效措施。

（3）平板振动法

平板振动法是使用振动压实机来处理无黏性土或黏粒含量少、透水性较好的松散杂填土地基的一种方法。

振动压实机的工作原理是由电动机带动两个偏心块以相同速度反向转动，由此产生较大的垂直振动力。这种振动机的频率为1 160~1 180r/min，振幅为3.5mm，击振力可达50~100kN。该振动压实机可通过操纵使之前后移动或转弯。

振动压实的效果与填土成分、振动时间等因素有关，但振动时间超过某一值后，振动引起的下沉基本稳定，再继续振动压实作用已不明显，因此需要在施工前进行试振，得出稳定下沉量和时间的关系。一般对建筑垃圾，振动时间在1min以上；对含炉灰等烟粒填土，振动时间为3~5min，有效振实深度为1.2~1.5m。施工时若地下水位太高，将影响振实效果。

振实范围应超出基础边缘0.6m左右，先振基槽两边，后振中间，其振动标准是以振动机原地振实不再继续下沉为合格，并辅以轻便触探试验检验其均匀性及影响深度。振实后的地基承载力宜通过现场载荷试验确定。一般经振实的杂填土地基承载力可达100~120kPa。

（4）砂石垫层施工

①砂石垫层施工宜采用振动碾和振动压实机等机具，其压实效果、分层铺填厚度、压实遍数、最优含水量等，应根据具体施工方法及施工机具等通过现场试验确定。

②对于砂石料可按经验控制适宜的施工含水量，采用平板振动器时可取15%~

20%，采用平面碾或蛙式夯时可取 8%～12%，采用插入式振动器时宜为饱和的碎石、卵石。

③垫层底部存在古井、古墓、洞穴、旧基础、暗塘等软硬不均的部位时，应先予以清理，再用砂石或好土逐层回填夯实，经检查合格后，再铺填垫层。

④严禁扰动垫层下卧的淤泥和淤泥质土层，防止践踏、受冻、浸泡或曝晒过久。如果淤泥和淤泥质土层厚度过小，则可先在软弱土层面上堆填块石、片石等，然后将其压入以置换或挤出软弱土。

⑤砂石垫层的地基底面宜铺设在同一标高上。若深度不同，基底土层面应挖成阶梯或斜坡搭接，并按先浅后深的顺序施工，搭接处应夯压密实。垫层竣工后，应及时施工基础，回填基坑。

⑥地下水高于基坑底面时，宜采取排降水措施，并注意边坡稳定，以防坍土混入垫层中。

（5）土垫层施工

①素土及灰土料垫层的施工，其施工含水量应控制在 $w_{op}\pm2\%$ 的范围内。w_{op} 可通过室内击实试验确定，或根据当地经验取用。

②灰土垫层施工时，不得在柱基、墙角及承重窗间墙下接缝，且上、下两层的缝距不得小于 0.5m，接缝处应夯压密实，灰土、二灰土应拌合均匀并应当日铺填压实，灰土压实后 3 天内不得受水浸泡，冬期应防冻。

③其他要求参见砂石垫层的施工要点。

2.4.2　强夯法

1. 强夯法的适用范围

强夯法适用于处理碎石土、砂土、低饱和度的粉土和黏性土、湿陷性黄土、素填土和杂填土等地基。对于软土地基，一般来说处理效果不显著。

强夯法所用设备简单，质量控制方便，适用范围广泛。其对饱和土地基加固效果的好坏，关键在于排水，如饱和砂土地基渗透性好，超孔隙水压力容易消散，夯后固结快。

强夯法加固地基能代替某些桩基础而节省钢材、木材和水泥，而且其速度快、效果好、投资少，是一种经济、简便的地基加固方法。

2. 加固机理

强夯法是利用强大的夯击能给地基冲击力，并在地基中产生冲击波，在冲击力作用下，夯锤对上部土体进行冲切，土体结构破坏，形成夯坑，并对周围土进行动力挤压，从而达到地基处理的目的。目前，强夯法加固地基有三种不同的加固机理：动力密实、动力固结和动力置换。对具体种类地基土加固机理取决于地基土的类别和强夯施工工艺。

3. 设计计算

（1）有效加固深度

有效加固深度既是选择地基处理方法的重要依据，又是反映处理效果的重要参数。可采用经修正后的 Menard 公式来估算强夯法加固地基的有效加固深度 H，即

$$H = a\sqrt{\frac{Mh}{10}} \tag{2-1}$$

式中　H——有效加固深度/m；

　　　M——夯锤重/kN；

　　　h——落距/m；

　　　a——修正系数，一般取 $a = 0.34 \sim 0.8$，a 值与地基土性质有关，软土可取 0.5，黄土可取 $0.34 \sim 0.8$。

实际上，影响有效加固深度的因素很多，除了锤重和落距外，还有地基土性质，不同土层厚度和埋藏顺序，地下水位以及其他强夯设计参数等都与有效加固深度有着密切关系，因此对于同一类土，采用不同能量夯击时，其修正系数并不相同。单击夯击能越大，修正系数越小。

鉴于有效加固深度目前尚无适合的计算公式，《建筑地基处理技术规范》规定有效加固深度应根据现场试夯或当地经验确定。在缺少经验或试验资料时，可按表 2-3 预估。

表 2-3　强夯的有效加固深度

单击夯击能/（kN·m）	碎石土、砂土等粗颗粒土/m	粉土、黏土、湿陷性黄土等细颗粒土/m
1 000	5.0～6.0	4.0～5.0
2 000	6.0～7.0	5.0～6.0
3 000	7.0～8.0	6.0～7.0
4 000	8.0～9.0	7.0～8.0
5 000	9.0～9.5	8.0～8.5
6 000	9.5～10.0	8.5～9.0
8 000	10.0～10.5	9.0～9.5

（2）夯锤和落距

在强夯法设计中，应首先根据需要加固的深度初步确定单击夯击能，然后根据机具条件因地制宜地确定锤重和落距。

①单击夯击能　单击夯击能为夯锤重 M 与落距 h 的乘积。一般来说，夯击时如果锤重和落距都大，则单击能大，夯击击数少，夯击遍数也相应减少，加固效果和技术经济性都较好。

②单位夯击能　单位夯击能为整个加固场地的总夯击能（锤重×落距×总夯击数）除以加固面积。强夯的单位夯击能应根据地基土类别、结构类型、荷载大小和要求处理的深度等综合考虑，并可通过试验确定。在一般情况下，对粗颗粒土可取 1 000～3 000 (kN·m) /m²，对细颗粒土可取 1 500～4 000 (kN·m) /m²。对于饱和黏性土，所需的能量不能一次施加，否则土体会产生侧向挤出，强度反而有所降低，且难于恢复。根据需要可分几遍施加，两遍之间可间歇一段时间。

③夯锤选择　国内夯锤一般重为10～25t。夯锤材质最好为铸钢，也可用钢板为外壳内灌混凝土的锤。夯锤平面一般为圆形或方形，夯锤的底可为平底、锥底或球形底等。一般锥底锤、球底锤的加固效果好，适用于加固较深层土体，平底锤则适用于浅层及表层地基加固。夯锤中设置若干个上下贯通的气孔，孔径可取250～300mm，既可减小起吊夯锤时的吸力（夯锤的吸力可达 3 倍锤重），又可减小夯锤着地前的瞬时气垫上托力。夯锤的底面积对加固效果的影响很大。当锤底面积过小时，静压力就大，夯锤对地基土的作用以冲切为主；当锤底面积过大时，静压力就小，达不到加固效果。为此，夯锤底面积宜按土的性质确定，锤底静压力可取 25～40kPa。

④落距选择　夯锤确定后，根据要求的单点夯击能量，就能确定夯锤的落距，国内通常采用的落距是 8～25m。对相同的夯击能量，常选用大落距的施工方案，这是因为增大落距可增加深层夯实效果，减少消耗在地表土层塑性变形上的能量。

（3）夯击点布置及间距

①夯击点布置　夯击点布置是否合理与夯实效果有直接关系。夯击点布置可根据基底平面形状，采用等边三角形、等腰三角形或正方形布置。

强夯处理范围应大于建筑物基础范围，具体的放大范围可根据建筑物类型和重要性等因素考虑决定。对一般建筑物，每边超出基础外缘的宽度宜为设计处理深度的 1/2～2/3，并不宜小于 3m。

②夯击点间距　夯击点间距一般根据地基土的性质和要求处理的深度而定。对于细颗粒土，为便于超静孔隙水压力的消散，夯击点间距不宜过小。当要求处理深度较大时，第一遍的夯击点间距不宜过小，以免夯击时在浅层形成密实层而影响夯击能向深层传递，并且在夯击时上部土体易向侧向已夯成的夯坑中挤出，从而造成坑壁坍塌、夯锤歪斜或倾倒，而影响夯实效果。

一般来说，第一遍夯击点间距通常为 5～15m（或取夯锤直径的 2.5～3.5 倍），以保证使夯击能量传递到土层深处，并保护夯坑周围所产生的辐射裂隙为基本原则；第二遍夯击点位于第一遍夯击点之间，以后各遍夯击点间距可适当减小。

（4）夯击击数和遍数

单点夯击击数指单个夯点一次连续夯击的次数。一次连续夯完后为一遍，夯击遍数指对强夯场地中同编号的夯击点进行一次连续夯击的遍数。

①夯击击数的确定。每遍每夯点的夯击击数应按现场试夯得到的夯击击数和夯沉量关系曲线确定，且应同时满足下列条件。

a. 最后两击的夯沉量不宜大于下列数值：当单击夯击能小于 4 000kN·m 时为 50mm；当单击夯击能为 400～6 000kN·m 时为 100mm；当单击夯击能大于 6 000kN·m 时为 200mm。

b. 夯坑周围地面不应发生过大隆起。

c. 不因夯坑过深而发生起锤困难。

夯击击数应以使土体竖向压缩量最大、侧向位移最小为原则，一般为 3～10 击比较合适。

②夯击遍数的确定 夯击遍数应根据地基土的性质和平均夯击能确定，一般为 1～8 遍。对于粗颗粒土夯击遍数可少些；而对于细颗粒黏土特别是淤泥质土，则夯击遍数要求多些。国内大多数工程夯 2～3 遍，并进行低能量"搭夯"，即"锤印"彼此搭接。对于渗透性弱的细颗粒土地基，必要时夯击遍数可适当增加。

由于表层土是基础的主要持力层，如处理不好，将会增加建筑物的沉降和不均匀沉降，因此必须重视满夯的夯实效果，除了采用两遍满夯外，还可采用轻锤或低落距锤多次夯击以及锤印搭接等措施。

（5）间歇时间

两边夯击之间应有一定的时间间隔，间隔时间取决于土中超静孔隙水压力的消散时间。有条件时最好能在试夯前埋设孔隙水压力传感器，通过试夯确定超静孔隙水压力的消散时间，从而决定两遍夯击之间的间隔时间。当缺少实测资料时，可根据地基土渗透性确定。对于渗透性较差的黏性土地基，间隔时间不应少于 3～4 周；对于渗透性较好的砂性土，孔隙水压力的峰值出现在夯完后的瞬间，消散时间只有 2～4min，即可连续夯击。

（6）垫层铺设

强夯前要求拟加固的场地必须具有一层稍硬的表层，使其能支撑起重设备，也便于所施加的"夯击能"得到扩散。对场地地下水位在 -2m 深度以下的砂砾石土层，可直接施行强夯，无须铺设垫层；对地下水位较高的饱和黏性土与易液化流动的饱和砂土，均需要铺设砂、砂砾或碎石垫层才能进行强夯，垫层厚度一般为 0.5～2.0m。

4. 施工技术

（1）施工机械

强夯施工机械宜采用带有自动脱钩装置的履带式起重机或其他专用设备。采用履带式起重机时，可在臂杆端部设置辅助门架或采取其他安全措施，防止落锤时机架倾覆。如果夯击工艺采用单缆锤击法，则 100t 的吊机最大只能起吊 20t 的夯锤。若起重机起吊能力不足，则可通过设置滑轮组来提高起重机的起吊能力，并利用自动脱钩装置使夯锤形成自由落体运动。

拉动脱钩器的钢丝绳的一端拴在桩架的盘上，以钢丝绳的长短控制夯锤的落距。当吊钩提升到要求的高度时，张紧的钢丝绳将脱钩器的伸臂拉转一个角度，致使夯锤突然下落。自动脱钩装置应具有足够的强度且施工灵活。

（2）施工步骤

①清理并平整施工场地，放线，埋设水准点和各夯点标桩。

②铺设垫层，在地表形成硬层，用以支撑起重设备，确保机械通行和施工，同时可加大地下水和表层面的距离，防止夯击的效率降低。

③标出第一遍夯点位置，并测量场地高度。

④起重机就位，使夯锤对准夯点。

⑤测量夯前锤顶高程。

⑥将夯锤起吊到预定高度，待夯锤自由下落后，放下吊钩，测量锤顶高程。

⑦重复步骤⑥，按设计规定次数及控制标准完成一个夯点的夯击。

⑧重复步骤④至⑦完成第一遍全部夯点的夯击。

⑨用推土机将夯坑填平，并测量场地高程。

⑩按上述步骤逐次完成全部夯击遍数，最后用低能量锤将场地表层松土夯实，并测量夯后场地高程。

5. 工程实例

例 某港口砂土地基上欲修建一堆料场，地基承载力不能满足设计要求，现采用强夯法进行地基处理，已知夯锤的质量为 300kN，夯锤的落距为 15m。求强夯处理的有效加固深度，并确定单点夯击击数与夯击遍数。

解 取修正系数 $a=0.5$，则有效加固深度 H 为

$$H = a\sqrt{\frac{Mh}{10}} = 0.5 \times \sqrt{\frac{300 \times 15}{10}} = 10.6\text{m}$$

单点夯击击数应按现场试夯得到的夯击击数和夯沉量关系曲线确定，且应同时满足：

（1）最后两击的平均夯沉量不大于 50mm，当单击夯击能较大时夯沉量不大 100mm；

（2）夯坑周围地面不应发生过大隆起；

（3）不因夯坑过深而发生起锤困难。

因为是砂性土，所以夯击遍数取 2 遍，每个夯击点的夯击击数为 6 击。最后以较低能量（如前几遍能量的 1/4～1/5，击数为 2～3 击）满夯一遍，以加固前几遍之间的松土和被振松的表层土。

2.4.3 深层搅拌法

1. 深层搅拌法的适用范围

深层搅拌法加固技术是利用水泥、石灰等材料作为固化剂的主剂，通过特制的深层搅拌机械，在地基深处直接将软土和固化剂强制拌合，使软土硬结而形成强度较高的补强桩体，使补强桩体和桩间天然地基共同组成承载力较高、压缩性较低的复合

地基。

目前常用的深层搅拌桩桩径多数为 500mm，加固深度从数米到数十米不等，可用于增加软土地基承载力，减少沉降量和提高边坡的稳定性。深层搅拌桩常用于建（构）筑物地基、大面积的码头、公路和坝基加固及地下防渗墙等工程，处理后的复合地基承载力可达 200kPa，甚至更高。

2. 加固机理

加固法就是利用深层拌掉机械，在软土地基内边钻进边喷射浆液和外加剂，并且利用搅拌轴的旋转充分拌合，使固化剂和土体之间发生一系列的物理和化学反应，改变原状土的结构，使之硬结成具有整体性和水稳性及一定强度的水泥土，从而使土体的强度增加，达到加固目的。

3. 施工技术

（1）机械设备

国产水泥土搅拌机的搅拌头大都采用双层（或多层）十字杆形或叶片螺旋形。常用搅拌机有 SJB-1 型、SJB-2 型、GZB-600 型、ZKD65-3 型、ZKD85-3 型等。其配套机械主要有灰浆搅拌机、集料斗、灰浆泵、压力胶管、电气控制柜等。

（2）施工工艺

①定位　起重机（或塔架）悬吊搅拌机到达指定桩位并对中。

②预搅下沉　待搅拌机冷却水循环后，启动搅拌机沿导向架搅拌切土下沉。

③制备水泥浆　按设计确定的配合比制备水泥浆，待压浆前将水泥浆倒入集料斗中。

④提升喷浆搅拌　搅拌头下沉到达设计深度后，开启灰浆泵将水泥浆液泵入压浆管路中，边提搅拌头边回转搅拌制桩。

⑤重复上、下搅拌　当搅拌机提升至设计加固深度的顶面标高时，集料斗中的水泥浆应正好排空。为使软土和水泥浆搅拌均匀，可再次将搅拌机边旋转边沉入土中，至设计加固深度后再将搅拌机提升出地面。

⑥清洗　向已排空的集料斗中注入适量清水，开启灰浆泵，清洗管路中残余水泥浆，直至基本干净。

⑦移位　重复上述①至⑥步骤，再进行下根桩的施工。

（3）施工注意事项

①深层搅拌机应基本保持垂直，要注意平整度和导向架垂直度。

②深层搅拌叶下沉到一定深度后，即开始按设计配合比拌制水泥浆。

③水泥浆不能离析，水泥浆要严格按照设计的配合比配置，水泥要过筛，为防止水泥离析，可在灰浆机中不断搅动，待压浆前才将水泥浆倒入集料斗中。

④要根据加固强度和均匀性预搅，软土应完全预搅切碎，以利于水泥浆均匀搅拌。

⑤压浆阶段不允许发生断浆现象，输浆管不能发生堵塞。

⑥严格按设计确定数据，控制喷浆、搅拌和提升速度。

⑦控制重复搅拌时的下沉和提升速度，以保证加固范围每一深度内，得到充分搅拌。

⑧在成桩过程中，凡是由于电压过低或其他原因造成停机，使成桩工艺中断的，为防止断桩，在搅拌机重新启动后，应将深层搅拌叶下沉 0.5m 后再继续成桩。

⑨相邻两桩施工间隔时间不得超过 12h（桩状）。

⑩确保壁状加固体的连续性，按设计要求桩体要搭接一定长度时，原则上每一施工段要连续施工，相邻桩体施工间隔时间不得超过 25h。

⑪考虑到搅拌桩与上部结构的基础或承台接触部分受力较大，所以通常还可以对桩顶板 -1.5m 范围内再增加一次输浆，以提高其强度。

⑫在搅拌桩施工中，根据摩擦型搅拌受力特点，可采用变参数的施工工艺，即用不同的提升速度和注浆速度来满足水泥浆的掺入比要求或在软土中掺入不同水泥浆量。

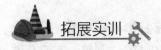 拓展实训

一、填空题

1. 桩基础按荷载传递机理，将桩分为_____和_____。

2. 灌注桩按成孔设备和方法可划分为_____灌注桩、_____灌注桩、_____灌注桩以及_____灌注桩等。

3. 灌注桩混凝土强度等级不应低于_____，所用水泥强度等级不宜低于_____级。

4. 桩基础按桩的施工工艺可分为_____和_____。

5. 预制桩的沉桩方法有_____、_____和_____。

6. 机械钻孔灌注桩根据钻孔设备分为_____灌注桩和_____灌注桩。

7. 打桩机具主要包括_____、_____和_____三部分。

8. 预制桩的接桩工艺包括_____、_____、_____和_____。

二、单项选择题

1. 预制桩的打桩顺序一般分为逐排打桩、自中部向边缘打桩和（   ）。

A. 分段打桩　　　　　　　　　B. 随意打桩

C. 自边缘向中部打桩　　　　　D. 先难后易打桩

2. 下列建筑物中，可以不采用桩基础的是（   ）。

A. 高大建筑物，深部土层软弱

B. 普通低层住宅

C. 上部荷载较大的工业厂房

D. 变形和稳定要求严格的特殊建筑物

3. 在极限承载力条件下，桩顶荷载由桩侧阻力承受的桩是（   ）。

A. 端承桩　　　　　　　　　　　　B. 端承摩擦桩

C. 摩擦桩　　　　　　　　　　　　D. 摩擦端承桩

4. 预制桩的重叠层数不宜超过（　　　）。

A. 3 层　　　　　　B. 4 层　　　　　　C. 5 层　　　　　　D. 2 层

5. 在打桩时，引起邻桩隆起的主要原因是（　　　）。

A. 桩太密　　　　　　　　　　　　B. 桩径太小

C. 土中含水量太大　　　　　　　　D. 土质较软

6. 在预制桩打桩过程中，如果发现贯入度骤减，则说明（　　　）。

A. 桩下有障碍物　　　　　　　　　B. 桩尖破坏

C. 桩身破坏　　　　　　　　　　　D. 遇到软土层

7. 在锤击沉桩施工中，如发现桩锤经常回弹、打桩下沉量小，则说明（　　　）。

A. 桩锤太重　　　B. 桩锤太轻　　　C. 落距小　　　　D. 落距大

8. 打桩时，下列应先沉设入土桩是（　　　）。

A. 深度深、截面小　　　　　　　　B. 深度深、截面大

C. 深度浅、截面小　　　　　　　　D. 深度浅、截面大

9. 打桩过程如出现贯入度骤减、桩锤回弹增大，应（　　　）。

A. 减小锤重　　　B. 增大锤重　　　C. 减小落距　　　D. 增大落距

10. 锤击沉桩法施工程序：确定桩位和沉桩顺序→桩机就位→吊桩喂桩→（　　　）→锤击沉桩→接桩→再锤击。

A. 送桩　　　　　B. 校正　　　　　C. 静力压桩　　　D. 检查验收

11. 打桩过程中，如出现贯入度骤增，应（　　　）

A. 减小落距　　　B. 减小锤重　　　C. 暂停锤击　　　D. 拔出重打

12. 由于挤土桩施工时沉桩对土体的挤密作用，会造成（　　　），所以需要正确选择沉桩顺序。

A. 后打的桩难以下沉　　　　　　　B. 垂直挤拔

C. 桩的位移偏位　　　　　　　　　D. 挤压地下管线

三、判断题

1. 干作业钻孔灌注桩是先用钻机在桩位处钻孔，然后在孔内放入钢筋笼，再灌注混凝土而成的桩。（　　　）

2. 按桩的规格不同，打桩的顺序宜先大后小、先长后短。（　　　）

3. 打桩开始时，桩锤落距宜小。（　　　）

4. 桩按施工工艺不同，可分为端承桩和摩擦桩。（　　　）

5. 桩端位于一般土层时，打桩以贯入度控制为主，而桩端标高只作参考。（　　　）

6. 打桩工艺包括按设计图纸定桩位、吊桩就位、打桩、接桩。（　　　）

7. 当预制桩的强度达到设计强度的 70% 后，方可对桩进行起吊和运输。（　　　）

8. 打桩的顺序一般有逐排打桩、从中间向四周打桩、分段打桩等几种。（　　　）

9. 预制桩打桩时，为了防止桩头打碎，应选用轻锤低击。（   ）

四、简答题

1. 何为钻孔灌注桩？简述钻孔灌注桩的施工工艺。

2. 何为人工挖孔桩？简述人工挖孔桩的施工工艺。

3. 简述人工挖孔灌注桩的优缺点以及四个主要问题。

第3章 钢筋混凝土工程施工技术

  章节概述

钢筋混凝土结构是建筑领域的主要结构体系之一。其性能优异，可就地取材，施工比较方便，在建筑工程中占据主导地位。按其结构类型可分为现浇混凝土和预制混凝土，本章只介绍现浇钢筋混凝土。在施工现场，结构构件的设计位置，架设模板，绑扎钢筋、浇筑振捣成型、养护混凝土达到拆模强度、拆除模板、制成结构构件的工艺称为现浇钢筋混凝土。相对于预制装配式混凝土而言，其整体性和抗震性能好，节约钢材，而且不需要大型起重机械；缺点是模板消耗量较大，现场运输量大，湿作业多，劳动强度高，生产效率不高，施工易受气候条件影响。

  教学目标

1. 了解模板的类型及特点。
2. 掌握模板搭设及拆除工艺。
3. 了解钢筋的分类、加工及连接方式。
4. 掌握混凝土的制备、运输、浇筑、振捣、养护工艺。
5. 掌握混凝土的配合比计算。
6. 掌握大体积混凝土的施工工艺。

  课时建议

16 课时。

3.1 模板工程施工

钢筋混凝土结构分为现浇整体式和装配式两大类。现浇整体式钢筋混凝土结构的整体性和抗震性能好，结构构件布置灵活，适用性强，钢筋消耗量较少，施工时不需大型的起重机械，所以在工业与民用建筑中得到广泛采用。钢筋混凝土工程施工技术的不断革新和现场机械化施工水平的提高，为现浇整体式钢筋混凝土结构的广泛采用带来了新的发展前景。本章着重介绍现浇钢筋混凝土工程的施工工艺。

现浇钢筋混凝土工程包括模板工程、钢筋工程和混凝土工程三个主要工种工程。组织现浇整体式钢筋混凝土结构的施工，在施工前必须做好充分的准备，施工中要加强施工管理，合理安排施工程序，组织好各工种工程施工时相互之间的紧密配合，制度合理的技术措施，以加快施工速度，保证工程质量，降低施工费用，提高经济效益。

3.1.1 模板系统的组成和分类

1. 模板系统的组成

模板结构由模板和支撑系统两部分构成。模板的作用是使混凝土成型，使硬化后的混凝土具有设计所要求的形状和尺寸；支撑系统的作用是保证模板形状和位置，并承受模板和新浇筑混凝土的质量和施工荷载。

模板结构对钢筋混凝土工程的施工质量、施工安全和工程成本有着重要的影响，所以模板结构必须符合下列要求：

（1）应保证成型后混凝土结构和构件的形状、尺寸和相互位置的准确；

（2）要有足够的承载能力、刚度和稳定性，并能可靠地承受新浇筑混凝土的质量和侧压力以及在施工中所产生的其他荷载；

（3）构造要简单，装拆要方便，并便于钢筋的绑扎与安装，有利于混凝土的浇筑及养护；

（4）模板接缝应严密，不得漏浆。

2. 模板的分类

（1）按材料分类

目前常用的模板有木模板、钢模板、木胶合板模板、竹木胶合板模板，还有钢框木模板、钢框木（竹）胶合板模板、塑料模板、玻璃钢模板、铝合金模板等。

①木模板　制作方便、拼装随意，尤其适用于外形复杂或异型混凝土构件；导热系数小，对混凝土冬期施工有一定的保温作用，但周转次数少；板厚20～50mm，宽度不宜超过200m，以保证木材干缩时，缝隙细匀，浇水后易密缝。

②钢模板　一般做成定型模板并用连接件拼装成各种形状和尺寸，适用于多种结构形式，应用广泛。钢模板周转次数多，但一次投资量大，在使用过程中应注意保管和维护，防止生锈以延长钢模板的使用寿命。

③木胶合板模板　克服了木材的不等方向性的缺点，具有受力性能好、强度高、自重小、不翘曲、不开裂及板幅大、接缝少。

④竹木胶合板模板　由若干层竹编与两表层木单板经热压胶合而成，比木胶合板模板强度更高，表层经树脂涂层处理后可作为清水混凝土模板，但现场拼钉较困难。

⑤钢框木模板　以角钢为边框，以木板为面板的定型模板，可以充分利用短木料，并能多次周转使用角钢边框。

（2）按结构类型分类

模板按结构类型可分为基础模板、柱模板、梁模板、楼板模板、楼梯模板、墙模板、墩模板、壳模板、烟囱模板等。

（3）按施工方法分类

①现场装拆式模板　按照设计要求的结构形状、尺寸及空间位置在施工现场组装的模板，当混凝土达到拆模强度后拆除。

②固定式模板　按照构件的形状、尺寸在现场或工厂制作模板，涂刷隔离剂，浇筑混凝土，当混凝土达到规定的强度后，脱模吊离构件，再清理模板，涂刷隔离剂，制作下一批构件。各种胎模（土胎模、砖胎模、混凝土胎模）都属固定式模板，一般在制作预制构件时采用。

③移动式模板　随着混凝土的浇筑，模板可沿垂直方向或水平方向移动，例如烟囱、水塔、墙柱等混凝土浇筑采用的滑升模板、提升模板等。

④永久性模板（又称一次性消耗模板）　在结构或构件混凝土浇筑后模板不再拆除，其中有的模板与现浇结构叠合后组合成共同受力构件。该种模板多用于现浇钢筋混凝土楼板工程，也用于竖向现浇结构。永久性模板简化了模板支拆工艺，改善了劳动条件，加快了施工进度。

3.1.2　模板的构造与安装

1. 木模板

木模板通常预先制作成两种形式的基本构件。一种是先在木材加工厂或施工现场做成拼板，然后在现场拼装。该种木模板由拼板和拼条组成。拼板厚度一般为 25～50mm，宽度不宜超过 200mm，以保证干缩时缝隙均匀不翘曲，浇水后易于密缝；但梁底板的拼板宽度不受此限制，以减少拼缝和防止漏浆。拼条规格为 25mm×35mm～50mm×100mm。另一种是将木板钉在边框上，制成一定尺寸的定型板。定型板的尺寸一般为长 700～1 200mm、宽 200～400mm。这种形式的木模板可用短料制成，刚度较好，不易损坏，利用率高。

（1）基础模板的构造与安装

①模板构造　阶梯形柱基础模板的构造如图 3-1 所示，每级阶梯均由四块拼板构成，两块内拼板与阶梯等长，另两块外拼板长于阶梯，以便支模。拼板宽度与阶梯高度相同。

②模板安装　在模板安装前，应平整好基础底面（有的基础根据设计要求还要先做好垫层），并根据基础纵、横轴中线，放出模板安装边线，再据此边线安装模板。模板定位后用木条、撑木、斜撑等固定侧拼板。为了抵抗混凝土的侧压力，还要用铁丝将侧拼板互相拉牢。

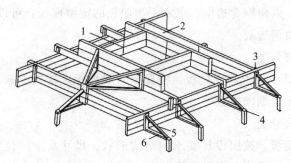

图 3-1 阶梯形柱基础模板构造

1—中线；2—侧板；3—木挡；4—木桩；5—斜撑；6—平撑

（2）柱模板的构造与安装

①模板构造 柱模板由两块相对的内拼板夹在两块外拼板之内组成，如图 3-2 所示，也可用短板（门子板）代替外拼板钉在内拼板上。有些短横板可先不钉上，作为混凝土的浇筑孔，待浇至其下口时再钉上。

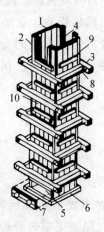

图 3-2 柱模板构造

1—内拼板；2—外拼板；3—柱箍；4—梁缺口；5—清理孔；

6—木框；7—盖板；8—拉紧螺栓；9—拼条；10—三角木条

柱模板底部开有清理孔，沿高度每隔约 2m 开有浇筑孔。柱底部一般有一钉在底部混凝土上的木框，用来固定柱模板的位置。为承受混凝土侧压力，拼板外要设柱箍，柱箍可为木制、钢制或钢木制。柱箍间距与混凝土侧压力大小、拼板厚度有关，由于侧压力是下大上小，所以柱模板下部柱箍较密。柱模板顶部需要开有与梁模板连接的缺口。

②模板安装 柱模板安装前应弹出柱中线及边线。依据边线并考虑增加两片柱模板的厚度钉柱脚木框，木框应牢固地固定于基础顶面或楼面，然后紧靠木框内表面安装柱模板。若柱钢筋在安装模板前已绑扎完毕，则四块拼板可同时安装。若柱钢筋还

未绑扎，则应留下 1～2 面的柱模板待钢筋绑扎完后再安装。

安装柱模板除应保证平面尺寸正确外，还应保证垂直。用垂球检查柱模板的垂直度后，应立即用撑木撑牢。各柱模板安装完毕后相互间应用水平及斜拉杆连系成一个整体，以便在整个施工过程中不致发生倾斜。校正完柱模板的垂直度即可上紧柱箍。

（3）梁模板的构造与安装

①模板构造　梁模板由三块拼板构成，其中一块作底板，两块作侧板，其长度均为梁净长。底模板的宽度同梁宽。侧模板的宽度视所处位置的不同而不同，若是边梁外侧板，则宽度为梁高加梁底模板厚度；若是一般梁侧模板，则宽度为梁高加梁底模板厚度再减去混凝土板厚。

梁底模板所用的支柱除木支柱外，常用的还有钢管支柱。钢管支柱要先用插销粗调高度，再用螺旋微调高度。

当荷载较大、单根支柱承载力不足时，可用组合钢支柱或钢管井架。

作脚手架用的金属支架也可用于支撑梁或板的模板支架。每个支架宽约 1.2m，高约 1.8m，可根据需要装配至所需高度及长度。支架顶有可调式顶托，可精确调节高度，底部有可调式底板，可调整地面平整度。支架之间以交叉斜拉杆相互连系保持稳定。

②模板安装　第一步应安装梁底模板。安装时将梁底模板两端搁置在柱模板顶端梁的缺口处，下面用立柱撑起，再用楔块或螺旋底座调整高度。梁底模板安装要求平直，跨度等于或大于 4m 的梁底模板应起拱，以抵消部分受荷载后下垂的挠度。起拱高度宜为跨长的 1/1000～3/1000。支柱的间距根据荷载大小及支柱的承载能力由计算确定，一般为 1～1.5m，第一根支柱离梁端或柱边距离不大于 300mm。

第二步安装梁侧模板。安装时要将梁侧模板紧靠梁底模板放在支柱顶的横木上，为防止产生外移，应用夹板将侧模板夹牢在支柱顶的横木上，梁侧模板安装要求垂直。边梁外侧模板上边用立木及斜撑固定，一般梁侧模板的上边用楼板的底模板顶紧。梁侧模板之间应临时用撑木撑牢，撑木长度与梁宽相同，浇筑混凝土时再拆去。若梁的高度较大，为抵抗混凝土的侧压力，还要安设对拉螺栓。

多层钢筋混凝土房屋需要分层支模，各层模板支架的立柱下应铺设通长的垫板，上下层的立柱应安装在同一条竖向中心线上。当层间高度大于 5m 时，宜选用桁架支模或多层支架支模的方法。采用多层支架支模时，支架的横垫板必须平正，支架的上下层立柱应保证在同一竖向中心线上。

（4）楼板模板的构造与安装

①模板构造　楼板模板可由若干拼板拼成，如图 3-3 所示。一般宜用定型板拼成，其不足部分另加木板补齐。

②模板安装　楼板模板铺放前，应先在梁侧模板外边钉立木及横挡，在横挡上安装楞木。楞木安装要水平，如不平可在楞木两端加木楔调平。楞木调平后即可铺放楼板模板。若楞木跨度过大，可在楞木中间另加支柱，以免受荷载后挠度过大。也可用

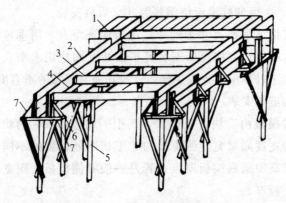

图 3-3 梁、楼板模板
1—楼板模板；2—梁侧模板；3—搁栅；4—横挡支撑；5—支撑；6—夹条；7—斜撑

伸缩式桁架支模。

（5）墙模板的构造与安装

①模板构造 墙模板由两片侧板组成，每片侧板由若干块拼板（或定型板）拼接而成，拼板尺寸依墙体大小而定。侧板外用纵、横檩木及斜撑固定。为抵抗新浇筑混凝土的侧压力和保持墙的一定厚度，应装设对拉螺栓及临时撑木，对拉螺栓的间距由计算确定。

②模板安装 在安装墙模板前，底面应用水泥砂浆抹平，弹出墙体的中线及边线，依据边线安装墙模板。墙模板应保持垂直。模板上的纵、横檩木与斜撑必须撑牢，对拉螺栓也要收紧，以免在浇筑混凝土的过程中模板产生过大变形或位移。

2. 定型组合钢模板

定型组合钢模板通过各种连接件和支撑件可组合成多种尺寸和几何形状，以适应各种类型建筑物中钢筋混凝土梁、柱、板、基础等施工所需要的模板，也可用其拼成大模板、滑模、筒模和台模等。施工时可在现场直接组装，也可预拼装成大块模板或构件模板再用起重机吊运安装。

定型组合钢模板的安装工效比木模板高；组装灵活，通用性强；拆装方便，周转次数多，每套钢模板可重复使用 50～100 次以上；加工精度高，浇筑的混凝土质量好；成型后的混凝土尺寸准确，棱角齐整，表面光滑，可以节省装修用工。

（1）定型组合钢模板的组成

定型组合钢模板由模板、连接件和支撑件组成。

①定型组合钢模板的模板包括平面模板（P）、阴角模板（E）、阳角模板（Y）、连接角模（J），如图 3-4 所示，此外还有一些异型模板。模板的宽度有 100mm、150mm、200mm、250mm、300mm 五种规格，其长度有 450mm、600m、750mm、900mm、1 200mm、1 500mm 六种规格，可适应横竖拼装。

②定型组合钢模板的连接件包括 U 形卡、L 形插销、钩头螺栓、对拉螺栓、紧固

螺栓和扣件等。U 形卡用于相邻模板的拼接，其安装距离不大于 300mm，即每隔一孔卡插一个 U 形卡，安装方向一顺一倒相互错开，以抵消因打紧 U 形卡可能产生的位移。L 形插销用于插入钢模板端部横肋的插销孔内，以加强两相邻模板接头处的刚度和保证接头处板面平整。钩头螺栓用于钢模板与内外钢楞的加固，安装间距一般不大于 600mm，长度应与采用的钢楞尺寸相适应。紧固螺栓用于紧固内外钢楞，长度应与采用的钢楞尺寸相适应。对拉螺栓用于连接墙壁两侧模板，保持模板与模板之间的设计厚度，并承受混凝土侧压力及水平荷载，使模板不变形。扣件用于钢楞与钢楞或与钢模板之间的扣紧，按钢楞的不同形状，分别采用蝶形扣件和"3"形扣件。

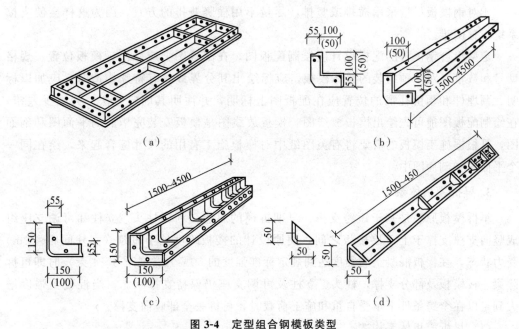

图 3-4　定型组合钢模板类型

（a）平面模板；（b）阳角模板；（c）阴角模板；（d）连接角模

　　③定型组合钢模板的支撑件包括柱箍、钢楞、支架、斜撑、钢桁架等。钢桁架两端可支撑在钢筋托具、墙、梁侧模板的横挡以及柱顶梁底横挡上，用以支撑梁或板的底模板。钢支架用于承受由桁架、模板传来的垂直荷载。钢管支架由内外两节钢管制成，其高低调节距模数为 100mm，支架底部除垫板外，均用木楔调整，以利于拆卸。另一种钢管支架本身装有调节螺杆，能调节一个孔距的高度，使用方便，但成本略高。当荷载较大，单根支架承载力不足时，可用组合钢支架或钢管井架，还可用扣件式钢管脚手架、门式脚手架作支架。由组合钢模板拼成的整片墙模或柱模在吊装就位后，应用斜撑调整和固定其垂直位置。钢楞即模板的横挡和竖挡，分为内钢楞和外钢楞。内钢楞配置方向一般应与钢模板垂直，直接承受钢模板传来的荷载，间距一般为 700～900mm。外钢楞承受内钢楞传来的荷载，或用来加强模板结构的整体刚度和调整平直度。钢楞一般用圆钢管、矩形钢管、槽钢或内槽钢及内卷边槽钢制成，而以钢管较多。

梁卡具又称梁托具，用于固定矩形梁、圈梁等构件的侧模板，可节约斜撑等材料，也可用于侧模板上口的卡固定位。

（2）钢模板的配板设计

①应使木材拼镶补量最少。

②合理使用转角模板。对于构造上无特殊要求的转角，可不用阳角模板，一般可用连接角模代替。阴角模板宜用于长度大的转角处，柱头、梁口及其他短边转角部位，如无合适的阴角模板，可用 55mm 的方木条代替。

③应使支撑件布置简单、受力合理。

④对钢模板尽量采用横排或竖排，尽量不用横竖兼排的方式，因为这样会使支撑系统布置困难。

定型组合钢模板的配板设计应绘制配板图，在配板图上应标出钢模板位置、规格型号和数量。对于预组装的整体模板，应标绘出其分界线。有特殊构造时，应加以标明。预埋件和预留孔洞的位置应在配板图上标明，并注明其固定方法。为减少差错，在绘制配板图前可先绘出模板放线图。模板放线图是模板安装完毕后的平面图和剖面图，是根据施工模板的需要将有关图纸中对模板施工有用的尺寸综合起来，绘在同一个平面图和剖面图中。

3. 早拆模板体系

早拆模板原理是基于短跨支撑、早期拆模的思想。利用柱头、立柱和可调支座组成竖向支撑支撑于上下层楼板之间，使原设计的楼板跨度处于短跨（立柱间距＜2m）受力状态，在楼板混凝土的强度达到规定标准强度的 50%（常温下 3～4 天）时即可拆除梁、板模板及部分支撑，柱头、立柱及可调支座仍保持支撑状态。当混凝土强度增大到足以在全跨条件下承受自重和施工荷载时，再拆去全部竖向支撑。

（1）早拆模板体系构造

早拆模板体系中柱头为精密铸钢件，柱头顶板（50mm×150mm）可直接与混凝土接触，两侧梁托可挂住梁头，梁托附着在方形管上，方形管可上下移动 115mm。方形管在上方时，可通过支撑板锁住，用锤敲击支撑板，则梁托随方形管下落。

模板主梁是薄壁空腹结构，上端带有 70mm 的凸起，与混凝土直接接触。当梁的两端梁头挂在柱头的梁托上时将梁支起，即可自锁而不脱落；模板梁的悬臂部分挂在柱头的梁托上支起后，能自锁而不脱落。

可调支座插入立柱的下端，与地面（楼面）接触，用于调节立柱的高度，可调范围为 0～50mm。支撑可采用碗扣式或扣件式钢管支撑。模板可用钢框胶合板模板或其他模板，模板边框高度为 70mm。

（2）早拆模板体系的安装与拆除

模板实装时，先立两根立柱，套上早拆柱头和可调支座，加上一根主梁，架起一门架，然后架起另一门架，用横撑临时固定，依次把周围的梁和立柱架起来，再调整立柱高度和垂直度，并锁紧碗扣接头，最后在模板主梁间铺放模板即可。

模板拆除时，只需用锤子敲击早拆柱头上的支撑板，则模板和模板梁将随方形管下落 115mm，模板和模板梁便可卸下来，保留立柱支撑梁板结构。当混凝土强度满足要求后，调低可调支座，解开碗扣接头，即可拆除立柱和柱头。

采用早拆模板体系可加快模板与支撑的周转，节省模板和支撑，具有良好的经济效益。

4. 现浇混凝土结构模板的拆除

模板的拆除日期取决于混凝土的强度、各个模板的用途、结构的性质、混凝土硬化时的气温等因素。及时拆模可提高模板的周转率，也可以为其他工作创造条件。但过早拆模，混凝土会因强度不足以承担自重或受外力作用而变形甚至断裂，而造成重大的质量事故。

侧模板应在混凝土强度能保证其表面及棱角不因拆除而受损坏时拆除。

底模板应在与混凝土结构同条件养护的试件达到表 3-1 规定的强度标准值时方可拆除。

表 3-1　底模板拆除时的混凝土强度要求

结构类型	结构跨度/m	按设计的混凝土强度标准值的百分率计/%
板	≤2	≥50
	>2，≤8	≥75
	>8	≥100
梁、拱、壳	≤8	≥75
	>8	≥100
悬臂构件	—	≥100

注："设计的混凝土强度标准值"指与设计混凝土强度等级相应的混凝土立方体抗压强度标准值。

拆模顺序一般是先支后拆，后支先拆，先拆除侧模板，后拆除底模板。重大复杂模板的拆除，事前应制订拆模方案。肋形楼板的拆模顺序为柱模板→楼板底模板→梁侧模板→梁底模板。

多层楼板模板支架的拆除应按下列要求进行：上层楼板正在浇筑混凝土时，下一层楼板的模板支架不得拆除，再下一层楼板模板的支架仅可拆除一部分；跨度 4m 及 4m 以上的梁下均应保留支架，其间距不得大于 3m。

拆模时应尽量避免混凝土表面或模板受到损坏，避免整块模板下落伤人。拆下来的模板有钉子时，要使钉尖朝下，以免扎脚。模板拆完后应及时加以清理、修理，按种类及尺寸分别堆放，以便下次使用。对定型组合钢模板，若背面油漆脱落，应补刷防锈漆。已拆除模板及其支架结构的混凝土，应在其强度达到设计强度标准值后才允许承受全部使用荷载。当承受施工荷载产生的效应比使用荷载更为不利时，必须通过核算加设临时支撑。

3.1.3　模板设计

常用的木模板和定型组合钢模板，在其经验适用范围内一般不需进行设计验算，但对重要结构的模板、特殊形式的模板或超出经验适用范围的一般模板，应进行设计或验算，以确保工程质量和施工安全，防止浪费。

模板和支撑系统的设计应根据结构形式、荷载大小、地基土类别、施工设备和材料供应等条件进行。设计内容一般包括选型、选材、配板、荷载计算、结构设计、拟订制作安装和拆除方案、绘制模板施工图等。

1. 荷载计算

（1）模板及其支撑自重　模板及其支撑自重标准值应根据模板设计图确定。肋形楼板及无梁楼板模板的自重标准值可按表 3-2 采用。

表 3-2　肋形楼板及无梁楼板模板的自重标准值　　　　　　　单位：kN/m^3

模板构件名称	木模板	定型组合钢模板	钢框胶合板模板
平板的模板及小楞	0.3	0.5	0.4
楼板模板（其中包括梁的模板）	0.5	0.75	0.6
楼板模板及其支架（楼层高度为 4m 以下）	0.75	1.1	0.95

（2）新浇筑混凝土自重　对普通混凝土可采用 24kN/m，对其他混凝土可根据实际密度确定。

（3）钢筋自重　根据设计图纸确定，一般梁板结构每立方米混凝土的钢筋自重标准值，楼板为 1.1kN，梁为 1.5kN。

（4）施工人员及施工设备荷载　计算模板及直接支撑模板的小楞时，均布活荷载取 2.5kN/m²，另应以集中荷载 2.5kN 进行验算，比较两者所得的弯矩值，按其中较大者采用。计算直接支撑小楞结构构件时，均布活荷载取 1.5kN/m²。计算支撑立柱及其他支撑结构构件时，均布活荷载取 1.0kN/m²。大型浇筑设备如上料平台、混凝土输送泵等按实际情况计算；混凝土堆集料高度超过 100mm 以上者按实际高度计算；模板单块宽度小于 150mm 时，集中荷载可分布在相邻的两块板上。

（5）振捣混凝土时产生的荷载　振捣混凝土时产生的荷载标准值，对水平面模板可采用 2.0kN/m²，对垂直面模板可采用 4.0kN/m²（作用范围在新浇筑混凝土侧面压力的有效压头高度之内）。

（6）新浇筑混凝土对模板侧面的压力　新浇筑混凝土对模板侧面压力标准值有影响的因素很多，如混凝土密度、凝结时间、混凝土的坍落度和掺缓凝剂等。采用内部振动器、浇筑速度在 6m/h 以下的普通混凝土及轻骨料混凝土，其新浇筑的混凝土作用于模板的最大侧压力标准值，可按以下两式计算，并取两式中的较小值

$$F = 0.22\gamma'_c t_0 \beta_1 \beta_2 v^{\frac{1}{2}} \tag{3-1}$$

$$F = \gamma'_c H \tag{3-2}$$

式中　F——新浇筑混凝土对模板的最大侧压力标准值/（kN/m²）；

　　　γ'_c——混凝土的重力密度/（kN/m³）；

　　　t_0——新浇筑混凝土的初凝时间/h，可按实测确定，当缺乏试验资料时，可采用 $t_0 = 200/（T + 15）$ 计算（为混凝土的温度，以℃为单位）；

　　　v——混凝土的浇筑速度/（m/h）；

　　　H——混凝土侧压力计算位置处至新浇筑混凝土顶面的总高度/m；

　　　β_1——外加剂影响修正系数，不掺外加剂时取 1.0，掺具有缓凝作用的外加剂时取 1.2；

　　　β_2——混凝土坍落度影响修正系数，当坍落度小于 30mm 时取 0.85，为 50～90mm 时取 1.0，为 110～150mm 时取 1.15。

（7）倾倒混凝土时产生的荷载　倾倒混凝土时在垂直面模板产生的水平荷载标准值可按表 3-3 采用。

表 3-3　倾倒混凝土时产生的水平荷载标准值

向模板内供料的方法	水平荷载/（kN/m²）
溜槽、串筒或导管	2
容量小于 0.2m³ 的运输器具	2
容量为 0.2～0.8m³ 的运输器具	4
容量大于 0.8m³ 的运输器具	6

模板及其支撑时的荷载设计值，应采用荷载标准值乘以相应的荷载分项系数求得，荷载分项系数应按表 3-4 采用。

表 3-4　荷载分项系数

项次	荷载类别	荷载分项系数
1	模板及支撑自重	1.2
2	新浇筑混凝土自重	
3	钢筋自重	
4	施工人员及施工设备荷载	1.4
5	振捣混凝土时产生的荷载	
6	新浇筑混凝土对模板侧面的压力	1.2
7	倾倒混凝土时产生的荷载	1.4

上述各项荷载应根据不同的结构构件按表 3-5 的规定进行荷载效应组合。

表 3-5 参与模板及其支撑荷载效应组合的荷载

模板类别	参与组合的荷载项次	
	计算承载能力	验算刚度
平板和薄壳的模板及支撑	1、2、3、4	1、2、3
梁和拱模板的底板及支撑	1、2、3、5	1、2、3
梁、拱、柱（边长≤300mm）、墙（厚≤100mm）的侧面模板	5、6	6
大体积结构、柱（边长＞300mm）、墙（厚＞100mm）的侧面模板	6、7	6

2. 结构计算规定

模板及其支撑属于临时性结构，设计时可按安全等级为第三级的结构构件来考虑。钢模板及其支架的设计应符合现行国家标准《钢结构设计标准》（GB 50017—2017）的规定，其截面塑性发展系数取 1.0，其荷载设计值可乘以系数 0.85 予以折减。采用冷弯薄壁型钢应符合现行国家标准《冷弯薄壁型钢结构技术规范》（GB 50058—2002）的规定，其荷载设计值不应折减。木模板及其支撑的设计应符合现行国家标准《木结构设计标准》（GB 50005—2017）的规定，当木材含水量小于 25% 时，其荷载设计值可乘以系数 0.9 予以折减。

为保证结构构件表面的平整度，模板必须有足够的刚度，验算时其最大变形值不得超过下列规定：

（1）结构表面外露的模板为模板构件计算跨度的 1/400；

（2）结构表面隐蔽的模板为模板构件计算跨度的 1/250；

（3）支撑的压缩变形值或弹性挠度为相应的结构计算跨度的 1/1000。

支撑的立柱或桁架应保持稳定，并用撑拉杆件固定。

为防止模板及其支撑在风荷载作用下倾倒，应从构造上采取有效措施，如在相互垂直的两个方向加水平斜拉杆、缆风绳、地锚等。当验算模板及支架在自重和风荷载作用下的抗倾倒稳定性时，应符合有关的专门规定。

3.1.4 大模板

大模板指单块模板的高度相当于楼层的层高，宽度约等于房间的宽度或进深的大块定型模板，在高层建筑施工中可用作混凝土墙体侧模。

大模板由于简化了模板的安装和拆除工序，工效高、劳动强度低、墙面平整、质量好，因而在剪力墙结构的高层建筑（包括内、外墙全现浇体系和外墙用预制板、内墙现浇体系）中得到广泛应用。

大模板的一次投资大、通用性较差。为了减少大模板的不同型号，增加其利用率，用大模板施工的工程，在设计上应减少房间开间和进深尺寸的种类，并符合一定的模数，层高和墙厚应固定。外墙预制、内墙现浇的建筑应力求体形简单，加强墙与墙及墙与板之间的连接采用加强建筑物整体性和提高其抗震能力的措施。

1. 大模板的构造和形式

（1）大模板构造

大模板由面板、骨架、支撑架和附件组成，如图 3-5 所示。

图 3-5　大模板构造实物图

①面板直接与混凝土接触，通常用胶合板，也有使用 4～5mm 厚钢板拼焊而成的。如果用组合钢模板或竹塑板拼装而成，则用完后可拆卸并用于一般工程。

②为增加面板刚度及与支撑架的连接，面板背后焊有水平方向的横肋和垂直方向的竖肋形成刚性骨架，横、竖肋通常用槽钢制作。

③支撑架是架立和安装模板的依靠，与竖肋连接，每块大模板至少应有两个支撑架。支撑架下部设置有用于调整大模板水平度和垂直度的调整螺栓，支撑架上方安装有带栏杆的操作平台。

④大模板的附件有穿墙套管及螺栓、模板上口卡具、门窗框模板等。

面板、支撑架、操作平台通常相互焊接连成一个整体。为了便于运输和堆放，也可将它们之间的连接改用可拆卸的螺栓连接，成为组合式大模板。例如将面板的钢板与其横、竖肋的连接改用螺栓连接，即成为全装拆式大模板。

（2）大模板形式

大模板按形式分有平模、小角模、大角模和筒模。

①平模是应用最多的一种。模板高度等于层高减楼板厚度再减 20mm 的施工误差。作内模用时，模板长度：按墙净宽确定，应考虑纵横连接处的构造形式及尺寸，同时还要考虑减 20mm 的施工误差；作外模时，模板长度：按轴线长度确定。

②纵横墙平模的交接处使用小角模。

③大角模的做法是不用平模，整个房间用 4 块大角模拼接成 4 个内墙的内侧模板。大角模由于装、拆麻烦，且拆模后墙面中间出现的接缝不易处理，故目前较少采用。

④筒模是将一个房间四面墙的内模连成整体，形成筒状，整体装拆，整体吊运，一般用作平面尺寸较小的电梯井、管道井的内模。

2. 大模板的施工

为了提高模板的利用率，避免施工中大模板在地面和施工楼层间上下升降，大模板施工应划分流水段，组织流水施工，使拆卸后的大模板清理后即可安装到下一段的施工墙体上。

以内、外墙全现浇体系为例，大模板混凝土施工按以下工序进行：抄平放线→敷设钢筋→固定门窗框→安装模板→浇筑混凝土→拆除模板→修整混凝土墙面→养护混凝土。

（1）抄平放线

在每栋房屋的四个大角和流水段分段处，应设置标准轴线和控制桩。用经纬仪引测出各楼层的控制轴线，至少要有相互垂直的两条控制轴线。根据各层的控制轴线用钢尺放出墙位线和模板的边线。

每层房屋应设水准标点，在底层墙上确定控制水平线，并用钢尺引测出各层水平标高。在墙身线外侧用水准仪测出模板底标高，然后在墙身线外侧抹两道顶面与模板底标高一致的水泥砂浆带，作为支放模板的底垫。

（2）敷设钢筋

墙体宜优先采用点焊网片。钢筋的搭接部分应调直理顺，绑扎牢固。搭接部分和长度应符合设计要求。双排钢筋之间应设 S 钩以保证两排间距。钢筋与模板间应设砂浆垫块，保证钢筋位置准确和保护层厚度，垫块间距不宜大于 1m。

流水段划分处的竖向接缝应按设计要求留出连接钢筋并绑扎牢固，以备下段连接。

当外墙用预制板时，外墙板安装前应将两侧伸出的钢筋套环理直。外墙板就位后，两块外墙板的套环应与内墙的套环重合，并在其中插入竖向钢筋。对每块外墙板和内墙，竖筋插入的套环数均不应少于 3 个，且竖筋和钢筋套环应绑扎牢固。

（3）大模板的安装和拆除

大模板进场后，应检查整修，清点数量并进行编号。涂刷脱模剂时，应做到涂层质地均匀，不得在模板就位后涂刷。常用的脱模剂有甲基硅树脂脱模剂、皂角脱模剂、机柴油脱模剂等。

大模板的组装顺序：应先组装横墙第 2 轴线、第 3 轴线的模板和相应内纵墙的模板，形成框架后再组装横墙第一轴线的内模及相应纵模，然后依次组装第 4 轴线、第 5 轴线等轴线的横墙和纵墙的模板，最后组装外墙外模板。每间房间的组装顺序为先组装横墙模板，然后组装内纵墙模板，最后插入角模。

组装时，先用塔吊将模板吊运至墙边线附近，模板斜立放稳。在墙边线内放置预制的混凝土导墙块，间距为 1.5m，一块大模板对应不得少于两块导墙块。将大模板贴紧墙身边线，利用调整螺栓将模板竖直，同时检查和调整两个方向的垂直度，然后临时固定。另一侧模板也同样立好后，随即在两侧模板间旋入穿墙螺栓及套管加以固定。

纵、横内墙模板和角模安装好后应形成一个整体，然后即可安装外墙的外模板。

在常温条件下，墙体混凝土强度必须超过 1MPa 时方可拆模。拆除时应先拆除连接附件，再旋转底部调整螺栓，使模板后倾与墙体脱离。任何情况下，不得在墙上口晃动、撬动或用大锤砸模板。经检查各种连接附件拆除后，方准起吊模板。

模板直接吊往下一流水段进行支模，或在下一流水段的楼层上临时停放，以清除板面上的水泥浆，并涂刷脱模剂。

（4）浇筑混凝土

当内、外墙使用不同混凝土时，要先浇内墙、后浇外墙。当内、外墙使用相同的混凝土时，内、外墙应同时浇筑。浇筑时，宜先浇灌一层厚 5～10cm、与混凝土内砂浆成分相同的砂浆。墙体混凝土的浇筑应分层连续进行，每层浇筑厚度不得大于 60cm，每层浇筑时间不应超过 2h 或根据水泥的初凝时间确定。门窗口两侧混凝土应同时浇筑，高度一致，以防门窗口模板走动。窗口下部混凝土浇筑时应防止漏振。混凝土浇筑到模板上口应随即找平。

使用矿渣硅酸盐水泥时，为达到浇筑后 10h 左右拆模，以保证大模板每天周转一次，完成一个流水段作业的要求，往往需掺用早强剂。常用的早强剂有三乙醇胺复合剂和硫酸钠复合剂等。混凝土入模时宜采用低坍落度混凝土（6～10cm）。混凝土中可加入木质素磺酸钙等减水剂，以节约水泥或提高混凝土的工作性能。

如果采用预制楼板，一般情况下，墙体混凝土强度达到 4MPa 以上时方可安装楼板。若提早安装，则必须采取措施支撑楼板。

3.1.5　滑升模板

滑升模板施工原理是在构筑物或建筑物底部沿其墙、柱、梁等构件的周边一次性组装高 1.2m 左右的滑动模板，随着向模板内不断地分层浇筑混凝土，用液压提升设备使模板不断地向上滑动，直到需要浇筑的高度为止。用滑升模板施工可以节约模板和支撑材料，加快施工速度和保证结构的整体性，但模板一次性投资大，耗钢量多，对建筑的立面造型和构件断面变化有一定限制。

1. 滑升模板构造

滑升模板装置主要由模板系统、操作平台系统、液压提升系统以及施工精度控制系统等部分组成，如图 3-6 所示。

（1）模板系统

模板系统包括模板、腰梁围檩和提升架等。模板又称围板，依靠腰梁带动其沿混凝土的表面滑动。模板的主要作用是承受混凝土的侧压力、冲击力和滑升时的摩阻力，并使混凝土按设计要求的截面形状成型。模板按其所在部位及作用不同，可分为内模板、外模板、堵头模板以及变截面结构的收分模板等。模板可采用钢材、木材或钢木混合制成，模板的宽度一般为 200～500mm，高度一般为 0.9～1.2m，烟囱等筒壁结构可采用 1.4～1.6m 高度。外墙的外模板和部分内模板宜加长，以增加模板滑空时的

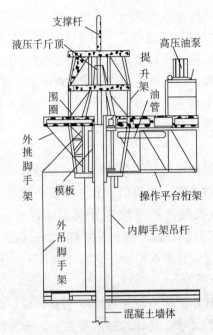

图 3-6　液压滑升模板组成示意图

稳定性。安装好的模板应上口小、下口大，单面倾斜度宜为模板高度的 0.2%～0.5%，模板高 1/2 处的净间距应与结构截面等宽。模板倾斜度可通过改变腰梁间距、模板厚度或在提升架与腰梁之间加设螺栓调节等方法调整。

腰梁的主要作用是使模板保持组装的平面形状，并将模板与提升架连接成一个整体。工作时，腰梁承受模板传来的水平荷载、滑升时的摩阻力和操作平台传来的竖向荷载，并将其传给提升架。通常在侧模板背后上、下各设置一道闭合式腰梁，其间距一般为 500～700mm。上腰梁距模板上口不宜大于 250mm，下腰梁距模板下端不小于 300mm，使模板具有一定弹性，便于模板滑升。模板与腰梁的连接一般采用挂在腰梁上的方式，当采用横卧工字钢作腰梁时，可用双爪钩将模板与腰梁钩牢，并用顶紧螺栓调节位置。

提升架又称千斤顶架，它是安装千斤顶并与腰梁、模板连接成一个整体的主要构件。提升架的主要作用是控制模板、腰梁由于混凝土的侧压力和冲击力而产生的向外变形；同时承受作用于整个模板上的竖向荷载，并将上述荷载传递给千斤顶和支撑杆。当提升机具工作时，通过它带动腰梁、模板及操作平台等一起向上滑动。提升架的立面构造形式一般可分为单横梁"Ⅱ"形、双横梁"开"形等几种。

（2）操作平台系统

操作平台系统包括操作平台（内操作平台、外操作平台和上辅助平台）、吊脚手架（内吊架和外吊架）两个部分，是施工操作的场所。

（3）液压提升系统

液压提升系统主要由支撑杆、液压千斤顶、液压控制台和油路等组成，是使滑升模板向上滑升的动力装置。支撑杆又称爬杆，既是液压千斤顶向上爬升的轨道，又是滑升模板的承重支柱，它承受作用于千斤顶的全部荷载，目前使用的额定起重量为 30kN 的滚珠式卡具液压千斤顶，其支撑杆一般采用直径为 25mm 的 Q235 圆钢制作。如果使用楔块式卡具液压千斤顶，则可用直径为 25～28mm 的螺纹二级钢筋作支撑杆。支撑杆的连接方法常用的有三种：丝扣连接、榫接和焊接。近年来我国相继研制了一批额定起重量为 60～100kN 的大吨位千斤顶，与之配套的支撑杆采用 $\phi 48mm \times 3.5mm$ 的钢管，这种支撑杆更方便布置于墙体外，可大大节省钢材。

液压千斤顶又称穿心式液压千斤顶，其中心可穿过支撑杆，在周期式的液压动力作用下，千斤顶可沿支撑杆作爬升动作，以带动提升架、操作平台和模板随之一起上升。目前，国内滑升模板施工所用的液压千斤顶主要有滚珠卡具（GYD-35 型）、松卡式（GSD-35 型）和楔块卡具（QYD-35 型）等型号。G 型和 QYD 型千斤顶的基本构造相同，主要区别为 GYD 型千斤顶的卡具为滚珠式，而 QYD 型千斤顶的卡具为楔块式。其工作原理如下：工作时，先将支撑杆由上向下插入千斤顶中心孔，然后开动油泵，使油液由嘴部进入千斤顶油缸，由于上卡头与支撑杆锁紧，只能上升不能下降，在高压油液的作用下，油室不断扩大，排油弹簧被压缩，整个缸筒连同下卡头及底座被举起，当上升至上、下卡头相互顶紧时，即完成一个行程提升。回油时，油压被解除，依靠排油弹簧的压力，将油室中的油液由嘴部排出千斤顶。此时，下卡头与支撑杆锁紧，上卡头活塞被排油弹簧向上推动复位。一次循环可使千斤顶爬升一个行程，加压即提升、排油即复位，如此反复动作，千斤顶即沿着支撑杆不断爬升。GSD 型千斤顶的工作原理与 GYD 型千斤顶基本相似，但由于在上卡头和下卡头处均增设了松卡装置，既便利了支撑杆抽拔，又为施工现场更换和维修千斤顶提供了十分便利的条件。

液压控制台是液压传动系统的控制中心，主要由电动机、齿轮油泵、换向阀、溢流阀、液压分配器和油箱组成。油路系统是连接控制台到千斤顶的液压通路，主要由油管、管接头、液压分配器和截止阀等元器件组成。油路布置应采用并联方式，且各路油管长度应基本相同。

滑模装置的设计是从绘制建筑物各层投影叠合图开始的，并根据此图进行提升架的布置。

在进行滑模装置的设计计算时，应考虑下列荷载：

①模板系统、操作平台系统的自重；

②操作平台上的施工荷载，包括平台上的机械设备及特殊设施的自重，施工人员、工具和堆放材料的质量；

③操作平台上设置的垂直运输设备运转时的额定附加荷载（包括垂直运输设备的起重量及柔性滑道的张紧力等），垂直运输设备制动时的刹车力；

④混凝土对模板的侧压力及向模板内倾倒混凝土时的冲击力；

⑤模板提升时的混凝土与模板之间的摩擦力；

⑥风荷载。

在确定总垂直荷载时，取上述①②③项之和与①②⑤项之和中的较大值。

2. 滑模施工

滑模施工包括准备、滑模组装、混凝土浇筑与模板滑升、精度控制、楼板施工、事故处理、质量检验及缺陷修补等步骤，此处只介绍其中的主要步骤。

（1）滑模组装

①安装提升架。

②安装内、外围圈，调整倾斜度。

③绑扎竖向钢筋和提升架横梁以下的水平钢筋，安设预埋件及预留孔洞的胎模，对工具式支撑杆套管下端进行包扎。

④安装模板，宜先安装角模后再安装其他模板，先安装内模后再安装外模。

⑤安装操作平台的桁架、支撑和平台铺板。

⑥安装外操作平台的支架、铺板和安全栏杆等。

⑦安装液压提升系统、垂直运输系统及水、电、通信、信号、精度控制和观测装置，并分别进行编号、检查和试验。

⑧在液压系统试验合格后，插入支撑杆。

⑨安装内、外吊脚手架，挂安全网，当在地面或横向结构上组装滑模装置时，应待模板滑至适当高度后，再安装内、外吊脚手架。

滑模装置组装完成后，在整个滑模施工过程中基本上不再有变化，所以组装时应保证位置准确、连接可靠。

（2）混凝土浇筑与模板滑升

混凝土浇筑与模板滑升依次交替进行。

用于滑模施工的混凝土除满足设计规定的强度、抗渗性等要求外，其早期强度的增长速度必须满足模板滑升速度的要求。混凝土的坍落度要求：墙板、梁、柱为 4～6cm，筒壁结构及细柱为 5～8cm，配筋特密结构为 8～10cm。混凝土的初凝时间宜控制在 2h 左右，终凝时间一般宜控制在 4～6h。

混凝土必须分层均匀交圈浇筑，每层厚度以 200～300mm，表面应在同一水平面上，并应有计划匀称地变换浇筑方向。各层间隔时间应不大于混凝土的凝结时间（相当于混凝土贯入阻力值达到 0.35kN/cm^2）。

开始向模板内浇灌的混凝土，浇灌时间一般宜控制在 3h 左右，分 2～3 层将混凝土浇灌至 500～700mm，然后进行模板的试滑升工作。

试滑前，必须对滑模装置和混凝土凝结状态进行检查。试滑时，应将全部千斤顶同时缓慢平稳升起 50～100mm，检查混凝土的出模强度。混凝土出模强度宜控制在 0.2～0.4MPa，或贯入阻力值控制在 0.30～1.05kN/cm^2。当模板滑升至 200～300mm 高度后应稍事停歇，全面检查所有提升设备和模板系统，修整后即可转入正常滑升阶段。

正常滑升阶段分层滑升的高度应与混凝土分层浇灌的厚度相配合。两次提升的间隔时间不应超过 1.5h，气温较高时，应增加 1～2 次中间提升，每次提升高度为 30～60mm。

每次提升前，宜将混凝土浇灌至低于模板上口 50～100mm 处，并应将最上一道横向钢筋留置在混凝土外，作为绑扎上一道横向钢筋的标志。

在滑升过程中，操作平台应保持水平，各千斤顶的相对标高差不得大于 40mm，相邻两个提升架上千斤顶的升差不得大于 20mm。应随时检查操作平台、支撑杆的工作状态及混凝土的凝结状态，如发现异常，应及时分析原因并采取有效的处理措施。

当模板滑升至距建筑物顶部标高 1m 左右时即进入末滑阶段，应放慢滑升速度，进行准确的抄平和找正，以使最后一层混凝土能均匀交圈，保证顶部标高及位置的正确。

模板滑升速度在支撑杆无失稳可能时，按混凝土的出模强度控制，可按下式计算

$$v = \frac{H - h - a}{T} \tag{3-3}$$

式中　v——模板滑升速度/（m/h）；

　　　H——模板高度/m；

　　　h——每个浇灌层厚度/m；

　　　a——混凝土浇灌后，其表面到模板上口的距离，取 0.05～0.1m；

　　　T——混凝土达到出模强度所需的时间/h。

当支撑杆受压时，按支撑杆的稳定条件控制模板的滑升速度，可按下式确定

$$v = \frac{10.5}{T\sqrt{KP}} + \frac{0.6}{T} \tag{3-4}$$

式中　v——模板滑升速度/（m/h）；

　　　P——单根支撑杆的荷载/kN；

　　　T——在作业班的平均气温条件下，混凝土强度达到 0.7～1.0MPa 所需的时间
　　　　　　（h）由试验确定；

　　　K——安全系数，取 $K = 2.0$。

（3）滑模施工的精度控制

滑模施工的精度控制包括水平度控制和垂直度控制。

①滑模施工的水平度控制　滑模系统在滑升过程中失去水平是由于各千斤顶爬升不同步造成的。控制千斤顶同步爬升的主要措施如下。

a. 限位卡挡法　利用水准仪在所有支撑杆上测设同一标高的标志，在标志处固定装设限位卡挡，当千斤顶爬升碰到卡挡后即停止上升，当所有千斤顶都达到卡挡时即自动调平一次。将卡挡上移到支撑杆下一个标志处，这样每隔一定爬升距离即自动调平一次，保证了千斤顶的同步

b. 激光自动调平控制法　在操作平台适当位置安设激光平面仪，发射约 2m 高的水准激光束。激光束照射到装在各个千斤顶上的接收器上，接收器收到信号后加以放

大，控制各个千斤顶进油口处的电磁阀开启或关闭，进而达到使千斤顶爬升或停止的目的。

②滑模施工的垂直度控制　垂直度观测设备可采用激光铅直仪、自动安平激光铅直仪、经纬仪和线锤等，其精度不应低于 1/10000。测量靶标及观测站的设置应便于测量操作。纠正结构垂直度偏差时应缓慢进行，避免出现硬弯。纠偏方法有平台倾斜法，即令建筑物倾斜一侧的操作平台高于其他部位，产生正水平偏差，然后将整个操作平台滑升一段高度，使垂直偏差得以纠正。操作平台的倾斜度应控制在 1% 以内。当建筑物出现扭转偏差时，可用手动葫芦或倒链作为施加外力的工具，一端固定在已有强度的下一层结构上，另一端与提升架立柱相连。转动手动葫芦或倒链，相对结构形心可以得到一个较大的反向扭矩。采用此法纠偏时，动作不可过猛，一次纠扭幅度不可过大，连接手动葫芦或倒链时尽可能使其水平，以减小竖向分力。

（4）楼板施工

在滑模施工的高层建筑中，楼板施工的方法有逐层空滑楼板并进法、先滑墙体楼板跟进法、先滑墙体楼板降模施工法。

①逐层空滑楼板并进法　此法又称逐层封闭或滑一浇一法。当混凝土浇筑到楼板下皮标高时停止浇筑，待混凝土达到出模强度后将模板连续滑升到模板下口高于楼板上皮 50～100mm 处停止。吊开操作平台的活动铺板进行楼板的支模、钢筋绑扎和混凝土浇筑。楼板混凝土浇筑完后，继续正常的滑模施工。模板下口与楼板的支模板间的缝隙用铁皮临时阻挡，以防止混凝土流失。如果逐层重复施工，在每层中都有试滑、正常滑行和末滑三个阶段。

楼板模板可用支柱上设横梁、梁上铺定型组合钢模板的一般方法支设，也可采用台模形式。

当楼板为单向板时，只需将承重横墙模板脱空，非承重纵墙应比横墙多浇灌一段 500mm 高的混凝土，使纵墙模板不脱空，以保持稳定。当楼板为双向板时纵、横墙模板均需脱空，此时应使外墙的外侧模板加长，使其保持与混凝土接触的高度不小于 200mm。

②先滑墙体楼板跟进法　此法为墙体滑升若干层后，即自下而上地进行楼板施工。楼板所需材料可由操作平台上所设的活板洞口吊入，也可由外墙窗口所设收料台运入。最常见的是墙体领先楼板三层，称为滑三浇一施工法。

楼板的支模可利用墙、柱上预留的孔洞插入钢销，在销上支设悬承式模板。

后浇楼板与先浇墙体的连接方法是沿墙体间隔一定距离预留孔洞，孔洞尺寸按设计要求定。通常，预留孔洞高度为楼板厚度或楼板厚度上、下各加大 50mm，预留孔洞宽度为 200～400mm。相邻两楼板的主筋由孔洞穿过与楼板的钢筋连成一体，然后与楼板一起浇灌混凝土。孔洞处即构成钢筋混凝土键。

③先滑墙体楼板降模施工法　对于 10 层以下的结构，滑模一直到顶后，利用顶部结构用钢丝绳悬挂楼板模板（该板可利用操作平台改装，也可重新组装），浇筑顶层楼

第 3 章　钢筋混凝土工程施工技术

板混凝土。待达到拆模强度后，利用装附在悬吊钢丝绳上的手动葫芦操纵整个楼板模板下降到下一楼层，再继续浇筑该层混凝土。这样逐层下降，直到最下一层楼板浇筑完毕。

10 层以上的高层建筑应沿高度分段降模施工，每段所含层数应通过对滑模过程中结构稳定性的验算确定，一般不超过 10 层。第一段滑到该段顶层后，即开始自上向下降模施工法浇筑楼板。第二段滑升到顶层后，则由该段顶层开始向下降模施工各层楼板。如此逐段降模施工，直至完成整个建筑结构。

降模施工时，楼板混凝土的强度应满足现行《混凝土结构工程施工及验收规范》（GB 50204－2015）的有关规定，并不得低于 15MPa。

楼板与墙的连接也采用前述的钢筋混凝土键连接。

3.1.6　爬升模板

爬升模板（爬模）是一种适用于现浇混凝土竖直或倾斜结构施工的模板，可分为"有架爬模"（模板爬架子、架子爬模板）和"无架爬模"（模板爬模板）两种。

有架爬升模板的工艺原理是以建筑物的混凝土墙体结构为支撑主体，通过附着于已完成的混凝土墙体结构上的爬升支架或大模板，利用连接爬升支架与大模板的爬升设备使一方固定，另一方作相对运动，交替向上爬升，完成模板的爬升、下降、就位和校正等工作。

爬升模板由大模板、爬升支架和爬升设备组成，如图 3-7 所示。大模板上装有吊环或千斤顶座和爬杆支座架等爬升装置，用于安装和固定爬升设备（电动葫芦、倒链和单作用千斤顶）。爬升支架由支撑架、附墙架（底座）以及吊模扁担、爬升爬架的千斤顶架（或吊环）等组成。

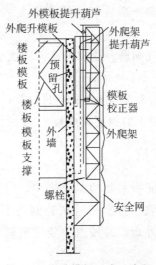

图 3-7　爬升模板组成示意图

— 81 —

爬升支架为承重结构，主要依靠附墙架固定在下层已有一定强度的混凝土墙体结构上，并随着施工层的上升而升高，主要起到悬挂模板、爬升模板和固定模板的作用，因此爬升支架要具有一定的强度、刚度和稳定性。爬升支架顶端高度一般要超出上一层楼层高度 0.8～1.0m，以保证模板能爬升到待施工层位置的高度。爬升支架的总高度（包括附墙架）一般应为 3～3.5 倍楼层高度，其中附墙架应设置在待拆模板层的下一层。附墙架与墙体的连接应采用不少于 4 只附墙连接螺栓。爬升模板装有外附脚手架和悬挂脚手架，供模板的拆模、爬升、安装就位、校正固定、墙面清理和装修等使用，故不需搭设脚手架。

3.2 钢筋工程施工

在钢筋混凝土结构中，钢筋起着关键性作用。钢筋制作及安装质量，会对整个钢筋混凝土结构的质量产生重要的影响。钢筋工程属于隐蔽工程，在混凝土浇筑完毕后，质量难以检查，因此对钢筋从进场到一系列的加工以及绑扎安装过程必须进行严格的控制，并建立健全必要的检查及验收制度，稍有疏忽就可能给工程造成不可弥补的损失。

3.2.1 钢筋的种类

钢筋按化学成分可分为碳素钢和普通低合金钢钢筋。钢筋级别越高，其强度及硬度越高，塑性越低。

钢筋按轧制外形可分为光圆钢筋和变形钢筋。光圆钢筋断面为圆形，表面无刻痕，使用时需加弯钩；变形钢筋表面一般轧制成螺纹或人字纹，可增大混凝土与钢筋的黏结力。

钢筋按生产工艺可分为热轧钢筋、冷拉钢筋、冷拔钢筋、热处理钢筋、碳素钢丝、刻痕钢丝和钢绞线等。

钢筋按供应方式，通常将 $\phi6.5～\phi8mm$ 的 HPB300 级钢筋卷成盘圆形状供应，称盘圆或盘条钢筋；将 $\phi12mm$ 以上的钢筋轧成长 6～12m 一根直条供应，称直条钢筋。

3.2.2 钢筋的验收与存放

钢筋进场时应有出厂质量证明书和检验报告单，每捆（盘）钢筋均应有标牌，并根据品种、批号及直径分批验收。每批质量热轧钢筋不超过 60t，钢绞线不超过 20t。验收内容包括查对标牌、检查外观，并按有关规定取样进行机械性能试验，合格后方可使用。

钢筋的外观检查：热轧钢筋表面不得有裂缝，结疤和折叠，表面凸块不得超过横肋的最大高度，外形尺寸应符合规定；钢绞线表面不得有折断、横裂和相互交叉的钢丝，表面无润滑剂、油渍和锈坑。

机械性能试验：从每批外观尺计检查合格的钢筋中任选两根，每根取两个试件分别进行拉力试验（包括屈服点、抗拉强度和伸长率的测定）和冷弯或反弯次数试验。如果有某项试验结果不符合规定，则应从同一批钢筋另取双倍数量的试件重做各项试验。如果仍有一项不合格，则该批钢筋为不合格，应不予验收或降级使用。

钢筋进场后，必须加强管理，妥善保管。钢筋进场要认真验收，不但要注意数量的验收，而且要对钢筋的规格、等级、牌号进行验收。钢筋一般应堆放在钢筋库或库棚中，如露天堆放，应存放在地面较高的平坦场地上；钢筋要用木块垫起，离地面不小于 20cm，并做好排水工作。钢筋保管及使用时，要防止酸、碱、盐、油脂等对钢筋的污染及腐蚀。不同规格和不同类别的钢筋要分别存放，并挂牌注明，尤其是外观形状相近的钢筋，以免混淆不清而影响使用。

3.2.3　钢筋加工

1. 钢筋加工工艺

钢筋加工包括调直除锈、下料切断、弯曲成型等。

（1）钢筋调直　钢筋调直可采用冷拉的方法进行。其冷拉率对 HPB300 级钢筋不宜大于 5%，HRB335 级、HRB400 级钢筋不宜大于 1%；如果所使用的钢筋无弯钩或弯折要求，则其冷拉率可适当放宽，HPB300 级钢筋不大于 6%，HRB335 级、HRB400 级钢筋不大于 2%；对不准采用冷拉钢筋的结构，其冷拉率不得大于 1%。对粗钢筋可采用锤直或扳直的方法进行调直；钢筋直径在 4～14mm 时，可用钢筋调直机进行调直。

（2）钢筋除锈　为了保证钢筋与混凝土之间的黏结力，钢筋使用之前，应将其表面铁锈清除干净。钢筋除锈，可采用冷拉或调直方法；未经冷拉、调直的钢筋，或冷拉、调直后因保管不善而锈蚀的钢筋，可采用电动除锈机除锈；此外，还可采用手工除锈（用钢丝刷砂盘）、喷砂除锈和酸洗除锈等。

（3）钢筋下料切断　钢筋下料时须按预先计算的下料长度切断。钢筋切断可采用钢筋切断机或手动切断器。钢筋切断机可切断直径小于 40mm 的钢筋，手动切断器只用于切断直径小于 12mm 的钢筋，直径大于 40mm 的钢筋常用氧-乙炔焰或电弧割切。钢筋下料长度的允许偏差为 ±10mm。

（4）钢筋弯曲成型　钢筋下料后，应按弯曲设备特点及钢筋直径和弯曲角度进行画线，以弯曲成设计所要求的形状和尺寸。例如弯曲钢筋两边对称，画线工作宜从钢筋中间向两端进行；对于弯曲形状比较复杂的钢筋，可先放出实样，再进行弯曲成型。钢筋弯曲成型一般采用钢筋弯曲机或钢筋弯箍机，也可采用手摇扳手弯制钢筋，用卡盘与扳头弯制粗钢筋。钢筋弯曲成型后，其允许偏差：全长为 ±10mm，弯起钢筋弯起点的位置为 ±20mm，弯起钢筋的弯起高度为 ±5mm，箍筋边长为 ±5mm。

2. 钢筋的冷加工

钢筋冷加工一般指现场的冷拉与冷拔。其目的主要是提高钢筋的强度、节约钢材及满足预应力钢筋的需要。

（1）钢筋冷拉

钢筋冷拉指在常温状态下，以超过钢筋屈服强度的拉应力强行拉伸钢筋，使钢筋产生塑性变形，以达到提高强度、节约钢材的目的，同时对钢筋也进行了调直与除锈。冷拉钢筋适用于 HPB300～RRB400 级钢筋。冷拉 HPB300 级钢筋适用于钢筋混凝土结构中的受拉钢筋；冷拉 HRB335～RRB400 级钢筋适用于预应力混凝土结构的预应力筋。冷拉钢筋在应用时应注意：冷拉钢筋一般不作受压钢筋；在吊环或受冲击荷载的设备基础中，不宜用冷拉钢筋。

（2）钢筋冷拉参数

钢筋冷拉参数有冷拉率和冷拉应力。钢筋的冷拉率是钢筋冷拉时由于弹性和塑性变形的总伸长值（称为冷拉的伸长值）与钢筋原长之比，以百分数表示。在一定的限度内，冷拉应力或冷拉率越大，钢筋强度提高越多，但塑性降低也越多。钢筋冷拉后仍应有一定的塑性，同时屈服点与抗拉强度之间也应保持一定的比例（称屈强比），使钢筋有一定的强度储备，因此钢筋混凝土规范对冷拉应力和冷拉率有一定的限制，详见表 3-6。

表 3-6　钢筋冷拉应力及最大冷拉率

钢筋级别	钢筋直径/mm	冷拉控制应力/MPa	最大冷拉率/%
HPB300	≤12	280	10.0
HRB335	≤25	450	5.5
	28～40	430	
HRB400	8～40	500	5.0
RRB335	10～28	700	4.0

（3）冷拉控制方法

钢筋冷拉可采用控制冷拉率和控制应力两种方法。

①控制冷拉率法　由冷拉率控制时，只需将钢筋拉长到一定的长度即可。冷拉率须由试验确定，试件数量不少于 4 个。在将要冷拉的一批钢筋中切取试件，进行拉力试验，测定当其应力达到表 3-7 中规定的应力值时的冷拉率，取其各试件冷拉率的平均值作为该批钢筋实际采用的冷拉率，并应符合表 3-6 的规定。冷拉多根连接的钢筋，冷拉率可按总长计，但冷拉后每根钢筋的冷拉率应符合表 3-6 的规定。

表 3-7　测定冷拉率时钢筋的冷拉应力

钢筋级别	钢筋直径/mm	冷拉应力/MPa
HPB300	≤12	310
HRB335	≤25	180
	28～40	460
HRB400	8～40	530
RRB335	10～28	730

冷拉率确定后，便可根据钢筋长度求出冷拉时的伸长值。冷拉伸长值可按下式计算

$$\Delta L = \delta \times L \tag{3-5}$$

式中　δ——冷拉率（由试验确定）；

　　　L——钢筋冷拉前的长度。

如果冷拉一批长 24m 的 HRB335 级钢筋，根据试验确定其冷拉率为 4%，则这批钢筋的冷拉伸长值为 24m×4%＝0.96m。冷拉时可按这一伸长值进行冷拉，当钢筋冷拉到这一伸长值后，须停止 2～3min，待钢筋变形充分后方可放松钢筋，结束冷拉。采用控制冷拉率法冷拉的钢筋只能用于不太重要的部位，对要求较高的结构或构件，特别是预应力结构中的预应力筋，一般不用此法冷拉的钢筋。

②控制应力法　采用控制应力的方法冷拉钢筋时，冷拉应力按表 3-6 中相应级别钢筋的控制应力选用。冷拉时应检查钢筋的冷拉率，不得超过表 3-6 中的最大值。钢筋冷拉时，如果钢筋已达到规定的控制应力，而冷拉率未超过表 3-6 中的最大冷拉率，则认为合格；若钢筋已达到规定的最大冷拉率，而应力小于控制应力（钢筋应力达到冷拉控制应力时，钢筋冷拉率已超过规定的最大冷拉率）则认为不合格，应进行机械性能试验，并按其实际级别使用。控制应力法能够保证冷拉钢筋的质量，用作预应力筋的冷拉钢筋应选用控制应力法。

钢筋的冷拉速度不宜过快，一般以 0.5～0.6m/min 为宜，以使钢筋变形充分。当达到规定的冷拉控制应力或冷拉率时，应稍作停留，再行放松。

3. 钢筋冷拔

钢筋的冷拔是在常温下，以强力拉拔的方法使直径 6～8mm 的 HPB300 级光圆钢筋通过特制的钨合金拔丝模，使钢筋轴向被拉伸，径向被压缩，产生较大的塑性变形，其抗拉强度可提高 50%～90%，塑性降低，硬度提高。这种经过冷拔加工的钢筋称为冷拔低碳钢丝，分为甲、乙两级。甲级冷拔低碳钢丝主要用作中小型预应力构件的预应力筋；乙级冷拔低碳钢丝可用作焊接网、焊接骨架、箍筋和构造钢筋。

根据经验，一般 ϕ5mm 的冷拔低碳钢丝宜用 ϕ8mm 的圆盘条拔制；ϕ4mm 和小于 ϕ4mm 者，宜用 ϕ6.5mm 的圆盘条拔制。

如果用直径为 8mm 的钢筋拔制直径为 5mm 的钢丝,则应分成四次冷拔:8mm→7mm→6.3mm→5.7mm→5mm。用直径 6.5mm 的钢筋拔制直径 4mm 的钢丝,则应分成三次冷拔,6.5mm→5.5mm→4.6mm→4mm。

外观检查:应逐盘进行检查,其钢丝表面不得有裂纹和机械损伤。机械性能检查:甲级钢丝应逐盘进行检查,从钢丝盘上任意一端截取长度≥500mm 的两个试样,分别做 180°反复弯曲试验,并按其抗拉强度确定该盘钢丝的组别;乙级钢丝可分批抽样检查,以同一直径的钢丝 5t 为一批,从中任取三盘,每盘截取两个试样,分别做拉力和反复弯曲试验,如有一个试样不合格,应在未取过试样的钢丝盘中,另取双倍数量的试样,再做各项试验,如仍有一个试样不合格,则应对该批钢丝逐盘检验。冷拔钢丝经检查合格后方可使用。

4. 冷轧扭钢筋

冷轧扭钢筋是用 Q235、Q215 高速线材在专用设备上开盘、冷拉、冷扭而形成的螺旋状直条钢筋。经冷拉、冷轧、冷扭后的钢筋,强度与混凝土的握固力成倍提高。冷轧扭钢筋主要品种有 $\phi 6.5$、$\phi 8$、$\phi 10$、$\phi 12$ 等。其强度设计值≥580MPa,伸长率≥4.5%,冷弯 180°无变形。冷轧扭钢筋适用于 2～9m 跨度的各种混凝土板,各类中小型预制构件,各类圈梁、构造柱、中小基础板、空心板、V 形板、T 形板和叠合板。

3.2.4 钢筋连接与安装施工工艺

1. 钢筋连接施工工艺

常用的钢筋连接方式有绑扎、焊接和机械连接。

(1)钢筋绑扎连接

钢筋的绑扎接头应符合下列规定:搭接处应在中心和两端采用 20～22 号铁丝扎牢;搭接长度的末端距钢筋弯折处应≥10d(d 为钢筋直径);钢筋的绑扎接头不宜位于构件最大弯矩处,搭接长度及接头位置应符合设计和规范要求;同一构件中相邻纵向受力钢筋的绑扎搭接接头应相互错开,在从任意绑扎接头中心至搭接长度的 1.3 倍区段范围内(图 3-8);HPB300～HRB335(光圆和带肋)级钢筋绑扎接头如图 3-9 所示。

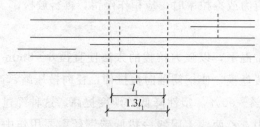

图 3-8 钢筋绑扎连接示意图

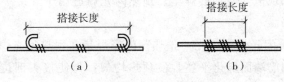

图 3-9 钢筋绑扎接头示意图

（a）光圆钢筋 （b）带肋钢筋

有绑扎接头的受力钢筋截面面积占受力钢筋总截面面积百分比，受拉区≤25%，受压区≤50%；绑扎接头中钢筋的横向净距不应小于钢筋直径，且不应小于25mm。钢筋网片和骨架的绑扎应符合下列规定：钢筋交叉点应采用铁丝扎牢，板和墙钢筋网片除靠近外围两行钢筋交叉点全部扎牢外，中间部分交叉点可间隔交错扎牢；双向受力钢筋必须全部扎牢；梁和柱的箍筋除设计有特殊要求外，应与受力主筋垂直设置，箍筋弯钩处应沿受力主筋方向错开设置。

（2）钢筋焊接连接

采用焊接代替绑扎，能提高钢筋的强度，减少搭接长度，充分利用短材；同时可以减轻劳动强度，提高机械化、工厂化水平，从而提高工效，降低成本。常用的焊接方法有闪光对焊、电弧焊、电渣压力焊、电阻点焊和气压焊等。

①闪光对焊 钢筋闪光对焊是利用对焊机使两段钢筋接触，接通低电压强电流，把钢筋加热到一定温度时，进行轴向

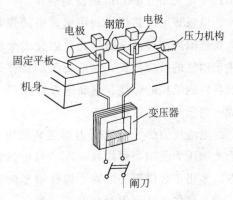

图 3-10 钢筋闪光对焊示意图

挤压（即顶锻），使两根钢筋焊接在一起形成对焊接头，如图 3-10 所示。

闪光对焊工艺简单，成本低、质量好、工效高，广泛用于各种钢筋的接长。闪光对焊工艺分为连续闪光焊、预热闪光焊和闪光—预热—闪光焊。

a. 连续闪光焊 连续闪光焊的工艺过程包括连续闪光和顶锻过程。即先将钢筋夹在对焊机的两极中，再闭合电源，使钢筋两端面轻微接触。由于钢筋端面凹凸不平，开始只有一点或数点接触，电流通过时电流密度和电阻很大，接触点很快熔化，产生金属蒸气飞溅，形成闪光现象。形成闪光后，徐徐移动钢筋，形成连续闪光，同时接头也被加热。待接头端面烧平、闪去杂质和氧化膜、白热熔化时，以一定的轴向压力迅速进行顶锻。先带电顶锻，再无电顶锻到定长度，使两根钢筋对焊成为一体。连续闪光焊一般用于焊接直径在 22mm 以内的 HPB300～HRB400 级钢筋及直径在 16mm 以内的 RRB400 级钢筋。

b. 预热闪光焊 预热闪光焊在焊接时先闭合电源使两钢筋端面交替地接触和分开。这样在钢筋端面的间隙中就发出断续的闪光，形成预热过程。当钢筋达到预热温度后

随即进行连续闪光和顶锻，使钢筋焊牢。预热闪光焊适用于焊接中直径在 25mm 以上且端部较平整的钢筋。

c. 闪光－预热－闪光焊　闪光－预热－闪光焊是在预热闪光焊前增加一次闪光过程，以使不平整的钢筋端面烧化平整，使预热均匀；再使接头部位进行预热，接着再进行闪光，最后进行顶锻，完成整个焊接过程。闪光－预热－闪光焊适用于焊接直径在 25mm 以上且端部不平整的钢筋。

钢筋对焊完毕后应对全部接头进行外观检查，并抽样进行机械性能检验。外观检查要求接头具有适当的镦粗和均匀的金属毛刺；钢筋表面无裂纹和明显的烧伤；接头的弯折不得大于 40°；钢筋轴线偏移不得大于 1/10 钢筋直径且不大于 2mm，拉伸试验时抗拉强度不得低于该级钢筋的规定抗拉强度；试样应呈塑性断裂并断于焊缝之外。冷弯试验时应将受压面的金属毛刺和镦粗变形部分除去，与母材的外表齐平，弯心直径按《钢筋焊接及验收规程》（JGJ 18－2012）规定选取。弯曲至 90°时，接头外侧不得出现宽度大于 0.15mm 的横向裂纹。

②电弧焊　电弧焊是利用弧焊机使焊条和焊件之间产生高温电弧，以使焊条和高温电弧范围内的焊件金属熔化，熔化的金属凝固后形成焊缝或焊接接头。电弧焊广泛应用于钢筋的搭接接长、钢筋骨架的焊接、钢筋与钢板的焊接、装配式结构接头的焊接及各种钢结构的焊接。钢筋电弧焊的接头形式有搭接焊、帮条焊、坡口焊、熔槽帮条焊、钢筋与预埋铁件接头。

③电渣压力焊　电渣压力焊是利用电流通过渣池产生的电阻热将钢筋端部熔化，然后施加压力使钢筋焊接在一起。与电弧焊相比，电渣压力焊工效高、成本低且容易掌握，多用于现浇钢筋混凝土构件中竖向钢筋的焊接接长。电渣压力焊设备包括焊接变压器、焊接夹具和焊剂盒等。

施焊前先将钢筋端部 120mm 范围内的铁锈杂质刷净，把钢筋安装于夹具错口内夹紧，在两根钢筋接头处放一铁丝小球（钢筋端面较平整且焊机功率又较小时）或导电剂（钢筋直径较大时），在焊剂盒内装满焊剂。施焊时，接通电源使铁丝小球或导电剂、钢筋端部及焊剂相继熔化形成渣池；维持数秒后，用操纵压杆使上部钢筋缓缓下降，熔化量达到规定数值后，切断电路，用力迅速顶锻，挤出金属熔渣和熔化金属，形成焊接接头。冷却一定时间后，打开焊剂盒，卸下夹具，清除焊渣。

④电阻点焊　电阻点焊主要用于钢筋的交叉连接，如用来焊接钢筋网片、钢筋骨架等。与人工绑扎钢筋网片、钢筋骨架相比，电阻点焊工效高、节约材料、易保证质量、成本低，可使钢筋在混凝土中能更好地锚固，提高构件的刚度和抗裂性。加压使焊点处钢筋互相压入一定深度以将焊点焊牢。当钢筋交叉点焊时，由于接触只有一点，而在接触处有较大的接触电阻，所以在接触的瞬间，电流产生的全部热量都集中在这一点上，使金属很快地受热达到熔化连接的温度。电阻点焊机构造原理如图 3-11 所示。

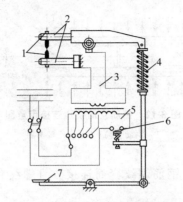

图 3-11　电阻点焊机构造原理图

1—电极；2—电极臂；3—变压器的次级线圈；4—加压机构；

5—变压器的初级线圈；6—断路器；7—踏板

（3）钢筋机械连接

钢筋的机械连接是通过机械手段将两根钢筋进行对接。机械连接无明火作业，设备简单，技术易于掌握，连接质量可靠，节约能源，不受气候条件影响，可全天候施工，适用范围广，尤其适用于现场焊接有困难的场合。机械连接种类较多，大多是利用钢筋表面轧制的或特制的螺纹（或横肋）和连接套筒之间的机械咬合作用来传递钢筋中的拉力或压力。常用的方法有钢筋套筒挤压法和钢筋螺纹套筒法。

①钢筋套筒挤压连接　钢筋套筒挤压连接是将两根待连接钢筋插入连接套筒，采用专用液压压接钳，从侧向挤压连接套筒，使套筒产生塑性变形，从而使套筒的内周壁变形而嵌入钢筋的螺纹，由此产生抗剪力来传递钢筋连接处的轴向力。这种连接方法适用于连接直径 20～40mm 的 HRB335 级、HRB400 级变形钢筋，所用的连接套筒的材料和几何尺寸应符合相关的技术要求，并应有出厂合格证。在正式挤压之前对套筒的规格和尺寸要进行复查，合格后方可使用。套筒冷挤压连接工艺流程：钢筋套筒验收→钢筋断料、刻划钢筋套入长度定长标记→套筒套入钢筋、安装压接钳→开动液压泵、逐扣压套筒至接头成型→卸下压接钳→检查接头外形。冷挤压接头的压接一般分两次进行，第一次先将套筒一半套入一根被连接钢筋，压接半个接头，然后在施工现场再压接另半个接头。第一次压接时宜在靠套筒空腔部位少压一扣，以免将另半个套筒空腔压扁，在进行第二次压接时将少压的一扣补压。未压接的半个套筒空腔部位应用塑料袋护套，以免污染。第二次压接前拆除塑料袋护套，将连接钢筋插入未压接的半个套筒，确认钢筋完全插入后方可开机压接，压接应从套筒中央逐扣向端部进行，压接结束后卸下压接钳，接头挤压完成。钢筋套筒挤压连接示意图如图 3-12 所示。

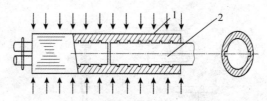

图 3-12 钢筋套筒挤压连接示意图

1—钢筋套筒；2—待连接钢筋

②钢筋螺纹套筒连接 钢筋螺纹套筒连接分直螺纹套筒连接和锥螺纹套筒连接两种。

a. 直螺纹套筒连接 直螺纹套筒连接是把两根待连接钢筋端部加工成直螺纹，旋入带有直螺纹的套筒中，从而将两根钢筋连接起来。与锥螺纹套筒连接相比，接头强度更高，安装更方便。直螺纹连接制作工艺：钢筋端镦粗→在镦粗段上切削直螺纹→利用连接套筒对接钢筋。钢筋直螺纹加工须在专用的锻头机床和套螺纹机床上进行。安装时，首先把连接套筒的一端安装在待连接钢筋端头上，用专用扳手拧紧到位，然后用导向夹钳对中，将夹钳夹紧连接套筒，把接长钢筋通过导向夹钳对中，拧入连接套筒内，拧紧到位即完成连接。卸下工具后进行检验，不合格的立即纠正，合格者在连接套筒上涂上已检验的标记。

b. 锥螺纹套筒连接 锥螺纹套筒连接是把待连接钢筋的连接端预先加工成锥形螺纹，通过锥形螺纹连接套筒把两根带螺纹的钢筋，按规定的力矩旋入套筒，形成机械式钢筋接头。这种连接方式可用于连接直径为 16～40mm 的 HPB300～HRB335 级钢筋，也可用于异径钢筋的连接，但不得用于预应力钢筋或经常承受反复动荷载及承受高应力疲劳荷载的结构。锥螺纹连接套筒的抗拉强度必须大于钢筋的抗拉强度，锥形螺纹可用锥形螺纹旋切机加工；钢筋用套丝机套丝，可在施工现场或钢筋加工厂进行预制。套丝完成后应进行抽样检查，不合格者应切去重新套丝；对达到质量要求的丝头，拧上塑料保护套并按规定的力矩值拧上连接套筒，在进行钢筋连接时，先取下钢筋连接端的塑料保护套，检查丝扣牙型是否完整、无损、清洁，钢筋规格与连接规格是否一致；确认无误后把拧上连接套头钢筋拧到被连接钢筋上，并用力矩扳手按规定的力矩值拧紧钢筋接头。

直螺纹、锥螺纹套筒连接示意图如图 3-13 所示。

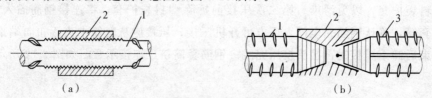

图 3-13 直螺纹、锥螺纹钢筋套筒连接示意图

（a）直螺纹连接 （b）锥螺纹连接

1—连接套筒；2—待连接钢筋

2. 钢筋的安装施工工艺

钢筋网片和钢筋骨架的安装应尽量预制好后再运往现场安装。钢筋安装前,应先熟悉图纸,核对钢筋配料单和料牌,确定施工工艺。

(1) 钢筋骨架和网片安装　焊接钢筋骨架和钢筋网片的安装应符合如下规定:焊接骨架和焊接网沿受力钢筋方向的搭接接头,宜位于构件受力较小的部位,搭接长度符合钢筋混凝土规范规定;焊接网在非受力方向的搭接长度为 100mm;受力钢筋直径大于或等于 16mm时,焊接网沿分布钢筋方向的接头宜辅以附加钢筋网片,其每边的搭接长度为分布钢筋直径的 15 倍,但不小于 100mm。钢筋网片绑扎示意图如图 3-14 所示。

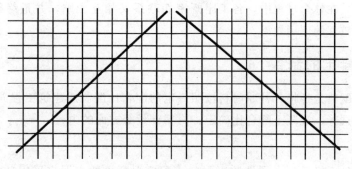

图 3-14　钢筋网片绑扎示意图

(2) 钢筋保护层　钢筋在混凝土中的保护层厚度,可用水泥砂浆垫块或塑料卡垫在钢筋与模板之间进行控制,水泥砂浆垫块的厚度应等于保护层厚度。当保护层厚度不大于 20mm 时,垫块的平面尺寸为 30mm×30mm;当保护层厚度大于 20mm 时,垫块的平面尺寸为 50mm×50mm。钢筋支架和支撑件示意图如图 3-15 所示,梁的垫筋如图 3-16 所示。

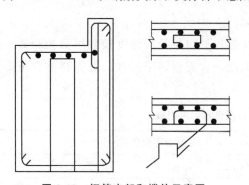

图 3-15　钢筋支架和撑件示意图

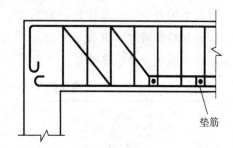

图 3-16　梁的垫筋示意图

①垫块应布置成花形,其相互间距不大于 1m,上、下双层钢筋之间的尺寸可用绑扎短钢筋来控制,在垂直方向使用垫块(垫块中有预埋入的 2 号铁丝),用铁丝把垫块绑在钢筋上。

②塑料卡的形状有塑料垫块和塑料环圈两种。塑料垫块用于水平构件(如梁、板),在两个方向均有凹槽,以便适应两种保护层厚度。塑料环圈用于垂直构件(如墙

柱），使用时钢筋从卡嘴进入卡腔，由于塑料环圈有弹性，所以可使卡腔的大小能适应钢筋直径的变化。

3.3 混凝土工程施工

钢筋混凝土是由钢筋和混凝土两种不同材料组成的结构体系。混凝土质量的优劣直接影响钢筋混凝土结构的承载能力、耐久性和整体性。混凝土施工包括制备、运输、浇捣、养护等。在整个过程中，各工序既密切联系又相互影响，并最终得到混凝土工程的高质量和较好的使用效果。

3.3.1 混凝土的制备

混凝土的配料是指将各种原材料按照一定的配合比配制成建筑工程需要的混凝土，它包括原材料选择、混凝土配合比确定、材料计量等方面的内容。

1. 水泥

水泥是一种无机粉状水硬性胶凝材料。配置混凝土的水泥应采用硅酸盐水泥、普通硅酸盐水泥、矿渣硅酸盐水泥、火山灰质硅酸盐水泥或粉煤灰硅酸盐水泥，必要时也可以采用其他品种的水泥，如快硬水泥、膨胀水泥等。水泥的性能指标必须符合现行国家标准的要求。水泥进场必须有出厂合格证或进场试验报告，并对其品种、标号、包装或散装仓号、出厂日期等进行检查验收。当对水泥质量有怀疑或水泥出厂超过3个月（快硬硅酸盐水泥超过1个月）时，应进行复查试验，确定是否可以使用。

2. 细骨料

混凝土配置中所用细骨料一般为砂，根据其平均粒径或细度模数可分为粗砂、中砂、细砂和特细砂种。混凝土用砂的颗粒级配、含泥量、坚固性、有害物质含量等性质方面必须满足表3-8的规定。

表 3-8 砂中有害杂质含量的限制表

项　目	混凝土等级强度	
	≥C30	<C30
云母/%	2	
轻物质/%	1	
硫化物及硫化盐/%	1	
尘屑、淤泥和黏土/%	1	5
有机物（比色法）	颜色不应深于标准色	

3. 粗骨科

混凝土配置中所用粗骨料指碎石或卵石。碎石或卵石的颗粒级配和最大粒径对混凝土的强度影响较大。级配越好，其孔隙率与总表面积越小。这样不但能节约水泥用量，而且混凝土的和易性和强度也较高。石子中针状、片状颗粒含量及含泥量、有害杂质含量应满足表 3-9 的要求，且不宜含有块状黏土。

表 3-9　石子中有害杂质含量的限制

项　目	混凝土等级强度	
	≥C30	<C30
硫化物及硫化盐/%	1	
针片状颗粒/%	15	25
含泥量/%	1	2
有机质（比色法）	颜色不应深于标准色	

骨料应按品种、规格分别堆放，不得混杂。骨料中严禁混入煅烧过的白云石或石灰块。

4. 拌合用水

混凝土拌合用水一般采用饮用水，当采用其他来源水时，水质必须符合国家现行《混凝土拌合用水标准》（JGJ 63－2006）的规定。海水中含有氯盐，对钢筋有腐蚀作用，故不得用在钢筋混凝土和预应力混凝土中。

5. 外加剂

在混凝土中掺入少量外加剂，不仅能改善混凝土的性能，满足混凝土在施工和使用中的一些特殊要求，还能加速工程进度或节约水泥，获得很好的经济效益。选用外加剂须根据混凝土性能的要求、施工及气候条件，并结合混凝土的原材料及配合比等因素，经试验后确定外加剂品种及掺量。外加剂的种类很多，常用外加剂如下。

（1）早强剂　可以提高混凝土的早期强度，加快工程进度，节约冬期施工费用。常用早强剂有氯化钙、硫酸钠、硫酸钾等。

（2）减水剂　一种表面活性材料，加入混凝土后能对水泥颗粒起扩散作用，把水泥凝胶体中包含的游离水释放出来，从而显著减少拌合用水、改善和易性、节约水泥、提高强度。

（3）缓凝剂　一种能延长混凝土凝结时间的外加剂。主要用于夏季施工或混凝土浇筑时间紧张的工程。

（4）抗冻剂　能够降低混凝土中水的冰点的一种外加剂，在混凝土中起到延迟水的冻结，保证混凝土在负温条件下能继续增长强度的作用。常用的抗冻剂有氯化钙和氯化钠复合剂、氯化钙和亚硝酸钠复合剂、氯化钙复合剂及尿素等。在这些复合外加

剂中，氯化钙能使混凝土在负温条件下迅速硬化；而亚硝酸钠可使钢筋混凝土结构中的钢筋免受氯离子的腐蚀；尿素在某些复合外加剂中可增加水泥中硅酸盐的溶解性，从而加速混凝土的硬化。

（5）加气剂　能在混凝土中产生大量微小的封闭气泡，以改善混凝土的和易性，提高抗冻和抗渗性能，掺有加气剂的混凝土还可用作灌浆混凝土。常用加气剂有松香酸钠、松香热聚物、铝粉等，其中铝粉加气剂主要用于预应力混凝土的孔道灌浆。

6. 混合材料

混合材料可分为水硬性和非水硬性两大类。水硬性混合材料在水中具有硬化的性质，如粉煤灰、火山灰、粒状高炉煤等；而非水硬性混合材料在常温下和其他物质基本不起化学反应，主要起降低水泥标号和填充的作用，常用的有石英砂粉、石灰岩粉、黏土等。混合材料的用量一般为水泥用量的 5%～20%，混合材料只可用于硅酸盐水泥和普通硅酸盐水泥拌制的混凝土中。其质量应符合国家现行标准的规定，具体用量通过试验来确定。

3.3.2　混凝土配合比的确定

混凝土的施工配合比应根据结构设计的混凝土强度等级、质量检验及施工对混凝土和易性的要求确定，并应符合材料使用的合理性和经济性原则，对于有抗冻、抗渗等要求的混凝土，还应符合抗冻性、抗渗性等要求。

1. 混凝土试配强度

普通混凝土和轻骨料混凝土的配合比应分别按国家现行标准《普通混凝土配合比设计规程》（JGJ 55—2011）和《轻骨料混凝土技术规程》（JGJ 51—2002）进行计算，并通过试配确定。混凝土制备之前应确定施工配制强度，以保证混凝土的实际施工强度不低于结构设计要求的强度等级。

2. 混凝土的和易性

混凝土的和易性指混凝土拌合后既便于浇筑，又能保持其匀质性，且不出现分层离析的性能。它包括流动性、保水性和黏聚性三个方面的性能。

（1）混凝土的流动性用坍落度值来表示。

（2）保水性的评定，一般以坍落度筒提起后，如有较多的稀浆从底部析出，锥体部分的混合料也因失浆而骨料外露，表明此混凝土的保水性能不好；如无稀浆或只有少量稀浆自底部析出，则表明此混凝土的保水性良好。

（3）黏聚性的评定，通常用棒在已坍落的混合料锥体一侧轻轻敲打，如锥体渐渐下沉，表示其黏聚性良好；如锥体突然倒塌、部分崩裂或发生离析现象，则表示此混凝土的黏聚性不好。

影响混凝土和易性的因素较多，其中主要因素有水泥性质、骨料种类、用水量、水泥浆量、砂率和外加剂，混凝土的和易性应满足国家现行规范的要求。

3. 混凝土施工配合比

混凝土设计配合比是根据完全干燥的砂、石骨料制订的，但实际中使用的砂、石骨料一般含有一些水分，且含水量会随着气候条件发生变化，配料时必须把这部分含水量考虑进去，才能保证混凝土配合比的准确。因此在施工时应及时测量砂、石的含水率，并将混凝土的实验室配合比水泥：砂：石＝1：x：y 换算成考虑了砂、石含水率条件下的施工配合比。设砂的含水率为 w_x，石的含水率为 w_y，则换算后的施工配合比为水泥：砂：石＝1：x（1＋w_x）：y（1＋w_y），按实验室配合比 1m³ 混凝土水泥用量为 C（kg），计算时确保混凝土水灰比 W/C 不变，则换算后的材料用量为

$$水泥：C' = C \tag{3-6}$$

$$砂：G_砂 = C \times x(1+w_x) \tag{3-7}$$

$$石：G_石 = C \times y(1+w_y) \tag{3-8}$$

$$水：W' = w - C \times x \times w_x - C \times y \times w_y \tag{3-9}$$

例 3-1　已知某构件混凝土的实验室配合比为 1：x：y＝1：2.55：5.12，水灰比为 W/C＝0.6，每立方米混凝土的水泥用量 C＝285kg，现场测得砂含水率为 3%，石含水率为 1%。求施工配合比及每立方米的混凝土各种材料的用量。

解　施工配合比为＝1：2.55（1＋3%）：5.12（1＋1%）＝1：2.63：5.17

每 1m³ 混凝土各种材料的用量为

水泥：285kg

砂：285×2.63kg＝749.55kg

石：285×5.17kg＝1 473.45kg

水：285×0.6－285×2.55×3%－285×5.12×1%＝134.61kg

3.3.3　混凝土拌制施工工艺

施工配料是保证混凝土质量的重要环节之一，施工配料时影响混凝土质量的因素主要有两方面：一是计量误差；二是未按砂、石骨料实际含水量的变化进行施工配合比的换算。只有原材料的计量精度得到保证，才能使所拌制的混凝土的强度、耐久性和工作性能满足设计和施工所提出的要求。试验表明，当水计量波动±1.0%时，混凝土强度将相应波动约±3%；水泥计量波动±1.0%时，混凝土强度波动约±1.7%。例如计量时，水和水泥误差各为＋2.0%和－2.0%，由于水灰比的变化，混凝土的强度将降低8.9%；为了保证混凝土的质量，原材料的计量应以质量计。施工现场或混凝土预拌厂所使用的称量仪器应定期校验，并保持准确。

混凝土的拌制就是水泥、水、粗细骨料和外加剂等原材料混合在一起进行均匀拌和的过程。搅拌后的混凝土要求匀质，且达到设计要求的和易性及强度。

1. 搅拌机

目前，普遍使用的搅拌机根据其搅拌原理可分为自落式和强制式两大类。

（1）自落式搅拌机 自落式搅拌机由内壁装有叶片的旋转鼓筒组成，随着鼓筒的转动，叶片不断将拌合料提高，然后利用拌合料的质量自由下落，达到均匀拌合的目的。自落式混凝土搅拌机适用于搅拌塑性混凝土。自落式搅拌机按搅拌筒的形状和出料方式的不同，可分为鼓筒式、双锥式等若干种。双锥式又分为反转出料式和倾翻出料式两种。鼓筒式搅拌机已被列为淘汰产品。双锥反转出料式搅拌机是自落式搅拌机中较好的一种，它的搅拌筒由两个截头圆锥组成，搅拌筒每转一周，物料在筒中的循环次数比鼓筒式搅拌机多，效率较高，且叶片布置较合理，物料一方面被提升后靠自落进行拌合，另一方面又迫使物料沿轴向左右窜动，搅拌作用强烈。它正转搅拌，反转出料，构造简单，制造容易。双锥倾翻出料式搅拌机结构简单、出料快，适用于大容量、大骨料、大坍落度的混凝土搅拌，多用于预拌混凝土厂、混凝土构件厂和水电工程。

（2）强制式搅拌机 强制式混凝土搅拌机的搅拌筒固定不转，依靠装在筒体内部转轴上的叶片强制搅拌混凝土拌合料。强制式搅拌机的搅拌作用比自落式搅拌机强烈，搅拌质量好、速度快、生产效率高，适用于搅拌干硬性混凝土和轻骨料混凝土。强制式搅拌机分为立轴式与卧轴式，其中卧轴式有单轴、双轴之分，而立轴式又分为涡桨式和行星式两种。卧轴式搅拌机具有适用范围广、搅拌时间短、搅拌质量好等优点。

选择搅拌机时要根据工程量大小、混凝土的坍落度、骨料尺寸等而定，既要满足技术上的要求，又要考虑经济效果及节约能源。搅拌机的主要工艺参数为工作容量。工作容量可以用进料容量或出料容量表示。进料容量又称为干料容量，是指该型号搅拌机可装入的各种材料体积之总和；而搅拌机每次搅拌出混凝土的体积，称为出料容量。出料容量与进料容量之比称为出料系数，出料系数一般取 0.65。

例如 JL-400A 型混凝土搅拌机，进料容量为 400L，出料容量为 260L，即每次可装入干料体积 400L，每次可搅拌出混凝土 260L。

2. 搅拌制度

为了拌制出均匀优质的混凝土，除合理地选择搅拌机外，还必须正确地确定搅拌制度，包括一次投料量、搅拌时间和投料顺序等。

（1）一次投料量

不同类型的搅拌机都有一定的进料容量。搅拌机不宜超载过多，如自落式搅拌机超载 10% 就会使物料在搅拌筒内没有充分的空间进行掺和，从而影响混凝土拌合物的均匀性，并且在搅拌过程中混凝土会从筒中溅出，因此一次投料量宜控制在搅拌机的额定容量以下。但也不可装料过少，否则会降低搅拌机的生产率。施工配料就是根据施工配合比及施工现场搅拌机的型号，确定现场搅拌时原材料的一次投料量。搅拌时一次投料量要根据搅拌机的出料容量来确定。

例 3-2 按例 3.1 已知条件不变，采用 400L 混凝土搅拌机，求搅拌时的一次投料量。

解 400L 混凝土搅拌机每次可搅拌混凝土：$400 \times 0.65 = 260L = 0.26m^3$

则搅拌时一次投料量为

　　水泥：285×0.26＝74.1kg，取 75kg，1.5 袋水泥

　　砂：75×2.63＝197.25kg

　　石子：75×5.17＝387.75kg

　　水：75×0.6－75×2.55×0.03－75×5.12×0.01＝35.42kg

搅拌混凝土时，根据计算出的各组成材料的一次投料量，按质量投料。

（2）搅拌时间

从原材料全部投入搅拌筒时起到开始卸出为止所经历的时间称为搅拌时间。为获得混合均匀、强度和工作性能都满足要求的混凝土，所需的最短搅拌时间称为最小搅拌时间。一般情况下，混凝土的匀质性会随着搅拌时间的延长而增加，因而混凝土的强度也随之提高。但搅拌时间超过某限度后，混凝土的匀质性便无显著性改进，混凝土的强度也增加很少，甚至会由于水分的蒸发和较软弱骨料颗粒经长时间的研磨破碎变细，而引起混凝土工作性能的降低，从而影响混凝土的质量，因此《混凝土结构工程施工质量验收规范》（GB 50204－2015）规定了混凝土搅拌的最短时间。最短时间是按一般常用搅拌机的回转速度确定的，不允许采用超过混凝土搅拌机说明书规定的回转速度。

（3）投料顺序

确定原材料投入搅拌筒内的顺序应从提高搅拌质量、减少机械磨损、减少混凝土黏罐和水泥飞扬、降低电耗及提高生产率等方面综合考虑。按照原材料投入搅拌筒内的投料顺序的不同，常用的有一次投料法和两次投料法等。

一次投料法是将砂、石、水泥装入料斗，一次投入搅拌机内，同时加水进行搅拌。为了减少水泥的飞扬和黏罐现象，对自落式搅拌机，常采用的投料顺序是先投砂（或石子），再加水泥，然后投入石子（或砂），将水泥夹在砂、石之间，最后加水搅拌。

二次投料法分为预拌水泥砂浆法和预拌水泥净浆法。预拌水泥砂浆法是先将水泥、砂和水加入搅拌筒内进行搅拌，成为均匀的水泥砂浆后，再加入石子搅拌成均匀的混凝土。预拌水泥净浆法是先将水泥和水充分搅拌成均匀的水泥净浆后，再加入砂和石子搅拌成混凝土。试验表明，二次投料法与一次投料法相比，混凝土强度可提高约15％；在强度相同的情况下，可节约水泥 15％～20％。

水泥裹砂法，也称造壳混凝土。该法的搅拌程序是先加一定量的水，将砂表面的含水量调节到某一规定的数值后，再将石子加入与湿砂拌匀，然后将全部水泥投入，与润湿后的砂、石拌合，使水泥在砂、石表面形成一层低水灰比的水泥浆壳（此过程称为"成壳"），最后将剩余的水和外加剂加入，搅拌成混凝土。试验表明，该法制备的混凝土与一次投料法相比，强度可以提高 20％～30％，且混凝土不易产生离析现象，泌水少，工作性好。

裹砂石法混凝土搅拌工艺是我国研究人员在水泥裹砂法的基础上研究出来的。它分两次加水，两次搅拌。采用这种工艺搅拌时，先将全部的石子、砂和 70％的拌合水

倒入搅拌机，拌合 15s 使骨料润湿，再倒入全部水泥进行造壳搅拌 30s 左右，然后加入 30％的拌合水再进行糊化搅拌 60s 左右即完成。与普通搅拌工艺相比，采用裹砂石法搅拌工艺可使混凝土强度提高 10％～20％，或节约水泥 50％～100％。

3.3.4 混凝土的运输

混凝土由拌制地点运往浇筑地点有多种运输方法。其运输方案的选择，应根据建筑结构的特点、混凝土工程量、运输距离、地形、道路和气候条件以及现有设备等进行综合考虑。不论采用何种运输方式都应满足下列要求。

1. 混凝土的运输要求

在运输过程中应保持混凝土的均匀性，避免产生分离、泌水、砂浆流失、流动性减少等现象。混凝土运至浇筑点，应符合浇筑时规定的坍落度，见表 3-10。

表 3-10　混凝土浇筑时的坍落度要求

结　构　种　类	坍落度/mm
基础或地面垫层、无配筋的大体积结构（挡土墙、基础等）或配筋稀疏的结构	10～30
板、梁和大型及中型截面的柱子等	30～50
配筋密列的结构（薄壁、斗仓、筒仓、细柱等）	50～70
配筋特密的结构	70～90

混凝土应在初凝前浇筑完毕。混凝土从搅拌机中卸出到浇筑完毕的延续时间，不宜超过表 3-11 的规定。

表 3-11　混凝土从搅拌机中卸出到浇筑完毕的延续时间　　　　单位：min

混凝土强度等级	气　温	
	不高于 25℃	高于 25℃
不高于 C30	120	90
高于 C30	90	60

对于采用滑升模板的工程和大体积混凝土工程，必须保证混凝土的运输量，使浇筑工作连续进行。

2. 混凝土的运输方法

混凝土的运输分为地面运输、垂直运输和楼地面运输三种情况。混凝土地面运输如果采用预拌（商品）混凝土，运输距离较远时，多采用混凝土搅拌运输车。如果混凝土来自工地搅拌站，则多用载重 1t 的小型机动翻斗车，近距离也可用双轮手推车。混凝土垂直运输多采用塔式起重机加料斗的方法，且可直接进行浇筑。混凝土楼地面运输，一般用双轮手推车。

3. 混凝土泵运输

（1）混凝土泵运输设备

混凝土泵是在压力推动下沿着管道输送混凝土的一种专用设备。它能一次连续完成混凝土的水平运输和垂直运输，配以布料杆还可在运送混凝土的同时进行混凝土浇筑。它具有工效高、劳动强度低等特点，是发展较快的一种混凝土运输方法。目前混凝土泵的最大水平输送距离已达 1 000m，最大垂直输送高度可达 500m。

①主要设备 混凝土泵按构造原理不同，可分为活塞泵、气压泵和挤压泵等类型。其中活塞式应用较多，且活塞式又可分为机械式和液压式两种，通常多用液压式。

②布料杆 布料杆是完成输送、布料、摊铺混凝土和浇筑入模的机具。它可以减少劳动消耗量、提高生产效率、降低劳动强度和加快浇筑施工速度。

混凝土布料杆可分为汽车式布料杆（混凝土泵车布料杆）和独立式布料杆两种。汽车式布料杆是把混凝土泵和布料杆都装在一台汽车的底盘上。其特点是转移灵活，工作时不需另铺管道。布料杆本身是由薄钢板组焊成的箱形断面折叠式臂架与薄壁无缝钢管制成的泵送管道组成。根据臂的总长度，布料杆可由 2 节、3 节或 4 节臂架铰接而成。混凝土泵送管道通过一些悬挑结构固定于箱形臂架的一侧胶板上，最末一节泵送管端套装一节橡胶管，因此通过布料杆各节臂架的俯、仰、屈、伸，能将混凝土泵送到臂架有效幅度范围内的任意点。

独立式布料杆种类较多，有移置式布料杆、管柱式布料杆及附装在塔吊上的布料杆等。目前，在高层建筑施工中应用较多的是移置式布料杆，其次是管柱式布料杆。移置式布料杆是一种两节式布料杆，由底架支腿、转台、平衡臂、平衡重、臂架、水平管、弯管等组成。两根水平管既是壁架结构的组成部分，也是混凝土泵送管道。这种两节式布料杆的最大工作幅度为 9.5m，有效工作面积为 300m²。整个布料杆可以用人力推动回转 360°，其中第 2 节泵管还可用手推动，以第 1 节管端弯管为轴心做 360°回转。其可将混凝土直接输送到其工作范围内的任何浇筑点。其特点是构造简单，加工容易，安装方便，转运迅速，操作灵活，维修简便，可用塔吊随着楼层施工升运和转移。

管柱式布料杆由多节钢管组成的立柱、三节式臂架、泵管、转台、回转机构、操作平台、爬梯、底座等构成。这种布料杆可做 360°回转，最大工作幅度为 17m，最大垂直输送高度为 16m（三节臂直立时），有效布料作业面积为 900m²。其在钢管立柱的下部设有液压爬升机构，借助爬升套架梁，可在楼层预留孔筒中逐层向上爬升。其特点是节省劳动力，劳动强度低；采用液压系统操纵布料杆的屈伸，机动性强，就位准确，浇筑入模精度高，物料流失量小；通过按钮控制，操纵容易，工效高。

③输送管 管道配置与敷设是否合理，直接影响到泵送效率，有时甚至影响泵送作业的顺利完成。泵送混凝土的输送管道由耐磨锰钢无缝钢管制成，包括直管、弯管、接头管及锥形管（过渡管）等各种管件。有时在输送管末端配有软管，以利于混凝土浇筑和布料。管径有 100mm、125mm、150mm、180mm 等，直管的长度有 3.0m、

2.0m、1.0m 等。弯管的角度有 15°、30°、45°、60°、90°五种，以适应管道改变方向的需要。当两种不同管径的输送管需要连接时，中间用锥形管过渡。锥形管的长度有 1.0m、1.1m、1.5m、2.0m 等。为使管道便于装拆，相邻输送管之间的连接都采用快速管接头。常用的管接头有压杆式管接头和螺栓式管接头。

（2）泵送混凝土对原材料及配合比的要求

泵送混凝土时，混凝土能否在输送管内顺利流通是泵送工作能否顺利进行的关键，所以混凝土必须具有良好的被输送性能。混凝土在输送管道中的流动能力称为可泵性。可泵性好的混凝土与管壁的摩阻力小，在泵送过程中不会产生离析现象。在选择泵送混凝土的原材料和配合比时，应尽量满足下列要求。

①泵送混凝土粗骨料宜优先选用卵石。所选用的粗骨料的最大粒径 d_{max} 与输送管内径 D 之间应符合以下要求：对于碎石宜为 $D \geqslant d_{max}$；对于卵石宜为 $D \geqslant 2.5d_{max}$。如果用轻骨料，则以吸水率小者为宜，并用水预湿，以免在压力作用下强烈吸水，使坍落度降低，而在管道中形成堵塞。

②泵送混凝土砂宜用中砂。其中通过 0.315mm 筛孔的砂应不小于 15%，砂率宜控制在 40%～50%，如果粗骨料为轻骨料，则可适当提高。

③泵送混凝土水泥用量不宜过小，否则混凝土容易产生离析。最少水泥用量视输送管径和泵送距离而定，一般每立方米混凝土中的水泥用量不宜少于 300kg。

④泵送混凝土坍落度是影响混凝土与输送管间摩阻力大小的主要因素。较低的坍落度不但会增大输送阻力，造成混凝土泵送困难，而且混凝土不易被吸入泵内，影响泵送效率。过大的坍落度在输送过程中容易造成离析，同时影响浇筑后混凝土的质量，泵送混凝土适宜的坍落度为 8～18cm，泵送高度大时还可以加大。

⑤泵送混凝土水灰比的大小对混凝土的流动阻力有较大的影响，泵送混凝土的水灰比宜为 0.5～0.6。

⑥适用于泵送混凝土使用的外加剂有减水剂和加气剂。减水剂的作用是在不增加用水量的情况下，增大混凝土的流动性与和易性，以便于泵送加气剂可以在混凝土拌合料颗粒间形成众多的微细气泡，可起润滑作用，减少摩阻力，便于泵送。外加剂的掺量应视具体情况确定。

（3）泵送混凝土应注意的问题

在编制施工组织设计和布置施工总平面图时，应合理选择混凝土泵或布料杆位置，当与混凝土搅拌运输车配套使用时，要使混凝土搅拌运输车便于进出施工现场和向混凝土泵喂料。

①混凝土泵的输送能力应满足施工速度的要求。混凝土的供应须保证输送混凝土的泵能连续工作，所以混凝土搅拌站的供应能力应比混凝土泵的工作能力高出约 20%。

②输送管道的布置原则是尽量使输送距离最短，故管线宜直，转弯宜缓，接头应严密。水平输送混凝土时，应尽量先输送最远处的混凝土，使管道随着混凝土浇筑工作的逐步完成而由长变短。垂直输送混凝土时，应先经一段水平管后才可向上输送，

在垂直管道的底部，应设置混凝土止推基座，避免混凝土泵的冲击力传递到管道上。另外，底部还需装设一个截止阀，防止停泵时混凝土倒流。

③泵送混凝土前，应先泵送清水清洗管道，再按规定程序试泵，待运转正常后再使用。启动泵机的程序：启动料斗搅拌叶片→将润滑浆（水泥素浆）注入料斗→打开截止阀→开动混凝土泵→将润滑浆泵入输送管道→往料斗内装入混凝土并进行试泵。每次泵送完毕，必须认真做好机械清洗和管道冲洗工作。

④在泵送混凝土作业过程中，要经常注意检查料斗的充盈情况，不允许出现泵空的现象，以免空气进入泵内而干磨活塞。发现有骨料卡住料斗中的搅拌器或有堵塞现象时，应立即进行短时间的反泵。若反泵不能消除堵塞时，则应立即停泵，查出堵塞部位，并逐段排除管内混凝土。

3.3.5　混凝土的浇筑

1. 混凝土浇筑

混凝土的浇筑工作包括布料摊平、捣实、抹平修整等工序。浇筑工作的好坏将影响混凝土的密实性、耐久性和结构的整体性等。

（1）混凝土浇筑的一般规定　浇筑前的准备工作，检查模板的标高、位置、尺寸、强度和刚度是否符合要求，接缝是否严密；检查钢筋和预埋件的位置、数量和保护层厚度等，并将检查结果填入隐蔽工程记录表中；清除模板内的杂物和钢筋上的油污；对模板的缝隙和孔洞应予以堵严；对木模板应浇水湿润，但不得有积水；在地基上浇筑混凝土时，应清除淤泥和杂物，并应有排水和防水措施；对干燥的非黏性土应用水湿润；对风化的岩石应用水清洗，但其表面不得留有积水；在降雨雪时，不宜露天浇筑混凝土；当需浇筑时，应采取有效措施，确保混凝土质量。

（2）浇筑工作的一般要求　混凝土的浇筑应连续进行，以保证混凝土的整体性。当必须间歇时，其间隔时间宜缩短，并应在前层混凝土凝结之前将次层混凝土浇筑完毕。间隔的最长时间与所用的水泥品种、混凝土的凝结条件以及是否掺用促凝或缓凝型外加剂等因素有关。而混凝土连续浇筑的允许间歇时间应由混凝土的凝结时间而定，当超过时应留设施工缝。

（3）混凝土的浇筑应由低处往高处分层浇筑。每层的厚度应根据捣实的方法、结构的配筋情况等因素确定，且不超过表 3-12 的规定。

表 3-12　混凝土浇筑层的厚度　　　　　　　　　单位：mm

捣实混凝土的方法	浇筑层的厚度
插入式振捣	振捣器作用部分长度的 1.25 倍
表面振动	200

表 3-12（续）

捣实混凝土的方法	浇筑层的厚度	
人工捣实	在基础、无筋或配筋稀疏的机构中	250
	在梁、墙板、柱结构中	200
	在配筋密列的结构中	150
轻骨料	插入式振捣	300
	表面振动（振动时须加荷）	200

（4）在浇筑竖向结构混凝土前，应先在底都填以 50～100mm 厚与混凝土内砂浆成分相同的水泥砂浆；浇筑中不得发生离析现象；当浇筑高度超过 3m 时，应采用串筒、溜管或振动溜管使混凝土下落。

（5）在混凝土浇筑过程中，应经常观察模板、支架、钢筋预埋件和预留孔洞的情况，当发现有变形、移位时，应及时采取措施进行处理。

（6）混凝土浇筑后，必须保证混凝土均匀密实，充满模板整个空间；新、旧混凝土结合良好；拆模后，混凝土表面平整光洁。

（7）混凝土浇筑时如发现初凝现象，则应再进行一次强力搅拌，才能入模；如出现离析现象，则须重新拌合后才能浇筑。

2. 混凝土施工缝的留置

混凝土浇筑不能连续进行时，中间间隔时间超过混凝土的初凝时间应留置施工缝。施工缝的留设位置应事先确定，该处新、旧混凝土的结合力较差，是结构中的薄弱环节，因此施工缝宜留置在结构受剪力较小且便于施工的部位。施工缝的留设位置应符合下列规定。

（1）柱子施工缝宜留置在基础的顶面梁和吊车梁牛腿的下面、吊车梁的上面、无梁楼板柱帽的下面。在浇筑与柱和墙连成整体的梁和板时，柱的施工缝可留置在楼板面，但应在柱和墙浇筑完毕后停歇 1～1.5h，使混凝土拌合物初步沉实后，再继续浇筑上面的梁板结构的混凝土。

（2）与板连接成整体的大截面梁，施工缝留置在板底面以下 20～30mm 处。当板下有梁托时，留置在梁托下部。

（3）单向板的施工缝可留置在平行于板的短边的任何位置。

（4）有主、次梁的楼板宜顺着次梁方向浇筑，施工缝应留置在次梁跨度的中间 1/3 范围内。

（5）墙体的施工缝留置在门洞口过梁跨中 1/3 范围内，也可留在纵、横墙的交接处。

（6）双向受力板、大体积混凝土、拱、穹拱、薄壳、蓄水池、斗仓及其他结构复杂的工程，施工缝的位置应按设计要求留置。

（7）承受动力作用的设备基础，不应留置施工缝；当必须留置时，应征得设计单位同意。

施工缝所形成的截面应与结构所产生的轴向压力相垂直，以发挥混凝土传递压力好的特性，因此柱、梁的施工缝截面应垂直于结构的轴线，板、墙的施工缝应与板面、墙面垂直，不得留斜槎。在施工缝处继续浇筑混凝土时，为避免使已浇筑的混凝土受到外力振动，而破坏其内部已形成的凝结结晶结构体，必须等待已浇筑混凝土的抗压强度不小于 1.2MPa 时才可进行继续浇筑。在施工缝处继续浇筑前，应对已硬化的施工缝表面进行处理。清除水泥薄膜和松动石子以及软弱的混凝土层，必要时将表面凿毛，并将钢筋上的油污、水泥砂浆、铁锈等清除，充分湿润和冲洗干净，且不得有积水，然后在施工缝处铺一层与混凝土内成分相同的水泥砂浆，即可继续浇筑混凝土。

3. 混凝土的捣实

混凝土的捣实就是使入模的混凝土完成成型与密实的过程，从而保证混凝土结构构件外形正确、表面平整，混凝土的强度和其他性能符合设计的要求。混凝土浇筑入模后应立即进行充分的振捣，使新入模的混凝土充满模板的每一个角落，排出气泡，使混凝土拌合物获得最大的密实度和均匀性。混凝土的振捣方法有人工振捣法和机械振捣法。人工振捣法是利用捣棍或插钎等用人力对混凝土进行夯、插，使之密实成型，此法适用于塑性混凝土拌量不大的混凝土振捣。机械振捣法是利用机械产生强烈振动使混凝土密实成型，此法因振捣效率高、捣实质量好而较多采用。混凝土振动机械按其工作方式不同可分为内部振动器、表面振动器、外部振动器等。

（1）内部振动器又称插入式振动器，在施工现场使用最多，适用于基础、柱、梁、墙等深度或厚度较大的结构构件的混凝土捣实。插入式振动器的工作部分是振动棒，是一个棒状空心圆柱体，内部安装偏心振子。在电动机驱动下，由于偏心振子的振动，棒体产生高频微幅的机械振动。工作时，将振动棒插入混凝土中，通过棒体将振动力传给混凝土，使混凝土很快密实和成型。使用插入式振动器时，应将振动棒垂直插入混凝土中。为使上、下层混凝土结合成整体，振动棒插入下层混凝土的深度不应小于 5cm。振动棒插点间距要均匀排列，以免漏振。捣实普通混凝土的移动间距，不宜大于振捣器作用半径的 1.5 倍；捣实轻骨料混凝土的移动间距，不宜大于其作用半径；振捣器与模板的距离，不应大于其作用半径的 1/2，并避免碰撞钢筋、模板、芯管、吊环、预埋件等。各插点的布置方式有行列式与交错式两种，振动棒在各插点的振动时间应视混凝土表面呈水平、不显著下沉、不再出现气泡、表面泛出水泥浆为止。

（2）表面振动器又称平板振动器，由带偏心块的电动机和平板组成。平板振动器放在混凝土表面进行振捣使混凝土密实，适用于振捣楼板、地面、板形构件和薄壳等薄壁构件。当采用表面振动器时，要求振动器的平板与混凝土保持接触，其移动间距应保证振动器的平板能覆盖已振实部分的边缘，以保证衔接处混凝土的密实性。

（3）外部振动器又称附着式振动器，它直接固定在模板上，利用带偏心块的振动器产生的振动力，通过模板传递给混凝土，使混凝土密实。它适用于振捣断面较小或

钢筋较密的柱、梁、墙等构件。当采用附着式振动器时，其设置间距应通过试验确定。

3.3.6　混凝土养护

混凝土成型后，为保证水泥能充分进行水化反应，应及时进行养护。养护的目的就是为混凝土硬化创造必要的湿度和温度条件，防止由于水分蒸发或冻结造成混凝土强度降低或出现收缩裂缝、剥皮、起砂和内部疏松等现象，以确保混凝土质量。

混凝土养护的方法一般有自然养护和蒸汽养护。

1. 自然养护

自然养护指在室外平均气温高于5℃的条件下，选择适当的覆盖材料并适当浇水，使混凝土在规定的时间内保持湿润环境。自然养护又分为洒水养护、喷涂薄膜养护和薄膜布养护等。

（1）洒水养护

洒水养护是用吸水保温能力较强的材料覆盖混凝土，并经常洒水，使其保持湿润，且应符合下列规定：

①混凝土浇筑完毕后12h以内应进行覆盖并浇水养护；

②浇水养护日期与水泥品种有关。对于硅酸盐水泥和矿渣硅酸盐水泥拌制的混凝土，不得少于7d，对于掺用缓凝型外加剂或有抗渗要求的混凝土及火山灰盐水泥和粉煤灰硅酸盐水泥拌制的混凝土，不得少于14d；

③浇水的次数以能保持混凝土湿润状态为准；

④养护用水与拌制水相同；

⑤如果平均气温低于5℃，则不得浇水，应按照冬期施工的要求保温养护。

（2）喷涂薄膜养护

喷涂薄膜养护是将过氯乙烯树脂养护剂用喷枪喷涂在混凝土表面上，溶剂挥发后在混凝土表面形成一层塑料薄膜，将混凝土与空气隔绝，阻止其中水分的蒸发，以保证水泥水化作用的正常进行。喷涂薄膜养护适用于不宜洒水养护的高耸构筑物、缺水地区和大面积混凝土结构。

（3）薄膜布养护

薄膜布养护是采用不透水和气的布覆盖在混凝土表面，保证混凝土在不失水的情况下得到充足的养护。这种养护方法不必浇水，操作方便，薄膜布能重复使用，可以提高混凝土的早期强度。

2. 蒸汽养护

蒸汽养护就是将构件放置在有饱和蒸汽或蒸汽空气混合物的养护室内，在较高的温度和相对湿度的环境中进行养护，以加速混凝土的硬化，使混凝土在较短的时间内达到规定的强度标准值。蒸汽养护主要用于预制构件厂生产预制构件。

3.4　混凝土工程施工质量检测评定及安全技术标准

3.4.1　混凝土工程施工质量检测评定

混凝土质量检查包括施工过程中的质量检查和养护后的质量检查。施工过程中的质量检查包括混凝土制备和浇筑时对原材料的质量、配合比、坍落度等的检查，每一工作班至少检查两次，如遇特殊情况还应及时进行抽查。混凝土的搅拌时间应随时检查。混凝土养护后的质量检查主要包括混凝土的强度、表面外观质量和结构构件的轴线、标高、截面尺寸和垂直度的偏差，如设计上有特殊要求，还需对其抗冻性、抗渗性等进行检查。

1. 混凝土强度检查

（1）检查混凝土是否达到设计强度等级。强度等级是以混凝土试件的抗压强度指标为依据，根据边长 15cm 的标准立方体试块在标准条件下（温度 20±3℃ 和相对湿度 95％以上的湿润环境）养护 28d 的抗压强度来确定。

（2）检查施工各阶段混凝土的强度。为了检查结构或构件的拆模、出厂、吊装、张拉、放张及施工期间临时负荷的需要，尚应留置与结构或构件同条件养护的试块，试块的组数可按实际需要确定。

（3）混凝土强度验收评定标准。结构构件的混凝土强度应按现行国际标准《混凝土强度检验评定标准》（GB/T 50107—2010）的规定分批检验评定。当混凝土强度评定不合格时，可采用非破损或局部破损的检验方法，按现行国家有关标准的规定对结构构件中的混凝土强度进行推定并作为处理的依据。

2. 混凝土的质量缺陷及原因分析

（1）混凝土强度不足

配合比设计中水泥富余系数超规定利用，外加剂用量控制不准；搅拌时材料计量不准；浇筑时已有离析而未二次搅拌，或振捣不实；养护方法不妥当，或养护时间不足。

（2）表面质量

现浇结构的表面质量缺陷见表 3-13。

表 3-13　现浇结构的表面质量缺陷

名称	现　象	原　因
麻面	结构构件表面上呈现无数的小凹点，而无钢筋暴露的现象	模板表面粗糙、未清理干净、湿润不足、漏浆、振捣不实、气泡未排出以及养护不好

表 1-13（续）

名　称	现　象	原　因
蜂窝	混凝土表面缺少水泥砂浆而形成石子外露	配合比不准确、浆少石子多，或搅拌不匀、浇筑方法不当、振捣不合理，造成砂浆与石子分离、模板严重漏浆
露筋	构件内钢筋未被混凝土包裹而外露	未放垫块或垫块位移、混凝土保护层处漏振或振捣不密实、钢筋位移、结构断面较小、钢筋过密等使钢筋紧贴模板，以致混凝土保护层厚度不够
孔洞	混凝土中孔穴深度和长度均超过保护层厚度	骨料粒径过大或钢筋配置过密，造成混凝土下料中被钢筋挡住，或混凝土流动性差，或混凝土分层离析，振捣不实
缝隙及夹层	混凝土中含有垃圾杂物	混凝土中含有垃圾杂物，施工缝、温度缝、后浇带处理不当，混凝土浇筑高度大且未铺底浆
缺棱掉角	梁、柱、板、墙以及洞口的直角边上的混凝土局部残损掉落	模板表面不平，模板未充分湿润，隔离剂漏刷或质量不好，拆模时间过早或过晚

（3）混凝土质量缺陷的处理

①对数量不多的小蜂窝或露石的混凝土表面，先用钢丝刷或压力水冲洗，再用 1：2～1：2.5 水泥砂浆抹平。

②对于较大面积的蜂窝、露石和露筋，应凿去全部深度内薄弱混凝土层和个别突出骨料，用钢丝刷或压力水冲洗后，用比原混凝土强度等级提高一级的细骨料混凝土填塞，仔细捣实，加强养护。

③对于影响混凝土结构性能的缺陷，必须会同设计、监理等有关部门和人员研究处理，不得擅自处理。

3.4.2　混凝土施工安全技术要求

1. 混凝土搅拌和运输的安全技术要求

（1）搅拌机的操作人员应经过专门的技术和安全培训，并经考试合格后，方能正式操作。

（2）搅拌机的使用应按"混凝土搅拌机的使用安全要求"执行。

（3）向搅拌机料斗卸料时，脚不得踩在料斗上；料斗升起时，料斗的下方不得有人。

（4）清理搅拌机料斗坑底的砂、石时，必须与司机联系，将料斗升起并用链条扣牢后，方能进行工作。

（5）进料时，严禁将头或手伸入料斗与机架之间察看或探摸进料情况，运转中不得用手或工具等物体伸进搅拌机滚筒内抓料出料。

（6）禁止用手推车推到挑檐、阳台上直接卸料。用铁桶向上传递混凝土时，人员应站在安全牢固且传递方便的位置上；铁桶交接时，精神要集中，双方要配合好，传要准，接要稳。

（7）使用吊罐（斗）浇筑混凝土时，应设专人指挥。要经常检查吊罐（斗）、钢丝绳和卡具，发现隐患要及时处理。使用钢井架物料提升机运输时，应按"钢井架物料提升机"有关规定执行。

2. 混凝土浇筑与振捣的安全技术要求

（1）浇筑深基坑前和在施工过程中，应检查基坑边坡土质有无崩裂倾塌的危险。如果发现危险隐患，应及时排除。同时，工具、材料不应堆置在基坑边沿。

（2）浇筑混凝土使用的溜槽及串筒节间应连接牢固，操作部位应有护身栏杆，不准直接站在溜槽上操作。

（3）浇筑无楼板的框架梁、柱混凝土时，应架设临时脚手架，禁止站在梁、柱模板或临时支撑上操作。

（4）浇筑房屋边沿的梁、柱混凝土时，外部应有脚手架或安全网。如果脚手架平桥离开建筑物超过 20cm，须将空隙部位遮盖牢固或装设安全网。

（5）浇筑圈梁、雨篷、阳台混凝土时，应设防护措施。

（6）夜间浇筑混凝土时，应有足够的照明设备。

（7）使用振捣器时，应按振捣器使用安全要求执行。

（8）湿手不得接触开关，电源线不得有破损和漏电。

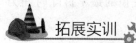 拓展实训

一、选择题

1. 我国规定混凝土搅拌机规格的标定依据是 （　　）。

A. 几何容量　　　　　　　　　　　　　B. 进料容量

C. 出料容量　　　　　　　　　　　　　D. 装料容量

2. 大体积混凝土浇筑后内外温差不宜超过 （　　）。

A. 5℃　　　　　　　B. 15℃　　　　　　　C. 25℃　　　　　　　D. 30℃

3. 为防止混凝土离析，其自由倾落高度不宜超过 （　　）。

A. 1.5m　　　　　　B. 1.8m　　　　　　C. 2m　　　　　　D. 2.5m

4. 混凝土的振捣棒振捣，要做到 （　　）。

A. 慢插慢拔　　　　　　　　　　　　　B. 快插快拔

C. 慢插快拔　　　　　　　　　　　　　D. 快插慢拔

5. 浇筑有主、次梁的肋形楼板时，混凝土施工缝宜留在 （　　）。

A. 主梁跨中 1/3 范围内　　　　　　　　B. 次梁跨中 1/3 范围内

C. 主梁支座边 1/3 范围内　　　　　　　D. 次梁支座边 1/3 范围内

6. 模板的拆除顺序一般是（　　　）。

A. 先支先拆　　　B. 后支后拆　　　C. 同时拆　　　D. 先支后拆

7. 在浇筑竖向构件混凝土前，构件底部应先填（　　　）厚水泥砂浆。

A. 30～50mm　　　　　　　　　　　B. 50～100mm

C. 100～200mm　　　　　　　　　　D. 都可以

8. 大体积混凝土结构长度超过 3 倍厚度时宜采用（　　　）进行混凝土的浇筑。

A. 斜面分层　　　B. 全面分层　　　C. 分段分层　　　D. 都可以

9. 柱施工缝留置位置不当的是（　　　）。

A. 基础顶面　　　　　　　　　　　　B. 与吊车梁平齐处

C. 吊车梁上面　　　　　　　　　　　D. 梁的下面

10. 钢筋的直径为 d，当钢筋弯起角度为 60° 时，其弯曲量度差为（　　　）。

A. $0.5d$　　　　B. $1d$　　　　C. $2d$　　　　D. $3d$

11. 模板安装完成后，浇筑混凝土前由（　　　）组织相关人员进行模板工程施工验收。

A. 项目经理　　　　　　　　　　　　B. 项目技术负责人

C. 施工员　　　　　　　　　　　　　D. 模板工班组长

12. 侧模应在混凝土强度达到（　　　）MPa 后，能保证其表面及棱角不因拆模板而损坏，方可拆除非承重模板。

A. 1.0　　　　B. 1.2　　　　C. 2.0　　　　D. 5.0

13. 某框架梁的跨度为 10.2m，混凝土强度等级为 C35。其底模的最早拆除时间为同条件养护试件混凝土强度达到（　　　）MPa 后。

A. 17.5　　　　B. 26.25　　　　C. 30　　　　D. 35

14. 某框架梁的跨度为 6.6m，混凝土强度等级为 C30。其底模的最早拆除时间为同条件养护试件混凝土强度达到（　　　）MPa 后。

A. 15　　　　B. 22.5　　　　C. 25　　　　D. 30

15. 某现浇板的跨度为 2.0m，混凝土强度等级为 C25。其底模的最早拆除时间为同条件养护试件混凝土强度达到（　　　）MPa 后。

A. 12.5　　　　B. 18.75　　　　C. 20　　　　D. 25

16. 钢筋混凝土结构中的钢筋按其（　　　），可分为光圆钢筋和变形钢筋两类。

A. 化学成分　　　B. 直径大小　　　C. 力学性能　　　D. 生产工艺

17. 搅拌机每盘能装入的干料体积称为搅拌机的（　　　）。

A. 进料容量　　　B. 出料容量　　　C. 几何容量　　　D. 固定容量

18. 混凝土运输时间应保证混凝土在（　　　）浇入模板内并捣实完毕。

A. 结硬时间　　　　　　　　　　　　B. 凝结以前

C. 初凝以前　　　　　　　　　　　　D. 终凝以前

19. 在泵送混凝土过程中，料斗内的混凝土应保持（　　）状态，以避免吸入空气形成堵管。

A. 半充满　　　　　B. 充满　　　　　C. 溢出　　　　　D. 空、满交替

20. 对采用硅酸盐水泥、普通硅酸盐水泥或矿渣硅酸盐水泥拌制的混凝土，浇水养护的时间不得少于（　　）天。

A. 4　　　　　　　　B. 5　　　　　　　　C. 6　　　　　　　　D. 7

21. 已知某构件混凝土的实验室配合比为 1：2.55：5.12：0.60，每立方米混凝土的水泥用量为 285kg，现场测得砂含水率为 3%，石含水率为 1%。则其施工配合比应为（　　）

A. 1：2.63：5.17：0.60　　　　　　　B. 1：2.63：5.17：0.47

C. 1：2.55：5.12：0.47　　　　　　　D. 1：2.55：5.12：0.60

22. 混凝土的搅拌时间（　　）。

A. 越短越好　　　　　　　　　　　　B. 越长越好

C. 不低于规定的最短时间　　　　　　D. 不低于规定的最长时间

二、判断题

1. 单向板的施工缝，可留在平行长边的任意位置。（　　）

2. 施工图中注明的钢筋长度是钢筋的外包尺寸。（　　）

3. 混凝土保护层厚度指最外层钢筋边缘至混凝土表面的距离。（　　）

4. 钢筋的内包尺寸与钢筋的中心线长度之间的差值，称为量度差。（　　）

5. 钢筋的直径为 d，当钢筋的弯角度为 $90°$ 时，其量度差为 $3d$。（　　）

6. 柱模板底部应开设有清理的清除口，沿高度每隔 3m 开设有浇筑口。（　　）

7. 当梁的跨度≥4m 时，其底部中部应按设计或规范要求进行起拱。（　　）

8. 模板周转越快，经济效益越好，因此模板拆除越早越好。（　　）

9. 拆模的顺序一般是先支后拆，后支先拆。（　　）

10. 在浇筑混凝土之前应进行钢筋隐蔽工程验收。（　　）

11. 钢筋的接头宜设置在受力较小处。（　　）

12. 板、次梁与主梁交叉处，板的钢筋在上，次梁的钢筋居中，主梁的钢筋在下。主梁与圈梁相接时，主梁的钢筋应放在圈梁之下。（　　）

三、填空题

1. 模板工程主要由_____、_____和_____三部分组成。

2. 梁模板主要由_____、_____、_____和_____四部分组成。

3. 柱模板要设柱箍，柱箍应_____。

4. 钢筋进场后进行见证取样做的机械性能试验包括_____、_____和_____。

5. 钢筋的连接方式常用的有_____、_____和_____。

6. 钢筋代换的方法有_____和_____。

7. 浇筑混凝土时，浇筑速度越快，其模板侧压力越_____。

8. 某梁的跨度为 6m 时，其模板跨中起拱高度应为_____mm。

9. 当现浇混凝土楼板跨度为 6m 时，最早要在混凝土达到设计强度的_____时方可拆模。

10. 某悬挑长度为 1.2m 的悬臂结构，要在混凝土达到设计强度的_____后方可拆模。

11. 钢筋冷拉是指在常温下，以超过钢筋_____强度的拉力拉伸钢筋，使钢筋产生_____变形，达到提高_____和节约钢材的目的。

12. 制作预应力混凝土结构的预应力筋时，冷拉宜采用_____法进行控制。在冷拉与对焊接长两项工序中应先进行_____。

13. 钢筋混凝土受弯构件钢筋端头的保护层厚度一般为_____mm。

14. 在计算钢筋下料长度时，钢筋外包尺寸和中心线长度之间的差值称为_____。

15. 对于有抗裂要求的钢筋混凝土结构和构件，钢筋代换后应进行_____。

16. 自然养护通常在混凝土浇筑完毕后_____以内开始，洒水养护时气温应不低于_____。

17. 普通硅酸盐水泥拌制的混凝土养护时间不得少于_____，有抗渗要求的混凝土养护时间不得少于_____。

四、简答题

1. 分析混凝土强度不足的原因

2. 简述对混凝土拌合物运输的基本要求。

3. 简述柱模板的制作方法和安装要求。

4. 简述梁模板的制作方法和安装要求。

5. 简述大体积混凝土的浇筑方法及振动机械的选用。

6. 什么是模板工程，它的基本要求是什么？

五、计算题

已知某混凝土的实验室配合比为 1:2.65:4.65，水灰比为 0.65，每 1m³ 混凝土水泥用量为 278kg，测得砂子的含水量为 3%，石子的含水量为 1%，试求：

(1) 该混凝土的施工配合比；

(2) 每 1m³ 混凝土材料的用量。

若用 JZ-250 型搅拌机，出料容量为 0.25m³，求每搅拌一盘的投料量。

第4章 预应力混凝土工程施工技术

章节概述

预应力混凝土是在外荷载作用前，预先建立有内应力的混凝土，一般是在混凝土结构或构件受拉区域，通过对预应力筋进行张拉、锚固、放松，借助钢筋的弹性回缩，使受拉区混凝土事先获得预压应力。预压应力的大小和分布能减少或抵消外荷载所产生的拉应力。

教学目标

1. 了解预应力混凝土的概念及特点。
2. 掌握张拉程序、张拉应力控制和放张方法。
3. 掌握后张法的施工工艺，了解锚具类型及张拉设备。
4. 掌握预应力筋的制作、张拉方法、张拉程序、张拉应力的控制。
5. 了解无黏结预应力筋的施工工艺。
6. 熟悉预应力工程质量检验和质量控制的主要方法。

课时建议

8课时。

4.1 先张法施工

预应力混凝土与普通钢筋混凝土相比较，可以更有效地利用高强钢材，提高使用荷载下结构的抗裂度和刚度，减小结构构件的截面尺寸，自重轻、质量好、材料省、耐久性好。虽然预应力混凝土施工要增添专用设备，技术含量高、操作要求严，相应的工程成本高，但在跨度较大的结构中，或在一定范围内代替钢结构使用时，其综合经济效益较好。

预应力混凝土按预应力的大小可分为全预应力混凝土和部分预应力混凝土；按施加应力方式可分为先张法预应力混凝土、后张法预应力混凝土和自应力混凝土；按预应力筋的黏结状态可分为有黏结预应力混凝土和无黏结预应力混凝土；按施工方法又可分为预制预应力混凝土、现浇预应力混凝土和叠合预应力混凝土等。

4.1.1 先张法概念

先张法是在浇筑混凝土前铺设、张拉预应力筋，并将张拉后的预应力筋临时锚固在台座或钢模上，然后浇筑混凝土，待混凝土养护达到不低于75％设计强度后，保证预应力筋与混凝土有足够的黏结时，放松预应力筋，借助混凝土与预应力筋的黏结，对混凝土施加预应力的施工工艺，如图4-1所示。先张法一般仅适用于生产中小型预制构件，如房屋建筑中的空心板、多孔板、槽形板、双T板、V形折板、托梁、檩条、槽瓦、屋面梁等。道路桥梁工程中的轨枕、桥面空心板、简支梁等，在基础工程中应用的预应力方桩及管桩等。先张法构件多在固定的预制厂生产，也可在施工现场生产。

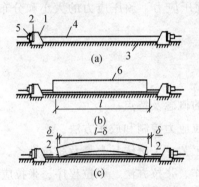

图4-1 先张法构件生产示意图

（a）预应力筋张拉；（b）混凝土浇筑和养护；（c）放松预应力筋

1—台座；2—横梁；3—台面；4—预应力筋；5—夹具；6—混凝土构件

先张法生产构件有台座法和台模法两种。在用台座法生产时，各道施工工序都在台座上进行，预应力筋的张拉力由台座承受。台模法主要在工厂流水线上使用，它是将制作构件的模板作为预应力钢筋锚固支座的一种台座，模板具有相当的刚度，作为固定预应力筋的承力架，可将预应力钢筋放在模板上进行张拉。台座法不需要复杂的机械设备，能适宜多种产品生产，故应用较广。

4.1.2 先张法的施工设备

1. 张拉台座

台座是先张法施工中主要的设备之一，由台面、横梁和承力结构组成，是张拉预应力筋和临时固定预应力筋的支撑结构，承受全部预应力筋的拉力。它必须有足够的强度、刚度和稳定性，以免因台座的变形、倾覆和滑移而引起预应力值的损失。台座按构造形式不同可分为墩式台座和槽式台座等。

（1）墩式台座

墩式台座由承力台墩、台面与横梁三部分组成，其长度宜为 50～150m，如图 4-2 所示。张拉一次可生产多根构件，可减少张拉及临时固定工作，又可减少因钢丝滑动或台座横梁变形引起的预应力损失。目前，常用的是台墩与台面共同受力的墩式台座。台座的宽度主要取决于构件的布筋宽度、张拉与浇筑混凝土是否方便，其值一般为 2～4m。在台座的端部应留出张拉操作用地和通道，两侧要有构件运输和堆放的场地。

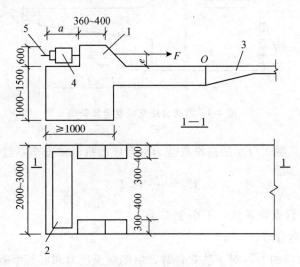

图 4-2　墩式台座
1—混凝土墩；2—钢横梁；3—混凝土台面；4—锚具；5—预应力钢筋

承力台墩一般埋置在地下，由现浇钢筋混凝土做成。台面一般是在夯实的碎石垫层上浇筑一层厚度为 60～100mm 的混凝土而成。台面伸缩缝可根据当地温差和经验设置，约为 10m 一道，也可采用预应力混凝土滑动台面，不留伸缩缝。预应力滑动台面是在原有的混凝土台面或新浇筑的混凝土基层上刷隔离剂，张拉预应力筋，浇筑混凝土面层，待混凝土达到放张强度后切断预应力筋，台面就发生滑动，这种台面使用效果良好。台座的两端设置有固定预应力筋的横梁，一般用型钢制作，设计时，除应要求横梁在张拉力的作用下有一定的强度外，尚应特别注意变形，以减少预应力损失。台座设计时，应进行稳定性和强度验算，稳定性验算包括台座的抗倾覆验算和抗滑移验算。

①抗倾覆验算　墩式台座的抗倾覆能力以台座的抗倾覆安全系数 K 表示，如图 4-3 所示。

$$K = \frac{M_1}{M} = \frac{GL + E_p e_2}{N e_1} \geqslant 1.5 \tag{4-1}$$

式中　M——倾覆力矩/（kN·m），由预应力筋的张拉力产生；

M_1——抗倾覆力矩/（kN·m），由台座自重力和土压力等产生；

N——预应力筋的张拉力/kN；

e_1——张拉力合力作用点至倾覆点的力臂/m；

G——台墩的自重力/kN；

L——台墩重心至倾覆点的力臂/m；

E_p——台墩后面的被动土压力合力/kN；

e_2——被动土压力合力至倾覆点的力臂/m。

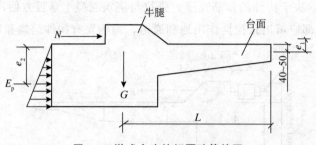

图 4-3　墩式台座抗倾覆验算简图

②抗滑移验算　墩式台座的抗滑移能力以台座的抗滑移安全系数 K_c 表示，即

$$K_c = \frac{N_1}{N} \geqslant 1.3 \qquad (4\text{-}2)$$

式中　K_c——抗滑移安全系数，不小于 1.3；

　　　N——张拉力合力；

　　　N_1——抗滑移的力，对于独立台墩，由侧壁土压力和底部摩阻力产生。

对与台面共同工作的台墩，其水平推力几乎全部传给台面，不存在滑移问题，可不作抗滑移验算，此时应验算台面的强度。

（2）槽式台座

槽式台座由钢筋混凝土压杆、上下横梁及台面组成，如图 4-4 所示。台座的长度一般不大于 76m，宽度随构件外形及制作方式而定，一般不小于 1m，承载力可达 1 000kN 以上。为便于混凝土浇筑和蒸汽养护，槽式台座多低于地面。在施工现场还可利用已预制好的柱、桩等构件装配成简易槽式台座。槽式台座适用于张拉吨位较大的大型构件，如吊车梁、屋架等。

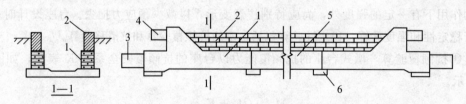

图 4-4　槽式台座

1—钢筋混凝土端柱；2—砖墙；3—下横梁；4—上横梁；5—传力柱；6—柱垫

2. 夹具

夹具是先张法构件施工时保持预应力筋拉力，并将其固定在张拉台座（或设备）上的临时性锚固装置。预应力筋夹具和连接器应具有可靠的锚固性能、足够的承载能力和良好的适用性，且构造简单、施工方便、成本低。按其工作用途不同分为锚固夹具和张拉夹具。

（1）锚固夹具

锚固夹具是把预应力筋临时固定在台座横梁上的夹具。常用的锚固夹具有圆锥齿板式夹具及圆锥形槽式夹具、圆套筒二片式夹具、圆套筒三片式夹具、镦头夹具等。

①圆锥齿板式夹具及圆锥形槽式夹具　圆锥齿板式夹具及圆锥形槽式夹具是常用的两种单根钢丝夹具，适用于锚固直径 3～5mm 的冷拔低碳钢丝，也适用于锚固直径 5mm 的碳素（刻痕）钢丝，如图 4-5 所示。

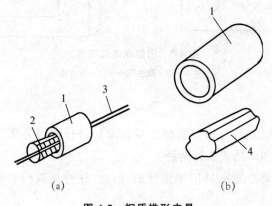

（a）　　　　　　　　　　　（b）

图 4-5　钢质锥形夹具

（a）圆锥齿板式；（b）圆锥槽式

1—套筒；2—齿板；3—钢丝；4—锥塞

②圆套筒二片式夹具　圆套筒二片式夹具适用于夹持直径为 12～16mm 的单根冷拉 HRB335～HRB400 级钢筋，由圆形套筒和圆锥形夹片组成，如图 4-6 所示。

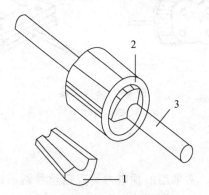

图 4-6　圆套筒二片式夹具

1—夹片；2—套筒；3—钢筋

③圆套筒三片式夹具　圆套筒三片式夹具适用于夹持直径为 $12\sim14mm$ 的单根冷拉 HRB335、HRB400 级钢筋，其构造基本与圆套筒二片式夹具相同，只不过夹片由三个组成。

④镦头夹具　镦头夹具适用于预应力钢丝固定端的锚固，如图 4-7 所示。镦头夹具属于自制的钳具，镦头强度不低于材料强度的 98%。钢丝的镦头是采用液压冷镦机进行的，钢筋直径小于 $22mm$ 采用热镦成型方法，钢筋直径大于或等于 $22mm$ 采用热锻成型方法。

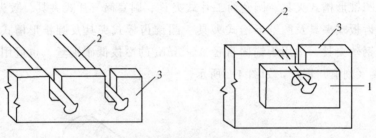

图 4-7　固定端镦头夹具

1—垫片；2—镦头钢丝；3—承力板

（2）张拉夹具

张拉夹具是将预应力筋与张拉机械连接起来，进行预应力张拉的工具。常用的张拉夹具有偏心式夹具和压销式夹具两种。

①偏心式夹具　偏心式夹具用作钢丝的张拉。这种夹具构造简单、使用方便，如图 4-8(a)所示。

②压销式夹具　压销式夹具用作直径为 $12\sim16mm$ 的 HRB235～HRB400 级钢筋的张拉。它是由销片和楔形压销组成，如图 4-8(b)所示。

（a）　　　　　　　　　　　　　　（b）

图 4-8　张拉夹具

（a）偏心式夹具；（b）压销式夹具

3. 张拉设备

先张法生产的构件中，常采用的预应力筋有钢丝和钢筋两种。张拉预应力钢丝时，一般直接采用卷扬机或电动螺杆张拉机。张拉预应力钢筋时，槽式台座中常采用四横梁式成组张拉装置，用千斤顶张拉。

（1）卷扬机　在长线台座上张拉钢筋时，千斤顶行程不能满足要求，小直径钢筋可采用卷扬机张拉，用杠杆或弹簧测力。弹簧测力时，宜设行程开关，在张拉到规定的应力时，能自行停机。

（2）电动螺杆张拉机　电动螺杆张拉机由螺杆、电动机、变速箱、测力计及顶杆等组成，可单根张拉预应力钢丝或钢筋。张拉时，顶杆支于台座横梁上，用张拉夹具夹紧钢筋后，升动电动机，由皮带、齿轮传动系统使螺杆做直线运动，从而张拉钢筋。这种张拉方法的特点是运行稳定，螺杆有自锁性能，所以张拉机恒载性能好、速度快、张拉行程大，如图 4-9 所示。

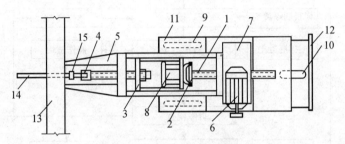

图 4-9　电动螺杆张拉机

1—螺杆；2、3—拉力架；4—张拉夹具；5—顶杆；6—电动机；

7—齿轮减速箱；8—测力计；9、10—车轮；11—底盘；

12—手把；13—横梁；14—钢筋；15—锚固夹具

（3）油压千斤顶　油压千斤顶可张拉单根或多根成组的预应力筋，张拉过程可以直接从油压表读取张拉力值。图 4-10 所示为油压千斤顶成组张拉装置。

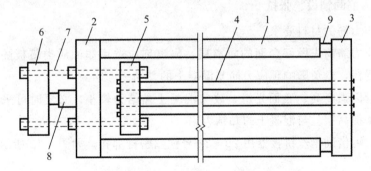

图 4-10　油压千斤顶成组张拉装置

1—台座；2、3—前后横梁；4—钢筋；5、6—拉力架的横梁；

7—大螺纹杆；8—液压千斤顶；9—放张装置

4.1.3　先张法的施工工艺

先张法的施工工艺流程如图 4-10 所示。

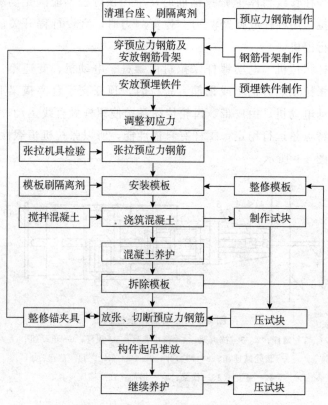

图 4-11 先张法施工工艺流程简图

1. 预应力筋的铺设、张拉

（1）预应力筋的材料要求

铺设预应力筋前先做好台面的隔离层，隔离剂应选用非油质类模板隔离剂，不得使预应力筋受污，以免影响预应力筋与混凝土的黏结。

碳素钢丝因强度高、表面光滑，故与混凝土黏结力较小，必要时可采取表面刻痕和压波措施来提高钢丝与混凝土的黏结力。

钢丝接长可借助钢丝拼接器用 20～22 号铁丝密排绑扎，如图 4-12 所示。

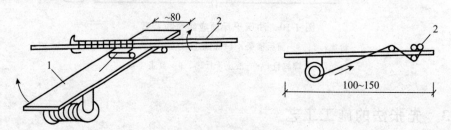

图 4-12 钢丝拼接器

1—拼接器；2—钢丝

（2）预应力筋张拉应力的确定

预应力筋的张拉控制应力应符合设计要求。施工如采用超张拉，可比设计要求提高 5%，但其最大张拉控制应力不得超过表 4-1 中的规定。

表 4-1 最大张拉控制应力值

钢筋种类	张拉方法	
	先张法	后张法
消除应力钢丝、刻痕钢丝、钢绞线	$0.80f_{ptk}$	$0.80f_{ptk}$
热处理钢筋	$0.75f_{ptk}$	$0.70f_{ptk}$
冷拉钢筋	$0.95f_{pyk}$	$0.90f_{pyk}$

注：f_{ptk} 为预应力筋极限抗拉强度标准值；f_{pyk} 为预应力筋屈服强度标准值。

（3）预应力筋张拉力的计算

预应力筋张拉力 P 按下式计算

$$P = (1+m)\sigma_{con}A_P \tag{4-3}$$

式中　m——超张拉百分率/%；

　　　σ_{con}——张拉控制应力；

　　　A_P——预应力筋截面面积。

（4）张拉程序

预应力筋的张拉程序可按下式（4-4）或式（4-5）进行

$$0 \rightarrow 103\%\sigma_{con} \tag{4-4}$$

$$0 \rightarrow 105\%\sigma_{con} \xrightarrow{\text{持荷 2min}} \sigma_{con} \tag{4-5}$$

在第一种张拉程序中，超张拉 3% 是为了弥补预应力筋的松弛损失，这种张拉程序施工简便，一般采用较多。

（5）预应力筋伸长值与应力的测定

预应力筋张拉后，一般应校核预应力筋的伸长值。如果实际伸长值与计算伸长值的偏差超过 ±6%，则应暂停张拉，查明原因并采取措施予以调整后，方可继续张拉。预应力筋的实际伸长值宜在初应力约为 $10\%\sigma_{con}$ 时开始测量，但必须加上初应力以下的推算伸长值。

预应力筋的位量不允许有过大偏差，设计位置的偏差不得大于 5mm，也不得大于构件截面最短边长的 4%。

（6）张拉伸长值校核

预应力筋伸长值的取值范围为 ΔL（1－6%）～ΔL（1＋6%）。

2. 混凝土浇筑与养护

预应力筋张拉完毕后即应浇筑混凝土。混凝土的浇筑应一次完成，不允许留设施工缝。预应力混凝土构件的混凝土强度等级一般不低于 C30，当采用碳素钢丝、钢绞

线、热处理钢筋作预应力筋时，混凝土的强度等级不宜低于 C40。

构件应避开台面的温度缝，当不能避开时，可先在温度缝上铺薄钢板或垫油毡，然后浇灌混凝土。浇筑时，振捣器不得碰撞预应力钢筋。混凝土未达到一定强度前也不允许碰撞或踩动预应力筋，以保证预应力筋与混凝土有良好的黏结力。

采用平卧叠浇法制作预应力混凝土构件时，其下层构件混凝土的强度需达到 8～10MPa 后，方可浇筑上层构件混凝土并应有隔离措施。

预应力混凝土可采用自然养护和蒸汽湿热养护。但应注意采取正确的养护制度，在台座上用蒸汽养护时，温度升高后预应力筋膨胀而台座的长度并无变化，因而会引起预应力筋应力减小，在这种情况下混凝土如果逐渐硬结，则在混凝土硬化前预应力筋由于温度升高而引起的应力降低将无法恢复，这就是温差引起的预应力损失，因此为了减少这种温差应力损失，应保证混凝土在达到一定强度（100MPa）之前，将温度升高限制在一定范围内（一般不超过 20℃），在台座上采用蒸汽养护时，其最高允许温度应根据设计要求的允许温差（张拉钢筋时的温度与台座温度的差）经计算确定。当混凝土强度养护至 7.5MPa（配粗钢筋）或 10MPa（钢丝、钢绞线配筋）以上时，则可不受设计要求的温差限制，按一般构件的蒸汽养护规定进行养护。这种养护方法又称为二次升温养护法。在采用机组流水法用钢模制作预应力构件并进行蒸汽养护时，由于钢模和预应力筋同样伸缩，所以不存在因温差而引起的预应力损失，所以可以采用一般加热养护制度。

3. 预应力筋的放张

（1）放张方法

对于配筋不多的中小型构件，钢丝可用砂轮锯或切断机等方法放张；对于配筋多的混凝土构件，钢丝应同时放张。如果逐根放张，最后几根钢丝将会因承受过大的拉力而突然断裂，且构件端部容易开裂。

消除应力钢丝、钢绞线、热处理钢筋不得用电弧切割，宜用砂轮锯或切断机切断。

（2）放张顺序

预应力筋的放张顺序应满足设计要求，如设计无要求时，应满足下列规定：

①对轴心受预压构件（如压杆、桩等），所有预应力筋应同时放张；

②对偏心受预压构件（如梁等），先同时放张预压力较小区域的预应力筋，再同时放张预压力较大区域的预应力筋；

③当不能按上述规定放张时，应分阶段、对称、相互交错地放张，以防止在放张过程中构件发生翘曲、裂纹及预应力筋断裂等现象；

④对配筋不多的中小型预应力混凝土构件，钢丝可用剪切、锯割等方法放张，配筋多的预应力混凝土构件，钢丝应同时放张；

⑤预应力筋为钢筋时，若数量较少可逐根加热熔断放张，若数量较多且张拉力较大应同时放张。

4.2 后张法施工

4.2.1 后张法概念

后张法是先制作构件，在应放置预应力钢筋的部位预先留有孔道，待构件混凝土强度达到设计规定的数值后，用张拉机具夹持预应力筋将其张拉至设计规定的控制预应力，并借助锚具在构件端部将预应力筋锚固，最后进行孔道灌浆（或不灌浆）。预应力筋的张拉力主要是靠构件端部的锚具传递给混凝土，使混凝土产生预压应力。图 4-13 即为预应力混凝土后张法生产示意图。

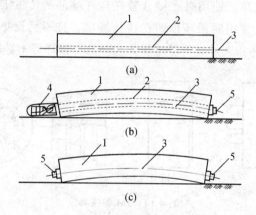

图 4-13 后张法生产示意图

（a）制作钢筋混凝土构件；（b）预应力筋张拉；（c）锚固和孔道灌浆

1—混凝土构件；2—预留孔道；3—预应力筋；4—千斤顶；5—锚具

在后张法施工中，锚具永久性地留在构件上，成为预应力构件的一个组成部分，不能重复使用，因此在后张法施工中，必须有与不同预应力筋配套的锚具和张拉机具。

4.2.2 后张法的施工设备

1. 锚具

锚具是预应力筋张拉和永久固定在预应力混凝土构件上传递预应力的工具。锚具应该可靠、使用方便、有足够的强度和刚度。按锚固性能不同，锚具可分为Ⅰ类锚具和Ⅱ类锚具。Ⅰ类锚具适用于承受动载、静载的预应力混凝土结构；Ⅱ类锚具仅适用于有黏结预应力混凝土结构，且锚具只能处于预应力筋应力变化不大的部位。

后张法所用锚具根据其锚固原理和构造形式不同，分为螺杆锚具、夹片锚具、锥销式锚具和镦头锚具四种体系；在预应力筋张拉过程中，根据锚具所在位置与作用不同，又可分为张拉端锚具和固定端锚具；预应力筋的种类有热处理钢筋束、消除应力钢丝束或钢绞线束，按锚具锚固钢筋或钢丝的数量，可分为钢绞线束锚具和钢筋束锚具、钢丝束锚具及单根粗钢筋锚具。

(1) 钢绞线束、钢筋束锚具

钢绞线束和钢筋束目前使用的锚具有 JM 型、XM 型、QM 型、KT-Z 型和镦头锚具等。

①JM 型锚具　JM 型锚具由锚环与夹片组成，用于锚固 3～6 根 ϕ12mm 的光圆或变形钢筋束和 5～6 根 ϕ12mm 钢绞线束。它可以作为张拉端或固定端锚具，也可作为重复使用的工具锚。如图 4-14 所示，JM 型锚具夹片呈扇形，靠两侧的半圆槽锚固预应力钢筋，为增加夹片与预应力筋之间的摩擦力，在半圆槽内刻有截面为梯形的齿痕，夹片背面的坡度与锚环一致。锚环分甲型和乙型两种，甲型锚环为一个具有锥形内孔的圆柱体，外形比较简单，使用时直接放置在构件端部的垫板上；乙型锚环在圆柱体外部增添正方形肋板，使用时锚环预埋在构件端部，且不另设垫板。锚环和夹片均用45 号钢制造，甲型锚环和夹片必须经过热处理，乙型锚环可不必进行热处理。

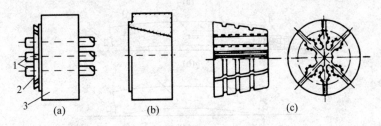

图 4-14　JM 型锚具

(a) 装配图；(b) 锚环；(c) 夹片

1—钢筋束或钢绞线束；2—夹片；3—锚环

②XM 型锚具　XM 型锚具属新型大吨位群锚体系锚具，由锚环和夹片组成，对钢绞线束和钢丝束能形成可靠的锚固。三个夹片为一组夹持一根预应力筋形成一个锚固单元，由一个锚固单元组成的锚具称为单孔锚具，由两个或两个以上的锚固单元组成的锚具称为多孔锚具，如图 4-15 所示。

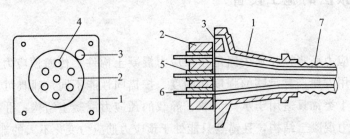

图 4-15　XM 型锚具

1—喇叭管；2—锚环；3—灌浆孔；4—圆锥孔；5—夹片；6—钢绞线；7—波纹管

XM 型锚具的夹片为斜开缝,以确保夹片能夹紧钢绞线或钢丝束中每一根外围钢丝,形成可靠的锚固,夹片开缝宽度一般平均为 1.5mm。XM 型锚具既可作为工作锚,又可兼作为工具锚。

③QM 型锚具　QM 型锚具与 XM 型锚具相似,它是由锚板和夹片组成,但锚孔是直的,锚板顶面是平的,夹片垂直开缝,如图 4-16 所示。此外,它有配套喇叭形铸铁垫板与弹簧圈等。这种锚具适用于锚固 4~31 根 ϕ12mm 和 3~9 根 ϕ15mm 钢绞线束。

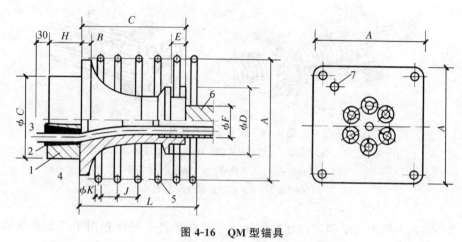

图 4-16　QM 型锚具

1—锚板;2—夹片;3—钢绞线;4—喇叭形铸铁垫板;

5—弹簧圈;6—预留孔道用的波纹管;7—灌浆孔

④KT-Z 型锚　KT-Z 型锚具由锚环和锚塞组成,分为 A 型和 B 型两种。当预应力筋的最大张拉力超过 450kN 时采用 A 型,不超过 450kN 时采用 B 型。KT-Z 型锚具适用于锚固 3~6 根直径为 12mm 的钢筋束或钢绞线束。该锚具为半埋式,使用时先将锚环小头嵌入承压钢板中,并用断续焊缝焊牢,然后共同预埋在构件端部。预应力筋的锚固需借助千斤顶将锚塞顶入锚环,其顶压力为预应力筋张拉力的 50%~60%。使用 KT-Z 型锚具时,预应力筋在锚环小口处形成弯折,因而产生摩擦损失。

⑤镦头锚具　镦头锚具用于固定端,由锚固板和带镦头的预应力筋组成,如图 4-17 所示。

图 4-17　固定端用镦头锚具

（2）钢丝束锚具

钢丝束所用锚具目前国内常用的有钢丝束镦头锚具、钢质锥形锚具、锥形螺杆锚具、XM 型锚具和 QM 型锚具。

①钢丝束镦头锚具　钢丝束镦头锚具用于锚固 12～54 根 ϕ5mm 碳素钢丝束，分 DM5A 型和 DM5B 型两种。A 型用于张拉端，由锚环和螺母组成；B 型用于固定端，仅有一块锚板，如图 4-18 所示。

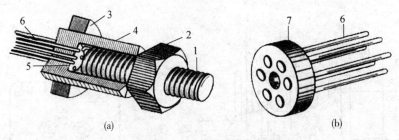

图 4-18　钢丝束镦头锚具

（a）DM5　A 型锚具；（b）DM5　B 型锚具

1—工具拉杆；2—工具螺母；3—螺母；4—锚环；

5—钢丝镦头；6—预应力钢丝；7—锚板

锚环的内外壁均有丝扣，内丝扣用于连接张拉螺杆，外丝扣用于拧紧螺母锚固钢丝束。锚环和锚板四周钻孔，以固定镦头的钢丝，孔数和间距由钢丝根数确定。钢丝可用液压冷镦器进行镦头，钢丝束一端可在制束时将头镦好，另一端则待穿束后镦头，但构件孔道端部要设置扩孔。

张拉时，张拉螺丝杆一端与锚环内丝扣连接，另一端与拉杆式千斤顶的拉头连接，当张拉到控制应力时，锚环被拉出，则拧紧锚环外丝扣上的螺母加以锚固。

②钢质锥形锚具　钢质锥形锚具由锚环和锚塞组成，用于锚固以锥锚式双作用千斤顶张拉的钢丝束，如图 4-19 所示。钢丝分布在锚环锥孔内侧，由锚塞塞紧锚固。锚环内孔的锥度应与锚塞的锥度一致，锚塞上刻有细齿槽，夹紧钢丝防止滑移。

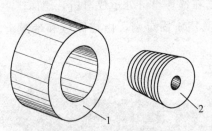

图 4-19　钢质锥形锚具

1—锚环；2—锚塞

锥形锚具的缺点是当钢丝直径误差较大时，易产生单根滑丝现象，且很难补救，如用加大顶锚力的方法来防止滑丝，又易使钢丝被咬伤。此外，钢丝锚固时呈辐射状态，弯折处受力较大，在国外已很少采用。

③锥形螺杆锚具　锥形螺杆锚具适用于锚固 14～28 根 ϕ5mm 组成的钢丝束，由锥形螺杆、套筒、螺母、垫板组成，如图 4-20 所示。

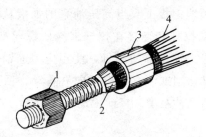

图 4-20　锥形螺杆锚具

1—螺母；2—锥形螺杆；3—套筒；4—预应力钢丝

（3）单根粗钢筋锚具

①螺丝端杆锚具　螺丝端杆锚具由螺丝端杆、垫板和螺母组成，适用于锚固直径不大于 36mm 的热处理钢筋，如图 4-21（a）所示。螺丝端杆可用同类的热处理钢筋或热处理 45 号钢制作。制作时，先粗加工至接近设计尺寸，再进行热处理，然后精加工至设计尺寸。热处理后不能有裂纹和伤痕。螺丝端杆锚具与预应力筋对焊，用张拉设备张拉螺丝端杆，然后用螺母锚固。

②帮条锚具　帮条锚具由一块方形衬板与三根帮条组成，如图 4-23（b）所示。衬板采用普通低碳钢板，帮条采用与预应力筋同类型的钢筋。帮条锚具一般用在单根粗钢筋作预应力筋的固定端。

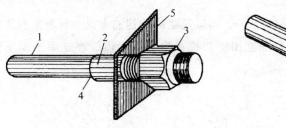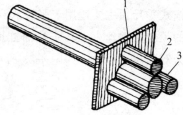

1—钢筋；2—螺丝端杆；3—螺母；　　　　　1—衬板；2—帮条；3—主筋

4—焊接接头；5—垫板

图 4-21　单根粗钢筋锚具

（a）螺丝端杆锚具；（b）帮条锚具

2. 张拉设备

后张法张拉设备主要有千斤顶和高压油泵，其中千斤顶有拉杆式千斤顶、YC-60型穿心式千斤顶。

（1）拉杆式千斤顶（YL 型）

拉杆式千斤顶主要用于张拉带有螺丝端杆锚具的粗钢筋、带有锥形螺杆锚具的钢丝束及带有镦头锚具钢丝束。

拉杆式千斤顶构造如图 4-22 所示，由主缸、主缸活塞、副缸、副缸活塞、连接器、顶杆和拉杆等组成。张拉预应力筋时，首先将连接器与预应力筋的螺丝端杆连接，并使顶杆支撑在构件端部的预埋钢板上。当高压油泵的油液从主缸油嘴进入主缸时，推动主缸活塞向左移动，带动拉杆和连接在拉杆末端的螺丝端杆，预应力筋即被拉伸；当达到张拉力后，拧紧预应力筋端部的螺母，使预应力筋锚固在构件端部；锚固完毕后，改用副缸油嘴进油，推动副缸活塞和拉杆向右移动，回到开始张拉时的位置，与此同时，主缸的高压油也回到油泵中。目前工地上常用的为 600kN 拉杆式千斤顶。

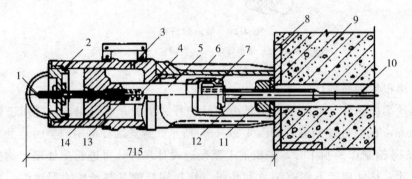

图 4-22　拉杆式千斤顶构造示意图

1—副缸油嘴；2—主缸；3—主缸油嘴；4—副缸；5—拉杆；6—顶杆；

7—连接器；8—预埋钢板；9—混凝土构件；10—预应力筋；11—螺帽；

12—螺丝端杆；13—副缸活塞；14—主缸活塞

（2）锥锚式千斤顶（YZ 型）

锥锚式千斤顶主要适用于张拉 KT-Z 型锚具锚固的钢筋束或钢绞线束和使用锥形锚具锚固的预应力钢丝束。其张拉油缸用于张拉预应力筋，顶压油缸用于顶压锥塞，因此又称为双作用千斤顶，如图 4-23 所示。

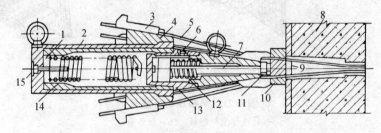

图 4-23　锥锚式千斤顶构造示意图

1—主缸活塞；2—主缸；3—模块；4—锥形卡环；5—预应力筋；6—副缸油嘴；

7—副缸活塞；9—锚塞；8—构件；10—锚环；11—顶压头门；12—副缸压力弹簧；

13—副缸；14—主缸拉力弹簧；15—主缸油嘴

锥锚式双作用千斤顶的主缸及主缸活塞用于张拉预应力筋，主缸前端缸体上有卡环和销片，用以锚固预应力筋，主缸活塞为一个中空筒状活塞，中空部分设有拉力弹簧。副缸和副缸活塞用于顶压锚塞，将预应力筋锚固在构件的端部，并设有复位弹簧。

锥锚式双作用千斤顶张拉力为 300kN 和 600kN，最大张拉力为 850N，张拉行程为 250mm，顶压行程为 60mm。

（3）YC-60 型穿心式千斤顶

穿心式千斤顶（YC 型）适用性很强，适用于张拉各种形式的预应力筋，如采用 JM12 型、QM 型、XM 型锚具固的预应力钢丝束、钢筋束和钢绞线束。配置撑脚和拉杆等附件后，其又可作为拉杆式千斤顶使用。根据张拉力和构造不同，有 YC-60、YCD20、YCD120、YCD200 和无顶压机构的 YCQ 型千斤顶。YC-60 型是目前我国预应力混凝土构件施工中应用最广泛的张拉机械。YC-60 型穿心式千斤顶加装撑脚、张拉杆和连接器后，就可以张拉以螺丝端杆锚具为张拉锚具的单根粗钢筋，张拉以锥形螺杆锚具和 DM5A 型镦头锚具为张拉锚具的钢丝束。现以 YC-60 型穿心式千斤顶为例，说明其构造及工作原理，如图 4-24 所示。

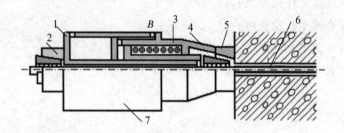

图 4-24　YC-60 型穿心式千斤顶的构造及工作示意图

1—张拉油缸；2—工具锚；3—顶压油缸；4—撑套；5—夹片式锚具；

6—预应力钢筋；7—YC-60 型千斤顶；A、B—进油嘴

YC-60 型穿心式千斤顶，沿千斤顶的轴线有一直通的穿心孔道，供穿过预应力筋之用。YC-60 型穿心式千斤顶既能张拉预应力筋，又能顶压锚具锚固预应力筋，故又称为穿心式双作用千斤顶。YC-60 型穿心式千斤顶张拉力为 600kN，张拉行程为 150mm。

4.2.3　预应力筋的制作

1. 钢筋束及钢绞线束制作

为了保证构件孔道穿入筋和张拉时不发生扭结，应对预应力筋进行编束。编束时把预应力筋理顺后，用 18～22 号铁丝每隔 1m 左右绑扎一道，形成束状。

钢绞线下料宜用砂轮切割机切割，不得采用电弧切割。

钢绞线编束宜用 20 号铁丝绑扎，间距 2～3m。编束时应先将钢绞线理顺，并尽量使各根钢绞线松紧一致。如钢绞线单根穿入孔道，则不用编束。

采用夹片锚具，并用穿心式千斤顶在构件上张拉时，钢绞线的下料长度 L 按图 4-25 所示计算。

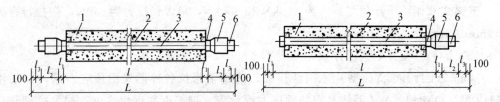

图 4-25　钢筋束、钢绞线束下料长度计算简图

(a) 两端张拉；(b) 一端张拉

1—混凝土构件；2—孔道；3—钢绞线；4—夹片式工作锚；5—穿心式千斤顶；6—夹片式工具锚

（1）两端张拉

$$L = l + 2(l_1 + l_2 + l_3 + 100) \tag{4-6}$$

式中　l——构件的孔道长度；

　　　l_1——夹片式工作锚厚度；

　　　l_2——穿心式千斤顶长度；

　　　l_3——夹片式工具锚厚度。

（2）一端张拉

$$L = l + 2(l_1 + 100) + l_2 + l_3 \tag{4-7}$$

式中各个符号意义同上。

2. 钢丝束制作

钢丝束制作随锚具的不同而不同，一般需经过调直、下料、编束和安装锚具等工序。

当采用镦头锚具时，一端张拉应考虑钢丝束张拉锚固后螺母位于锚环中部，钢丝下料长度 L 可按用下式计算

$$L = L_0 + 2a + 2b - 0.5(H - H_1) - L - C \tag{4-8}$$

式中　L_0——孔道长度；

　　　a——锚板厚度；

　　　b——钢丝镦头厚度，取钢丝直径的 2 倍；

　　　H——锚环高度；H_1 为螺母高度；

　　　L——张拉时钢丝伸长值；

　　　C——混凝土弹性压缩（很小时可忽略不计）。

为了保证钢丝不发生扭结，必须进行编束。编束前应对钢丝直径进行测量，直径相对误差不得超过 0.1mm，以保证成束钢丝与锚具可靠连接。采用锥形螺杆锚具时，编束工作在平整的场地上把钢丝理顺放平，用 22 号铁丝将钢丝每隔 1m 编成帘子状，然后每隔 1m 放置 1 个螺旋衬圈，再将编好的钢丝帘绕衬圈围成圆束，用铁丝绑扎牢

固，如图 4-26 所示。

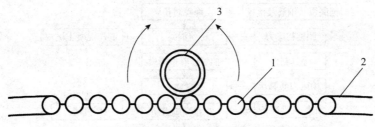

图 4-26　钢丝束的编束

1—钢丝；2—铁丝；3—衬圈

当采用镦头锚具时，根据钢丝分圈布置的特点，编束时首先将内圈和外圈钢丝分别用铁丝顺序编扎，然后将内圈钢丝放在外圈钢丝内扎牢。编束完成后，先在一端安装锚环并完成镦头工作，另一端钢丝的镦头待钢丝束穿过孔道安装上锚板后再进行。

3. 单根粗预应力筋制作

单根粗预应力钢筋一般采用热处理钢筋，其制作包括配料、对焊、冷拉等工序。为保证质量，宜采用控制应力的方法进行冷拉。钢筋配料时，应根据钢筋的品种测定冷拉率，如果在一批钢筋中冷拉率变化较大，应尽可能把冷拉率相近的钢筋对焊在一起进行冷拉，以保证钢筋冷拉力的均匀性。

钢筋对焊接长在钢筋冷拉前进行，钢筋的下料长度由计算确定。

当构件两端均采用螺丝端杆锚具时，预应力筋下料长度为

$$L = \frac{l + 2l_2 - 2l_1}{1 + \gamma + \delta} + n\Delta \tag{4-9}$$

当构件一端采用螺丝端杆锚具，另一端采用帮条锚具或镦头锚具时，预应力筋下料长度为

$$L = \frac{l + l_2 + l_3 - l_1}{1 + \gamma + \delta} + n\Delta \tag{4-10}$$

式中　l——构件的孔道长度；

　　　l_1——螺丝端杆长度，一般为 320mm；

　　　l_2——螺丝端杆伸出构件外的长度，一般为 120～150mm；

　　　l_3——帮条或镦头锚具所需钢筋长度；

　　　γ——预应力筋的冷拉率（由试验定）；

　　　δ——预应力筋的冷拉回弹率，一般为 0.4%～0.6%；

　　　n——对焊接头数量；

　　　Δ——每个对焊接头的压缩量，取一个钢筋直径。

4.2.4　后张法的施工工艺

后张法的施工工艺与预应力施工有关的主要是孔道留设、预应力筋张拉和孔道灌

浆三部分。图 4-27 所示为后张法施工工艺流程图。

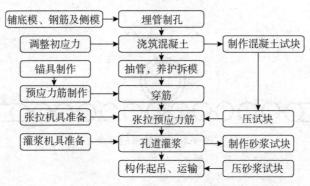

图 4-27　后张法施工工艺流程图

1. 孔道留设

孔道留设是后张法预应力混凝土构件制作中的关键工序之一，也是施工过程检验验收的重要环节，主要供穿预应力钢筋（束）及张拉锚固后灌浆用。

孔道留设的方法有钢管抽芯法、胶管抽芯法、橡胶抽拔棒法和预埋管法（主要采用波纹管）等。预应力的孔道形式一般有直线、曲线和折线三种。钢管抽芯法只用于直线孔道的成型，胶管抽芯法、橡胶抽拔棒法和预埋管法则可以用于直线、曲线和折线孔道的成型。

（1）钢管抽芯法

钢管抽芯法适用于留设直线孔道。钢管抽芯法是预先将钢管敷设在模板的孔道位置处，在混凝土浇筑和养护过程中，每隔一定时间要慢慢转动钢管一次，以防止混凝土与钢管黏结。待混凝土初凝后、终凝前抽出钢管，即在构件中形成孔道。为保证预留孔道质量，施工中应注意以下几点。

①选用的钢管要平直、表面光滑、安放位置准确。如果钢管不直，在转动及拔管时易将混凝土管壁挤裂。钢管预埋前应除锈、刷油，以便抽管。钢管的位置一般用钢筋井字架固定，井字架间距一般为 1～2m。在灌注混凝土时，应避免振动器直接接触钢管，防止产生位移。

②钢管每根长度最好不超过 15m，以便旋转和抽管。钢管两端应各伸出构件500mm 左右。较长构件可用两根钢管接长，两根钢管接头处可用 0.5mm 厚铁皮做成的套管连接，如图 4-28 所示。套管内表面要与钢管外表面紧密结合，以防漏浆堵塞孔道。

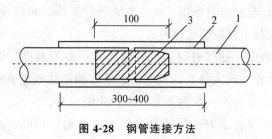

图 4-28 钢管连接方法

1—钢管；2—白铁皮套管；3—硬木塞

③恰当准确地掌握抽管时间 抽管时间与水泥品种、气温和养护条件有关。抽管宜在混凝土初凝后、终凝前进行，以用手指按压混凝土表面不显指纹时为宜。常温下抽管时间在混凝土浇筑后 3～6h。抽管时间过早，会造成坍孔事故；抽管时间太晚，混凝土与钢管会黏结牢固，使抽管困难，甚至抽不出来。应当派人在混凝土浇筑过程中及浇筑后，每隔一定时间慢慢转动钢管，防止它与混凝土黏住。

④抽管顺序和方法 抽管顺序宜先上后下。抽管方法可分为人工抽管和卷扬机抽管。抽管时，必须速度均匀、边抽边转，并与孔道保持在一条直线上；抽管后，应及时检查孔道情况，并做好孔道清理工作，以免增加以后穿筋的难度。

⑤灌浆孔和排气孔的留设 留设预留孔道的同时，应考虑方便构件孔道灌浆。按照设计规定，每个构件与孔道垂直的方向应留设若干个灌浆孔和排气孔。一般在构件两端和中间，每隔 12m 左右留设一个直径为 20mm 的灌浆孔，可用木塞或白铁皮管成孔；在构件两端各留一个排气孔。

(2) 胶管抽芯法

胶管抽芯法利用的胶管有 5～7 层的夹布胶管和供预应力混凝土专用的钢丝网橡皮管两种。前者必须在管内充气或充水后才能使用；后者质硬，且有一定弹性，预留孔道时与钢管一样使用。将胶管预先敷设在模板中的孔道位置处，胶管用钢筋井字架固定，胶管直线每段间隔不大于 1.0m，曲线每段间隔不大于 0.5m，并与钢筋骨架绑扎牢。下面介绍常用的夹布胶管留设孔道的方法。

采用夹布胶管预留孔道时，在混凝土浇筑前将夹布胶管内充入压缩空气或压力水，工作压力为 500～800kPa，此时胶管直径可增大约 3mm。待混凝土初凝后，放出压缩空气或压力水，使管径缩小并与混凝土脱离开，抽出夹布胶管便可形成孔道。为了保证留设孔道的质量，使用时应注意以下几个问题。

(1) 胶管铺设后，应注意不要让钢筋等硬物刺穿胶管，胶管应当有良好的密封性，勿使其漏水、漏气。在夹布胶管内充入压缩空气或压力水前，胶管两端应有密封装置。密封的方法是将胶管一端外表面削去 1～3 层胶皮及帆布，然后将外表面带有粗丝扣的钢管（钢管一端用铁板密封焊牢）插入胶管端头孔内，再用 20 号铁丝与胶管外表面密缠牢固，铁丝头用锡焊焊牢。胶管另一端接上阀门，其密封方法与密封端基本相同。

(2) 胶管接头处理，1mm 厚钢管用无缝钢管制成，其内径等于或略小于胶管外

径，以便打入硬木塞后起到密封作用。铁皮套管与胶管外径相等或稍大（在0.5mm左右），以防止在振捣混凝土时胶管受振外移。

（3）抽管时间和顺序。抽管时间比钢管略迟，一般可参照气温和浇筑后的小时数的乘积，达200℃·h左右时为抽管适宜时间。胶管抽芯法预留孔道时，在混凝土浇筑后不需要旋转胶管，抽管顺序一般为先上后下，先曲后直。

采用钢丝网胶管预留孔道时，预留孔道的方法和钢管相同。由于钢丝网胶管质地坚硬，并具有一定的弹性，因此抽管时在拉力作用下管径缩小，钢丝网胶管与混凝土脱离开，即可将钢丝网胶管抽出。

胶管抽芯法的灌浆孔和排气孔的留设方法同钢管抽芯法。

3）预埋金属波纹管法

预埋金属波纹管法就是将与孔道直径相同的金属波纹管埋入混凝土构件中，无须抽出。波纹管一般是由薄钢带（厚0.3mm）经压波后卷成黑铁皮管、薄钢管或镀锌双波纹金属软管。它具有负量轻、刚度好、弯折方便、连接简单、摩阻系数小等优点。预埋管法因具备省去抽管工序，且孔道留设的位置、形状易保证，与混凝土黏结良好等优点，可做成各种形状的孔道，故目前应用较为普遍，是现代后张预应力筋孔道成型采用的理想材料。

金属波纹管每根长4～6m，也可根据需要现场制作，长度不限。波纹管在1kN径向力作用下不变形，使用前应做灌水试验，检查有无渗漏现象。波纹管的外形按照每两个相邻的折叠咬口之间凸出部（波纹）的数量差异，分为单波纹和双波纹。

波纹管内径为40～100mm，每5mm递增；波纹管高度单波为2.5mm，双波为3.5mm；不同长度波纹管，可根据运输要求或孔道长度进行卷制；波纹管用量大时，生产厂家可带卷管机到现场生产，管长不限。

安装前，应事先按设计图纸中预应力筋曲线坐标，以波纹管底边为准，在一侧侧模上弹出曲线，定出波纹管的位置；也可以梁模板为基准，按预应力筋曲线上各点坐标，在垫好底筋保护层垫块的箍筋胶上做标志，定出波纹管的曲线位置。波纹管的固定可用钢筋支架或井字架完成，按间距50～100cm焊在钢筋上，当为曲线孔道时应加密，并用铁丝绑扎牢，以防止浇筑混凝土时，管子上浮（先穿入预应力筋的情况稍好）而造成质量事故。

灌浆孔与波纹管的连接，如图4-29所示。做法是在波纹管上开洞，其上覆盖海绵垫片与带嘴的塑料弧形压板并用铁丝扎牢，再用增强塑料管插在塑料弧形压板的嘴上，并将其引出梁顶面400～500mm。在构件两端及管中应设置灌浆孔，其间距不宜大于12m（预埋波纹管时灌浆孔间距不宜大于30m）。曲线孔道的曲线波峰位置宜设置泌水管。

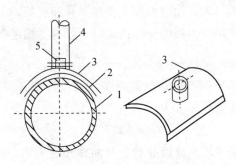

图 4-29　灌浆孔与波纹管的连接

1—波纹管；2—海绵垫；3—塑料弧形压板；4—塑料管；5—铁丝扎紧

2. 预应力筋张拉

用后张法张拉预应力筋时，混凝土强度应符合设计要求，如设计无规定时，不应低于设计强度等级的 75%。张拉程序应减少预应力损失，保持预应力的均衡，减少偏心。

（1）穿筋

成束的预应力筋将一头对齐，按顺序编号套在穿束器上。

预应力筋穿束根据穿束与浇筑混凝土之间的先后关系，可分为先穿束和后穿束两种。

①先穿束法　该法穿束省力，但穿束占用工期，束的自重引起的波纹管摆动会增大摩擦损失，束端保护不当易生锈。按穿束与预埋波纹管之间的配合，又可分为以下三种情况。

a. 先穿束后装管，即将预应力筋先穿入钢筋骨架内，然后将螺旋管逐节从两端套入并连接。

b. 先装管后穿束，即将螺旋管先安装就位，然后将预应力筋穿入。

c. 二者组装后放入，即在梁外侧的脚手架上将预应力筋与套管组装后，从钢筋骨架顶部放入就位，箍筋应先做成开口箍再封闭。

②后穿束法　该法可在混凝土养护期内进行，不占工期，便于用通孔器或高压水通孔，穿束后即行张拉，易于防锈，但穿束较为费力。

（2）张拉控制应力及张拉程序

张拉控制应力越高，建立的预应力值就越大，构件抗裂性越好。但是张拉控制应力过高，构件在使用过程中经常处于高应力状态，出现裂缝的荷载与破坏荷载很接近，往往构件破坏前没有明显预兆。而且当张拉控制应力过高时，构件混凝土预压应力过大，会导致混凝土的徐变应力损失增加，因此张拉控制应力应符合设计规定。在施工中预应力筋需要超张拉时，可比设计要求提高 3%～5%，但其最大张拉控制应力不得超过表 4-1 中的规定。

预应力筋的张拉程序主要根据构件类型、张锚体系、松弛损失取值等因素来确定。

为了减少预应力筋的松弛损失，预应力筋应按如下程序张拉。

①用超张拉方法减少预应力筋的松弛损失时，预应力筋的张拉程序宜为

$$0 \rightarrow 105\%\sigma_{con} \xrightarrow{\text{持荷}2min} \sigma_{con} \qquad (4\text{-}11)$$

②如果预应力筋张拉吨位不大、根数很多，而设计中又要求采取超张拉方法以减少应力松弛损失时，其张拉程序可为

$$0 \rightarrow 103\%\sigma_{con} \qquad (4\text{-}12)$$

以上各种张拉操作程序均可分级加载。对曲线预应力束，一般以 $0.2\sim0.25\sigma_{con}$ 为量伸长起点，分 3 级加载（$0.2\sigma_{con}$、$0.6\sigma_{con}$ 及 $1.0\sigma_{con}$）或 4 级加载（$0.25\sigma_{con}$、$0.5\sigma_{con}$、$0.75\sigma_{con}$ 及 $1.0\sigma_{con}$），每级加载均应量测张拉伸长值。

当预应力筋长度较大，千斤顶张拉行程不够时，应采取分级张拉、分级锚固。第二级初始油压为第一级最终油压，预应力筋张拉到规定油压后，持荷复验伸长值，合格后进行锚固。

（3）张拉顺序

张拉顺序应符合设计要求。图 4-30 所示为预应力混凝土屋架下弦杆与吊车梁的预应力筋张拉顺序。

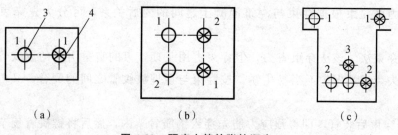

图 4-30　预应力筋的张拉顺序

（a）屋架下弦杆 1；（b）屋架下弦杆 2；（c）吊车梁

①对配有多根预应力筋的预应力混凝土构件，由于不可能同时一次张拉完预应力筋，所以应分批、对称地进行张拉。对称张拉是为了避免张拉时构件截面呈现过大的偏心受压状态。分批张拉时，由于后批张拉的作用，使混凝土再次产生弹性压缩，导致先批预应力筋应力下降，分批张拉的损失可以采取对先批预应力筋逐根复位补足的处理方法弥补。

②对平卧叠浇的预应力混凝土构件，上层构件的质量产生的水平摩阻力会阻碍下层构件在预应力筋张拉时混凝土弹性压缩的自由变形，待上层构件起吊后，由于摩阻力影响消失会增加混凝土弹性压缩的变形，从而引起预应力损失。该损失值随构件形式、隔离剂和张拉方式的不同而不同，其变化差异较大。目前尚未掌握其变化规律，为便于施工，在工程实践中可采取逐层加大超张拉的方法来弥补该预应力损失，但是底层的预应力混凝土构件的预应力筋的张拉力不得超过顶层的预应力筋的张拉力，具

体规定：预应力筋为钢丝、钢绞线、热处理钢筋时应小于 5%，其最大超张拉力应小于抗拉强度的 75%；预应力筋为冷拉热轧钢筋时应小于 9%，其最大超张拉力应小于标准强度的 95%。

③叠层构件的张拉　对叠浇生产的预应力混凝土构件，上层构件产生的水平摩阻力会阻碍下层构件预应力筋张拉时混凝土弹性压缩的自由变形，当上层构件吊起后，由于摩阻力的影响消失将增加混凝土弹性压缩变形，因而引起预应力损失。该损失值与构件形式、隔离层和张拉方式有关。为了减少和弥补该项预应力损失，可自上而下逐层加大张拉力，底层张拉力不宜比顶层张拉力大 5%（钢丝、钢绞线、热处理钢筋），且不得超过表 4-1 中的规定。

④张拉方法和张拉端设置的要求　为了减少预应力筋与预留孔壁摩擦引起的预应力损失，对于抽芯成型孔道，曲线预应力筋和长度大于 24m 的直线预应力筋应在两端张拉，对长度等于或小于 24m 的直线预应力筋可在一端张拉；对预埋波纹管孔道，对于曲线预应力筋和长度大于 30m 的直线预应力筋宜在两端张拉，对于长度等于或小于 30m 的直线预应力筋可在一端张拉。当同一截面中有多根一端张拉的预应力筋时，张拉端宜分别设在构件的两端，以免构件受力不均匀。安装张拉设备时，对于直线预应力筋，应使张拉力的作用线与孔道中心线重合；对于曲线预应力筋，应使张拉力的作用线与孔道中心线末端的切线方向重合。

⑤预应力值的校核和伸长值的测定　为了了解预应力值建立的可靠性，需对预应力筋的应力及损失进行检验和测定，以便在张拉时补足和调整预应力值。检验应力损失最方便的方法是在预应力筋张拉 24h 后孔道灌浆前重拉一次，所测读的前后两次应力值之差，即为钢筋预应力损失（并非应力损失全部，但已完成很大部分）。预应力筋张拉锚固后，实际预应力值与工程设计规定检验值的相对允许偏差为 ±5%。

在测定预应力筋伸长值时，须先建立 $10\%\sigma_{con}$ 的初应力，预应力筋的伸长值也应从建立初应力后开始测量，但须加上初应力的推算伸长值，推算伸长值可根据预应力弹性变形呈直线变化的规律求得。例如某筋应力自 $0.2\sigma_{con}$ 增至 $0.3\sigma_{con}$ 时，其变形为 4mm，即应力每增加 $0.1\sigma_{con}$ 变形增加 4mm，故该筋初应力 $10\%\sigma_{con}$ 时的伸长值为 4mm。对后张法尚应扣除混凝土构件在张拉过程中的弹性压缩值。预应力筋在张拉时，通过伸长值的校核可以综合反映出张拉应力是否满足，孔道摩阻损失是否偏大以及预应力筋是否有异常现象等。如果实际伸长值与计算伸长值的偏差超过 ±6%，则应暂停张拉，分析原因后采取措施。

3. 孔道灌浆

孔道灌浆是后张法预应力工艺的重要环节，预应力筋张拉完毕后，应立即进行孔道灌浆。灌浆的目的是防止钢筋锈蚀，增加结构的整体性和耐久性，提高结构抗裂性和承载能力。

灌浆用的水泥浆应有足够的强度和黏结力，且应有较好的流动性、较小的干缩性和泌水性。水泥强度等级一般应不低于 42.5，水灰比控制在 0.4～0.45，搅拌后 3h 泌

水率宜控制在 2％，最大不得超过 3％，水泥浆的稠度控制在 14～18s。对孔隙较大的孔道，可采用砂浆灌浆。

为了增加孔道灌浆的密实性，减少水泥浆收缩，可掺入 0.05％～0.1％的脱脂铝粉或其他类型的膨胀剂。在水泥浆或砂浆内可以掺入对预应力筋无腐蚀作用的外加剂，如占水泥质量 0.25％的木质素磺酸钙，或占水泥质量 0.05％的铝粉。不掺外加剂时，可用二次灌浆法。

灌浆前，用压力水冲洗并湿润孔道。用电动或手动灰浆泵进行灌浆。灌浆工作应连续进行，不得中断，并应防止空气压入孔道而影响灌浆质量。灌浆压力宜控制在 0.3～0.5MPa 为宜。灌浆顺序应先下后上，以避免上层孔道漏浆把下层孔道堵塞。孔道末端应设置排气孔，灌浆时待排气孔溢出浓浆后，才能将排气孔堵住继续加压到 0.5～0.6MPa，并稳定 2min，关闭控制闸，保持孔道内压力。每条孔道应一次灌成，中途不应停顿，否则将已压的水泥浆冲洗干净，从头开始灌浆。

灌浆后，切割外露部分预应力钢绞线（留 30～50mm）并将其分散，锚具应采用混凝土封头保护。封头混凝土尺寸应大于预埋钢板，厚度大于或等于 100m，封头内应配钢筋网片，细石混凝土强度等级为 C30～C40。

孔道灌浆后，当灰浆强度达到 15MPa 时方能移动构件；灰浆强度达到 100％设计强度时才允许吊装。

4.3　无黏结预应力混凝土施工方法

在后张法预应力混凝土构件中，预应力筋分为有黏结和无黏结两种。有黏结的预应力是后张法的常规做法，张拉后通过灌浆使预应力筋与混凝土黏结。无黏结预应力是近几年发展起来的新技术，其做法是在预应力筋表面覆裹一层涂塑层或刷涂油脂并包塑料带（管）后，如同普通钢筋一样先铺设在支好的模板内，再浇筑混凝土，待混凝土达到规定的强度后，用张拉机具张拉，当张拉达到设计的应力后，两端再用特制的锚具锚固。预应力筋张拉力完全靠构件两端的锚具传递给构件，它属于后张法施工。

无黏结预应力工艺的优点是借助两端的锚具传递预应力，无须留孔灌浆，施工简便，利于提高结构的整体刚度和使用功能，减少材料用量，摩擦损失小，预应力筋易弯成多跨曲线形状等，但对锚具锚固能力要求较高。无黏结预应力适用于大柱网整体现浇楼盖结构，尤其在双向连续平板和密肋楼板中使用最为合理经济。目前，无黏结预应力混凝土平板结构的跨度单向板可达 9～10m，双向板为 9m×9m，密肋板为 12m，现浇梁可达 27m。

4.3.1　无黏结预应力筋的制作

1. 无黏结筋预应力筋的组成及要求

无黏结预应力筋主要由预应力钢材、涂料层、外包层三部分组成，如图 4-31 和图 4-32 所示。

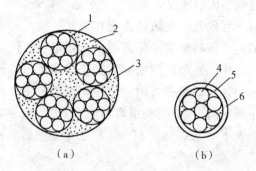

图 4-31　无黏结预应力筋横截面示意图

（a）无黏结钢绞线束；（b）无黏结钢丝束或单根钢绞线

1—钢绞线；2—沥青涂料；3—塑料布外包层；4—钢丝；5—油脂涂料；6—塑料管、外包层

图 4-32　无黏结预应力筋实物图

（1）无黏结筋　无黏结筋宜采用柔性较好的预应力筋制作，选用 $7\phi4mm$ 或 $7\phi5mm$ 钢绞线。无黏结预应力筋所用钢材主要有消除应力钢丝和钢绞线。钢丝和钢绞线不得有死弯，有死弯时必须切断，每根钢丝必须通长，严禁有接点。预应力筋的下料长度计算应考虑构件长度、千斤顶长度、镦头的预留量、弹性回弹值、张拉伸长值、钢材品种和施工方法等因素，具体计算方法与有黏结预应力筋基本相同。预应力筋下料时，宜采用砂轮锯或切断机切断，不得采用电弧切割；钢丝束的钢丝下料应采用等长下料；钢绞线下料时，应在切口两侧用 20 号或 22 号钢丝预先绑扎牢固，以免切割后松散。

（2）涂料层　无黏结筋的涂料层常采用防腐油脂或防腐沥青制作。涂料层的作用是使无黏结筋与混凝土隔离，减少张拉时的摩擦损失，防止预应力筋腐蚀等，因此涂料应有较好的化学稳定性和韧性，要求涂料性能应满足在 $-20\sim+70℃$ 温度范围内不流淌、无开裂、不变脆，并能较好地粘附在钢筋上并有一定韧性；使用期内化学稳定

性高，润滑性能好，摩擦阻力小，不透水、不吸湿，防腐性能好。

（3）外包层 无黏结筋的外包层主要由高压聚乙烯塑料带或塑料管制作。外包层的作用是使无黏结筋在运输、储存、铺设和浇筑混凝土等过程中不发生不可修复的破坏。因此，要求外包层应满足在−20～70℃温度范围内低温不脆化，高温化学稳定性好；必须具有足够的韧性，抗破损性强；对周围材料无侵蚀作用，防水性强。塑料使用前必须烘干或晒干，避免在成型过程中由于气泡引起塑料表面开裂。

制作单根无黏结筋时，宜优先选用防腐油脂作为涂料层，钢筋与防腐油脂之间有一定的间隙，使预应力筋能在塑料套管中任意滑动，其塑料外包层应用塑料注塑机注塑成型，防腐油脂应填充饱满，外包层应松紧适度。成束无黏结预应力筋可用防腐沥青或防腐油脂作涂料层。当使用防腐沥青时，应用密缠塑料带作外包层，塑料带各圈之间的搭接宽度不应小于带宽的1/2，缠绕层数不少于4层。要求防腐油脂涂料层无黏结筋的张拉摩擦系数不应大于0.12，防腐沥青涂料层无黏结筋的张拉摩擦系数不应大于0.25。

2. 无黏结预应力筋的锚具

无黏结预应力筋的锚具性能应符合Ⅰ类锚具的规定。我国主要采用高强钢丝和钢绞线作为无黏结预应力钢筋，高强钢丝主要用镦头锚具，钢绞线可采用 XM 型、QM 型锚具。

3. 无黏结预应力筋的制作

无黏结预应力筋的制作一般采用挤压涂层工艺和涂包成型工艺两种工艺。

（1）挤压涂层工艺 挤压涂层工艺主要是无黏结筋通过涂油装置涂油，涂油无黏结筋通过塑料挤压机涂刷聚乙烯或聚丙烯塑料薄膜，再经冷却筒模成型塑料套管。这种挤压涂层工艺的特点是效率高、质量好、设备性能稳定，与电线、电缆包裹塑料套管的工艺相似，适用于大规模生产的单根钢绞线和 7 根钢丝束。

（2）涂包成型工艺 涂包成型工艺是无黏结筋经过涂料槽涂刷涂料后，再通过归束滚轮成束并进行补充涂刷，涂料厚度一般为 2mm，可以采用手工操作完成内涂刷防腐沥青或防腐油脂以及外包塑料布。涂好涂料的无黏结筋随即通过绕布转筒自动地交叉缠绕两层塑料布，当达到需要的长度后进行切割，成为一根完整的无黏结预应力筋，也可以在缠纸机上连续作业，完成编束、涂油、镦头、缠塑料布和切断等工序。这种涂包成型工艺的特点是质量好、适应性较强。

制作无黏结预应力筋时，钢丝放在放线盘上，穿过梳子板汇成钢丝束，通过油枪均匀涂油后穿入锚环并用冷镦机冷镦锚头，带有锚环的成束钢丝用牵引机向前牵引，同时开动装有塑料条的缠纸转盘，钢丝束一边前进一边缠绕塑料布条。当钢丝束达到需要长度后进行切断，成为一根完整的无黏结预应力筋。

4.3.2 无黏结预应力筋的布置

在单向连续梁板中，无黏结筋的铺设如同普通钢筋一样铺设在设计位置上。在双向配筋的连续平板中，无黏结筋一般需要配置成两个方向的悬垂曲线，两个方向的无黏结筋互相穿插，施工操作较为困难，所以必须事先编出无黏结筋的铺设顺序，其方法是将各向无黏结筋各搭接点的标高标出，对各搭接点相应的两个标高分别进行比较，若一个方向某一无黏结筋的各点标高均分别低于与其相交的各筋相应点标高，则此筋可先放置。按此规律编出全部无黏结筋的铺设顺序，即先铺设标高低的无黏结筋，再铺设标高较高的无黏结筋，并应尽量避免两个方向的无黏结筋相互穿插编结。

无黏结预应力筋应严格按设计要求的曲线形状就位并固定牢固。无黏结预应力筋的铺设通常是在底部钢筋铺设后进行。水电管线一般宜在无黏结筋铺设后进行，无黏结预应力筋应铺放在电线管下面，且不得将无黏结筋的竖向位置抬高或压低。支座处负弯矩钢筋通常是在最后铺设。

4.3.3　无黏结预应力混凝土结构施工

无黏结预应力筋在施工中，主要问题是无黏结预应力筋的铺设、张拉和端部锚头处理。无黏结筋在使用前应逐根检查外包层的完好程度，对有轻微破损者可包塑料带补好，对破损严重者应予以报废。

1. 无黏结预应力筋的铺设

无黏结预应力筋一般用 7 根 $\phi 5mm$ 高强度钢丝组成钢丝束，或拧成钢绞线，通过专用设备涂包防锈油脂，再套上塑料套管。

制作工艺：编束放盘→涂上涂料层→覆裹塑料套→冷却→调直→成型。

无黏结筋应严格按设计要求的曲线形状就位并固定牢靠。无黏结筋控制点的安装偏差：矢高方向为 $\pm 5mm$，水平方向为 $\pm 30mm$。

无黏结筋的垂直位置宜用支撑钢筋或钢筋马凳控制，其间距为 $1\sim 2m$。无黏结筋的水平位置应保持顺直。

在双向连续平板中，各无黏结筋曲线高度的控制点用钢筋马凳垫好并扎牢。在支座部位，无黏结筋可直接绑扎在梁或墙的顶部钢筋上；在跨中部位，无黏结筋可直接绑扎在板的底部钢筋上。

2. 无黏结预应力筋的张拉

由于无黏结预应力筋一般为曲线配筋，当预应力筋的长度小于 25m 时，宜采用一端张拉；若长度大于 25m，宜采用两端张拉；长度超过 50m，宜采取分段张拉。

预应力筋的张拉程序宜采用 $0 \rightarrow 103\% \sigma_{con}$，以减少无黏结预应力筋的松弛应力损失。

无黏结筋的张拉顺序应与预应力筋的铺设顺序一致，先铺设的先张拉，后铺设的后张拉。

在预应力平板结构中，预应力筋往往很长，如何减少其摩阻损失是一个重要的问题。影响摩阻损失的主要因素是润滑介质、外包层和预应力筋截面形式。其中润滑介质和外包层的摩阻损失对一定的预应力束来说是一个定值，且相对稳定；而截面形式影响较大，不同截面形式其离散性不同，但如能保证截面形状在全长内一致，则其摩阻损失就能在很小范围内波动，否则因局部阻塞就可能导致其摩阻损失值无法测定。摩阻损失值可用标准测力计或传感器等测力装置对其进行测定。施工时，为降低摩阻损失值，可用标准测力计或传感器等测力装置进行测定。为降低摩阻损失值，宜采用多次重复张拉工艺。成束无黏结筋正式张拉前，一般宜先用千斤顶往复抽动 1~2 次以降低张拉摩擦损失。在无黏结筋的张拉过程中，当有个别钢丝发生滑脱或断裂时，可相应降低张拉力，但滑脱或断裂的数量不应超过结构同一截面无黏结预应力筋总量的 2%。

预应力筋张拉值应按设计要求进行控制。

3. 无黏结预应力筋的端部锚头处理

（1）张拉端部处理

预应力筋张拉端部处理取决于无黏结筋和锚具的种类。

锚具通常从混凝土的端面缩进一定的距离，前面做成一个凹槽，待预应力筋张拉锚固后，将外伸在锚具外的钢绞线切割到规定的长度，要求露出夹片锚具外的长度不小于 30mm，然后在槽内壁涂以环氧树脂类黏结剂，以加强新老材料间的黏结，再用后浇膨胀混凝土或低收缩防水砂浆或环氧砂浆进行密封。

在对凹槽填砂浆或浇筑混凝土前，应预先对无黏结筋端部和锚具夹持部分进行防潮、防腐封闭处理。

无黏结预应力筋采用钢丝束镦头锚具时，其中塑料套筒供钢丝束张拉时锚环从混凝土中拉出用，软塑料管用来保护无黏结钢丝末端。当锚环被拉出后，塑料套筒内产生空隙，必须用油枪通过锚环的注油孔向套筒内注满防腐油脂，灌油后将外露锚具封闭好，避免长期与大气接触而造成锈蚀。

采用无黏结钢绞线夹片锚具时，张拉端头构造简单，无须另加设施。张拉端头钢绞线预留长度不小于 150mm，多余部分割掉，然后在锚具及承压板表面涂以防水涂料，再进行封闭。无黏结筋端部锚头的防腐处理应特别重视。采用 XM 型夹片式锚具的钢绞线，张拉端头构造简单，无须另加设施，锚固区可以用后浇的钢筋混凝土圈梁封闭，端头钢绞线预留长度不小于 150mm，多余部分切断，并将锚具外伸的钢绞线散开打弯，埋在圈梁混凝土内加强锚固。

2）固定端处理

无黏结筋的固定端可设置在构件内。当采用无黏结钢丝束时，固定端可采用扩大的镦头锚板，并用螺旋筋加强。施工中如端头无结构配筋，需要配置构造钢筋，使固定端板与混凝土之间有可靠的锚固性能。当采用无黏结钢绞线时，锚固端可采用压花成型，埋置在设计部位，使固定端板与混凝土之间有可靠的锚固性能。这种做法的关键是张拉前锚固端的混凝土强度等级必须达到设计强度（不小于 C30），这样才能形成可靠的锚头。

4.4 预应力混凝土工程质量验收及施工安全要求

4.4.1 预应力混凝土工程施工质量控制措施

为了确保预应力工程质量，在预应力混凝土施工中必须严格执行国家现行规范和标准。只有充分领会设计图纸、施工规范、操作规程、工艺流程，才能保证施工质量。

1. 预应力工程施工组织

对施工单位组织机构及相关施工文件进行审查；对预应力工程施工组织设计，预应力工程施工方案、质量保证体系的落实情况进行核实。

（1）审查施工单位质量保证体系是否建立健全，管理人员是否到岗。

（2）审查施工组织设计（施工技术方案）内容是否齐全，质量保证措施、工期保证措施和安全保证措施是否合理、可行，并对其进行审批。

（3）核查施工设备、动力、材料及半成品是否进场，是否满足连续施工的需要。

（4）审查开工条件是否具备，条件成熟时批准的开工报告、施工许可证是否齐全。

2. 预应力工程保证体系

对设计图纸进行会审；对设计中标定的材料、技术要求和采用的规范标准、施工工艺进行逐一复核，保证预应力构件的质量。

（1）原材料进场验收、复检试验。

（2）加强预应力半成品的进场检查验收。

（3）预应力施工过程原始记录。

（4）雨季施工预应力构件，其场地内宜设置排水盲沟，并在场地外适当位置设集水井，随时排出地表水，使场地内不积水、不软化、无泥浆。

（5）预应力施工结束后，应对预应力构件做承载力检测及质量检测。承载力检测的数量不应少于总数的5％，且不应少于3件。质量检测不应少于总数的20％，且不应少于10件。重要预应力构件的检测应根据设计要求和实际情况而定。

（6）预应力混凝土必须保证设计要求的强度等级，所用的原材料如水泥、钢材、粗骨料、水、掺合物，必须符合国家现行标准和设计要求，做好施工前的试验；预应力混凝土养护严格按照规范执行，预应力混凝土自然养护应加以覆盖，自然养护时间不得少于14d。

（7）预应力钢筋、钢绞线、钢筋束、锚固件必须符合国家现行标准和设计要求。有需焊接的构件必须保证焊接可靠性，多层焊接时焊渣必须清理干净后方可在外层施焊。焊缝应饱满连续，焊接部分不得有咬边、焊瘤、夹渣、气孔、裂缝、漏焊等外观缺陷，焊缝加强层宽度及高度均应大于2mm。

（8）预应力钢筋采用先张法、后张法张拉时，严格按照预应力施工规范、操作规程和技术工艺执行，预应力张拉设备、仪器仪表必须完好可靠，有定期校验要求的必须在有效期内使用。

（9）后张法预应力混凝土孔道的设置和要求灌浆的，必须符合施工验收规范和设计要求，锚固端头外露部分应做好密封和防护处理。

（10）各项施工工艺过程必须做好自检、互检和确认检验，并做好原始记录。

3. 预应力工程的质量监控

（1）检查施工生产企业是否具有准予其生产预应力构件的批准文件。

（2）检查预应力混凝土的强度、钢筋的力学性能、预应力混凝土的出厂合格证及预应力混凝土结构性能的检测报告。

（3）对预应力混凝土构件在现场进行全数检查。

①检查预应力混凝土构件的外观，查看有无蜂窝、露筋、裂缝，且应色感均匀，构件连接处无孔隙。

②对预应力混凝土构件几何尺寸进行检查：长、宽、高（±5mm），构件的壁厚（±5mm），构件中心线（<2mm），构件顶面平整度（8mm），构件体弯曲（<$L/1000$）。

③预应力混凝土强度等级必须达到设计强度的100%，并且必须达到龄期。

④预应力混凝土构件堆放场地应坚实、平整，以防不均匀沉降造成损坏，并采取可靠的防滚、防滑措施。

⑤预应力混凝土构件现场堆放不得超过四层。

⑥在施工图中对预应力混凝土构件逐一编号，做到不重号、不漏号。

⑦预应力混凝土构件经测量定位后，应按设计图进行复核，监理单位对预应力混凝土构件就位的测量要进行旁站监督，做到施工单位自检，总承包方复检，监理单位对测量定位成果进行检查（简称"两检核"）无误后共同验收。

4.4.2 预应力混凝土工程施工安全措施

施工场地的动力供应应与所选用的符合机型、数量的动力需求相匹配，其供电电缆应完好，以确保其正常供电和安全用电。操作人员应有相应的防雨用具，检查各种用电设施用电安全装置的可靠性、有效性，防止漏电或感应电荷可能危及操作人员的安全。

（1）各工种技术操作人员必须持证上岗，持有特种作业操作证的必须在有效期内从事作业，持有特种作业操作证需要定期审核的必须按规定时间进行审核。

（2）使用易燃易爆的物质、设施必须符合易燃易爆的相关规定，并有专人管理。

（3）预应力张拉现场不得有无关的人员旁站，张拉场地周围要做好安全保护措施。

（4）吊装结构构件时吊装设备和构件上下严禁站人，吊装索具必须安全可靠，有需定期更换的装置必须在规定时间内更换。

（5）施工现场必须配备由专业负责的专门安全机构，对安全机构人员进行专业教育培训，并取得合格证后方能上岗，做到安全以防范为主。

拓展实训

一、填空题

1. 所谓先张法，即先_____，后_____的施工方法。

2. 后张法预应力混凝土施工，预留孔道的方法有_____、_____、_____。

3. 预应力筋的张拉钢筋方法可分为_____、_____。

4. 台座按构造形式的不同可分为_____和_____。

5. 常用的夹具按其用途可分为_____和_____。

6. 锚具进场应进行_____、_____和_____。

7. 常用的张拉设备有_____、_____、_____和_____。

8. 无黏结预应力钢筋铺放顺序是先_____再_____。

9. 后张法预应力钢筋锚固后外露部分宜采用_____方法切割，外露部分长度不宜小于预应力钢筋直径的_____，且不小于_____。

10. 在预应力混凝土结构中，一般要求混凝土的强度等级不低于_____。当采用碳素钢丝、钢绞线、热处理钢筋作预应力筋时，混凝土的强度等级不宜低于_____。

二、单项选择题

1. 预应力混凝土是在结构或构件的（　　）预先施加压应力而成。

A. 受压区　　　　　B. 受拉区　　　　　C. 中心线处　　　　D. 中性轴处

2. 预应力先张法施工适用于（　　）。

A. 现场大跨度结构施工　　　　　　　B. 在构件厂生产大跨度构件

C. 在构件厂生产中、小型构件　　　　D. 现场构件的组并

3. 先张法施工中，当混凝土强度至少达到设计强度标准值的（　　）时，方可放张。

A. 50%　　　　　　B. 75%　　　　　　C. 85%　　　　　　D. 100%

4. 后张法施工较先张法施工的优点是（　　）。

A. 不需要台座、不受地点限制　　　　B. 工序少

C. 工艺简单　　　　　　　　　　　　D. 锚具可重复利用

5. 不属于后张法预应力筋张拉设备的是（　　）。

A. 液压千斤顶　　　　　　　　　　　B. 卷扬机

C. 高压油泵　　　　　　　　　　　　D. 压力表

6. 台座的主要承力结构为（　　）。

A. 台面　　　　　　B. 台墩　　　　　　C. 钢横梁　　　　　D. 都是

7. 对台座的台面进行的验算是（　　）。

A. 强度验算　　　　　　　　　　B. 抗倾覆演算

C. 承载力验算　　　　　　　　　D. 挠度验算

8. 无黏结预应力混凝土构件中，外荷载引起的预应力束的变化全部由（　　）承担。

A. 锚具　　　　　B. 夹具　　　　　C. 千斤顶　　　　　D. 台座

9. 有黏结预应力混凝土的施工流程是（　　）。

A. 孔道灌浆→张拉钢筋→浇筑混凝土　　B. 张拉钢筋→浇筑混凝土→孔道灌浆

C. 浇筑混凝土→张拉钢筋→孔道灌浆　　D. 浇筑混凝土→孔道灌浆→张拉钢筋

10. 先张法预应力混凝土构件是利用（　　）使混凝土建立预应力的。

A. 通过钢筋热胀冷缩　　　　　　B. 张拉钢筋

C. 通过端部锚具　　　　　　　　D. 混凝土与预应力的黏结力

三、判断题

1. 预应力混凝土是在结构受压、受拉区预先施加预压应力的混凝土。

2. 工厂生产预制构件使用后张法进行施工。

3. 后张法预应力混凝土主要靠锚具传递预应力。

4. 后张法预应力混凝土技术需进行孔道灌浆。

5. 用钢管抽芯法留设孔道时，抽管时间应控制在混凝土终凝后进行。

6. 后张法预应力混凝土用钢管抽芯法可留设直线、曲线孔道。

四、简答题

1. 试述先张法预应力混凝土构件的生产流程。

2. 先张法预应力混凝土构件生产对张拉控制应力和张拉程序有哪些要求？

3. 先张法预应力筋（丝）如何铺设？

4. 先张法预应力筋如何放张？

5. 后张法预应力混凝土构件生产对张拉控制应力和张拉程序有哪些要求？

6. 后张法预应力筋的下料长度如何计算？

7. 后张法预应力施工孔道如何留设？

8. 试述无黏结预应力混凝土施工方法。

第5章 砌筑工程施工技术

章节概述

　　砌筑工程是指砖石块体和各种类型砌块的施工工程。早在三四千年前就已经出现了将天然石料加工成块材砌筑的砌体结构，在 2000 多年前又出现了由烧制的黏土砖砌筑的砌体结构，祖先遗留下来的"秦砖汉瓦"在我国古代建筑中占有重要地位，至今仍在建筑工程中起着很大的作用。这种砖石结构虽然具有就地取材方便、保温、隔热、隔声、耐火等良好性能，且可以节约钢材和水泥，不需大型施工机械，施工组织简单等优点，但它的施工仍以手工操作为主，劳动强度大，生产效率低，而且烧制黏土砖需占用大量农田，因而采用新型墙体材料代替普通黏土砖，改善砌体施工工艺已经成为砌筑工程改革的重要发展方向。

　　砌筑工程是一个综合的施工过程，它包括材料运输、脚手架搭设和墙体砌筑等。

教学目标

1. 掌握砌筑工程施工工艺（砖砌体、砌块）的质量要求。
2. 掌握混凝土工空心砖砌块的基础知识及构造要求。
3. 掌握砖砌体组砌形式与砌筑方法。
4. 掌握砖砌体施工工艺、质量要求及保证质量和安全的技术措施。
5. 了解中小型砌块的种类、规格及安装工艺。
6. 掌握砌块排列组合及错缝搭接要求。

课时建议

10 课时。

5.1 砌筑工程的主要准备工作

5.1.1 砌筑施工常用的工具

1. 常用的砌筑工具

砌筑房屋时，常用的砌筑工具主要有瓦刀、斗车、砖笼、料斗、灰斗、灰桶、大铲、灰板、摊灰尺、溜子、抿子、刨锛、钢凿、手锤等。

（1）瓦刀　瓦刀又称为泥刀、砖刀，分片刀和条刀两种，如图 5-1 所示。

图 5-1　瓦刀

①片刀　片刀叶片较宽，质量较大，是我国北方打砖使用的工具。

②条刀　条刀叶片较窄，质量较轻，是我国南方砌筑各种砖墙的主要工具。

（2）斗车　斗车的轮轴小于 900mm，容量约为 $0.12m^3$，用于运输砂浆和其他散装材料，如图 5-2 所示。

（3）砖笼　砖笼是采用塔式起重机施工时用来吊运砖块的工具，如图 5-3 所示。

图 5-2　斗车实物图　　　　　　　　　图 5-3　砖笼实物图

（4）料斗　料斗是采用塔式起重机施工时用来吊运砂浆的工具。料斗按工作时的状态分为立式料斗和卧式料斗。卧式料斗如图 5-4 所示。

图 5-4　卧式料斗实物图

（5）灰斗　灰斗又称为灰盆，用 1～2mm 厚的黑铁皮或塑料制成，用于存放砂浆，如图 5-5 所示。

图 5-5　灰斗实物图

（6）灰桶　灰桶又称为泥桶，分铁制、橡胶制和塑料制三种，供短距离传递砂浆及临时储存砂浆用。

（7）大铲。大铲是用于铲灰、铺灰和刮浆的工具，也可以在操作中用它随时调和砂浆，如图 5-6 所示。大铲以桃形者居多，也有长三角形大铲、长方形大铲和鸳鸯大铲。大铲是实施"三一"砌砖法的关键工具。

图 5-6　大铲实物图

（8）灰板　灰板又叫托灰板，在勾缝时用于承托砂浆，如图 5-7 所示。灰板用不易

变形的木材制成。

图 5-7 灰板实物图

（9）摊灰尺 摊灰尺用于控制灰缝及摊铺砂浆。摊灰尺用不易变形的木材制成。

（10）溜子 溜子又称为灰匙、勾缝刀。一般用 $\phi 8mm$ 钢筋打扁制成，并装有木柄，通常用于清水墙勾缝，如图 5-8 所示。0.5~1mm 厚的薄钢板制成的较宽的溜子用于毛石墙的勾缝。

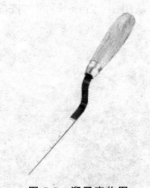

图 5-8 溜子实物图

（11）抿子 抿子用于石墙抹缝、勾缝。抿子多用 0.8~1mm 厚的薄钢板制成，并装有木柄。

（12）刨锛 刨锛用于打砍砖块，也可当作小锤与大铲配合使用，如图 5-9 所示。

图 5-9 刨锛实物图

（13）钢凿 钢凿又称为錾子，与手锤配合，用于开凿石料、异型砖等，如图 5-10 所示。钢凿直径为 20~28mm，长度为 150~250mm，端部形状有尖、扁两种。

图 5-10 钢凿实物图

（14）手锤 手锤俗称小榔头，用于敲凿石料和开凿异型砖，如图 5-11 所示。

图 5-11 手锤实物图

2. 常用的备料工具

砌筑时的备料工具主要有砖夹、筛子、锹、铲等。

（1）砖夹 砖夹是施工单位自制的夹砖工具，可用 $\phi16mm$ 钢筋锻造而成，一次可以夹起 4 块标准砖。砖夹的外形如图 5-12 所示。

图 5-12 砖夹实物图

（2）筛子 筛子用于筛砂，常用的筛孔尺寸有 4mm、6mm、8mm 等，有手筛、立筛和小方筛三种类型。

（3）锹、铲等工具 人工拌制砂浆用的各类锹、铲等工具。

3. 常用的检测工具

砌筑时常用的检测工具主要有钢卷尺、靠尺、托线板、水平尺、塞尺、线锤、百格网、方尺、皮数杆等。

（1）钢卷尺 钢卷尺有 2m、3m、5m、30m、50m 等规格，用于量测轴线、墙体和其他构件的尺寸，如图 5-13 所示。

图 5-13　50m 钢卷尺实物图

（2）靠尺　靠尺的长度为 2～4m，由平直的铝合金或木枋制成，用于检查墙体、构件的平整度，如图 5-14 所示。

图 5-14　靠尺

（3）托线板　托线板又称靠尺板，用铝合金或木材制成，长度为 1.2～1.5m，用于检查墙面的垂直度和平整度。

（4）水平尺　水平尺用铁或铝合金制成，中间镶嵌有玻璃水准管，用于检测砌体的水平偏差。

（5）塞尺　塞尺与靠尺或托线板配合使用，用于测定墙、柱平整度的数值偏差。塞尺上每一格表示 1mm，如图 5-15 所示。

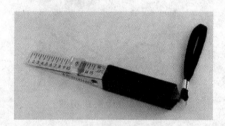

图 5-15　塞尺实物图

（6）线锤　线锤又称为垂球，与托线板配合使用，用于测定墙体、构件的垂直度，如图 5-16 所示。

图 5-16　线锤实物图

（7）百格网　百格网可用铁丝编制锡焊而成，也可在有机玻璃上划格而成，用于检测墙体水平灰缝砂浆的饱满度，如图 5-17 所示。

图 5-17　百格网实物图

（8）方尺　方尺是用铝合金或木材制成的直角尺，边长为 200mm，分阴角尺和阳角尺两种。铝合金方尺将阴角尺与阳角尺合为一体，使用更为方便。方尺用于检测墙体转角及柱的方正度。

（9）皮数杆　皮数杆用于控制墙体砌筑的竖向尺寸，分基础皮数杆和墙身皮数杆两种，其中墙身皮数杆一般用截面 5cm×7cm 的木枋制作，长度为 3.2～3.6m，上面刻划有砖的层数、灰缝厚度和门窗、过梁、圈梁，还有楼板的安装高度及楼层的高度。

4. 砂浆搅拌机

砂浆搅拌机是砌筑工程中的常用机械，用来制备砌筑和抹灰用砂浆，其常用规格有 0.2m³ 和 0.325m³ 两种，台班产量为 18～26m³，如图 5-18 所示。

图 5-18　砂浆搅拌机实物图

砂浆搅拌机按生产状态可分为周期作用和连续作用两种基本类型；按安装方式可分为固定式和移动式两种。按出料方式可分为倾翻出料式（HJ-200 型、HJ1-200A 型、HJ1-200B 型）和活门出料式（HJ-325 型）两类。

砂浆搅拌机是由动力装置带动搅拌筒内的叶片翻动砂浆而进行工作的。一般由操作员在进料口通过计量加料，经搅拌 1～2min 后成为可使用的砂浆。砂浆搅拌机的技术性能见表 5-1。

表 5-1　砂浆搅拌机的技术性能

技术指标	型　号			
	HJ-200	HJ1-200A	HJ1-200B	HJ-325
容量/L	200	200	200	200
搅拌叶片转速/ (r/min)	28～30	28～30	34	30
搅拌时间/min	2	—	2	—
生产率/ (m³/h)	—	—	2	6
电机型号	JO2-42-4	JO2-41-6	JO2-32-4	JO2-42-4
功率/kW	2.8	3	3	3
电动机转速/ (r/min)	1 450	950	1 430	1 430

5.1.2　砌筑材料的准备

砌体工程所用的材料应有产品的合格证书、产品性能检测报告，块材、水泥、钢筋、外加剂等应有材料主要性能的进场复验报告，严禁使用国家明令淘汰的材料。

1. 砂浆的准备

（1）砌筑砂浆的分类

砌筑砂浆按组成材料的不同可分为水泥砂浆、混合砂浆和非水泥砂浆。

①水泥砂浆　水泥砂浆是由水泥、细集料和水配制而成的。水泥砂浆具有较高的强度和耐久性，但保水性差，多用于高强度和潮湿环境的砌体砌成。

②混合砂浆　混合砂浆是由水泥、细集料、掺加料（石灰膏、粉煤灰、黏土等）和水配制而成的，如水泥石灰砂浆、水泥黏土砂浆等。混合砂浆具有一定的强度和耐久性，且和易性和保水性较好，多用于一般墙体的砌筑。

③非水泥砂浆　非水泥砂浆是指不含水泥的砂浆，如石灰砂浆、黏土砂浆。石灰砂浆是由石灰、砂和水组成的，宜用于砌筑干燥环境中对强度要求不高的砌体，不宜用于砌筑潮湿环境中的砌体及基础。因为石灰属于硬性胶凝材料，所以在潮湿环境中，石灰膏不但难于硬结，而且会出现溶解流散的现象。黏土砂浆是由黏土、砂和水组成的。由于黏土的强度较低，且在潮湿环境中水稳定性较差，因此黏土砂浆在工程中较少使用，一般只用于临时建筑的砌筑。

在砂浆中加入黏土或石灰膏可以改善水泥砂浆的和易性，所以黏土或石灰膏多用于制作混合砂浆。

（2）砌筑砂浆的材料要求

①水泥　砌筑砂浆使用的水泥品种及标号应根据砌体的部位和所处的环境来选择。水泥在进场使用前，应分批对其强度、安定性进行复验。检验批应以同一生产厂家、同一编号为一批。当在使用中对水泥质量有怀疑或水泥出厂日期超过 3 个月（快硬硅

酸盐水泥超过 1 个月）时，应进行复查试验，并按其结果使用。不同品种的水泥不得混合使用。一般根据砂浆用途、所处环境条件选择水泥的品种。砌筑砂浆宜采用砌筑水泥、普通水泥、矿渣水泥、火山灰水泥和粉煤灰水泥。砌筑混凝土小型空心砌块，一般宜采用普通水泥或矿渣水泥。

砌筑砂浆所用水泥的强度等级应根据设计要求进行选择。水泥砂浆不宜采用强度等级大于 32.5 级的水泥；水泥混合砂浆不宜采用强度等级大于 42.5 级的水泥。若水泥强度等级过高，则应加入掺加料，以改善水泥砂浆的和易性。

②砂　砂浆用砂不得含有害杂物，砌筑砂浆用砂宜选用中砂，砌筑毛石砌体宜选用粗砂。砂浆用砂的含泥量应满足下列要求：

a. 对水泥砂浆和强度等级不小于 M5 的水泥混合砂浆，含泥量不应超过 5%；

b. 对强度等级小于 M5 的水泥混合砂浆，含泥量不应超过 10%。

人工砂、山砂及特细砂经试配应能满足砌筑砂浆的技术条件要求。

③掺加料与外加剂　为改善砂浆的和易性，减少水泥用量，在砂浆中可加入无机材料（如石灰膏、黏土膏等）或外加剂。所用的石灰膏应充分熟化，熟化时间不得少于 7 天，磨细生石灰粉的熟化时间不得少于 2 天。对于沉淀池中储存的石灰膏应采取措施防止其干燥、冻结和污染，严禁使用脱水硬化的石灰膏。石灰膏的稠度应控制在 120mm 左右。为节省水泥和石灰的用量，还可通过在砂浆中掺入粉煤灰来改善砂浆的和易性。消石灰粉不得直接用于砌筑砂浆中。

在砌筑砂浆中掺入砂浆外加剂其是发展方向。外加剂包括微沫剂、减水剂、早强剂、促凝剂、缓凝剂、防冻剂等。外加剂的掺量应严格按照使用说明书掺放。

砌筑砂浆应通过试配确定配合比。当砌筑砂浆的组成材料有变更时，其配合比应重新确定。当在施工中采用水泥砂浆代替混合砂浆时，应重新确定砂浆强度等级。若在砂浆中掺入有机塑化剂、早强剂、缓凝剂、防冻剂等，则砂浆应经检验和试配符合要求后才可使用。有机塑化剂应有砌体强度的型式检验报告。

④水　拌制砂浆用水与混凝土拌合水的要求相同，应选用无有害杂质的洁净水拌制砂浆。

（3）砌筑砂浆的性能

砌筑砂浆应具有良好的和易性以及，足够的抗压强度、黏结强度和耐久性。

①和易性　和易性良好的砂浆便于操作，能在砖、石表面上铺成均匀的薄层，并能很好地与底层黏结。和易性良好的砂浆，既便于施工操作，提高劳动生产率，又能保证工程质量。砂浆的和易性包括流动性和保水性两个方面。

a. 流动性　砂浆的流动性也称为稠度，是指砂浆在自重或外力作用下流动的性能，用沉入度表示。沉入度越大，砂浆的流动性越大，但流动性过大，硬化后的强度会降低；若流动性过小，则不便于施工操作。

砂浆流动性的大小与砌体材料的种类、施工条件及气候条件等因素有关。对于多孔吸水的砌体材料或干热的天气，要求砂浆的流动性要大些；对于密实不吸水的材料

或湿冷的天气，则要求砂浆的流动性要小些。砌筑砂浆的稠度应按表 5-2 选用。

表 5-2　砌筑砂浆的稠度

砌体种类	砂浆稠度/mm
烧结普通砖砌体	70～90
轻集料混凝土小型砌块砌体	60～90
烧结多孔砖、空心砖砌体	60～80
烧结普通砖平拱式过梁 空斗墙、筒拱 普通混凝土小型空心砌块砌体 加气混凝土砌块砌体	50～70
石砌体	30～50

b. 保水性　新拌砂浆能够保持水分的能力称为保水性，用分层度表示。砂浆的分层度宜为 10～20mm，不得大于 30mm。分层度大于 30mm 的砂浆容易产生离析，不便于施工；分层度接近零的砂浆容易发生干缩裂缝。

②抗压强度　由于砂浆在砌体中主要起传递荷载的作用，并经受周围环境介质的作用，因此砂浆应具有一定的抗压强度。砂浆的抗压强度等级是以边长为 70.7mm 的立方体试块在标准养护条件下（对于水泥混合砂浆，温度为 20±3℃，相对湿度为 60%～80%；对于水泥砂浆，温度为 20±3℃，相对湿度在 90% 以上），用标准试验方法测得 28d 龄期的抗压强度来确定的。

③黏结强度　砌筑砂浆必须有足够的黏结强度，以便将砖、石、砌块黏结成坚固的砌体。根据试验结果，凡保水性能优良的砂浆，其黏结强度一般较好。砂浆强度等级越高，其黏结强度也就越大。砂浆的黏结强度与砖、石表面的清洁度、润湿情况及养护条件有关。砌砖前，砖要浇水湿润，其含水率宜控制在 10%～15%。

④耐久性　对有耐久性要求的砌筑砂浆，经数次冻融循环后，其质量损失率不得大于 5%，抗压强度损失率不得大于 25%。

试验证明，砂浆的黏结强度、耐久性均随抗压强度的增大而提高，即它们之间有一定的相关性，而且抗压强度的试验方法较为成熟，测试较为简单且准确，所以工程上常以抗压强度作为砂浆的主要技术指标。

（4）砂浆配合比的设计及计算

①混合砂浆配合比的设计

a. 计算试配强度

$$f_{m,0} = f_2 + 0.645\sigma \qquad (5-1)$$

式中　$f_{m,0}$——砂浆的试配强度（MPa），精确至 0.1MPa；

f_2——砂浆抗压强度平均值（MPa），精确至 0.1MPa；

— 154 —

σ——砂浆现场强度标准差（MPa），精确至 0.1MPa。

当有统计资料，且统计周期内同一砂浆试件的组数 $n \geq 25$ 时，砌筑砂浆现场强度标准差 σ 应按下式计算

$$\sigma = \sqrt{\dfrac{\sum\limits_{i=1}^{n} f_{cu,\,i}^2 - n\mu_{f_{cu}}^2}{n-1}} \tag{5-2}$$

式中 $f_{cu,i}$——统计周期内第 i 组混凝土试件的立方体抗压强度值（MPa）；

n——统计周期内相同强度等级的混凝土试件组数，该值不得小于 25；

μf_{cu}——统计周期内 n 组混凝土试件的立方体抗压强度的平均值（MPa）。

当没有近期统计资料时，砌筑砂浆现场强度标准差 σ 可按表 5-3 选用。

表 5-3 砌筑砂浆强度标准   单位：MPa

施工水平	M2.5	M5	M7.5	M10	M15	M20
优良	0.50	1.00	1.50	2.00	3.00	4.00
一般	0.62	1.25	1.88	2.50	3.75	5.00
较差	0.75	1.50	2.25	3.00	4.50	6.00

b. 计算水泥用量 Q_C

$$Q_C = \frac{1000(f_{m,\,0} - \beta)}{\alpha f_{ce}} \tag{5-3}$$

式中 Q_C——每立方米砂浆的水泥用量/kg，精确至 1kg；

f_{ce}——水泥的实测强度/MPa，精确至 0.1MPa；

α、β——砂浆的特征系数，其中 $\alpha = 3.03$，$\beta = -15.09$。

当无法取得水泥的实测强度值时，f_{ce} 可按下式计算

$$f_{ce} = r_c f_{ce,\,k} \tag{5-4}$$

式中 $f_{ce,k}$——水泥强度等级对应的强度值/MPa；

r_c——水泥强度等级值的富余系数，应按实际统计资料确定，无统计资料时，可取 1.0。

c. 计算掺加料用量 Q_D

$$Q_D = Q_A - Q_C \tag{5-5}$$

式中 Q_D 为每立方米砂浆掺加料的用量/kg，精确至 1kg；

Q_A——每立方米砂浆中水泥掺加料的总量/kg，精确至 1kg，宜为 300～350kg。

d. 计算砂用量 Q_S

$$Q_S = \rho'_0 V_S \tag{5-6}$$

式中 Q_S——每立方米砂浆的砂用量/kg；

ρ'_0——砂的堆积密度/（kg/m³）；

V_S——砂的堆积体积/m³。

当采用干砂（含水率小于 0.5%）配制砂浆时，砂的堆积体积取 $V_S=1m^3$；若在其他含水状态（含水率为 w）下，则应对砂的堆积体积进行换算，取 $V_S=1\cdot1+w$。

e. 用水量 Q_W 的选用　每立方米砂浆中的用水量根据砂浆的稠度等要求选取，一般为 $240\sim310kg$。选取 Q_W 时应注意混合砂浆中的用水量（不包括石灰膏或黏土膏中的水）。当采用细砂或粗砂时，用水量分别取上限或下限；当稠度小于 70mm 时，用水量可小于下限；若施工现场气候炎热或干燥，则应酌情增加用水量。

f. 计算初步配合比

$$Q_C:Q_D:Q_S:Q_W=1:X:Y:Z \tag{5-7}$$

式中 X、Y、Z 为掺加料用量、砂用量、用水量相对于水泥用量的比例系数。

g. 配合比的试配、调整与确定　在试配中若初步配合比不满足砂浆和易性的要求，则需要调整材料用量，直到符合要求为止。将此配合比确定为试配时的砂浆基准配合比。一般应按不同水泥用量至少选择 3 个配合比进行强度检验。其中一个为基准配合比，其余两个配合比的水泥用量是在基准配合比的基础上分别增加和减少 10%。在保证稠度、分层度合格的前提下，可对用水量或掺加料的用量进行相应的调整。

3 个不同的配合比调整至满足和易性要求后，按规定的试验方法成型试件，测定28 天的砂浆强度，从中选定符合试配强度要求且水泥用量最低的配合比作为砂浆配合比。根据砂的含水率，将该配合比换算为施工配合比。

②水泥砂浆配合比的设计　水泥砂浆配合比可按表 5-4 的规定选用各种材料用量后进行试配和调整，试配、调整的方法与混合砂浆相同。

表 5-4　$1m^3$ 水泥砂浆材料用量参考　　　　　　　　　单位：kg

砂浆强度等级	$1m^3$ 砂浆中水泥用量	$1m^3$ 水泥砂浆中砂用量	$1m^3$ 水泥砂浆中水用量
M2.5～M5	200～230		
M5～M10	220～280	$1m^3$ 砂堆积密度值	270～330
M15	280～300		
M20	340～400		

③砌筑砂浆配合比的计算实例

例　某砌筑工程用水泥、石灰混合砂浆，要求砂浆的强度等级为 M5，稠度为 70～90mm。原材料如下：32.5 级普通水泥，实测强度为 35.6MPa；中砂的堆积密度为 1450kg/m³，含水率为 2%；石灰膏的稠度为 120mm。施工水平一般，试计算砂浆的配合比。

解　（1）确定试配强度。查表 5-3 可得，$\sigma=1.25MPa$，则

$$f_{m,0}=f_2+0.645\sigma=5+0.645\times1.25=5.8(MPa)$$

（2）计算水泥用量 Q_C。由 $\alpha=3.03$，$\beta=-15.09$，得

$$Q_C=\frac{1000(f_{m,0}-\beta)}{\alpha f_{ce}}=\frac{1000\times(5.8+15.09)}{3.03\times35.6}=194(kg)$$

（3）计算石灰膏的用量 Q_D。取 $Q_A = 300kg$，则

$$Q_D = Q_A - Q_C = 300 - 194 = 106(kg)$$

（4）确定砂子用量

$$Q_S = \rho'_0 V_S = 1\,450 \times (1 + 2\%) \times 1 = 1\,479(kg)$$

（5）确定用水量。取 $Q_W = 300kg$，扣除砂中所含的水量，则拌合用水量为

$$Q_W = 300 - 1450 \times 2\% = 271(kg)$$

（6）计算砂浆配合比

$$Q_C : Q_D : Q_S : Q_W = 194 : 106 : 1479 : 271 = 1 : 0.55 : 7.62 : 1.40$$

（5）砂浆的制备及使用要求

砂浆应按试配调整后确定的配合比进行计量配料。砂浆应采用机械拌合，其拌合时间自投料完算起，水泥砂浆和水泥混合砂浆不得少于 2min，水泥粉煤灰砂浆和掺用外加剂的砂浆不得少于 3min，掺用有机塑化剂的砂浆为 3～5min。拌成后的砂浆，其稠度应符合表 5-2 的规定，分层度不应大于 30mm，颜色应一致。砂浆拌成后应盛入储灰器中，若砂浆出现泌水现象，则应在砌筑前再次拌合。

砂浆应随拌随用。水泥砂浆和混合砂浆必须分别在拌成后 3h 和 4h 内使用完毕；若施工期间的最高气温超过 30℃，则必须分别在拌成后 2h 和 3h 内使用完毕。

2. 石材的准备

石砌体是指用乱毛石、平毛石砌成的砌体。乱毛石是指形状不规则的石块，如图 5-19 所示；平毛石是指形状不规则但有两个平面大致平行的石块。

图 5-19　乱毛石

石砌体应采用质地坚实、无风化剥落和裂纹的石材。用于清水墙、柱表面的石材还应色泽均匀。石材表面的泥垢、水锈等杂质在砌筑前应清除干净。

石材的强度等级应符合设计要求。

3. 砖的准备

（1）烧结普通砖

规格为 240mm×11.5mm×53mm 的无孔或孔洞率小于 15% 的砖称为普通砖。

普通砖有经过焙烧的黏土砖（烧结普通砖）、页岩砖、粉煤灰砖、煤矸石砖和不经过焙烧的粉煤灰砖、炉渣砖、灰砂砖等。

烧结普通砖是指以黏土、页岩、煤矸石或粉煤灰为主要原料经过焙烧而成的实心或孔洞率不大于规定值且外形尺寸符合规定的砖。烧结普通砖可分为烧结黏土砖、烧结页岩砖、烧结煤矸石砖、烧结粉煤灰砖等。烧结普通砖的质量特征如下。

①砖的外形为直角六面体（图5-20），其标准尺寸为240mm×115mm×53mm，其尺寸偏差不应超过标准规定。因此，在砌筑使用时，包括灰缝（10mm）在内，4块砖长、8块砖宽、16块砖厚度均为1m，512块砖可砌1m³砌体。

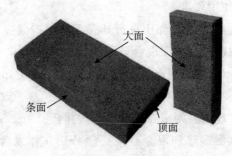

大面

条面

顶面

图 5-20　烧结普通砖

②砖的抗压强度分为 MU30、MU25、MU20、MU15、MU10 五个强度等级。

③强度和抗风化性能合格的烧结普通砖根据尺寸偏差、外观质量、泛霜和石灰爆裂情况分为优等品（A）、一等品（B）、合格品（C）3个质量等级。

泛霜也称为起霜，是砖在使用过程中出现的盐析现象。砖内过量的可溶盐因受潮吸水而溶解，后随着水分蒸发而沉积于砖的表面，形成白色粉末状附着物，影响建筑物的美观，若溶盐为硫酸盐，则当水分蒸发及其结晶析出时会使砖产生膨胀，从而使砖面剥落。烧结普通砖的泛霜要求见表5-5。

表 5-5　烧结普通砖的泛霜和石灰爆裂要求

项目	优等品	一等品	合格品
泛霜	无泛霜	不允许出现中等泛霜	不得出现严重泛霜
石灰爆裂	不允许出现最大尺寸大于2mm的爆裂区域	最大破坏尺寸大于2mm且小于或等于10mm的爆裂区域，每组砖样不得多于15处；不允许出现最大破坏尺寸大于10mm的爆裂区域	最大破坏尺寸大于2mm且小于或等于15m的爆裂区域，每组砖样不得多于15处，其中大于10mm的不得多于7处，不允许出现最大破坏尺寸大于15mm的爆裂区域

当砖坯中夹杂有石灰石时，在焙烧过程中石灰石会转变为生石灰，砖在吸水后，生石灰逐渐熟化膨胀而产生的爆裂现象称为石灰爆裂。烧结普通砖的石灰爆裂要求见

表 5-7。

④砖的外形应该平整、方正，外观无明显的弯曲、缺棱、掉角、裂缝等缺陷，敲击时应发出清脆的金属声，色泽应均匀一致。

（2）烧结多孔砖

烧结多孔砖是指以黏土、页岩、煤矸石、粉煤灰为主要原料，经焙烧而成的砖，简称多孔砖，如图 5-21 所示。烧结多孔砖的孔洞率不小于 25%，孔的尺寸小而数量多，主要用于承重部位。烧结多孔砖按主要原料不同分为黏土多孔砖、页岩多孔砖、煤矸石多孔砖和粉煤灰多孔砖。

图 5-21　烧结多孔砖（240mm×115mm×90mm）

烧结多孔砖的质量要求如下。

①烧结多孔砖的外形为直角六面体，其长度、宽度、高度尺寸应符合下列要求：长度可为 290mm、240mm、190mm，宽度可为 175mm、140mm、115mm，高度可为 90mm。其主要规格有 240mm×115mm×90mm，砌筑时可配合使用半砖（120mm×115mm×90mm）、七分砖（180mm×115mm×90mm）或与主规格尺寸相同的实心砖等。砖孔的形状有矩形长条孔、圆孔等多种。孔洞要求是孔径不大于 22mm，孔数多，孔洞方向平行于承压方向。

②根据抗压强度可将烧结多孔砖分为 MU30、MU25、MU20、MU15、MU10 五个强度等级。

③强度和抗风化性能合格的烧结多孔砖根据尺寸允许偏差、外观质量、孔形及孔洞排列、泛霜和石灰爆裂情况分为优等品（A）、一等品（B）、合格品（C）三个质量等级。

4. 砌块的准备

（1）普通混凝土小型空心砌块

普通混凝土小型空心砌块用水泥、砂、碎石或卵石、水等预制而成，如图 5-22 所示。

图 5-22　普通混凝土小型空心砌块

普通混凝土小型空心砌块的主规格尺寸为 390mm×190mm×190mm，有两个方形孔，最小外壁厚应不小于 30mm，最小肋厚应不小于 25mm，空心率应不小于 25%。

普通混凝土小型空心砌块按其强度分为 MU5.0、MU7.5、MU10、MU15、MU20、MU25、MU30、MU35、MU40 九个强度等级。

（2）轻集料混凝土小型空心砌块

轻集料混凝土小型空心砌块以水泥、轻集料、砂、水等为原料预制而成。该砌块的主规格尺寸为 390mm×190mm×190mm。按其孔的排数不同有单排孔、双排孔、三排孔和四排孔四类。

轻集料混凝土小型空心砌块按其密度（单位：kg/m³）的不同分为 500、600、700、800、900、1 000、1 200、1 400 八个密度等级。

（3）粉煤灰小型空心砌块

粉煤灰小型空心砌块是用粉煤灰、水泥及各种集料加水拌合而成的。其粉煤灰用量不应低于原材料质量的 10%，生产过程中也可加入适量的外加剂以调节砌块的性能。

①性能　粉煤灰小型空心砌块具有轻质高强、保温隔热、抗震性能好的特点，可用于框架结构的填充墙等结构部位。

②强度等级　粉煤灰小型空心砌块按抗压强度分为 MU3.5、MU5、MU7.5、MU10、MU15 和 MU20 六个强度等级。

③质量要求　粉煤灰小型空心砌块按孔的排数不同分为单排孔、双排孔、三排孔和四排孔四种类型。其主规格尺寸为 390mm×190mm×190mm，其他规格尺寸可由供需双方协商确定。

（4）粉煤灰实心砌块

粉煤灰实心砌块是以粉煤灰、石灰、石膏和集料等为原料，加水搅拌、振动成型、蒸汽养护而制成的，如图 5-23 所示。粉煤灰实心砌块的主规格尺寸为 880mm×380mm×240mm、880mm×430mm×240mm。粉煤灰实心砌块端面留有灌浆槽。粉煤灰实心砌块按其抗压强度分为 MU10、MU13 两个强度等级。

图 5-23　粉煤灰实心砌块

粉煤灰实心砌块按其外观质量、尺寸允许偏差和干缩性能的不同分为一等品（B）和合格品（C）两个等级。

5.2　砖墙的砌筑

5.2.1　砖的分类及墙厚分类

1. 砖的分类

砌筑时根据需要打砍加工的砖按尺寸不同可分为七分头、半砖、二寸条、二寸头。

砌入墙内的砖根据摆放位置的不同可分为卧砖（也称顺砖或眠砖）、陡砖（也称侧砖）、立砖及顶砖。顶砖是砖墙与梁交接处的砖。

砖与砖之间的缝统称为灰缝。水平方向的缝称为水平缝或卧缝，垂直方向的缝称为立缝或头缝。

2. 墙厚的分类

墙厚的名称习惯以砖长的倍数来称呼，根据砖块的尺寸和数量可组合成不同厚度的墙体，见表 5-6。

表 5-6　不同厚度的墙体

墙体名称	习惯称呼	标志尺寸/mm	构造尺寸/mm
半砖墙	12 墙	120	115
3/4 砖墙	18 墙	180	178
一砖墙	24 墙	240	240

表 5-6（续）

墙体名称	习惯称呼	标志尺寸/mm	构造尺寸/mm
一砖半墙	37 墙	370	365
二砖墙	49 墙	490	490
二砖半墙	62 墙	620	615

5.2.2 砖墙的组砌

1. 砖砌体的组砌原则

砖砌体的组砌要求是有规律、少砍砖，以提高砌筑的效率和节约材料。组砌方式必须遵循以下三个原则。

（1）砌体必须错缝 砖砌体是由一块一块的砖利用砂浆作为填缝和黏结材料组砌成墙体和柱子的。为避免砌体出现连续的垂直通缝，保证砌体的整体强度，必须上下错缝、内外搭砌，并要求砖块最少应错缝 1/4 砖长，且不小于 60mm。在墙体两端采用七分头、二寸条来调整错缝。砖砌体错缝的形式如图 5-24 所示。

图 5-24 砖砌体错缝的形式

（2）墙体连接必须有整体性 为了使建筑物的纵横墙相连搭接成一个整体，增强其抗震能力，要求墙的转角和连接处尽量同时砌筑；若不能同时砌筑，则必须先在墙上留出接槎（俗称留槎），后砌的墙体要镶入接槎内（俗称咬槎）。砖墙接槎的砌筑方法合理与否、质量好坏对建筑物整体性的影响很大。

正常的接槎按规定采用以下两种形式。一种是斜槎，俗称退槎或踏步槎，即在墙体连接处将待接砌墙的槎口砌成台阶形式，其高度一般不大于 1.2m，长度不小于高度的 2/3；另一种是直槎，俗称马牙槎，即每隔一皮砌出墙外 1/4 砖作为接槎之用，每隔 500mm 高度加 2 根 $\phi 6mm$ 拉结钢筋，每边伸入墙内的长度不宜小于 500mm。

斜槎的做法如图 5-25 所示，直槎的做法如图 5-26 所示。

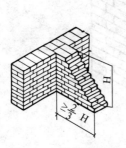

图 5-25　斜槎的做法

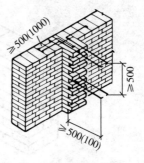

图 5-26　直槎的做法

（3）控制水平灰缝的厚度　砌体水平灰缝的厚度规定为 8～12mm，一般为 10mm。水平灰缝太厚，会使砌体的压缩变形过大，砌上去的砖会发生滑移，对墙体的稳定性不利；水平灰缝太薄，则不能保证砂浆的饱满度和均匀性，会对墙体的黏结、整体性不利。砌筑时，在墙体两端和中部架设皮数杆、拉通线来控制水平灰缝的厚度。同时要求砂浆的饱满程度不低于 80%。

2. 240mm×115mm×53mm 烧结普通砖墙常用的组砌形式

采用 240mm×115mm×53mm 烧结普通砖砌筑实心墙时常用的组砌形式一般采用一顺一丁、梅花丁、三顺一丁、两平一侧、全顺砌筑、全丁砌筑等方法。

（1）一顺一丁（满丁满条）　一顺一丁是第一皮排顺砖，第二皮排丁砖，间隔砌筑，如图 5-27 所示。其操作方便，施工效率高，能保证搭接错缝，是一种常见的排砖形式。一顺一丁法根据墙面形式的不同可分为十字缝和骑马缝两种。两者的区别在于顺砌时条砖是否对齐。

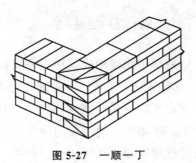

图 5-27　一顺一丁

（2）梅花丁　梅花丁是一面墙的每一皮均采用丁砖与顺砖左右间隔砌成，每一块丁砖均在上下两块顺砖长度的中心，上下皮砖竖缝相互错开 1/4 砖长，如图 5-28 所示。该砌法灰缝整齐、外表美观，结构的整体性好，但砌筑效率低，适合砌筑一砖墙或一砖半的清水墙。当砖的规格偏差较大时，采用梅花丁砌法有利于降低墙面的不整齐性。

图 5-28 梅花丁

（3）三顺一丁 三顺一丁是一面墙的连续三皮全部采用顺砖与一皮采用丁砖上下间隔砌成，上下相邻两皮顺砖间的竖缝相互错开 1/2 砖长（125mm），上下皮顺砖与丁砖间竖缝相互错开 1/4 砖长，如图 5-29 所示。该砌法因砌顺砖较多，所以砌筑速度较快，但因丁砖拉结较少，所以结构的整体性较差，在实际工程中应用较少，适合于砌筑一砖墙和一砖半墙（此时墙的另一面为一顺三丁）。

图 5-29 三顺一丁

（4）两平一侧 两平一侧是指一面墙的连续两皮平砌砖与一皮侧立砌的顺砖上下间隔砌成，如图 5-30 所示。当墙厚为 3/4 砖时，平砌砖均为顺砖，上下皮平砌顺砖的竖缝相互错开 1/2 砖长，上下皮平砌顺砖与侧砌顺砖的竖缝相互错开 1/2 砖长；当墙厚为 5/4 砖时，平砌砖用一丁一顺砌法，顺砖层与侧砖层之间的竖缝相互错开 1/2 砖长，丁砖层与侧砖层之间的竖缝相互错开 1/4 砖长。两平一侧砌法只适用于 3/4 砖墙和 5/4 砖墙。此砌法较费工，但可节约用砖。

（5）全顺砌筑 全顺砌筑是指一面墙的各皮砖均为顺砖，上下皮的竖缝错开 1/2 砖长，如图 5-31 所示。此砌法仅适用于半砖墙。

图 5-30　两平一侧

图 5-31　全顺砌筑

（6）全丁砌筑　全丁砌法是指一面墙的各皮砖均为丁砖，上下皮的竖缝错开 1/4 砖长，如图 5-32 所示。该砌法适用于砌筑一砖、一砖半、二砖的圆弧形墙、烟囱筒身和圆井圈等。

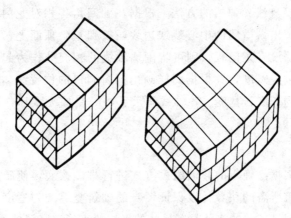

图 5-32　全丁砌筑

3. 多孔砖常用的组砌形式

M 型多孔砖（190mm×190mm×90mm）的组砌形式只有全顺，每皮均为顺砖，其孔洞平行于墙面，上下皮的竖缝相互错开 1/2 砖长。

P 型多孔砖（240mm×115mm×90mm）有一顺一丁及梅花丁两种组砌形式。一顺一丁是一皮顺砖与一皮丁砖相隔砌筑，上下皮的竖缝相互错开 1/4 砖长；梅花丁是每皮中的顺砖与丁砖相隔，上皮丁砖坐中于下皮顺砖，上下皮的竖缝相互错开 1/4 砖长。

5.2.3　砖墙转角及交接处的搭接形式

1. 砖砌体在转角的组砌形式

在砖墙的转角处，为了使各皮间的竖缝相互错开，必须在外角处砌七分头砖。当

采用一顺一丁组砌时，应在七分头的顺面方向依次砌顺砖，在丁面方向依次砌丁砖。

当采用梅花丁组砌时，在外角仅砌一块七分头砖，在七分头砖的顺面相邻砌丁砖，在丁面相邻砌顺砖。

2. 砖砌体在交接处的组砌方法

（1）在砖墙的丁字交接处，应分皮相互砌通，内角相交处的竖缝应错开 1/4 砖长，并在横墙端头处加砌七分头砖。

（2）在砖墙的十字交接处，应分皮相互砌通，交角处的竖缝相互错开 1/4 砖长。

5.2.4　砖墙砌筑的工艺流程

1. 找平并弹墙身线

在砌墙之前，应将基础防潮层或楼面上的灰砂、泥土、杂物等清除干净，并用水泥砂浆或豆石混凝土找平，使各段砖墙底部的标高符合设计要求找平时，必须使上下两层围墙之间不致出现明显的接缝。

找平后开始弹墙身线。弹线的方法：根据基础四角各相对龙门板，在轴线标钉上拴上白线并挂紧，拉出纵横墙的中心线或边线，投到基础顶面上，用墨斗将墙身线弹到墙基上，内间隔墙没有龙门板，则可将围墙轴线的相交处作为起点，用钢尺量出各内墙的轴线位置和墙身宽度，并根据图样画出门窗洞口的位置线。墙基线弹好后，按图样要求复核建筑物长度、宽度、各轴线间尺寸，经复核无误后，即可作为底层墙砌筑的标准。

2. 排砖摆底

在砌砖前，应根据已确定的砖墙组砌方式进行排砖摆底，使砖的垒砌合乎错缝搭接的要求，确定砌筑所需的块数，以保证墙身的砌筑竖缝均匀适度，尽可能做到少砍砖。排砖时，应根据进场砖的实际长度尺寸的平均值来确定竖缝的大小。

3. 盘角、挂线

（1）盘角　砌砖前应先盘角，每次盘角不要超过 5 层，新盘的大角要及时进行吊靠。如果有偏差，则要及时修整。盘角时要仔细对照皮数杆的砖层和标高，控制好灰缝的大小，使水平灰缝均匀一致。大角盘好后再复查一次，当其平整度和垂直度完全符合要求时，再挂线砌墙。

（2）挂线　砌筑一砖半墙必须双面挂线，如果较长的墙采用一根通线挂线，那么应在中间应设几个支线点，准线要拉紧，每层砖都要穿线看平，使水平缝均匀一致、平直通顺。

挂线时要把高出的障碍物去掉，中间塌腰的地方要垫一块砖（俗称腰线砖）。垫腰线砖时应注意准线不能向上拱起。经检查平直无误后即可砌砖。

每砌完一皮砖后，由两端把大角逐皮往上起线，再挂线。

此外还有一种挂线法，即不用坠砖，而将准线挂在两侧墙的立线上，俗称挂立线，一般用于砌中间墙。将立线的上下两端拴在钉入纵墙水平缝的钉子上并拉紧。根据挂好的立线拉水平准线，水平准线的两端要由立线的里侧往外拴，两端拴的水平缝线要同纵墙缝一致，不得错层。

4. 墙体砌砖

（1）砌砖宜采用"三一"砌砖法，即满铺、满挤操作法。砌砖时砖要放平。当砌筑一砖以上墙体时，若墙体内侧较高，则砌外墙面时要抬高；若墙体内侧较低，则砌外墙面时应压低，以保证每一皮砖墙面的水平。

（2）砌砖一定要跟线，做到"上跟线，下跟棱，左右相邻要对平"。

（3）水平灰缝的厚度和竖向灰缝的宽度一般为 10mm，但不应小于 8mm，也不应大于 12mm。

（4）为保证清水墙面的主缝垂直，不"游丁走缝"（游丁走缝是指砖的竖缝歪斜、宽窄不均、丁不压中），当砌完一步架高时，宜每隔 2m 的水平间距，在丁砖立楞位置弹两道垂直立线，以分段控制"游丁走缝"。

（5）在操作过程中，要认真进行自检，若出现偏差，应随时纠正，严禁事后砸墙。

（6）清水墙不允许有三分头，不得在上部任意变化、乱缝。

（7）砌筑砂浆应随搅拌随使用，一般水泥砂浆必须在 3h 内用完，水泥混合砂浆必须在 4h 内用完，不得使用过夜砂浆。

（8）砌清水墙时应随砌随划缝，划缝深度为 8～10mm，应深浅一致，墙面应清扫干净。混水墙应随砌随将舌头灰（挤出的灰浆）刮尽。

（9）围墙转角处应同时砌筑。若不能同时砌筑，则交接处必须留斜槎，斜槎的长度不应小于墙体高度的 2/3，斜槎必须平直、通顺。

5.2.5 砖砌体的砌筑方法

下面介绍目前常用的几种砖砌体的砌筑方法。

1. 瓦刀披灰法

瓦刀披灰法又称为满刀灰法或带刀灰法。瓦刀披灰法是指在砌砖时，先用瓦刀将砂浆抹在砖黏结面上和砖的灰缝处，然后将砖用力按在墙上的方法。该法是一种常见的砌筑方法，适用于砌空斗墙、1/4 砖墙、平拱、弧拱、窗台、花墙、炉灶等。但其要求有稠度大、黏性好的砂浆与之配合，也可使用黏土砂浆和白灰砂浆。

瓦刀披灰法通常使用瓦刀，操作时右手拿瓦刀，左手拿砖，先用瓦刀把砂浆正手刮在砖的侧面，然后反手将砂浆抹满砖的大面，并在另一侧刮上砂浆。砂浆要刮布均匀，中间不要留空隙，四周可以厚一些，中间薄些。与墙上已砌好的砖接触的头缝（碰头灰）也要刮上砂浆。砖块刮好砂浆后，放在墙上，并挤压至与准线平齐。若有挤出墙面的砂浆，则须用瓦刀刮下填于竖缝内。

用瓦刀披灰法砌筑，能做到刮浆均匀、灰缝饱满，有利于初学砖瓦工者的手法锻

炼。此法被列为砌筑基本功训练之一。但其工效低，劳动强度大。

2．"三一"砌砖法

"三一"砌砖法的基本操作是"一铲灰、一块砖、一揉挤"。

（1）步法　操作时人应顺墙体斜站，左脚在前，离墙约15cm，右脚在后，距墙及左脚跟30～40cm。砌筑方向是由前往后退着走，这样操作可以随时检查已砌好的砖是否平直。砌完3～4块砖后，左脚后退一大步（70～80cm），右脚后退半步，人斜对墙面可砌约50cm，砌完后左脚后退半步，右脚后退一步，恢复到开始砌砖时的位置。

（2）铲灰取砖　铲灰时应先用铲底摊平砂浆表面（便于掌握吃灰量），然后用手腕横向转动铲灰，减少手臂动作，取灰量要根据灰缝厚度决定，以满足一块砖的需要量为准。取砖时应随拿砖随挑选好下一块砖。左手拿砖，右手拿砂浆，同时拿起来，以减少弯腰次数，争取砌筑时间。

（3）铺灰　将砂浆铺在砖面上的动作可分为甩、溜、丢、扣等几种。

在砌顺砖时，当墙砌得不高且距操作处较远时，一般采用溜灰方法铺灰；当墙砌得较高且近身砌筑时，常用扣灰方法铺灰。此外，还可采用甩灰方法铺灰。

在砌丁砖时，当墙砌得较高且近身砌筑时，常用丢灰方法铺灰；在其他情况下，还经常用扣灰方法铺灰。

不论采用哪一种铺灰动作，都要求铺出的灰条近似砖的外形，长度比一块砖稍长2cm，宽度为8～9cm，灰条距墙外面2cm，并与前一块砖的灰条相接。

（4）揉挤　左手拿砖，在离已砌好的前砖3～4cm处开始平放推挤，并用手轻揉。在揉砖时，眼要上边看线，下边看墙皮，左手中指随即同时伸下，摸一下上下砖棱是否齐平。砌好一块砖后，随即用铲将挤出的砂浆刮回，放在竖缝中或随手投入灰斗中。揉砖的目的是使砂浆饱满。铺在砖上的砂浆若较薄，则揉的劲要小些；反之，揉的劲要稍大一些。并且要根据已铺砂浆的位置前后揉或左右揉，总之以揉到下齐砖棱、上齐线为宜，要做到平放、轻放、轻揉。

"三一"砌砖法的优点：由于铺出来的砂浆面积相当于一块砖的大小，并且随即揉砖，所以灰缝容易饱满，黏结力强，能保证砌筑质量；挤砌时随手刮去挤出的砂浆，使墙面保持清洁。其缺点：一般是人工操作，操作时取砖、铲灰、铺灰、转身、弯腰等烦琐动作较多，影响砌筑效率，因而可采用两铲灰砌三块砖或三铲灰砌四块砖的方法来提高效率。

这种操作方法适用于砌窗间墙、砖柱、砖垛、烟囱等较短的部位。

3．坐浆砌砖法

坐浆砌砖法（摊灰尺砌砖法）是指在砌砖时，先在墙上铺50cm左右长的砂浆，用摊灰尺找平，然后在铺敷设好的砂浆上砌砖。该法适用于砌门窗洞口较多的砖墙或砖柱。

（1）操作要点　操作时人站立的位置以距墙面10～15cm为宜，左脚在前，右脚在后，人斜对墙面，随着砌筑的前进方向退着走，每退一步可砌 3～4 块顺砖长。

操作时用灰勺和大铲取砂浆，均匀地倒在墙上，左手拿摊尺刮平。砌砖时，左手拿砖，右手用瓦刀在砖的头缝处打上砂浆，随即砌上砖并压实。砌完一段铺灰长度后，将瓦刀放在最后砌完的砖上，转身再取砂浆，如此逐段铺砌。每次砂浆的摊铺长度应视气温高低、砂浆种类及砂浆稠度而定，但不宜超过 75cm（当气温在 30℃ 以上时，每次砂浆的摊铺长度不宜超过 50cm）。

（2）注意事项　在砌筑时应注意，砖块头缝的砂浆用瓦刀另外抹上去，不允许在铺平的砂浆上刮取，以免影响水平灰缝的饱满程度。采用摊灰尺铺灰砌筑时，当砌一砖墙时，可一人自行铺灰砌筑；当墙较厚时，可组成两人小组，一人铺灰，一人砌墙，分工协作，密切配合，这样可以提高工效。

采用坐浆砌砖法，因摊灰尺的厚度与灰缝一样为 10mm，故灰缝厚度能够控制，便于保证砌体的水平缝平直。又由于铺灰时摊灰尺靠墙可以阻挡砂浆流到墙面上，所以墙面可以保持清洁美观，砂浆耗损少。但由于砖只能摆砌，不能挤砌，同时铺好的砂浆容易失水而变稠变硬，因此砂浆的黏结力较差。

4. 铺灰挤砌法

铺灰挤砌法是采用一定的铺灰工具，如铺灰器等，先在墙上铺一段砂浆，再用砖紧压砂浆层，推挤砌于墙上的方法。铺灰挤砌法分为单手挤浆法和双手挤浆法两种。

（1）单手挤浆法

用铺灰器铺灰，操作者应沿砌筑方向退着走。砌顺砖时，左手拿砖，距前面的砖块 5～6cm 处将砖放下，砖稍稍蹭灰面，再沿水平方向向前推挤，把砖前的灰浆推起作为立缝处的砂浆，并用瓦刀将水平灰缝挤出墙面的灰浆刮起，甩填于立缝内。

砌丁砖时，将砖在灰面上放下后，用手掌横向往前挤，挤浆的砖口要略倾斜，用手掌横向前挤到将近一指缝时，将砖块略向上翘，以便带起灰浆挤入立缝内，将砖压到与准线平齐为止，并将内外挤出的灰浆刮起，甩填于立缝内。

当砌墙的内侧顺砖时，应将砖由外向里靠，水平向前挤推，这样立缝处的砂浆容易饱满，同时用瓦刀将反面墙水平缝挤出的砂浆刮起，甩填于挤砌的立缝内。

挤浆砌筑时，手掌要用力，使砖与砂浆密切结合。

（2）双手挤浆法

操作时，使靠墙的一只脚的脚尖稍偏向墙边，另一只脚向斜前方踏出 40cm 左右（随着砌砖动作灵活移动），使两脚很自然地站成 T 字形。身体离墙约 7cm，胸部略向外倾斜。这样便于操作者转身拿砖、看棱角和挤砖。

拿砖时，靠墙的一只手先拿，另一只手跟着上去，也可双手同时取砖；两眼要迅速查看砖的边角，将棱角整齐的一边砌在墙的外侧。取砖和选砖应同时进行，为此操作必须熟练。无论是砌丁砖还是顺砖，都是靠墙的一只手先挤，另一只手迅速跟着挤砌。

若砌丁砖，当手上拿的砖与墙上原砌的砖相距 5～6cm 时（若砌顺砖，则距离应约为 13cm），把砖的一头（或一侧）抬起约 4cm，将砖插入砂浆中，随即将砖放平，手掌不要用力挤压，只需依靠砖的倾斜自坠力压住砂浆，平推前进。若竖缝过大，则可用手掌稍加用力，将灰缝压实至 10mm 厚。然后看准砖面，如有不平，应用手掌加压，使砖块平整。由于顺砖较长，所以要特别注意砖块"下齐边棱、上平线"，以防墙面产生凹进凸出和高低不平的现象。

　　铺灰挤砌法在操作时减少了每块砖都要转身、铲灰、弯腰、铺灰等动作，可大大减轻劳动强度；由于挤浆时平推平挤，使灰缝饱满，充分保证了墙体砌筑中分工协作密切配合，提高了工效，保证了墙体砌筑的质量。但要注意，若砂浆的保水性能不好，砖湿润又不合要求，且操作不熟练，推挤动作稍慢，往往会出现砂浆干硬的现象，造成砌体黏结不良，因此在砌筑时要求快铺快砌，挤浆时严格执行平推平挤，避免前低后高，把砂浆挤成沟槽而使灰浆不饱满。

5.3　砌块墙的砌筑

5.3.1　砌块墙的组砌形式和组砌方法

1. 砌块墙的组砌形式

　　砌块墙（混凝土空心砌块墙体和粉煤灰实心砌块墙体）的立面组砌形式仅有全顺一种，上下竖缝相互错开 190mm，如图 5-33 所示。双排小砌块墙的横向竖缝也应相互错开 190mm。

　　本节以混凝土空心砌块墙体为例讲述砌块墙的砌筑。

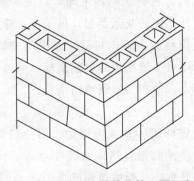

图 5-33　混凝土空心砌块墙体的立面组砌形式

2. 混凝土空心砌块墙体的组砌方法

　　混凝土空心砌块墙宜采用铺灰反砌法进行砌筑，即先用大铲或瓦刀在墙顶上摊铺砂浆，铺灰长度不宜超过 800mm，再在已砌砌块的端面上刮砂浆，双手端起小砌块，使其底面向上摆放在砂浆层上，并与前一块挤紧，使上下砌块的孔洞对准，挤出的砂浆随手刮去。若使用一端有凹槽的砌块，则应将有凹槽的一端接着平头的一端砌筑。

5.3.2　混凝土空心砌块墙体的砌筑

混凝土空心砌块只能用于地面以上墙体的砌筑，不能用于墙体基础的砌筑。

在砌筑工艺上，混凝土空心砌块墙体与传统的砖混建筑没有大的差别，都是手工砌筑，对建筑设计的适应能力也很强，该砌块砌体可以取代砖石结构中的砖砌体。砌块是用混凝土制作的一种空心、薄壁的硅酸盐制品，它作为墙体材料，不但具有混凝土材料的特性，而且其形状、构造等与黏土砖也有较大的差别，砌筑时要根据其特点给予重视和注意。

1. 施工准备

（1）运到现场的小砌块应分规格、分等级堆放，堆放场地必须平整，并做好排水工作。小砌块的堆放高度不宜超过 1.6m。

（2）对于砌筑承重墙的小砌块应进行挑选，淘汰断裂小砌块或壁肋中有竖向凹形裂缝的小砌块。

（3）龄期不足 28 天及潮湿的小砌块不得用于砌筑。

（4）普通混凝土小砌块不宜浇水；当天气干燥炎热时，可在砌块上稍加喷水润湿；轻集料混凝土小砌块可洒水，但不宜过多。

（5）清除小砌块表面的污物，并修整小砌块孔洞底部的毛边。

（6）砌筑底层墙体前，应对基础进行检查，清除防潮层顶面上的污物。

（7）根据砌块尺寸和灰缝厚度计算皮数，并制作皮数杆。将皮数杆立在建筑物四角或楼梯间转角处，皮数杆的间距不宜超过 15m。

（8）准备好所需的拉结钢筋或钢筋网片。

（9）根据小砌块搭接的需要，准备一定数量的辅助规格的小砌块。

（10）砌筑砂浆必须搅拌均匀，随拌随用。

2. 砌块排列

（1）砌块排列时，必须根据砌块尺寸、垂直灰缝的宽度、水平灰缝的厚度计算砌块砌筑的皮数和排数，以保证砌体的尺寸；砌块应按设计要求从基础面开始排列，尽可能采用主规格和大规格的砌块，以提高台班产量。

（2）在外墙转角处和纵横墙交接处，砌块应分皮咬槎、交错搭砌，以增加房屋的刚度和整体性。

（3）在砌块墙与后砌隔墙的交接处，应沿墙高每隔 400mm 在水平灰缝内设置不少于 $2\phi4mm$、横筋间距不大于 200mm 的焊接钢筋网片，钢筋网片伸入后砌隔墙的长度不应小于 600mm，如图 5-34 所示。

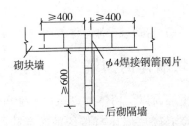

图 5-34　在砌块墙与后砌隔墙交接处设置焊接钢筋网片

（4）砌块排列应对孔错缝搭砌，搭砌长度不应小于 90mm，如果搭接错缝长度不能满足规定的要求，则应采取压砌钢筋网片或设置拉结筋等措施，具体构造按设计规定。

（5）对设计规定或施工所需要的孔洞口、管道、沟槽和预埋件等，应在砌筑时预留或预埋，不得在砌筑好的墙体上打洞、凿槽。

（6）砌体的垂直缝应与门窗洞口的侧边线相互错开，不得同缝，错开间距应大于 150mm，且不得采用砖镶砌。

（7）砌体水平灰缝的厚度和垂直灰缝的宽度一般为 10mm，不应大于 12mm，也不应小于 8mm。

（8）在楼地面砌筑一皮砌块时，应在芯柱位置的侧面预留孔洞，以便于施工操作。

3. 砌筑

（1）小砌块砌筑应从转角或定位处开始，内外墙同时砌筑，纵横墙交错搭接。在外墙转角处应使小砌块隔皮露端面；在 T 形交接处应使横墙小砌块隔皮露端面，纵墙在交接处改砌两块辅助规格的小砌块（尺寸为 290mm×190mm×190mm，一头开口），所有露端面用水泥砂浆抹平，如图 5-35 所示。

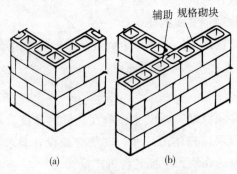

图 5-35　小砌块墙在转角处及 T 形交接处的砌法

（a）转角处；（b）交接处

（2）小砌块应对孔错缝搭砌。上下皮小砌块的竖向灰缝相互错开 190mm。对于个别情况，当无法对孔砌筑时，普通混凝土小砌块的错缝长度不应小于 90mm，轻集料混凝土小砌块的错缝长度不应小于 120mm；当不能满足此规定时，应在水平灰缝中设置 2ϕ4mm 钢筋网片，钢筋网片每端均应超过该垂直灰缝，其长度不得小于 300m，如图

5-36 所示。

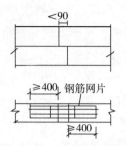

图 5-36 水平灰缝中的钢筋网片

（3）砌块应逐块铺砌，采用满铺、满挤法。灰缝中的拉结筋应做到横平竖直，全部灰缝均应填满砂浆。水平灰缝宜用坐浆满铺法。可先在砌块端头铺满砂浆（将砌块铺浆的端面朝上，依次紧密排列），然后将砌块上墙并挤压至要求的尺寸；也可先在砌好的砌块端头刮满砂浆，然后将砌块上墙再进行挤压，直至所需的尺寸。

（4）砌块砌筑时一定要"上跟线，下跟棱，左右相邻要对平"。同时，应随时进行检查，做到随砌随查随纠正，以免返工。

（5）每砌完一块，应进行灰缝的勾缝（原浆勾缝），勾缝深度一般为 3～5mm。

（6）在外墙转角处严禁留直槎，宜从两个方向同时砌筑。墙体临时间断处应砌成斜槎，斜槎的长度不应小于高度的 2/3。若留斜槎有困难，除在外墙转角处、抗震设防地区、墙体临时间断处不应留直槎外，可将砌块从墙面伸出 200mm 砌成阴阳槎，并沿墙高每三皮砌块（600mm）设拉结钢筋或钢筋网片，拉结钢筋用两根直径为 6mm 的一级钢筋，钢筋网片用 φ4mm 的冷拔钢丝。埋入长度从留槎处算起，每边均不小于600mm。小砌块砌体的斜槎和阴阳槎，如图 5-37 所示。

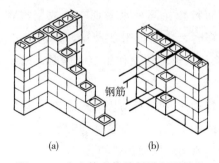

图 5-37 小砌块砌体的斜槎和阴阳槎

(a) 斜槎；(b) 阴阳槎

（7）当小砌块用于砌筑框架填充墙时，应与框架中预埋的拉结钢筋连接。当填充墙砌至顶面最后一皮时，与上部结构相接处宜用实心小砌块（或在砌块孔洞中填充 C15混凝土）斜砌挤紧。

（8）砌块墙体内不宜留脚手眼（安装脚手架时在墙体上留下的洞），如必须留设，

可用 190mm×190mm×190mm 的小砌块侧砌，利用其孔洞做脚手眼，在墙体完工后用 C15 混凝土填实。但在墙体的下列部位中不得留设脚手眼：

①过梁上部，与过梁成 60°角的三角形及过梁跨度 1/2 范围内。

②宽度不大于 800mm 的窗间墙。

③梁和梁垫下及其左右各 500mm 的范围内。

④门窗洞口两侧 200mm 范围内，墙体交接处 400mm 范围内。

⑤设计规定不允许设脚手眼的部位。

（9）安装预制梁、板时，必须坐浆垫平，不得干铺。当需要设置滑动层时，应按设计要求处理。板缝应按设计要求填实。

（10）对于墙体表面的平整度和垂直度、灰缝的均匀程度及砂浆的饱满程度等，应随时检查并校正所发现的偏差。在砌完每一楼层后，应校核墙体的轴线尺寸和标高，在允许范围内的轴线和标高的偏差可在楼板面上予以校正。

5.4　圈梁及过梁的施工

多层砌体建筑应设置圈梁，以增强房屋的整体性。砌块墙的圈梁常和过梁统一考虑，有现浇和预制两种。现浇圈梁整体性强，对加固墙身较为有利，但施工支模复杂。在实际工程中，现浇圈梁可采用槽形预制砌块来代替模板，在槽内配置钢筋后浇筑混凝土而成。预制圈梁是将圈梁分段预制，现场拼接。预制时，梁端伸出钢筋，拼接时将两端钢筋扎结后在节点现浇混凝土。

砌体中设置的圈梁应符合设计要求，圈梁应连续地设置在同一水平面上，并形成闭合状，且应与楼板（屋面板）在同一水平面上，或紧靠楼板底（屋面板底）设置；当不能在同一水平面上闭合时，应增设附加圈梁，其搭接长度应不小于圈梁距离的两倍，且不得小于 1m；当采用槽形砌块制作组合圈梁时，槽形砌块应采用强度等级不低于 M10 的砂浆砌筑。

过梁是砌块墙的重要构件之一。当砌块墙中遇门窗洞口时，应设置过梁。过梁既起连系梁的作用，又是一种调节砌块。当层高与砌块高出现差异时，可利用过梁尺寸的变化进行调节，从而使其他砌块的通用性更大。

5.5　构造柱的施工

在砖墙与构造柱的相接处，砖墙应砌成马牙槎，从每层柱脚开始，先退后进；每个马牙槎沿高度方向的尺寸不宜超过 300mm（或 5 皮砖高）；每个马牙槎退、进应不小于 60mm。砖墙的马牙槎布置如图 5-38 所示。

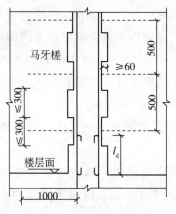

图 5-38 砖墙的马牙槎布置

构造柱必须与圈梁连接。其根部可与基础圈梁连接，当无基础圈梁时，可增设厚度不小于 120mm 的混凝土底脚，深度从室外地坪以下不应小于 500mm。

构造柱的施工顺序：绑扎钢筋→砌砖墙→支模板→浇筑混凝土。必须在一层构造柱混凝土浇筑完毕后，才能进行上一层的施工。

构造柱的竖向受力钢筋伸入基础圈梁或混凝土底脚的锚固长度及绑扎搭接长度均不应小于 35 倍钢筋直径，接头区段内的箍筋间距不应大于 200mm。钢筋混凝土保护层的厚度一般为 20mm。

砌砖墙时，每楼层马牙槎应先退后进，以保证构造柱脚为大断面。当马牙槎的齿深为 120mm 时，其上口可采用第一皮先进 60mm，往上再进 120mm 的方法，以保证浇筑混凝土时上角密实。

构造柱的模板必须与所在砖墙面严密贴紧，以防漏浆。在浇筑混凝土前，应将砖墙和模板浇水湿润，并将模板内的砂浆残块、砖渣等杂物清理干净。

浇筑构造柱的混凝土坍落度一般以 50～70mm 为宜。浇筑时宜采用插入式振动器分层捣实，但振捣棒应避免直接触碰钢筋和砖墙，严禁通过砖墙传振，以免引起砖墙变形和灰缝开裂。

5.6 砌体结构的质量标准及检验方法

5.6.1 砖砌体的质量标准及检验方法

本节内容适用于烧结普通砖、烧结多孔砖、蒸压灰砂砖、粉煤灰砖等砌体工程。

1. 一般规定

(1) 用于清水墙、柱表面的砖应边角整齐、色泽均匀。

(2) 有冻胀环境的地区，地面以下或防潮层以下的砌体不宜采用多孔砖。

(3) 砌筑砖砌体时，砖应提前 1～2 天浇水湿润。

(4) 当砌砖工程采用铺浆法砌筑时，铺浆长度不得超过 750mm；当施工期间的气温超过 30℃时，铺浆长度不得超过 500mm。

(5) 240mm 厚承重墙的每层墙的最上一皮砖，砖砌体的阶台水平面上及挑出层的外皮砖应整砖丁砌。

(6) 砖砌平拱过梁的灰缝应砌成楔形缝。对于灰缝的宽度，在过梁的底面不应少于 5mm，在过梁的顶面不应大于 15mm；拱脚下面应伸入墙内不小于 20mm，拱底应有 1% 的起拱。

(7) 砖过梁底部的模板在灰缝砂浆强度不低于设计强度的 50% 时方可拆除。

(8) 多孔砖的孔洞应垂直于受压面砌筑。

(9) 施工时施砌的蒸压（养）砖的产品龄期不应小于 28 天。

(10) 竖向灰缝不得出现透明缝、瞎缝和假缝。

(11) 砖砌体工程在临时间断处补砌时，必须将接槎处的表面清理干净，浇水湿润并填实砂浆，保持灰缝平直。

2. 主控项目

(1) 砖和砂浆的强度等级必须符合设计要求。

抽检数量：每一生产厂家的砖到现场后，按烧结砖 15 万块、多孔砖 5 万块、灰砂砖及粉煤灰砖 10 万各为一个验收批，抽检数量为 1 组。

检验方法：检查砖和砂浆试块的试验报告。

(2) 砌体水平灰缝的砂浆饱满度不得小于 80%。

抽检数量：每检验批抽查不应少于 5 处。

检验方法：用百格网检查砖底面与砂浆的黏结痕迹面积；每处检测 3 块砖，取其平均值。

(3) 砖砌体的转角处和交接处应同时砌筑，严禁无可靠措施的内外墙分砌施工。对不能同时砌筑又必须留槎的临时间断处应砌成斜槎，斜槎水平投影的长度不应小于高度的 2/3。

抽检数量：每检验批抽 20% 接槎，且不应少于 5 处。

检验方法：观察检查。

(4) 非抗震设防及抗震设防烈度为 6 度、7 度地区的临时间断处，当不能留斜槎时，除转角处外，可留直槎，但直槎必须做成凸槎。留直槎处应加设拉结钢筋，钢筋的数量为每 120mm 墙厚放置 1φ6mm 拉结钢筋（120mm 厚墙放置 2φ6mm 拉结钢筋），间距沿墙高不应超过 500mm；埋入度从留槎处算起每边均不应小于 500mm，对抗震设防烈度为 6 度、7 度的地区,不应小于 1 000mm;末端应有 90°弯钩,如图 5-39 所示。

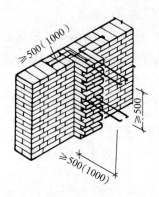

图 5-39 直槎处加设拉结钢筋

抽检数量:每检验批抽 20% 接槎,且不应少于 5 处。

检验方法:观察和尺量检查。

合格标准:留槎正确,拉结钢筋设置数量、直径正确,竖向间距偏差不超过 100mm,留置长度基本符合规定。

(5)砖砌体的位置及垂直度允许偏差应符合表 5-7 的规定。

表 5-7 砖砌体的位置及垂直度允许偏差

序号	项目		允许偏差/mm	检验方法
1	轴线位置偏移		10	用经纬仪和尺检查或用其他测量仪器检查
2	每层		5	用 2m 托线板检查
	全高	≤10m	10	用经纬仪、吊线和尺检查或用其他测量仪器检查
		>10m	20	

抽检数量:轴线查全部承重墙柱;外墙垂直度全高查阳角,不应少于 4 处,每层每 20m 查一处;内墙按有代表性的自然间抽 10%,且不应少于 3 间,每间不应少于 2 处,柱不少于 5 根。

3. 一般项目

(1)砖砌体的组砌方法应正确,上下错缝,内外搭砌,砖柱不得采用包心砌法。

抽检数量:外墙每 20m 抽查一处,每处 3~5m,且不应少于 3 处;内墙按有代表性的自然间抽 10%,并不应少于 3 间。

检验方法:观察检查。

合格标准:除符合本条要求外,清水墙、窗间墙无通缝;混水墙中长度大于或等于 300mm 的通缝每间不超过 3 处,且不得位于同一面墙体上。

(2)砖砌体的灰缝应横平竖直,厚薄均匀。水平灰缝的厚度宜为 10mm,但不应小于 8mm,也不应大于 12mm。

抽检数量：每步脚手架施工的砌体，每 20m 抽查 1 处。

检验方法：用尺量 10 皮砖砌体高度折算。

（3）砖砌体的一般尺寸允许偏差应符合表 5-8 的规定

表 5-8　砖砌体的一般尺寸允许偏差

序号	项　目		允许偏差/mm	检验方法	抽检数量
1	基础顶面和楼面标高		±15	用水平仪和尺检查	不应少于 5 处
2	表面平整度	清水墙、柱	5	用 2m 靠尺和楔形塞尺检查	有代表性自然间的 10%，但不应少于 3 间，每间不应少于 2 处
		混水墙、柱	8		
3	门窗洞口高、宽（后塞口）		±5	用尺检查	检验批洞口的 10%，且不应少于 5 处
4	外墙上下窗口偏移		20	以底层窗口为准，用经纬仪或吊线检查	检验批的的 10%，且不应少于 5 处
5	水平灰缝平直度	清水墙	7	拉 10m 线和尺检查	有代表性自然间的 10%，但不应少于 3 间，每间不应少于 2 处
		混水墙	10		
6	清水墙游丁走缝		20	吊线和尺检查，以每层第一皮砖为准	有代表性自然间的 10%，但不应少于 3 间，每间不应少于 2 处

5.6.2　砌块砌体的质量标准及检验方法

本节内容适用于普通混凝土小型空心砌块和轻集料混凝土小型空心砌块。

1. 一般规定

（1）为有效控制砌体收缩裂缝和保证砌体强度，施工时所用的小砌块的产品龄期不应小于 28 天。

（2）砌筑小砌块时，应清除表面污物和芯柱用小砌块孔洞底部的毛边，剔除外观质量不合格的小砌块等砌体工程。

（3）砌筑所用的砂浆宜选用专用的小砌块砌筑砂浆。

（4）底层室内地面以下或防潮层以下的砌体，为了提高砌体的耐久性，预防或延缓冻害，减轻地下水中有害物质对砌体的侵蚀，应采用强度等级不低于 C20 的混凝土灌实小砌块的孔洞。

（5）小砌块砌筑时，在天气干燥炎热的情况下，可提前洒水润湿小砌块；小砌块表面有浮水时，不得施工。

（6）承重墙体严禁使用断裂小砌块。

（7）小砌块墙体应对孔错缝搭砌，搭接长度不应小于 90mm。当墙体的个别部位不能满足上述要求时，应在灰缝中设置拉结钢筋或钢筋网片，但竖向通缝仍不得超过两皮小砌块。小砌块应底面朝上反砌于墙上。

（8）浇筑芯柱的混凝土宜选用专用的小砌块灌孔混凝土，当采用普通混凝土时，其坍落度不应小于 90mm。浇筑芯柱混凝土时，应清除孔洞内的砂浆等杂物，并用水冲洗；为了避免振捣混凝土芯柱时的振动力和施工过程中难以避免的冲撞对墙体的整体性带来不利影响，应待砌体砂浆强度大于 1MPa 时，方可浇筑芯柱混凝土；在浇筑芯柱混凝土前应先注入适量与芯柱混凝土强度相同的水泥砂浆，再浇筑混凝土。

（9）需要移动砌块中的小砌块或小砌块被撞动时，应重新铺砌。

2. 主控项目

（1）小砌块和砂浆的强度等级必须符合设计要求。

抽检数量：每一生产厂家，每 1 万块小砌块至少应抽检一组。用于多层以上建筑基础和底层的小砌块抽检数量不应少于 2 组。砂浆试块的抽检数量为每一检验批且不超过 250m³ 砌体的各种类型及强度等级的砌筑砂浆，每台搅拌机应至少抽检一次。

检验方法：检查小砌块和砂浆试块的试验报告。

（2）砌体水平灰缝的砂浆饱满度应按净面积计算，不得低于 90%；竖向灰缝的砂浆饱满度不得小于 80%，竖缝凹槽部位应用砌筑砂浆填实，不得出现瞎缝、透明缝。

抽检数量：每检验批不应少于 3 处。

检验方法：用专用百格网检测小砌块与砂浆的黏结痕迹，每处检测 1 块小砌块，取其平均值。

（3）墙体转角处和纵横墙交接处应同时砌筑。临时间断处应砌成斜槎，斜槎水平投影的长度不应小于高度的 2/3。

抽检数量：每检验批抽 20% 接槎，且不应少于 5 处。

检验方法：观察检查。

3. 一般项目

（1）墙体的水平灰缝厚度和竖向灰缝宽度宜为 10mm，但不应大于 12mm、小于 8mm。

抽检数量：每层楼的检测点不应少于 3 处。

抽检方法：用尺量 5 皮小砌块的高度和 2m 砌体长度折算。

（2）小砌块墙体的一般尺寸允许偏差应符合表 5-8 中 1～5 的规定。

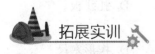拓展实训

一、填空题

1. 砌体工程所使用的材料包括_____和_____。

2. 烧结多孔砖的尺寸规格有_____和_____两种。

3. 普通混凝土小型空心砌块主规格尺寸为_____。

4. 砌筑砂浆用砂宜采用_____。

5. 砌墙前应弹出墙的_____线和_____线，并定出_____的位置。

6. 砖墙上下错缝时，至少错开_____mm。

7. 皮数杆应立于房屋的四大角、_____、楼梯间及洞口较多处。

8. 砖砌体留直槎时，必须做成_____槎，并每隔_____mm高度加一道拉结钢筋。

9. 规范规定，砖墙中水平灰缝的砂浆饱满度不得低于_____。

二、选择题

1. 砌筑用砂浆常用的是（　　）搅拌机。

A. 强制式　　　　B. 自落　　　　C. 鼓筒　　　　D. 串筒

2. 混凝土空心砌体水平灰缝的砂浆饱满度不得小于（　　）。

A. 50%　　　　B. 70%　　　　C. 80%　　　　D. 90%

3. 在常温下，水泥混合砂浆应在（　　）内使用完毕。

A. 2h　　　　B. 3h　　　　C. 4h　　　　D. 5h

4. 砖墙的转角处和交接处应（　　）。

A. 分段砌筑　　　B. 同时砌筑　　　C. 分层砌筑　　　D. 分别砌筑

5. 一般正常情况下水泥混合砂浆应在拌成后（　　）内完成。

A. 2h　　　　B. 3h　　　　C. 4h　　　　D. 5h

6. 砖砌体的转角处和交接处应同时砌筑，当不能同时砌筑时，应砌成斜槎，斜槎长度不得小于高度的（　　）。

A. 1/3　　　　B. 2/3　　　　C. 1/2　　　　D. 3/4

7. 砖基础大放脚的组砌形式是（　　）。

A. 三顺一丁　　　B. 一顺一丁　　　C. 梅花丁　　　D. 两平一侧

8. 砖砌体的砖块之间要错缝搭接，错缝长度一般不应小于（　　）。

A. 30mm　　　　B. 60mm　　　　C. 120mm　　　　D. 180mm

9. 砌筑砖墙留直槎时，需沿墙高每500mm设置一道拉结筋，对120mm厚砖墙，每道应为（　　）。

A. 1ϕ4mm　　　B. 2ϕ4mm　　　C. 2ϕ6mm　　　D. 1ϕ6mm

10. 用于检查灰缝砂浆饱满度的工具是（　　）。

A. 楔形塞尺　　　B. 百格网　　　C. 靠尺　　　　D. 托线板

11. 检查每层墙面垂直度用的工具是（　　）。

A. 钢尺　　　　B. 经纬仪　　　C. 托线板　　　D. 楔形塞尺

12. 检查每层墙体表面平整度用的工具是（　　）。

A. 钢尺　　　　B. 经纬仪　　　C. 托线板　　　D. 楔形塞尺

13. 砌块砌体的组砌形式只有（　　）一种。

A. 三顺一丁　　　B. 一顺一丁　　　C. 梅花丁　　　D. 全顺

14. 砌筑时用一块砖、一铲灰、一揉压并随手将挤出的砂浆刮去的砌筑方法是（　　）。

A. 摊大灰法　　　B. 刮浆法　　　C. 挤浆法　　　D. "三一"砌砖法

15. 设抄平放线为①，立皮数杆为②，铺灰、砌砖为③，挂准线为④，摆砖为⑤，勾缝为⑥，则清水墙的正确砌砖工序为（　　）。

A. ①→②→③→④→⑤→⑥　　　　　B. ①→②→④→③→⑤→⑥

C. ①→⑤→②→③→④→⑥　　　　　D. ①→⑤→②→④→③→⑥

三、判断题

1. 普通水泥泥浆地面养护时间不小于 7d。（　　）

2. 一顺一丁是在同一皮砖层内一块顺砖、一块丁砖间隔砌筑。（　　）

3. 混合砂浆具有较好的和易性，尤其是保水性，常用作砌筑地面以上的砖石砌体。（　　）

4. 皮数杆是指在其上划有每皮砖和砖缝厚度以及门窗洞口、过梁、楼板、预埋件等标高位置的一种木制标杆。（　　）

5. 挤浆法是用灰勺、大铲或铺灰器在墙顶上铺一段砂浆，然后双手拿砖或单手拿砖，将砖挤入砂浆中一定厚度之后把砖放平，达到下齐边、上齐线、横平竖直的要求。（　　）

6. 砖砌体在砌筑过程中要求做到"横平竖直、砂浆饱满、上下错缝、内外搭接"。其中砌体水平灰缝砂浆饱满度要达到 80%。（　　）

四、简答题

1. 简述砖砌体的砌筑工艺和质量要求。

2. 砖砌体砌筑时应检查哪几方面的问题？如何检查？

3. 砖墙接槎处如何加设拉结钢筋？

4. 试述构造柱的施工要求。

第6章　结构安装工程施工技术

　章节概述

　　结构安装工程是利用各种类型的起重机械将预先在工厂或施工现场加工制作的结构构件，严格按照设计图纸的要求在施工现场组装，以构成一幢完整的建筑物或构筑物的整个施工过程。

　　根据结构安装工程构件的材质不同，结构安装工程分为钢筋混凝土排架结构安装工程和钢结构安装工程。不论哪种结构安装工程，在工程实施前，均应拟订结构安装工程实施方案，根据建（构）筑物的平面尺寸、跨度结构特点、构件类型、质量、安装高度及施工现场具体条件，并结合现有机械设备情况合理选择起重机械，再由起重机械设备的性能确定构件安装工艺、安装方法、起重机械开行路线、构件现场预制平面布置及构件就位安装平面布置，以实现在确保工程质量、安全施工的基础上，降低工程成本、缩短工期等目标。

　教学目标

　　1. 熟悉结构安装工程所需配备的起重机械设备和辅助设备种类、类型及其相关性能、特点。

　　2. 掌握一般建筑结构安装工程的常规施工工艺、施工方法及涉及的相关原理。

　　3. 掌握结构安装工程施工中常遇到的一些必要计算方法。

　　4. 熟悉结构安装工程施工中容易出现的常见质量、安全问题及质量、安全验收规范。

　课时建议

　　8 课时。

6.1　起重机械与索具设备

6.1.1　起重机械的选用

结构安装工程中常用的起重机械有桅杆式起重机、自行式起重机及塔式起重机。

1. 桅杆式起重机

桅杆也称为拔杆或抱杆，与滑轮组、卷扬机相配合构成桅杆式起重机，桅杆自重和起重能力的比例一般为 $1:4\sim1:6$，具有制作简便，安装和拆除方便，起重量较大，对现场适应性较强的特点，所以得到广泛应用。

在建筑工程中，常用的桅杆式起重机有独脚拔杆、人字拔杆、悬臂拔杆和牵缆式拔杆起重机，如图 6-1 所示。

（1）独脚拔杆

独脚拔杆由拔杆、起重滑轮机组、卷扬机、缆风绳和锚碇等组成，如图 6-1（a）所示。根据独脚拔杆的制作材料不同可分为木独脚拔杆、钢管独脚拔杆和金属格构式独脚拔杆等。

独脚拔杆在使用时应保持一定的倾角，但不宜大于 $10°$，以便在吊装时，构件不致碰撞拔杆。拔杆的稳定性主要依靠缆风绳保证，根据起重量、起重高度和绳索强度，缆风绳一般设置 $4\sim10$ 根。缆风绳与地面的夹角一般为 $30°\sim45°$，绳的一端固定在桅杆顶端，另一端固定在锚碇上。

（2）人字拔杆

人字拔杆一般是由两根圆木或钢管以钢丝绳绑扎或铁件铰接而成，拔杆设有缆风绳、滑轮组及导向滑轮等，如图 6-1（b）所示。在人字拔杆的顶部交叉处悬挂滑轮组。拔杆底端两脚的距离为高度的 $1/3\sim1/2$，并设有拉杆（或拉索）以平衡拔杆本身的水平推力。其中一根拔杆的底部装设一导向滑轮组，起重索通过它连接到卷扬机。缆风绳的数量应根据拔杆的质量和起重高度来决定，一般不少于 5 根。人字拔杆在垂直方向略有倾斜，但其倾斜度不宜超过 $1/10$，并在前、后各用两根缆风绳拉结。

人字拔杆具有侧向稳定性较好，缆风绳较少的优点；但其起吊构件活动范围小的缺点限制了其在工程中的应用，所以一般仅用于安装重型柱或其他重型构件。钢管人字拔杆起重量可达 $200kN$。

（3）悬臂拔杆

悬臂拔杆是在独脚拔杆的中部或 $2/3$ 高度处装设一根起重臂制作而成，如图 6-1（c）所示。悬臂拔杆起重臂可以回转和起伏，可以固定在某一部位，也可以根据需要沿杆升降。悬臂拔杆的特点是可以获得较大的起重高度和相应的起重半径，起重臂还能

左右摆动 120°～270°，宜用于吊装高度较大的轻型构件。

（4）牵缆式桅杆起重机

牵缆式桅杆起重机是在独脚拔杆下端装设一根可以回转和起伏的起重臂制作而成，如图 6-1（d）所示。牵缆式桅杆起重机的起重臂可以起伏，机身可回转 360°，可以在起重半径范围内把构件吊到任何位置。当起重量在 50kN 以内，起重高度不超过 25m 时，牵缆式桅杆起重机多用无缝钢管制成，常用于一般工业厂房的结构吊装；大型牵缆式桅杆起重机的桅杆和起重臂是用角钢组成的格构式截面，起重量可达 60kN，桅杆高度可达 80m，常用于重型工业厂房的吊装或设备安装。牵缆式桅杆起重机需设置较多的缆风绳，移动不便，常用于构件多且集中的建筑物结构安装工程。

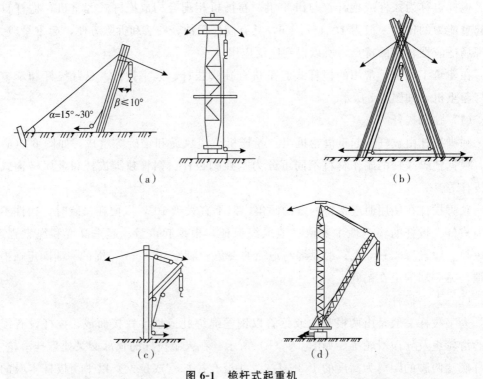

图 6-1　桅杆式起重机

（a）独脚拔杆；（b）人字拔杆；（c）悬臂拔杆；（d）牵缆式起重机

2. 自行式起重机

自行式起重机主要有履带式起重机、汽车式起重机和轮胎式起重机等。

（1）履带式起重机

履带式起重机是在行走的履带底盘上装设起重装置的起重机械，由动力装置、传动机构、行走机构（履带）、工作机构（起重杆、滑轮组、卷扬机）及平衡重等组成，如图 6-2 所示。履带式起重机具有操作灵活，使用方便，在一般平整坚实的场地上可以载荷行驶和作业，起重吊装时不需设支腿等优点。但履带式起重机的稳定性较差，使用时必须严格遵守操作规程，一般不宜超负荷吊装，如需超负荷或接长起重臂，必须进行稳定性验算。同时，履带式起重机行走速度慢，且对路面有破坏性。目前，履带式起重机是装配式结构房屋施工，尤其是单层工业厂房结构安装工程中广泛使用的起重机械之一。

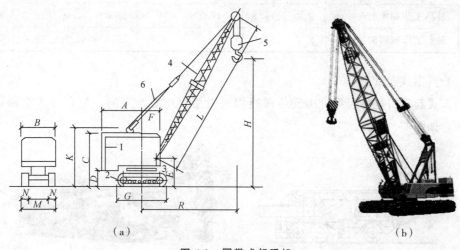

图 6-2 履带式起重机

（a）履带式起重机示意图；（b）履带式起重机实体图

1—机身；2—行走机构；3—回转机构；4—起重臂；5—起重滑轮组；6—变幅滑轮组

目前，在结构安装工程中常用的国产履带式起重机主要有以下几种型号：W_1-50、W_1-100、W_1-200，还有一些进口机型。各类型履带式起重机外形尺寸均可在相应履带式起重机机械手册中查知，在此不再赘述。

履带式起重机的主要技术参数有三个，分别为起重量 Q、起重高度 H 和回转半径 R。其中起重量是指起重机在一定起重半径范围内安全工作所允许的最大起重物的质量；起重高度是指起重吊钩的中心至停机面的垂直距离；起重半径是指起重机回转轴线至吊钩中垂线的水平距离。三者之间存在相互制约的关系，履带式起重机三个主要参数之间的关系可用工作性能表来表示，也可用起重机工作曲线来表示，在起重机手册中均可查阅到。表 6-1 为履带式起重机性能表。

表 6-1 履带式起重机性能表

参 数		单位	型 号						
			W_1-50			W_1-100		W_1-200		
起重臂长度		m	10	18	18（带鸟嘴）	13	23	15	30	40
最大工作幅度		m	10.0	17.0	10.0	12.5	17.0	15.5	22.5	30.0
最小工作幅度		m	3.7	4.5	6.0	4.23	6.5	4.5	8.0	10.0
起重量	最小工作幅度时	t	10.0	7.5	2.0	15.0	8.0	50.0	20.0	8.0
	最大工作幅度时	t	2.6	1.0	1.0	3.5	1.7	8.2	4.3	1.5

表 6-1（续）

参　数		单位	型　号							
			W_1-50			W_1-100		W_1-200		
起重高度	最小工作幅度时	m	9.2	17.2	17.2	11.0	19.0	12.0	26.8	36.0
	最大工作幅度时	m	3.7	14.0	14.0	5.8	16.0	3.0	19.0	25.0

（2）汽车式起重机

汽车式起重机是将起重机构安装在通用或专用汽车底盘上的一种自行式全回转起重机械，如图 6-3 所示。

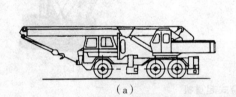

（a）　　　　　　　　　　　　　　　　　（b）

图 6-3　汽车式起重机

（a）汽车式起重机示意图　　（b）汽车式起重机实体图

汽车式起重机具有可伸缩的支腿，起重时支腿落地；起重臂可自动逐节伸缩，并具有各种限位和报警装置。汽车式起重机具有汽车的行驶通过性能，机动性强、行驶速度快、转移迅速、操作便捷、对路面破坏小等优点；但其缺点是吊装时必须设支腿，以增大机械的支撑面积，保证必要的稳定性，因而不能负荷行走；同时不宜在松软或泥泞的道路上行驶，吊装作业时稳定性较差，机身长，行驶时转弯半径较大。故其多适用于流动性大、经常变换吊装地点的结构安装工程或随运输车辆装卸设备、构件的吊装作业。

汽车式起重机按起重量大小分为轻型、中型和重型三种。起重量在 20t 以内的为轻型，在 50t（含）以上的为重型。目前，液压传动的汽车式起重机应用较为普遍。

汽车式起重机的主要技术性能有最大起重量、整机质量、吊臂全伸长度、吊臂全缩长度、最大起重高度、最小工作半径、起升速度、最大行驶速度等。汽车式起重机的技术性能均可从相关的技术资料里查知，表 6-2 为 QY 型液压汽车式起重机技术性能表。

表 6-2　QY 型液压汽车式起重机技术性能表

主要技术参数		主臂起重性能					
名称	参数	工作半径/m	支腿全伸/t				不用支腿/t
			10.00m	17.00m	24.00m	31.00m	10.00m
全车总重	32.2t	3.00	30.00	20.00			8.00

表 6-2（续）

主要技术参数		主臂起重性能					
名称	参数	工作半径/m	支腿全伸/t				不用支腿/t
			10.00m	17.00m	24.00m	31.00m	10.00m
最大爬坡能力	31%	3.35	30.00	20.00			7.00
最大提升高度	34.00m	3.50	28.10	20.00			6.40
吊臂全伸时长度	31.00m	4.00	24.20	20.00			5.10
吊臂全缩时长度	10.00m	4.50	21.40	20.00	13.00		4.20
最小转弯半径	11.50m	4.8	20.00	20.00	13.00		3.70
最大仰角	80°	5.0	19.20	19.20	13.00		3.40
30t 吊钩重	0.35t	5.5	17.50	17.50	13.00		2.80
12t 吊钩重	0.20t	6.0	16.00	16.00	13.00		2.30
4t 吊钩重	0.10t	6.5	14.60	14.60	13.00	9.00	1.90
10m 吊臂时钢丝绳数	8 根	7.0	13.50	13.50	12.00	9.00	1.60
10～17m 吊臂时钢丝绳数	5 根	7.5	12.00	12.00	11.20	9.00	1.30
24m 吊臂时钢丝绳数	4 根	8.0	10.50	10.50	10.5	9.00	1.00
30m 吊臂时钢丝绳数	3 根	8.5		9.40	9.40	9.00	

（3）轮胎式起重机

轮胎式起重机是把起重机构安装在加重型轮胎和轮轴组成的特制底盘上的一种全回转式起重机，如图 6-4 所示。其上部构造与履带式起重机基本相同，为了保证安装作业时机身的稳定性，起重机设有四个可伸缩的支腿。与汽车式起重机相比，轮胎式起重机具有轮距较宽、稳定性好、车身短、转弯半径小，可在 360°范围内工作等特点。同时，轮胎式起重机行驶时对路面的破坏性较小。但轮胎式起重机行驶时对路面要求较高，行驶速度较汽车式起重机慢，不适于在松软泥泞的地面上工作，不宜长距离行驶，适用于作业地点相对固定而作业量较大的现场作业。

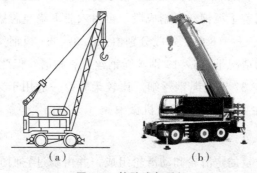

（a）　　　　　　　　　（b）

图 6-4；轮胎式起重机

（a）轮胎式起重式示意图；（b）轮胎式起重机实体图

轮胎式起重机的主要技术性能有额定起重量、整机质量、最大起重高度、最小回转半径以及起升速度等。轮胎式起重机的技术性能可见表6-3。

表 6-3　轮胎式起重机技术性能表

参　数		型　号								
		QL₃-16			QL₃-25					QL₁-16	

参　数		QL₃-16			QL₃-25					QL₁-16	
起重机长度/m		10	15	20	12	17	22	27	32	10	15
最小起重半径/m		4	4.7	8	4.5	6	7	8.5	10	4	4.7
最大起重半径/m		11.0	16.5	20.0	11.5	14.5	19	21	21	11	15.5
起重量 /kN	最小起重半径时 用支腿	160	110	80	250	145	106	72	50	160	110
	最小起重半径时 不用支腿	75	60	—	60	35	34			75	60
	最大起重半径时 用支腿	28	15	8	46	28	14	8	6	28	15
	最大起重半径时 不用支腿	—	—	—	5	—	—	—	—	—	—
起重高度/m	最小起重半径时	8.3	13.2	17.95	—	—	—	—	—	8.3	13.2
	最大起重半径时	5.3	4.6	6.85	—	—	—	—	—	5.0	

3. 塔式起重机

塔式起重机广泛应用于多层和高层工业与民用建筑安装和垂直运输施工中。具体内容详见本书第7章。

6.1.2　索具设备的选用

结构安装工程中常用的索具设备有钢丝绳、滑轮组、卷扬机、吊钩、卡环、横吊梁和锚碇等。

1. 钢丝绳

钢丝绳是吊装工程中的主要绳索，具有强度高、韧性好和耐磨等特点。钢丝绳被磨损后，外表面产生许多毛刺，易被发现，便于防止事故的发生。

常用的钢丝绳是用若干根钢丝捻制成股，再由六股围绕绳芯捻制成绳，其规格有6×19、6×37和6×61三种（6股，每股分别由19、37、61根钢丝捻制而成）。

在绳的直径相同的情况下，6×19钢丝绳钢丝粗、耐磨，但此钢丝绳较硬，不易弯曲，多用作缆风绳；6×37钢丝绳钢丝细，比较柔软，一般用于穿绕滑车组和吊索；6×61钢丝绳质地软，主要用于重型起重机械中。

2. 滑轮组

滑轮组是由一定数量的定滑轮和动滑轮组成，并由绕过它们的绳索结合成为整体，从而达到省力和改变力的方向的目的。

由于滑轮的起重能力大，又便于携带，所以滑轮是吊装工程中常用的工具。

3. 卷扬机

结构安装中的卷扬机有手动和电动两类，其中电动卷扬机又分为快速电动卷扬机和慢速电动卷扬机两种。快速电动卷扬机又有单筒和双筒之分，其钢丝绳牵引速度为 25～50m/min，单头牵引力为 40～80kN，主要用于垂直运输和打桩作业；慢速电动卷扬机多为单筒式，钢丝绳牵引速度为 6.5～22m/min，单头牵引力为 5～100kN，主要用于结构吊装、钢筋冷拉和预应力筋张拉等作业。

卷扬机在使用过程中必须用地锚予以固定，以防止工作时产生滑动或倾覆。根据受力大小，固定卷扬机的方法有四种，如图 6-5 所示。

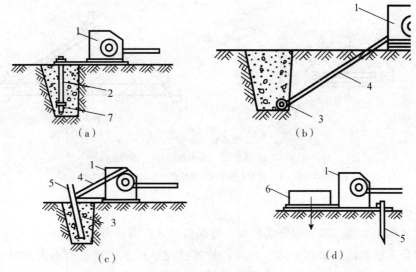

图 6-5　卷扬机的固定方法

(a) 螺栓锚固法；(b) 水平锚固法；(c) 立桩锚固法；(d) 压重锚固法

1—卷扬机；2—地脚螺栓；3—横木；4—拉索；5—木桩；6—压重；7—压板

4. 吊具

在构件吊装过程中，常用的吊具有吊钩、吊索、卡环和横吊梁等。

(1) 吊钩　吊钩常用优质碳素钢材锻造后经退火处理而成。吊钩表面应光滑，不得有剥裂、刻痕、锐角和裂缝等缺陷存在，禁止对有磨损或裂缝的吊钩进行补焊修理。吊钩在钩挂吊索时要将吊索挂至钩底；直接钩在吊环中时，不能使吊环硬别或歪扭，以免吊钩产生变形或被拉直而使吊索脱钩。

(2) 吊索　吊索又称为千斤绳，主要用于绑扎构件以便起吊，分为环形吊索和开口吊索两种，如图 6-6(a) 所示。吊索是用钢丝绳做成的，所以钢丝绳的允许拉力即为吊索的允许拉力。在施工中，吊索拉力不应超过其允许拉力。

(3) 卡环　卡环又称为卸甲 (由弯环和销子两部分组成)，主要用于吊索之间或吊索与构件吊环之间的连接，分为螺栓式卡环和活络式卡环两种，如图 6-6(b) 所示。

(4) 横吊梁　横吊梁又称为铁扁担，常用形式有钢板横吊梁和钢管横吊梁两种，

如图 6-6(c)(d)所示。采用直吊法吊装柱时，用钢板横吊梁，可使柱直立，垂直入杯；吊装屋架时，用钢管横吊梁，可减小吊索对构件的横向压力，并降低索具高度。

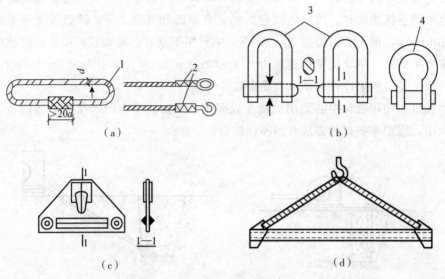

图 6-6　吊具

(a) 吊钩　　(b) 吊索　　(c) 卡环　　(d) 钢管横吊梁

1—环形吊索；2—开口吊索；3—螺栓式卡环；4—活络式卡环

（5）锚碇

锚碇又称为地锚，用来固定缆风绳、卷扬机和导向滑轮等。

锚碇分为桩式锚碇和水平锚碇两种。桩式锚碇适用于固定受力不大的缆风绳，结构吊装中很少采用。吊装工程中常用水平锚碇，即将一根或几根圆木捆绑在一起，横放在挖好的坑底上，用钢丝绳系在横木的一点或两点，成30°～45°伸出地面，然后用土石回填夯实，如图 6-7 所示。

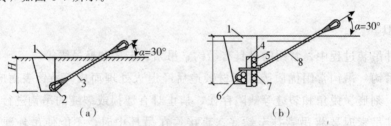

图 6-7　水平锚碇构造示意图

1—回填土逐层夯实；2—地龙木 1 根；3—钢丝绳或钢筋；4—柱木；
5—档木；6—地龙木 3 根；7—压板；8—钢丝绳或钢筋环

6.2　多层房屋结构安装

在工业与民用建筑中多层装配式结构占有很大比重。在工业建筑中，一般多采用多层装配式钢筋混凝土框架结构；在民用住宅建筑中，以钢筋混凝土墙板为承重结构的多层装配式大型墙板结构则应用广泛。

多层装配式结构的全部构件先在工厂或现场预制，然后用起重机械在现场起吊安装，其主导工程是结构安装工程，吊装前应先拟订合理的结构吊装方案，包括起重机械的选择与布置，结构吊装方法与吊装顺序，构件的平面布置，构件的吊装工艺等。

6.2.1　起重机械的选择与布置

1. 起重机械的选择

吊装机械的选择应根据建筑物的结构形式以及构件长短、大小、轻重和安装高度，还有现场实际条件等因素来确定。目前，常用的吊装机械有履带式、汽车式、轮胎式起重机及塔式起重机等。

一般 5 层以下的民用建筑和 18m 以下的工业建筑，选用履带式、汽车式或轮胎式起重机；10 层以下的民用建筑和多层工业建筑多采用轨道式塔式起重机（常采用 QT1-6 型）；10 层以上的高层装配式结构可采用爬升式或附着式自升塔式起重机。

2. 起重机械的布置

塔式起重机的布置方案主要应根据建筑物的平面形状、构件质量、起重机性能及施工现场地形条件等确定。通常有跨外单侧布置，适用于建筑宽度较小，构件质量较轻的情况；跨外双侧（或环形）布置，适用于建筑物宽度较大（＞17m）或构件较重的情况；跨内单行布置和跨内环形布置四种。

一般当建筑物周围场地狭窄，塔式起重机在建筑物外侧不能布置或外侧布置不能满足构件吊装要求时，才将起重机布置在跨内。

6.2.2　构件平面布置

多层装配式结构构件，一般质量较大的柱在现场就地预制，其余构件在预制厂制作，再运至工地安装。构件的平面布置是否合理，对提高吊装效率、保证吊装质量及减少二次搬运有直接影响。其布置原则如下。

（1）预制构件尽可能布置在起重机工作范围之内，避免二次搬运。

（2）重型构件应尽可能布置在起重机周围，中小型构件则应布置在重型构件的外侧。

（3）当所有构件难于布置在起重机工作范围内时，可将一部分小型构件集中堆放在建筑物附近，吊装时再运至吊装地点。

（4）构件布置地点应与吊装就位的布置相配合，以便减少起重机吊装时的移动和变幅。

（5）构件叠浇预制时，应满足构件吊装顺序的要求，即先吊装的下部构件放置在上层，后吊装的上部构件放置在下层浇筑。

（6）同类构件应尽量集中堆放，同时不能影响通行。

柱是现场预制的主要构件，根据与塔式起重机轨道的相对位置不同，其布置方式有三种：平行布置、斜向布置和垂直布置，如图 6-8 所示。平行布置为常用方案，柱可叠浇，几层柱可通长预制，以减少柱接头的偏差。斜向布置可用旋转法起吊，适宜于较长的柱。垂直布置适合起重机跨中开行，柱的吊点在起重机的起重半径内。

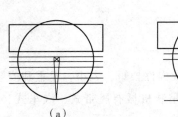 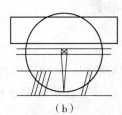 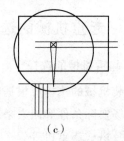

（a）　　　　　　　　　　（b）　　　　　　　　　　（c）

图 6-8　塔式起重机吊装柱的布置方式

（a）平行布置；（b）斜向布置；（c）垂直布置

6.2.3　结构吊装方法与吊装顺序

多层装配式房屋的结构吊装方法，按构件吊装顺序的不同，可分为分件吊装法和综合吊装法，一般多采用分件吊装法。

1. 分件吊装法

起重机每开行一次仅吊装完一种构件，如先吊装柱，再吊装梁，最后吊装板。按流水方式不同，又可分为分层分段流水吊装法和分层大流水吊装法两种。

分层分段流水吊装法是以一个楼层或两个楼层（当柱子一节为两层高时）为一个施工层，然后将每个施工层分为若干吊装段。起重机在每一吊装段内多次往返开行，每开行一次完成一种构件的吊装，全部构件吊装完毕，并完成校正、焊接及接头灌浆等工序的流水作业，形成稳定的结构体系，再依次完成本施工层全部吊装段，后再转至上一层吊装作业，如图 6-9 所示。吊装段的大小，对框架结构一般以 4～8 个节间为宜，对大型墙板房屋一般以 1～2 个居住单元为宜。

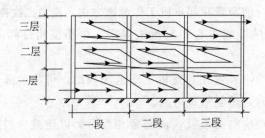

图 6-9　分层分段流水吊装法

分层大流水吊装法是指每个施工层不分段，以一个楼层为单元组织各工序的流水。

2. 综合吊装法

综合吊装法是以一个柱网（节间）或若干个柱网（节间）为一个吊装段，以房屋全高为一个施工层组织各工序流水，起重机把一个吊装段的构件吊至房屋全高，然后转入下一吊装段。

综合吊装法适用于采用履带式（或轮胎式）起重机跨内开行安装框架结构；或采用塔式起重机而不能布置在房屋外侧进行吊装；或房屋宽度大、构件重，只有把起重机布置在跨内才能满足吊装要求。

6.2.4　构件的吊装工艺

1. 框架结构构件吊装

（1）柱的吊装工艺

多层装配式框架结构由柱、主梁、次梁、楼板等组成，柱截面一般为方形或矩形。为了便于预制和吊装，各层柱截面应尽量保持不变，而以改变配筋或混凝土强度来适应荷载的变化。柱长度一般 1～2 层楼高为一节，也可 3～4 层楼高为一节，视起重机性能而定。

①柱的绑扎和起吊　一般当柱长在 12m 以内时可采用一点绑扎和旋转法起吊；对 14～20m 的长柱则应采用两点绑扎起吊，应尽量避免三点或多点绑扎。

②柱的临时固定和校正　底层柱插入杯口后即进行临时固定。上柱与下柱的对位工作应在起重机脱钩前进行，对位方法是将上柱底部中线对准下柱顶部柱头上的中线，同时测定上柱中心线的垂直度。柱的临时固定和校正方法与单层工业厂房柱相同，一般可用管式支撑进行，管式支撑是两端装有螺杆的铁管，可通过旋转螺杆调整其长短，从而自如地校正柱的垂直度，并斜向临时固定柱子。

柱子的校正需要进行 2～3 次，第一次在脱钩后、电焊前进行初校；第二次在电焊后进行，观测电焊钢筋因受热收缩不均而引起的偏差；第三次在梁和楼板吊装后再校正一次，消除梁柱接头电焊产生的偏差。

（2）构件接头施工

①柱的接头　柱的接头形式有榫式接头、插入式接头和浆锚式接头三种，如图 6-10 所示。

a. 榫式接头　上节柱下部有一榫头，与下柱顶面对中后，上柱和下柱外露的受力钢筋用坡口焊焊接，配置若干箍筋后，最后支模浇灌接头混凝土形成整体。

b. 插入式接头　上节柱下部做成榫头，下节柱顶部做成杯口，上节柱插入下节柱杯口后用水泥砂浆填实成整体。这种接头不需电焊，吊装固定方便，造价低。

c. 浆锚式接头　将上柱伸出的锚固钢筋插入下柱预留孔内，然后灌入水泥砂浆锚固上节柱钢筋，使上下柱形成整体。

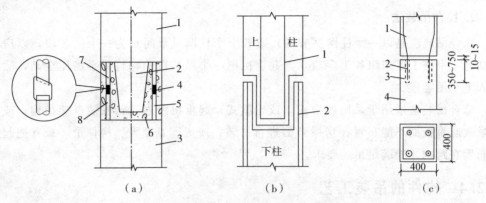

图 6-10　柱的接头形式

（a）榫式接头；（b）插入式接头；（c）浆锚式接头

1—上柱；2—榫头；3—下柱；4—坡口焊；5—下柱外伸钢筋；

6—下柱杯口；7—后浇混凝土；8—下柱锚固钢筋

②梁柱的接头　装配式框架结构中，柱与梁的接头可做成刚接，也可做成铰接。接头形式主要有明牛腿刚性接头、齿槽式接头和浇筑整体式接头等。其中整体式接头应用最普遍，如图 6-11 所示。

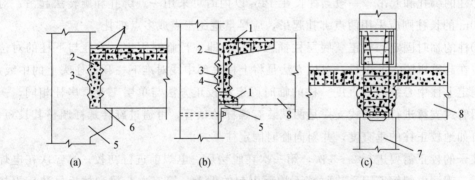

图 6-11　整体式接头形式

（a）明牛腿式刚性接头；（b）齿槽式梁柱接头；（c）上柱带榫头的整体浇筑混凝土接头

1—剖口焊钢筋；2—浇捣细石混凝土；3—齿槽；4—附加钢筋；5—牛腿；6—垫板；7—柱；8—梁

a. 明牛腿刚性接头是在梁吊装后，将梁端预埋钢板和柱牛腿上的预埋钢板焊接后，起重机即可脱钩，然后进行梁与柱的焊接。一般工业建筑采用明牛腿；民用建筑采用暗牛腿，即牛腿与梁底面相平。

b. 齿槽式接头是利用柱接头处的齿槽来传递梁端剪力，梁吊装时搁置在柱的临时牛腿上，因临时牛腿面积小，为保证安全，需将上部的钢筋焊接好两根后，起重机方可脱钩。

c. 整体式接头做法是柱子每层一节，梁搁置在柱面上，梁底钢筋按锚固要求上弯或焊接，节点核心区绑扎箍筋后即可浇筑混凝土，先浇至楼板面，待楼板面混凝土设计强度达 10MPa 即可安装上节柱，然后第二次浇筑混凝土到上柱的榫头上部并留 35mm 左右的空隙，用 1：1：1 的干硬性细石混凝土捻缝，即形成梁柱刚性整体式接头。

（3）梁板的安装

框架结构的梁有一次预制成的普通梁和叠合梁两种，叠合梁上部留出 120～150mm 的现浇叠合层，以增强结构整体性。楼板一般直接搁置在梁上，接缝处用细石混凝土灌实。

2. 装配式墙板结构构件吊装

装配式墙板结构是将墙板、楼板和楼梯等构件在现场或预制厂预制，然后在现场安装连接成整体的一种建筑结构。

（1）墙板的制作、运输和堆放

墙板的运输一般采用备有特制支架的运输车，墙板侧立倾斜放在支架上。运输车分为外挂式墙板运输车和内插式墙板运输车两种。

大型墙板的堆放方法有插放法和靠放法两种。插放法是把墙板按吊装顺序插放在插放架上，并用木楔加以固定，堆放时不受墙板规格的限制，可以按吊装顺序堆放，其优点是便于查找板号，但需占用较大场地。靠放法是将同型号墙板靠放在靠放架上，其优点是占用场地少、节省费用。

（2）墙板的吊装

①墙板吊装方法　墙板吊装方法有储存吊装法和直接吊装法两种。

a. 储存吊装法　该吊装法是将构件按型号、数量配套运到现场放入插放架或靠放架内储存，然后再进行安装。其储存量一般为 1～2 层构件，具有准备时间充足，能保证连续进行，吊装效率高等优点，但占用施工场地较多。

b. 直接吊装法　该法是将墙板由预制厂按墙板安装顺序配套运到施工现场，并直接从运输工具上进行吊装。其特点是可以少占施工场地，减少构件的堆放设施，但需要较多的墙板运输车。

②墙板吊装顺序　墙板吊装顺序一般采用逐间封闭吊装法。对于较短的建筑物，可由房屋一端的第二个开间开始吊装；对于较长的建筑物，墙板吊装宜由房屋中间开始，先安装两间，构成中间框架，形成标准间，然后分别向房屋两端开始安装。

③墙板吊装工艺　墙板安装时，应先安内墙，后安外墙，逐间封闭，随吊装随焊接，所以临时固定简单，焊接工作集中，整体性好。

墙板的绑扎采用万能扁担（横吊梁带 8 根吊索），既能吊墙板又能吊装楼板。吊装时标准房间用墙板操作平台来固定墙板和调整墙的垂直度，对于楼梯间和不便于用操作平台的房间，可用水平拉杆和转角固定器进行临时固定。

墙板校正后即可焊接固定，然后拆除临时固定器，并随即用 1：2.5 水泥砂浆进行墙板下部塞缝。

6.3　钢筋混凝土排架结构单层工业厂房结构安装

钢筋混凝土排架结构单层工业厂房一般除基础在施工现场就地灌注外，其他构件均为预制构件。根据预制构件制作工艺的不同，一般分为普通钢筋混凝土构件和预应力钢筋混凝土构件两大类。钢筋混凝土排架结构单层工业厂房预制构件主要有柱、吊车梁、连系梁、屋架、天窗架和屋面板等。一般尺寸大、构件重的大型构件（如屋架、柱）由于运输困难多在现场就地预制；而其他质量轻、数量较多的构件（如屋面板、吊车梁、连系梁等）宜在预制工厂预制，然后运至现场进行安装。

6.3.1　吊装前的准备工作

结构安装前准备工作的好坏，直接影响整个安装工程的施工进度及安装质量。为了确保工程开工后，能安全、文明、有序地组织结构安装施工，在结构安装之前，必须先做好各项准备工作，主要包括场地的清理、道路的铺设、水电管线的铺设，基础的准备，构件的运输、堆放、拼装和临时加固，构件的检查清理以及构件的弹线、编号等。

1. 场地清理与道路、水电管线铺设

工程开工前，按照现场平面布置图，标出起重机械的开行路线，清理道路上的杂物，并进行平整压实。在回填土或松软地基上，要用枕木或厚钢板铺垫，以确保满足起重机械的开行要求。在雨季施工，还要做好施工排水工作。在施工过程中可能使用水电的工序、位置要提前做好水电管线铺设工作。

2. 基础准备

钢筋混凝土排架单层工业厂房柱基础一般为杯形基础。杯形基础在浇筑时应保证基础定位轴线及杯口尺寸的准确。杯形基础的准备工作主要包括柱吊装前对杯底的抄平及杯口弹线。

（1）杯底抄平　为便于调整柱子牛腿面的标高，一般杯底浇筑后的标高应较设计标高低50mm。柱吊装前，需要对杯底标高进行抄平。在杯底抄平时，首先测量出杯底原有标高，对中小型预制柱测中间一点，对大型预制柱测四个角点；再测量出吊入该杯形基础柱的柱脚至牛腿面的实际长度；然后根据安装后的牛腿面的设计标高计算出杯底标高调整值，并在杯口内标出；最后用水泥砂浆或细石混凝土将杯底找平至所需的标高处。

（2）杯口弹线　根据厂房柱网轴线，在基础杯口顶面弹出建筑物的纵、横十字交叉的定位轴线及柱的吊装中心线，以作为柱吊装时对位和校正的依据，吊装中心线对定位轴线的允许偏差为±10mm，如图6-12所示。

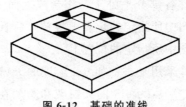

图 6-12　基础的准线

3. 构件的运输、堆放、拼装和临时加固

钢筋混凝土排架单层工业厂房在预制工厂制作或施工现场集中制作的构件，吊装前应选用合适的运输方式运送至吊装地点进行就位。通常采用载重汽车和平板拖车运输，构件运输过程中，必须保证构件不损坏、不变形、不倾覆。

（1）构件的运输

①运输时的混凝土强度应符合设计要求，当设计无具体规定时，不应小于设计混凝土强度标准值的 75%；对于屋架、薄腹梁等构件不应小于设计混凝土强度标准值的 100%。

②预制构件支撑的位置和方法，应符合设计要求或根据其受力情况确定，不得引起混凝土的超应力或损伤构件。

③构件装运时应绑扎牢固，以防在运输过程中移动或倾倒。对构件边部、端部或与链索接触处的混凝土，应采用衬垫加以保护，防止损坏。

④运输细长构件时，行车应平稳，并可根据需要对构件设置临时水平支撑；在装运屋架等重心较高、支撑面较窄的构件时，应用支架固定牢固，以提高其平面外稳定性，防止倾倒而损坏。

（2）构件的堆放

构件的堆放尽量避免二次搬运，并应符合下列规定。

①场地应平整坚实，并有排水措施，堆放构件应与地面之间有一定空隙，以防构件因地面不均匀下沉而造成倾斜或倾倒而损坏。

②应根据构件的刚度及受力情况，确定构件平放或立放，并应保持其稳定性，按设计的受力情况搁置在垫木或支架上。

③重叠堆放的构件，吊环应向上，标志应向外。其堆垛高度及层数应根据构件与垫木的承载能力及堆垛的稳定性确定，一般梁可堆叠 2～3 层，大型屋面板不超过 6 块，空心板不宜超过 8 块；并且各层之间应铺设垫木，垫木的位置应在同一条垂直线上。

（3）构件的拼装

在钢筋混凝土预制构件中，一些大型或侧向刚度较差的构件，如天窗架、大跨度桁架等，为便于运输和防止在扶直和运输中损坏，常把它们分为若干部分预制，然后将各部分运至吊装现场后再组合成一个整体，即称为构件的拼装。预制构件拼装有平

拼和立拼两种,前者是将构件各部分平卧于操作台或地面上进行拼装,拼装完毕后用起重机械吊至施工平面布置图中所指定的位置上堆放;后者是将构件各部分立着拼装,并直接拼装在施工平面布置图中所指定的位置上。

一般情况下,中小型构件采用平拼,如 6m 跨度的天窗架和跨度在 18m 以内的桁架;而大型构件采用立拼,如跨度为 9m 的天窗架和跨度在 18m 以上的桁架。需注意的是,立拼必须有可靠的稳定措施,否则很容易出现安全质量事故。

(4)构件的临时加固

预制构件在翻身扶直和吊装时所受荷载,一般均小于设计的使用荷载,然而荷载的位置大多与设计时的计算图式不同,而构件扶直和吊装时可能产生变形或损坏。因此,当构件扶直和吊装时吊点与设计规定不同,在吊装前需进行吊装应力验算,并采取适当的临时加固措施,以防止构件的损坏。

4. 构件的检查、清理

为了保证质量,并使吊装工作能顺利进行,在构件吊装前应对所有预制构件进行全面检查。

(1)构件安装前,应对各类构件的数量是否与设计的件数相符进行检查,以防在施工中发现某型号的构件数量不足出现停工呆料的情况而影响施工进度。

(2)构件安装前,应对各类构件的强度进行全面检查,确保符合设计要求。一般预制构件吊装时混凝土的强度不低于设计强度的 75%;对于一些大跨度或重要构件,如屋架等,其强度应达到 100% 的设计强度;对于预应力混凝土屋架,孔道灌浆强度应不低于 15MPa。

(3)外观质量。构件的外观质量检查涉及构件的外形尺寸、外表面质量、预埋件的位置和尺寸、吊环的位置和规格及钢筋的接头长度等,规定均要符合设计要求。

构件检查应做好记录,对不合格的预制构件,应会同有关单位进行研究,并采用有效的措施,否则严禁进行安装。

5. 构件的弹线、编号

构件经检查合格后,即可在构件表面上弹出中心线,以作为构件安装、对位、校正的依据。对形状复杂的构件,还要标出它的重心和绑扎点位置。

(1)柱子 对柱子,要在三个面上弹出安装中心线,矩形截面可按几何中心线弹线;工字形截面柱,除在矩形截面弹出中心线外,为便于观察及避免视差,还应在工字形截面的翼缘部位弹出一条与中心线平行的线,所弹中心线位置应与基础杯口顶面上的安装中心线相吻合;在牛腿面和柱顶弹出吊车梁和屋架的吊装中心线,如图 6-13 所示。

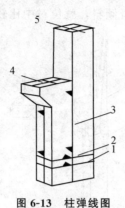

图 6-13　柱弹线图

1—基础顶面线；2—地坪标高线；3—柱子中心线；4—吊车梁对位线；5—柱顶中心线

（2）屋架　屋架上弦顶面应弹出几何中心线，并延伸至屋架两端下部，再从屋架跨度中央向两端弹出天窗架、屋面板的吊装位置线。

（3）吊车梁　吊车梁应在梁两端及顶面弹出安装中心线。

在对柱子、屋架及吊车梁弹线时，应按照设计图纸要求对构件进行编号，编号应写在明显的位置。对不易辨别上下、左右的构件，还应在构件上注明方向，以免安装时将方向搞错。

6.3.2　构件吊装方法

钢筋混凝土排架结构单层工业厂房的构件安装过程包括构件绑扎、吊升、对位、临时固定、校正、最后固定等工序。对于现场预制的一些构件还需要翻身扶直，然后按上述工序进行吊装。

1. 柱的吊装

（1）柱的绑扎

柱的绑扎方法、绑扎位置和绑扎点数应根据柱的形状、长度、截面、配筋、起吊方法和起重机性能等因素确定。由于柱起吊时吊离地面的瞬间，由自重产生的弯矩最大，其最合理的绑扎点位置，应按柱子产生的正负弯矩绝对值相等的原则来确定。一般中小型柱（自重 13t 以下）大多数绑扎一点；重型柱或配筋少而细长的柱（如抗风柱），为防止起吊过程中柱发生断裂，常需绑扎两点，甚至三点。对于有牛腿的柱，其绑扎点应选在牛腿以下 200mm 处；工字形断面和双肢柱，应选在矩形断面处，否则应在绑扎位置用方木加固翼缘，防止翼缘在起吊时损坏。

根据柱起吊后柱身是否垂直，起吊分为斜吊法和直吊法，相应的绑扎方法有如下两种。

①斜吊绑扎法　当柱平卧起吊的抗弯强度满足要求时，可采用斜吊绑扎法，如图6-14 所示。此法的特点是柱不需翻身，起重钩可低于柱顶，当柱身较长而起重臂长度

不够时，用此法较方便，但因柱身倾斜，就位对中比较困难。

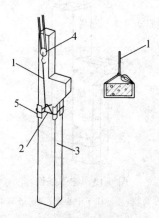

图 6-14 柱的斜吊绑扎法

1—吊索；2—活络卡环；3—柱；4—滑车；5—方木

②直吊绑扎法 当柱平卧起吊的抗弯强度不足时，吊装前，需先将柱翻身后再绑扎起吊，这时就要采取直吊绑扎法，如图 6-15 所示。此法吊索从柱子两侧引出，上端通过卡环或滑轮挂在铁扁担上，柱身成垂直状态，便于插入杯口和就位校正；但由于铁扁担高于柱顶，必须用较长的起重臂。

此外，当柱较重较长，需采用两点起吊时，也可采用两点斜吊和直吊绑扎法，如图 6-16 所示。

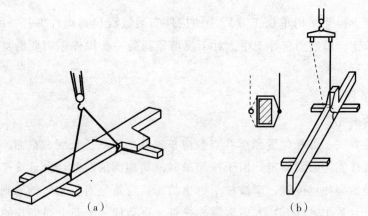

（a）　　　　　　　　　　（b）

图 6-15 柱的翻身及直吊绑扎法

（a）柱翻身绑扎法；（b）柱直吊绑扎法

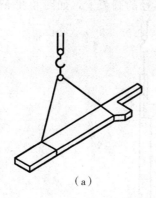
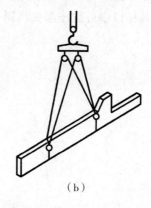

图 6-16　柱的两点绑扎法

（a）斜吊；（b）直吊

（2）柱的吊升方法

根据柱在吊升过程中的特点，柱的吊升可分为旋转法和滑行法两种。对于重型柱，还可采用双机抬吊的方法。

①旋转法　采用旋转法吊柱时，柱脚宜近基础，柱的绑扎点、柱脚与基础中心三者宜位于起重机的同一起重半径的圆弧上，如图 6-17 所示。在起吊时，起重机的起重臂边升钩边回转，使柱绕柱脚旋转而成直立状态，然后将柱吊离地面插入杯口，如图 6-18 所示。此法要求起重机应具有一定回转半径和机动性，所以一般适用于自行杆式起重机吊装。其优点是柱在吊装过程中振动小、生产率较高。

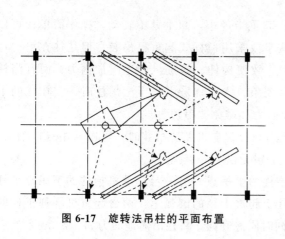

图 6-17　旋转法吊柱的平面布置

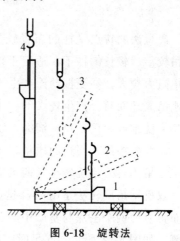

图 6-18　旋转法

还须指出，采用旋转法吊柱，若受施工现场的限制，柱的布置不能做到三点共圆弧时，则可采用绑扎点与基础中心或柱脚与基础中心两点共弧布置，但在吊升过程中需改变回转半径和起重机仰角。其缺货是工效低，且安全性较差。

②滑行法　柱吊升时，起重机只升钩，起重臂不转动，使柱脚沿地面滑升逐渐直立，然后吊离地面并插入杯口，如图 6-19 所示。采用此法吊柱时，柱的绑扎点布置在

杯口附近，并与杯口中心位于起重机同一起重半径的圆弧上，如图 6-20 所示。

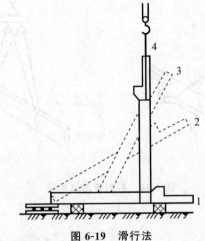

图 6-19　滑行法

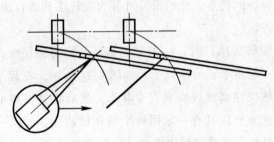

图 6-20　滑行法吊柱的平面布置

滑行法的特点是柱的布置较灵活；起重半径小，起重臂不转动，操作简单；可以起吊较重、较长的柱子；适用于现场狭窄或采用桅杆式起重机吊装。但是柱在滑行过程中阻力较大，易受振动而产生冲击力，致使构件、起重机产生附加内力；而且当柱子刚吊离地面时会产生较大的"串动"现象。为此，采用滑行法吊柱时，宜在柱的下端垫一枕木或滚筒，拉一溜绳，以减小阻力和避免"串动"。

③双机抬吊　当柱的质量较大，使用一台起重机无法吊装时，可以采用双机抬吊。双机抬吊仍可采用旋转法（两点抬吊）和滑行法（一点抬吊）。

双机抬吊旋转法是用一台起重机抬柱的上吊点，另一台起重机抬柱的下吊点，柱的布置应使两个吊点与基础中心分别处于起重半径的圆弧上，两台起重机并列于柱的一侧，如图 6-21 所示。起吊时，两机同时同速升钩，将柱吊离地面为 $m+0.3$ m，然后两台起重机起重臂同时向杯口旋转。此时，从动起重机 A 只旋转不提升，主动起重机 B 边旋转边升钩直至柱直立，双机以等速缓慢落钩，将柱插入杯口中。

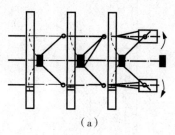
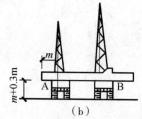
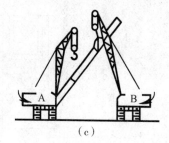

（a） （b） （c）

图 6-21 双机抬吊旋转法

（a）柱的平面布置；（b）双机同时提升吊钩；（c）双机同时向杯口旋转

（3）柱的对位与临时固定

如果用直吊法，则柱脚插入杯口后，应在悬离杯底 30～50mm 处进行对位。若用斜吊法，则需将柱脚基本送到杯底，然后在吊索一侧的杯口中插入两个楔子，再通过起重机回转使其对位。对位时，应先从柱子四周向杯口放入 8 支楔块，并用撬棍拨动柱脚，使柱的吊装准线对准杯口上的吊装准线，并使柱基本保持垂直。

柱子对位后，应先将楔块略为打紧，待松钩后观察柱子沉至杯底后的对中情况，若已符合要求即可将楔块打紧，使之临时固定，如图 6-22 所示。对于柱基杯口深度与柱长之比小于 1/20，或具有较大牛腿的重型柱，还应增设带花篮螺丝的缆风绳或加斜撑措施来加强柱临时固定的稳定性。

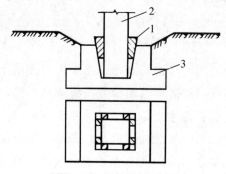

图 6-22 柱的临时固定

1—楔块；2—柱子；3—基础

（4）柱的校正与最后固定

柱的校正包括平面位置、垂直度和标高。标高的校正应在与柱基杯底找平的同时进行。平面位置校正，要在对位时进行。垂直度的校正应在柱临时固定后进行。

垂直度的校正直接影响吊车梁、屋架等吊装的准确性，必须认真对待。要求垂直度偏差的允许值：一般柱高为 5m 或小于 5m 时为 5mm；当大于 5m 时为 10mm；当为柱高 10m 及大于 10m 的多节柱时为 1/1000 柱高，但不得大于 20mm。

柱垂直度的校正方法有敲打楔块法、喝粥旋千斤顶校正法、钢管撑杆斜顶法及缆风校正法等，如图 6-23 所示。

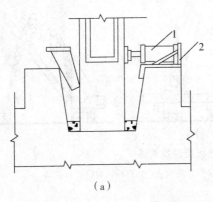
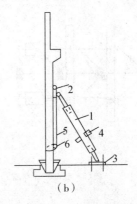

图 6-23　柱的校正

1—螺旋千斤顶；2—千斤顶支座；1—钢管；2—头部摩擦板；3—底板；4—转动手柄；5—钢丝绳；6—卡环

(a) 螺旋千斤顶校正法　　(b) 钢管撑杆斜顶法

对于中小型柱或当偏斜值较小时，可采用打紧或稍放松楔块的方法进行校正。若偏斜值较大或为重型柱，则用撑杆、千斤顶或缆风等校正。

柱校正后，应将楔块以每两个一组对称、均匀、分次地打紧，并立即进行最后固定。其方法是在柱脚与杯口的空隙中浇筑比柱子混凝土强度等级高一级的细石混凝土。混凝土的浇筑应分两次进行，第一次浇至楔块底面，待混凝土强度达到 25％时，即可拔去楔块，再将混凝土浇满杯口，并进行养护，待第二次浇筑混凝土强度达到 70％后，方能安装上部构件。

2. 吊车梁的吊装

吊车梁吊装时，应两点绑扎、对称起吊，吊钩应对准吊车梁重心，使其起吊后基本保持水平。对位时，不宜用撬棍顺纵轴线方向撬动吊车梁，吊装后需校正标高、平面位置和垂直度。吊车梁的标高主要取决于柱子牛腿的标高，只要牛腿标高准确，其误差就不大，如存在误差，可待安装轨道时加以调整。平面位置的校正主要是检查吊车梁纵轴线以及两列吊车梁之间的跨度 L 是否符合要求。规范规定轴线偏差不得大于 5mm；在屋盖吊装前校正时，L 不得有正偏差，以防屋盖吊装后柱顶向外偏移，而使 L 的偏差过大。

在检查校正吊车梁中心线的同时，可用垂球检查吊车梁的垂直度，若发现偏差，则在两端的支座面上加斜垫铁纠正，每叠垫铁不得超过 3 块。

一般较轻的吊车梁，可在屋盖吊装前校正，也可在屋盖吊装后校正；而较重的吊车梁，宜在屋盖吊装前校正。

吊车梁平面位置的校正通常采用通线法及平移轴线法。通线法是根据柱轴线用经纬仪和钢尺准确地校正一跨内两端的 4 根吊车梁的纵轴线和轨距，再依据校正好的端部吊车梁沿其轴线拉上钢丝通线，逐根拨正；平移轴线法是根据柱和吊车梁的定位轴线间的距离（一般为 750mm），逐根拨正吊车梁的安装中心线。

吊车梁校正后，应随即焊接牢固，并在接头处浇筑细石混凝土最后固定。

3. 屋架的吊装

（1）屋架的扶直与就位

钢筋混凝土屋架一般在施工现场平卧浇筑，吊装前，应将屋架扶直就位。因屋架的侧向刚度差，扶直时由于自重影响，改变了杆件受力性质，容易造成屋架损伤。因此，应事先进行吊装验算，以便采取有效措施，保证施工安全。

按照起重机与屋架相对位置不同，屋架扶直可分为正向扶直与反向扶直。

①正向扶直　起重机位于屋架下弦一边，首先以吊钩对准屋架上弦中心，收紧吊钩，然后略略起臂，使屋架脱模，随即起重机升钩升臂使屋架以下弦为轴缓缓转为直立状态，如图 6-24(a)所示。

②反向扶直　起重机位于屋架上弦一边，首先以吊钩对准屋架上弦中心，接着升钩并降臂，使屋架以下弦为轴缓缓转为直立状态，如图 6-24(b)所示。

正向扶直与反向扶直的最大区别在于：在扶直过程中，一为升臂，另一为降臂。由于升臂比降臂易于操作且较安全，所以应尽可能采用正向扶直。

屋架扶直后，立即进行就位。就位的位置与屋架安装方法、起重机的性能有关，应少占场地，便于吊装，且应考虑到屋架安装顺序、两端朝向等问题。一般靠柱边斜放或靠以 3～5 榀为一组平行柱边纵向就位。屋架就位后，应用 8 号铁丝、支撑等与已安装的柱或已就位的屋架相互拉牢，以保持稳定。

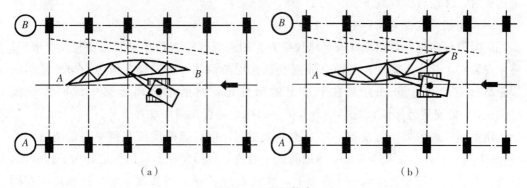

图 6-24　屋架扶直

（a）正向扶直；（b）反向扶直

（2）屋架的绑扎

屋架的绑扎点应选在上弦节点处，左右对称，并高于屋架重心，使屋架起吊后基本保持水平，不晃动、倾翻。吊索与水平线的夹角不宜小于 45°，以免屋架承受过大的横向压力；必要时，为了减少绑扎高度和所受的横向压力，可采用横吊梁。吊点的数目及位置与屋架的形式和跨度有关，一般应经吊装验算确定。在屋架两端应加溜索，以控制屋架的转动。

当屋架跨度小于或等于 18m 时，采用两点绑扎，如图 6-25(a)所示；当屋架跨度为

18～24m 时，采用四点绑扎，如图 6-25(b)所示；当屋架跨度为 30～36m 时，采用 9m 横吊梁，四点绑扎，如图 6-25(c)所示；侧向刚度较差的屋架，必要时应进行临时加固；对于组合屋架，因其刚性差、下弦不能承受压力，所以绑扎时也应用横吊梁。

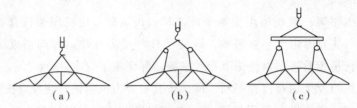

图 6-25　屋架的绑扎方法

(a) 两点绑扎；(b) 四点绑扎；(c) 横吊梁四点绑扎

（3）屋架的吊升、对位与临时固定

屋架的吊升是先将屋架吊离地面约 300mm，然后将屋架转至吊装位置下方，再将屋架吊升超过柱顶约 300mm，随即将屋架缓缓放至柱顶，进行对位。

屋架对位应以建筑物的定位轴线为准。如柱顶截面中心线与定位轴线偏差过大，则可逐步调整纠正。

屋架对位后，立即进行临时固定，第一榀屋架用四根缆风绳从屋架两边拉牢，或将屋架与抗风柱连接；第二榀以后的屋架均是用两根工具式支撑撑牢在前一榀屋架上。临时固定稳妥后，起重机才能脱钩。当屋架经校正、最后固定，并安装了若干块大型屋面板后，才能将支撑取下。

（4）屋架的校正与固定

屋架的竖向偏差可用垂球或经纬仪检查。用经纬仪检查是在屋架上安装 3 个卡尺，一个安装在上弦中点附近，另两个分别安装在屋架两端，自屋架几何中心向外量出一定距离（一般为 500mm）并在卡尺上做出标记，然后在距离屋架中线同样距离（500mm）处安置经纬仪，观察三个卡尺上的标记是否在同一垂直面上。

用垂球检查屋架竖向偏差，与上述步骤相同，但标记距屋架几何中心距离可短些（一般为 300mm），在两端卡尺的标记间连一通线，自屋架顶卡尺的标记处向下挂垂球，检查 3 卡尺的标记是否在同一垂直面上，如图 6-26 所示。若发现 3 个卡尺标记不在同一垂直面上，即表示屋架存在竖向偏差，可通过转动工具式支撑上的螺栓加以纠正，并在屋架两端的柱顶上嵌入斜垫铁。

屋架校正垂直后，立即用电焊焊固。焊接时，应在屋架两端同时对角施焊，避免两端同侧施焊。

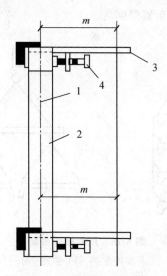

图 6-26　屋架垂直度校正

1—屋架轴线；2—屋架；3—卡尺；4—固定螺栓

4. 天窗架及屋面板的吊装

天窗架常采用单独吊装，也可与屋架拼装成整体同时吊装，以减少高空作业，但对起重机的起重量和起重高度要求较高。天窗架单独吊装，需待两侧屋面板安装后进行，并应用工具式夹具或绑扎圆木进行临时加固，如图 6-27 所示。

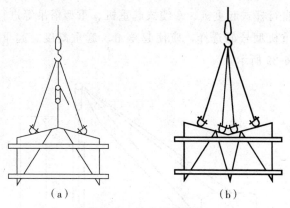

图 6-27　天窗架的绑扎

（a）两点绑扎；（b）四点绑扎

屋面板的吊装一般多采用一钩多块叠吊或平吊法，以发挥起重机的效能和提高生产率，如图 6-28 所示。吊装顺序应由两边檐口左右对称逐块吊向屋脊，避免屋架承受半跨荷载。屋面板对位后，应立即焊接牢固，并应保证有 3 个角点焊接。

6.3.3　结构吊装方案

在拟订单层工业厂房结构吊装方案时，应着重解决起重机的选择、结构吊装方法、

起重机开行路线与构件的平面布置等问题。

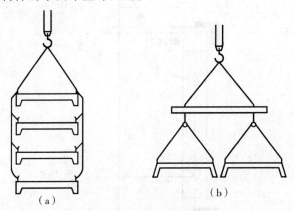

图 6-28　屋面板的吊装

（a）多块叠吊；（b）多块平吊

1. 起重机的选择

起重机的选择直接影响构件的吊装方法、起重机开行路线与停机位置、构件平面布置等问题。首先应根据厂房跨度、构件质量、吊装高度以及施工现场条件和当地现有机械设备等确定机械类型。一般中小型厂房结构吊装多采用自行杆式起重机。当厂房的高度和跨度较大时，可选用塔式起重机吊装屋盖结构。在缺乏自行杆式起重机或受地形限制自行杆式起重机难以到达的地方，可采用拔杆吊装。对于大跨度的重型工业厂房，则可选用自行杆式起重机、牵缆式起重机、重型塔吊等进行吊装。

对于履带式起重机型号的选择，应使起重量、起重高度、起重半径均能满足结构吊装的要求，如图 6-29 所示。

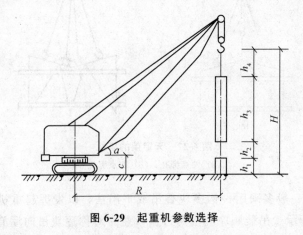

图 6-29　起重机参数选择

（1）起重量　起重机的起重量 Q 应满足下式要求

$$Q \geqslant Q_1 + Q \qquad (6\text{-}1)$$

式中　Q_1——构件质量/t；

Q_2——索具质量/t。

（2）起重高度　起重机的起重高度必须满足所吊构件的高度要求，即

$$H = h_1 + h_2 + h_3 + h_4 \tag{6-2}$$

式中　H——起重机的起重高度/m，从停机面至吊钩的垂直距离；

h_1——安装支座表面高度/m，从停机面算起；

h_2——安装间隙/m，应不小于0.3m；

h_3——绑扎点至构件吊起后底面的距离/m；

h_4——索具高度/m，自绑扎点至吊钩面，不小于1m。

（3）起重半径　在一般情况下，当起重机可以不受限制地开到构件吊装位置附近吊装时，对起重半径没有要求，在计算起重量及起重高度后，便可查阅起重机起重性能表或性能曲线来选择起重机型号及起重臂长，并可查得在此起重量和起重高度下相应的起重半径，作为确定起重机开行路线及停机位置的参考。

当起重机不能直接开到构件吊装位置附近去吊装构件时，需根据起重量、起重高度和起重半径3个参数，查起重机起重性能表或性能曲线来选择起重机型号及起重臂长。

当起重机的起重臂需要跨过已安装好的结构去吊装构件时（如跨过屋架或天窗架吊屋面板），为了避免起重臂与已安装结构相碰和所吊构件与起重臂相碰，则需求出起重机的最小臂长及相应的起重半径。

2. 结构吊装方法

单层工业厂房的结构吊装方法有分件吊装法和综合吊装法两种。

（1）分件吊装法（也称为大流水法）

分件吊装法是指起重机每开行一次，仅吊装一种或两种构件，如图6-30所示。

第一次开行，吊装完全部柱子，并对柱子进行校正和最后固定。

第二次开行，吊装吊车梁、连系梁及柱间支撑等。

第三次开行，按节间吊装屋架、天窗架、屋面板及屋面支撑等。

分件吊装的优点：构件便于校正；构件可以分批进场，供应亦较单一，吊装现场不致拥挤；吊具不需经常更换，操作程序基本相同，吊装速度快；可根据不同的构件选用不同性能的起重机，能充分发挥机械的效能。其缺点是不能为后续工作及早提供工作面，起重机的开行路线长。

（2）综合吊装法（又称为节间安装）

综合吊装法是起重机在车间内一次开行中，分节间吊装完所有各种类型的构件，即先吊装4～6根柱子，校正固定后，随即吊装吊车梁、连系梁、屋面板等构件，待吊装完一个节间的全部构件后，起重机再移至下一节间进行吊装，如图6-31所示。

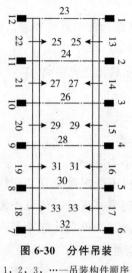

图 6-30　分件吊装

1，2，3，……—吊装构件顺序

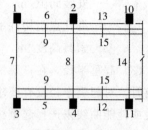

图 6-31　综合吊装

综合吊装法的优点：起重机开行路线短，停机位置少，可为后续工作创造工作面，有利于组织立体交叉平行流水作业，以加快工程进度。其缺点：要同时吊装各种类型构件，不能充分发挥起重机的效能；且构件供应紧张，平面布置复杂，校正困难；必须有严密的施工组织，否则会造成施工混乱，所以此法很少采用，只有在某些结构（如门式结构）必须采用综合吊装时，或当采用桅杆式起重机进行吊装时，才采用综合吊装法。

3. 起重机的开行路线及停机位置

起重机的开行路线与停机位置和起重机的性能、构件尺寸及质量、构件平面布置、构件的供应方式及吊装方法等有关。

当吊装屋架、屋面板等屋面构件时，起重机大多沿跨中开行；当吊装柱时，视跨度大小、构件尺寸和质量及起重机性能，可沿跨中开行或跨边开行，如图 6-32 所示。

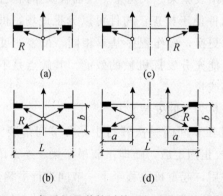

图 6-32　起重机吊装柱时的开行路线及停机位置

图 6-33 所示是一个单跨车间采用分件吊装时，起重机的开行路线及停机位置图。起重机自 A 轴线进场，沿跨外开行吊装 A 列柱（柱跨外布置）；再沿 B 轴线跨内开行吊装 B 列柱（柱跨内布置）；再转到 A 轴扶直屋架及将屋架就位；再转到 B 轴吊装 B 列连系梁、吊车梁等；再转到 A 轴吊装 A 列吊车梁等构件；再转到跨中吊装屋盖系统。

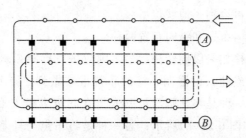

图 6-33　单跨车间分件吊装时起重机开行路线及停机位置

当单层工业厂房面积大，或具有多跨结构时，为提升工程进度，可将建筑物划分为若干段，选用多台起重机同时进行施工。每台起重机可以独立作业，负责完成一个区段的全部吊装工作，也可选用不同性能的起重机协同作业，有的专门吊装柱子，有的专门吊装屋盖结构，组织大流水施工。

当厂房具有多跨并列和纵横跨时，可先吊装各纵向跨，以保证吊装各纵向跨时，起重机械、运输车辆畅通。如各纵向跨有高低跨，则应先吊高跨，然后逐步向两侧吊装。

4. 构件的平面布置与运输堆放

单层工业厂房构件的平面布置是吊装工程中一项很重要的工作。构件布置得合理可以避免构件在场内的二次搬运，充分发挥起重机械的效率。

构件的平面布置与吊装方法、起重机性能、构件制作方法等有关，所以应在确定吊装方法、选择起重机械之后，根据施工现场的实际情况，会同有关土建、吊装施工人员共同研究确定。

（1）构件布置的要求

构件布置时应注意以下问题。

①每跨构件尽可能布置在本跨内，如确有困难，才考虑布置在跨外便于吊装的地方。

②构件布置方式应满足吊装工艺要求，尽可能布置在起重机的起重半径内，尽量减少起重机负重行驶的距离及起重臂的起伏次数。

③应首先考虑重型构件的布置。

④构件布置的方式应便于支模及混凝土的浇筑，预应力构件尚应考虑有足够的抽管、穿筋和张拉的操作场地。

⑤构件布置应力求占地最少，保证道路畅通，当起重机械回转时不致与构件相碰。

⑥所有构件应布置在坚实的地基上。

⑦构件的平面布置分预制阶段构件平面布置和吊装阶段构件就位布置，两者之间有密切关系，需同时加以考虑，做到相互协调，以有利吊装。

（2）柱的预制布置

需要在现场预制的构件主要是柱和屋架，吊车梁有时也在现场制作。其他构件均在构件厂或场外制作，再运到工地就位吊装。

柱的预制布置有斜向布置和纵向布置两种。

①柱的斜向布置　柱如果以旋转法起吊，则应按三点共弧斜向布置，如图6-34（a）所示。有时由于受场地或柱长的限制，柱的布置很难做到三点共弧，则可按两点共弧布置。其方法有两种：一种是将柱脚与柱基安排在起重半径 R 的圆弧上，而将吊点放在起重半径 R 之外，如图6-34（b）所示；另一种是将吊点与柱基安排在起重半径 R 的圆弧上，两柱脚可斜向任意方向，如图6-34（c）所示。吊装时，柱可用旋转法或滑行法吊升。

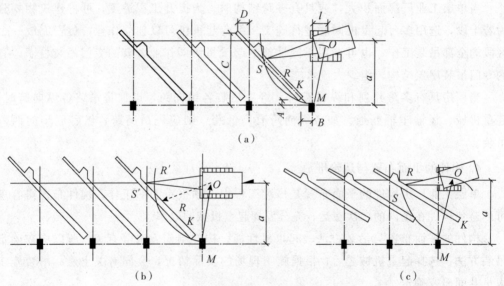

图6-34　柱的斜向布置

（a）三点共弧；（b）柱脚、基础两点共弧；（c）吊点、柱基共弧

②柱的纵向布置　当柱采用滑行法吊装时，可以纵向布置，吊点靠近基础，吊点与柱基两点共弧，如图6-35所示。若柱长小于12m，为节约模板和场地，两柱可以叠浇，排成一行；若柱长大于12m，则可排成两行叠浇。起重机宜停在两柱基的中间，每停机一次可吊两根柱子。

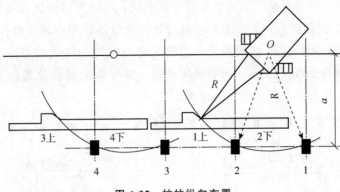

图 6-35 柱的纵向布置

（3）屋架的预制布置

屋架一般在跨内平卧叠浇预制，每叠 3～4 榀，布置方式有三种：斜向布置、正反斜向布置及正反纵向布置，如图 6-36 所示。

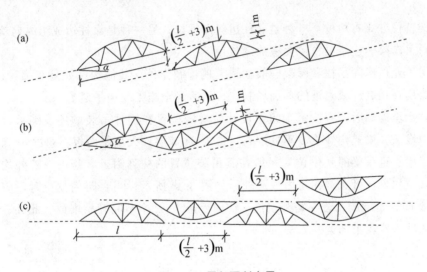

图 6-36 屋架预制布置

（a）斜角布置；（b）正反斜角布置；（c）正反纵向布置

在上述三种布置形式中，应优先考虑斜向布置，因为斜向布置方式便于屋架的扶直就位。只有当场地受限时，才采用其他两种形式。

在屋架预制布置时，还应考虑屋架扶直就位要求及扶直的先后顺序，应将先扶直后吊装的放在上层。同时也要考虑屋架两端的朝向，要符合吊装时对朝向的要求。

（4）吊车梁的预制布置

当吊车梁安排在现场预制时，可靠近柱基顺纵向轴线或略作倾斜布置，也可插在柱的空档中预制；如具有运输条件，也可在场外预制。

（5）屋架扶直就位

屋架扶直后立即进行就位，按就位的位置不同，可分为同侧就位和异侧就位两种，如图 6-37 所示。同侧就位时，屋架的预制位置与就位位置均在起重机开行路线的同一边。异侧就位时，需将屋架由预制的一边转至起重机开行路线的另一边就位。此时，屋架两端的朝向有变动。因此，在预制屋架时，对屋架的就位位置应事先加以考虑，以便确定屋架两端的朝向及预埋件的位置。

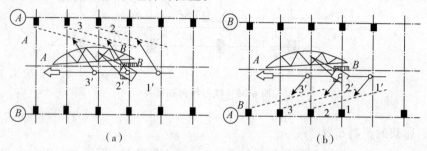

图 6-37　屋架就位示意图
（a）同侧就位；（b）异侧就位

屋架就位方式有两种：一种是靠柱边斜向就位；另一种是靠柱边成组纵向就位。

（6）吊车梁、连系梁、屋面板的就位

单层工业厂房除了柱和屋架一般在施工现场制作外，其他构件如吊车梁、连系梁、屋面板等均在预制厂或附近的预制场制作，然后运至施工现声吊装。

构件运至现场后，应按施工组织设计所规定位置和构件吊装顺序及编号，进行就位或集中堆放。梁式构件叠放不宜过高，常为 2～3 层；大型屋面板不超过 6～8 层。

吊车梁、连系梁的就位位置一般在其吊装位置的柱列附近，跨内、跨外均可。屋面板的就位位置，可布置在跨内或跨外，如图 6-38 所示。当在跨内就位时，应向后退 3～4 个节间开始堆放；若在跨外就位，应向后退 1～2 个节间开始堆放。此外，也可根据具体条件采取随吊随运的方法。

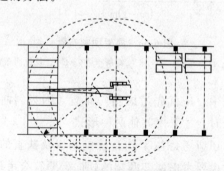

图 6-38　屋面板吊装就位布置

图 6-39 所示为某车间预制构件布置图。柱、屋架均采用叠层预制，A 列柱跨外预制，B 列柱跨内预制，屋架在跨内靠 A 轴线一侧预制，采用分件吊装方式，柱子吊升采用旋转法；起重机自 A 轴线跨外进场，自①～⑩先吊 A 列柱，然后转至轴线，自

⑩～①吊装 B 列柱，再吊装两根抗风柱；然后自①～⑩吊装 A 列吊车梁、连系梁、柱间支撑等；再自⑩～①扶直屋架、屋架就位、以及吊装 B 列吊车梁、连系梁、柱间支撑和屋面板卸车就位等；最后起重机自①～⑩吊装屋架、屋面支撑、天沟和屋面板，之后退场。

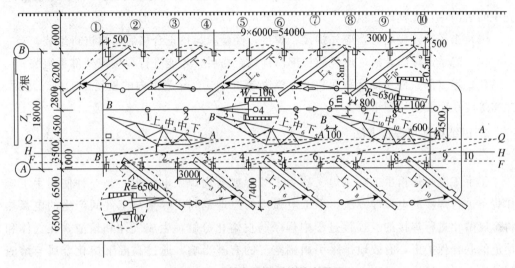

图 6-39 某车间预制构件布置图

6.4 钢结构单层工业厂房结构安装

6.4.1 钢结构组装工艺

    钢结构是由钢构件制成的工程结构，所用钢材主要为型钢和钢板。与其他结构相比，钢结构具有强度高、材质均匀、自重小、抗震性能好、施工速度快、工期短、密闭性好、拆迁方便等优点；但其造价较高，耐腐蚀性和耐火性较差。

    目前，钢结构在工业与民用建筑中使用越来越广泛，主要用于如下结构：

    (1) 重型厂房结构及受动力荷载作用的厂房结构；

    (2) 大跨度结构；

    (3) 多层、高层、超高层结构；

    (4) 塔桅式结构；

    (5) 可拆卸、装配式房屋；

    (6) 容器、储罐、管道；

    (7) 构筑物。

1. 施工要点

（1）组装是将已加工好的零件组装成单件构件，或先组装成部件再组装成单件构件，具体视构件复杂程度而定。

（2）确定合理的组装次序，一般应先组装主要零件，后组装次要零件；组装时应先中间后两端，先横向后纵向，先内部后外部，以减少焊接变形。

（3）当需拼接接料时，应先拼接、焊接，经检验、校正合格后，再进行组装。

（4）隐蔽部位组装后，应经质检部门确认合格后，才能进行焊接或外部再组装。

（5）零（部）件连接接触面和沿焊缝边缘 30～50mm 范围内的铁锈、毛刺、污垢、冰雪等应在组装前清理干净。

2. 钢结构常用焊接方法

（1）分类

①手工电弧焊　手工电弧焊又称为手弧焊或药皮焊条电弧焊，是一种使用手工操作焊条进行焊接的电弧焊方法。手工电弧焊的原理是利用焊条与工件间产生的电弧热将金属熔化进行焊接的。焊接过程中焊条药皮熔化分解，生成气体和熔渣，在气体和熔渣的联合保护下，有效地排除了周围空气的有害影响，通过高温下熔化金属与熔渣间的冶金反应还原与净化金属，得到所需要的焊缝。

②CO_2 气体保护焊　CO_2 气体保护焊根据自动化程度分为全自动 CO_2 气体保护焊和半自动 CO_2 气体保护焊两种。在建筑钢结构中应用的主要是半自动 CO_2 气体保护焊，目前它已发展成为一种重要的熔化焊接方法。

③埋弧焊　埋弧自动焊（半自动焊）简称埋弧焊（半自动埋弧焊）。埋弧焊是一种电弧在颗粒状焊剂覆盖下燃烧的自动焊接方法。电弧的辐射热使焊件、焊丝和焊剂熔化蒸发形成气体，排开电弧周围的熔渣形成一封闭空腔，电弧就在这个空腔内稳定燃烧。空腔的上部被一层熔化的焊剂即熔渣膜所包围，这层熔渣膜不仅可有效地保护熔池金属，还能使有碍操作的弧光辐射不再射出来，同时熔化的大量焊剂对熔池金属起还原、净化和合金化的作用。

（2）焊接工艺

①施焊电源的电压波动值应在 ±5％ 范围内，超过时应增设专用变压器或稳压装置。

②根据焊接工艺评定编制工艺指导书，焊接过程中应严格执行。

③十字接头等对接焊缝及组合焊缝应在焊缝的两端设置引弧和引出板，其材料和坡口形式应与焊件相同。引弧和引出的焊缝长度：埋弧焊应大于 50mm，手弧焊及气体保护焊应大于 20mm。焊接完毕应采用气割切除引弧和引出板，并修磨平整，不得用锤击落。

④角焊缝转角处宜连续绕角施焊，起落弧点距焊缝端部宜大于 10mm；角焊缝端部不设引弧和引出板的连续焊缝，起落弧点距焊缝端部宜大于 10mm，弧坑应填满。

⑤不得在焊道以外的母材表面引弧、熄弧。在吊车梁、起重机桁架及设计上有特殊要求的重要受力构件承受拉应力区域内，不得焊接临时支架、卡具及吊环等。

⑥多层焊接宜连续施焊，每一层焊道焊完后应及时清理并检查，如果发现焊接缺陷，则应清除后再施焊，焊道层间接头应平缓过渡并错开。

⑦焊缝同一部位返修次数不宜超过 2 次；超过 2 次时，应经焊接技术负责人核准后再进行。

⑧焊缝坡口和间隙超差时，不得采用填加金属块或焊条的方法处理。

⑨对接和 T 形接头要求熔透的组合焊缝，当采用手弧焊封底、自动焊盖面时，反面应进行清根。

⑩T 形接头要求熔透的组合焊缝，应采用船形埋弧焊或双丝埋弧自动焊，宜选用直流电流；厚度＜5mm 的薄壁构件宜采用 CO_2 气体保护焊；厚度＞5mm 板的对接立焊缝宜采用电渣焊。

（3）构件现场焊接要点

①钢结构现场焊接主要是柱与柱、柱与梁、主梁与次梁、梁拼接、支撑、楼梯及隔撑等的焊接。接头形式、焊缝等级由设计确定。

②现场焊接顺序，应按照力求减少焊接变形和降低焊接应力的原则加以确定，具体如下：

a. 在平面上，从中心框架向四周扩展焊接；

b. 先焊收缩量大的焊缝，再焊收缩量小的焊缝；

c. 对称施焊；

d. 同一根梁的两端不能同时焊接（先焊一端，待其冷却后再焊另一端）；

e. 当节点或接头采用腹板栓接、翼缘焊接形式时，翼缘焊接宜在高强度螺栓终拧后进行。

（4）焊接的质量检验

焊接质量检验包括焊前检验、焊接生产中检验和成品检验。

①焊前检验　焊前检验的主要内容有相关技术文件（图纸、标准工艺规程等）是否齐备；焊接材料（焊条、焊丝、焊剂、气体等）和钢材原材料的质量检验；构件装配和焊接件边缘质量检验；焊接设备（焊机和专用胎、模具等）是否完善；焊工应经过考试取得合格证，停焊时间达 6 个月及以上的，必须重新考核方可上岗操作。

②焊接生产中检验　焊接生产中检验主要是对焊接设备运行情况、焊接规范和焊接工艺的执行情况以及多层焊接过程中夹渣、焊透等缺陷的自检，目的是防止焊接过程中缺陷的形成，及时发现缺陷，并采取整改措施。

③成品检验　全部焊接工作结束，焊缝清理干净后，进行成品检验。成品检验方法有很多种，通常可分为无损检验和破坏性检验两大类。

a. 无损检验　无损检验可分为外观检查、致密性检验、无损探伤等。

（a）外观检查是一种简单而应用广泛的检查方法，用肉眼或低倍放大镜检查焊缝表面气孔废渣、裂纹、弧坑、焊瘤等情况，并用测量工具检查焊缝尺寸是否符合要求。

（b）致密性检验主要采用水（气）压试验、煤油渗漏、渗氨试验、真空试验、氨气探漏等方法进行，这些方法对于管道工程、压力容器等是很重要的致密性检测方法。

（c）无损探伤就是利用放射线、超声波、电磁辐射、磁性、涡流、渗透性等物理现象，在不损伤被检产品的情况下，发现和检查内部或表面缺陷的方法。

b. 破坏性检验。焊接质量的破坏性检验包括焊接接头的力学性能试验、焊缝化学成分分析、金相组织测定、扩散含量测定、接头的耐腐蚀性能试验等，主要用于测定接头或焊缝性能是否能满足使用要求。

3. 钢结构常用螺栓连接方法

螺栓连接一般分为普通螺栓连接和高强度螺栓连接两种。

普通螺栓按制作精度可分为 A、B、C 三个等级，A 级、B 级为精制螺栓，C 级为粗制螺栓，除特殊注明外，一般即为普通粗制 C 级螺栓。

（1）普通螺栓连接施工　普通螺栓作为永久性连接螺栓时，应符合下列要求：为增大承压面积，螺栓头和螺母下面应放置平垫圈；螺栓头下面放置垫圈不得多于 2 个，螺母下面放置垫圈不应多于 1 个；对设计要求防松动的螺栓，应采用有防松装置的螺母或弹簧垫圈或用人工方法采取防松措施；对工字钢、槽钢类型钢应尽量使用斜垫圈，使螺母和螺栓头部的支撑面垂直于螺杆；螺杆规格选择、连接形式、螺栓的布置、螺栓孔尺寸应符合设计要求及有关规定。

（2）普通螺栓的紧固及检验　普通螺栓连接对螺栓紧固力没有具体要求，以施工人员紧固螺栓时的手感及连接接头的外形控制为准，即施工人员使用普通扳手靠自己的力量拧紧螺母即可，保证被连接面密贴、无明显的间隙。为了保证连接接头中各螺栓受力均匀，螺栓的紧固次序宜从中间对称向两侧进行；对大型接头宜采用复拧方式，即两次紧固。

普通螺栓紧固检验比较简单，一般采用锤击法，一手扶螺栓头（或螺母），另一手用 0.3kg 锤对螺栓头（或螺母）进行敲击，如螺栓头（螺母）不偏移、不颤动、不转动，锤声比较干脆，说明螺栓紧固质量良好，否则需重新紧固。永久性普通螺栓紧固应牢固、可靠，外露丝扣不应少于 2 扣。检查数量，按连接点数抽查 10%，且不应少于 3 个。

（3）高强度螺栓连接施工　高强度螺栓从外形上可分为大六角头高强度螺栓和扭剪型高强度螺栓两种类型；按性能等级分为 8.8 级、10.9 级、12.9 级，目前我国使用的大六角头高强度螺栓有 8.8 级和 10.9 级两种，扭剪型高强度螺栓只有 10.9 级一种。

①大六角头高强度螺栓连接施工　大六角头高强度螺栓连接施工一般采用的紧固方法有扭矩法和转角法。

a. 扭矩法施工时，先用普通扳手进行初拧，初拧扭矩可取为施工扭矩的 50% 左右，目的是使被连接件密贴。对于较大的连接点，可以按初拧、复拧及终拧的次序进行，复拧扭矩等于初拧扭矩。一般拧紧的顺序按从中间向两边或四周进行。初拧和终拧的螺栓均应做不同的标记,以避免漏拧、超拧发生,并便于检查。此法在我国应用广泛。

b. 转角法是用控制螺栓应变即控制螺母的转角来获得规定的预拉力,因不需专用扳手,故简单有效。终拧角度可预先测定。高强度螺栓转角法施工分初拧和终拧两步(必要时可增加复拧),初拧的目的是消除板缝影响,给终拧创造一个大体一致的基础。初拧扭矩一般取终拧扭矩的 10% 为宜,原则是以板缝密贴为准。

②扭剪型高强度螺栓连接施工 扭剪型高强度螺栓连接施工相比于大六角头高强度螺栓连接施工简单得多。它是采用专用的电动扳手进行终拧,梅花头拧掉则终拧结束。

扭剪型高强度螺栓的拧紧可分为初拧、终拧,对于大型节点分为初拧、复拧、终拧。初拧采用手动扳手或专用定矩电动扳手,初拧值为预拉力标准值的 50% 左右,复拧扭矩等于初拧扭矩。初拧或复拧后的高强度螺栓应在螺母上涂上标记,然后用专用电动扳手进行终拧,直至拧掉螺栓尾部梅花头,并读出预拉力值。

4. 钢结构构件的防腐与涂装

(1) 防腐

自然界中酸雨介质或温度、湿度的作用可能使钢结构产生不同的物理和化学作用而受到腐蚀破坏,严重的将影响其强度、安全性和使用年限。为了减轻并防止钢结构的腐蚀,目前国内外主要采用涂装方法进行防腐。涂料是一种含油或不含油的胶体溶液,将它涂敷在钢结构构件的表面,可结成涂膜以防钢结构构件被锈蚀。

施工中按涂料作用及涂敷先后顺序分为底涂料和饰面涂料两种。

(2) 涂装

①钢构件涂装前的表面处理 涂装前钢材表面的处理是保证涂料防腐效果和钢构件使用寿命的关键,因此涂装前不但要除去钢材表面的污垢、油脂、铁锈、氧化皮、焊渣和已失效的旧漆膜,还要使钢材表面具有一定的粗糙度。

②钢材表面除锈处理方法 钢材表面除锈处理方法有手工除锈、动力工具除锈、喷射或抛射除锈、酸洗除锈等。

③施涂方法及顺序 涂装施工方法有刷涂法、滚涂法、浸涂法、空气喷涂法、无气喷涂法、粉末涂装法;钢结构涂装顺序主要有刷防锈漆、局部刮腻子、涂装施工、漆膜质量检查。

6.4.2 钢结构安装

1. 钢结构单层工业厂房吊装

钢结构单层工业厂房构件包括柱、吊车梁、桁架、天窗架、檩条、支撑及墙架等,构件的形式、尺寸、质量、安装标高都不同,应采用不同的起重机械、吊装方法,以达到经济合理。

（1）钢柱的吊装与校正

单层工业厂房占地面积较大，通常采用自行式起重机或塔式起重机吊装。钢柱的吊装方法与装配式钢筋混凝土柱子相似，单机吊装时，采用旋转吊装法或滑行吊装法；对于重型钢柱可采用双机抬吊的方法进行吊装。

钢柱的垂直度用经纬仪检验，如有偏差，用螺旋千斤顶或油压千斤顶进行校正。在校正中，应随时检查柱底部和标高控制块之间是否脱空，以防产生水平标高的误差。

钢柱位置的校正，对于重型钢柱可用螺旋千斤顶加链条套环托座，沿水平方向顶校钢柱。校正后为防止钢柱位移，在柱四边用10mm厚钢板定位，并用电焊固定。钢柱复校后，再紧固锚固螺栓，并将承重块上下点焊固定，防止走动。

（2）吊车梁的吊装与校正

吊车梁吊装常用的起重机械是履带式起重机，也可采用塔式起重机进行吊装。对质量很大的吊车梁，可用双机抬吊。吊车梁的校正主要是对标高、垂直度、轴线和跨距进行校正，具体校正方法与装配式钢筋混凝土吊车梁相似。

（3）钢屋架的吊装与校正

钢屋架常采用履带式起重机或轨道式塔式起重机进行吊装。起吊前在离支座的节间附近用麻绳临时系牢拉住，随吊随放松，以免空中发生摇摆。如果起重机械的起重量和起重臂长允许，最好采用经扩大拼装后进行组合吊装，即在地面上将两榀屋架及其上的天窗架、檩条、支撑等拼装成整体，一次进行吊装，这样即可提高吊装效率，也易保证吊装过程中的稳定性。

钢屋架的垂直度可用挂线锤检验，弦杆的平直度可用拉紧的测绳检验。钢屋架最后可用电焊和高强螺栓进行固定。

2. 钢网架吊装

钢网架结构是一种空间杆系大跨结构，它是将杆件按一定规律布置，通过节点连接而成的网格状结构体系。钢网架形式较多，应用广泛。根据其形式和施工条件，可选用高空拼装法、整体安装法或高空滑移法进行安装。

（1）高空拼装法　高空拼装法是先在设计位置搭设操作平台，然后用起重机把钢网架构件分件或分块吊至空中的设计位置，在平台上进行拼装。高空拼装法有时不需大型起重设备，但拼装平台工程量大，高空作业多，适用于用高强度螺栓连接的、用型钢制作的钢网架或用螺栓球节点的钢管网架的拼装。

（2）整体安装法　整体安装法就是先将钢网架在地面上拼装成整体，然后用起重设备将其整体提升到设计位置上加以固定。

整体安装法不需高大的拼装支架，高空作业少，易保证焊接质量，但需要起重量大的起重设备，技术较复杂。根据所选起重设备不同又可分为多机抬吊法、拔杆提升法、千斤顶顶升法等。

（3）高空滑移法　高空滑移法是将钢网架分成条状单元后，使其搁置在钢制滑轨上，滑轨安设在钢筋混凝土梁上，通过牵引将条状网架单元逐条从建筑物的一端滑移到另一端，就位后再进行总体拼装。

高空滑移法适用于影剧院、礼堂等屋盖工程，特别是场地狭窄、起重机械无法出入时更为有效。平移方式可有滚动平移和滑动平移两种。滚动平移是将网架支座搁置在滚轮上，摩擦力小，但装置和操作较复杂；滑动平移是将网架直接搁置在轨道上，摩擦力大，但装置简单。

6.5　结构安装工程质量检验及安全

6.5.1　钢结构安装工程施工质量检验

钢结构工程施工质量必须按照现行国家标准《钢结构工程施工质量验收规范》（GB 50505－2001）和《建筑工程施工质量验收统一标准》（GB 50300－2013）进行验收。钢结构安装前应对建筑物的定位轴线、基础轴线、标高和地脚螺栓位置、地脚螺栓材质、基础混凝土强度等进行检查，并按《钢结构工程施工质量验收规范》检查和验收。利用安装好的钢结构吊装其他构件和设备时，应事先取得设计单位的同意。

1. 结构安装施工质量检验

结构安装中遇到的所有洞口、预埋件均应配合建筑、设备图纸预留预设，不得事后补凿；在钢结构构件上悬挂重物时应预先焊接，装修焊件应预先焊接连接板，不得直接在构件上焊接，若加焊需经设计单位同意后方可实施；严禁随意切割钻孔。

（1）结构安装中的质量要求　混凝土强度等级不小于设计强度等级的 75%，预应力构件灌浆强度不小于 15MPa，方可吊装。

（2）钢结构超声波探伤检查　根据设计要求，全焊透的一、二级焊缝应作超声波探伤，探伤方法及缺陷分级应符合《焊缝无损检测超声检测技术、检测等级和评定》（GB/T 11345—2013）B 级检验的规定，Ⅰ级焊缝应全部检验（100%），Ⅱ级合格；Ⅱ级焊缝抽检 20%，Ⅲ级合格。在设计文件无明确要求时，应根据构件的受力情况确定：受拉焊缝应 100% 检查；受压焊缝可抽查 50%；当发现有超过标准的缺陷时应全部进行超声波检查。

（3）钢结构射线探伤　设计图纸指定对特殊部位进行射线探伤，或规定作超声波探伤但无法实施时，应采用射线探伤。

（4）钢结构表面探伤。在以下情况下应进行表面探伤：

①外观检查发现有裂纹，则应对该批焊缝进行表面探伤；

②设计图纸规定进行表面探伤时；

③检查员认为有必要时。

（5）采用扭角法施工的高强度螺栓，应对每个工序都做出检查标志，最后各螺母

转角与划线的正负误差不大于5°为合格。

（6）防腐涂料　涂料的品种、牌号、色别及配套的底漆等应有产品合格证，并符合图纸要求及国家标准的规定。

2. 模板安装施工质量检验

模板安装前后均需要进行检查验收；模板安装前对全部模板进行检查和验收；模板安装后按照规定进行抽样检查验收。

（1）模板安装前检查　它的内容包括检查模板几何尺寸和模板平整度、接缝边的直线及边肋的变形等是否符合模板技术要求。

（2）模板安装后检查　它的内容包括检查模板的整体刚度和强度，模板安装的平整度、垂直度和接缝处等是否符合混凝土浇筑要求。

（3）检查模板与钢筋之间的混凝土保护层垫块是否在安装模板时被碰撞移位，并检查模板与混凝土接触面的脱模剂或模板表面贴膜等。

6.5.2　结构安装工程施工安全措施

施工场地的动力供应，应与所选用符合机型、数量的动力需求相匹配，其供电电缆应完好，以确保其正常供电和安全用电。操作人员应有相应的防雨用具、各种用电设施，要检查其用电安全装置的可靠性、有效性，以防漏电或感应电荷危及操作人员的安全。

（1）各工种技术操作人员必须持证上岗，持有特种作业操作证的必须在有效期内从事作业。持有特种作业操作证需要定期审核的必须按规定时间进行审核。

（2）使用易燃易爆的物质、设施，必须符合易燃易爆的相关规定，并有专人管理。

（3）吊装构件时，吊装设备和构件上下严禁站人，吊装索具必须安全可靠，有定期更换要求的必须在规定时间内更换。

（4）施工现场必须配备由专门专业负责的安全机构，对安全机构人员进行专业教育培训。

（5）确保消除安全隐患。安全隐患是指可导致事故发生的"人的不安全行为、物的不安全状态、环境的不安全因素和管理缺陷"等。造成存在安全隐患的原因分为三类，即"人"的隐患；"机"的隐患；"环境"的隐患。

（6）在结构安装的施工中，严禁粗心大意、不懂装懂、侥幸心理、错视、错听、误判断、误动作等错误行为；严禁喝酒、吸烟；严禁不正确使用安全带、安全帽及其他防护用品等违章违纪行为；应加强安全教育、安全培训、安全检查、安全监督。

 拓展实训

一、填空题

1. 结构安装工程常用的起重机械主要有_____、_____和_____三大类。

2. 自行式起重机分为_____、_____和_____。

3. 吊车梁的校正内容包括_____、_____和_____。

4. 履带式起重机的主要技术参数有_____、_____和_____三个。

5. 塔式起重机按照行走机构分为_____、_____、_____和_____等多种。

6. 单层工业厂房柱子校正的内容包括_____、_____及_____等几方面。

7. 吊车梁平面位置的校正包括_____和_____。

8. 结构吊装方法可分为_____和_____。

9. 吊车梁平面位置的校正常用_____和_____。

二、简答题

1. 常用的索具设备有哪些，各适用于哪些范围？

2. 常用的起重机械有哪几种，各有何特点，各适用于哪些范围？

3. 试述履带式起重机回转半径、起重高度和起重量之间的关系。

4. 单层工业厂房吊装前应做哪些准备工作，为什么要做这些准备工作？

5. 柱子的起吊方法有哪几种，各有什么特点，适用于什么情况？

6. 柱子的绑扎方法有哪几种，其适用条件如何？

7. 如何校正吊车梁的安装位置？

第7章 高层建筑工程施工技术

章节概述

　　高层建筑是城市化和工业化发展的产物。建造高层建筑是为了解决人口密集和城市用地有限的矛盾。国际交往的日益频繁和世界各国旅游事业的发展浪潮，促进了高层建筑的蓬勃发展，我国高层建筑从20世纪80年代开始有了迅速的发展，1977年广州白云宾馆的建造，使我国高层建筑的高度突破了100m；随着施工技术工艺的发展，高层建筑的高度有了较大的突破，1996年建成了81层的地王大厦（核心筒＋外钢框架结构）；1998年建成了地上93层、地下3层，高420.5m的金茂大厦（核心筒＋外框型钢混凝土柱及钢柱结构）；2008年建成了地上101层、地下3层，高492m的上海环球金融中心（核心筒＋外伸桁架＋巨型钢柱结构），上海中心大厦工程高达632m，地上118层，地下5层（核心筒＋外框架结构）。

教学目标

　　1. 了解高层建筑施工的定义及分类，了解高层建筑的结构体系和施工特点。

　　2. 掌握高层建筑施工中常用脚手架的种类、构造要求及搭设要点。

　　3. 掌握高层建筑施工中应采取的安全技术措施。

课时建议

　　4课时。

7.1 高层建筑及其施工特点

7.1.1 高层建筑分类

　　高层建筑和超高层建筑的区分在国际上没有统一的标准。1972年国际高层建筑会议规定按建筑层数和高度将高层建筑划分为四类：

第一类高层建筑：9～16 层（最高到 50m）。

第二类高层建筑：17～25 层（最高到 75m）。

第三类高层建筑：26～40 层（最高到 100m）。

第四类高层建筑：40 层以上（高度在 100m 以上）。

《民用建筑设计通则》（GB 50352－2005）规定：

（1）住宅建筑按层数划分为 1～3 层为低层住宅；4～6 层为多层住宅；7～9 层为中高层住宅；10 层及 10 层以上为高层住宅。

（2）除住宅建筑外的民用建筑高度不大于 24m 为单层和多层建筑，大于 24m 的为高层建筑（不包括建筑高度大于 24m 的单层公共建筑）。

（3）建筑物高度超过 100m 的民用建筑为超高层建筑。

7.1.2　高层建筑结构体系

建筑结构体系是指建筑主体采用的结构类型。高层建筑承受着巨大的竖向荷载和水平荷载，其中水平荷载是主要控制因素，所以选用哪种结构体系来抵抗水平荷载最为有效是高层建筑结构设计中的关键。

1980 年以前，我国高层建筑住宅大部分采用剪力墙结构，公共建筑大多采用框架和框架—剪力墙结构。混凝土三大常规结构体系如图 7-1 所示。

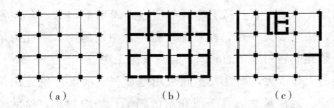

（a）　　　　　　　　（b）　　　　　　　　（c）

图 7-1　混凝土三大常规结构体系

（a）框架结构；（b）剪力墙结构；（c）框架—剪刀墙结构

20 世纪 80 年代以来，由于建筑功能、高度、层数及抗震设防烈度的要求在不断提高，以空间受力为特征的筒体结构得到了广泛的应用，如图 7-2 所示。

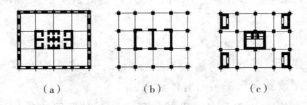

（a）　　　　　　　　（b）　　　　　　　　（c）

图 7-2　筒体结构体系

（a）筒中结构；（b）筒体—框架结构；（c）多筒体结构

20 世纪 90 年代以来，出现了更新颖的结构类型，如图 7-3 所示。这些结构形式以整体受力为主要特点，能够更好地满足建筑功能的要求。另外，随着我国钢材生产技术水平和施工安装水平的提高，钢结构高层建筑已得到广泛应用。

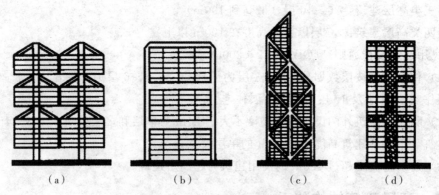

（a）　　　　　　　（b）　　　　　　　（c）　　　　　　　（d）

图 7-3　新结构体系

（a）悬挂结构；（b）巨型框架结构；（c）桁架结构；（d）刚性衍架结构

7.1.3　高层建筑施工特点

（1）工程量大、造价高。据资料统计，高层建筑比多层建筑造价平均高出 60％左右，建筑面积一般是多层建筑的 6 倍。

（2）施工周期长、工期紧。高层建筑单栋施工周期平均为 2 年左右，结构工期一般 5～10 天一层，快时 3 天一层，而且需进行冬、雨期施工，因此为了保证工程质量和节约费用，必须充分利用全年的时间，合理安排工序。

（3）施工准备工作量大，而且大多施工用地紧张。高层建筑施工用料量大，品种多、机具设备繁杂、运输量大，且一般在市区施工，场地较小，这就需要高质量的现场调配、机具选用和设备、材料的存储量安排。

（4）基础较深，地基处理和基坑支护复杂。高层建筑基础一般较深；土方开挖、基坑支护和地基处理等在施工技术上都较复杂且困难，对造价和工期影响较大。

（5）高处作业多、垂直运输量大、安全防护要求严。高空作业要解决材料、设备和人员的垂直运输问题，确保用水、用电、防火、通信、安全保护和防止物品坠落等，以便保证工程进度。

（6）装饰、防水、设备质量要求高、技术复杂。高层建筑深基础、地下室、墙面、卫生间的防水和管道连接等施工质量都要求达到优良，施工中必须采取有效的技术措施，保证新材料、新设备和新工艺的有效运用。

（7）工种多、立体交叉作业多、机械化程度高。对高层建筑施工，为加快工程进度，往往采用多工种、多工序平行流水交叉作业，而且机械化程度比较高。这需要解决好工种、工序、设备运行等各方面的关系，保证施工有条理、有节奏、安全、顺利地进行。

（8）工程涉及单位多、管理复杂。高层建筑施工在总包、分包中涉及很多单位，各部门要共同协作，只有合理组织、精于管理，才能保证施工的顺利进行。

7.2　高层建筑施工垂直运输配置

垂直运输设施是指担负垂直运送材料和施工人员上下的机械设备和设施。在高层建筑施工中，不仅要运输大量的砖（或砌块）、砂浆，还要运输脚手架、脚手板和各种预制构件；不仅有垂直运输，还有地面和楼面的水平运输，其中垂直运输是影响砌筑工程施工速度的主要因素。

目前，高层建筑施工采用的垂直运输设施有井架、龙门架、塔式起重机和建筑施工电梯等，这里重点介绍塔式起重机和建筑施工电梯。

7.2.1　塔式起重机

塔式起重机的起重臂安装在塔身顶部且可进行 360°的回转，具有较高的起重高度、工作幅度和起重能力，生产效率高，且机械运转安全可靠，使用和装拆方便等优点，广泛地用于多层和高层的工业与民用建筑的结构安装。塔式起重机按起重能力可分为轻型塔式起重机（起重量为 0.5～3t，一般用于 6 层以下的民用建筑施工）、中型塔式起重机（起重量为 3～15t，适用于一般工业建筑与民用建筑施工）和重型塔式起重机（起重量为 20～40t，一般用于工业厂房的施工和高炉等设备的吊装）。

由于塔式起重机具有提升、回转和水平运输的功能，且生产效率高，在吊运长、大物料时有明显的优势，所以在可能的条件下宜优先采用。

塔式起重机的布置应保证其起重高度与起重量满足工程的需求，同时起重臂的工作范围应尽可能地覆盖整个建筑，以使材料运输切实到位。此外，主材料的堆放、搅拌站的出料口等均应尽可能地布置在起重机工作半径之内。

1. 塔式起重机的分类

塔式起重机一般分为固定式、轨道（行走）式、附着式、爬升式等几种。

（1）固定式塔式起重机

固定式塔式起重机的底架安装在独立的混凝土基础上，塔身不与建筑物拉结。这种起重机适用于起吊、安装大容量的油罐、冷却塔等特殊构筑物。

（2）轨道（行走）式塔式起重机

轨道（行走）式塔式起重机是一种能在轨道上行驶的起重机，它能带负荷在直线和弧形轨道上行走，能同时完成垂直和水平运输，使用安全，生产效率高，但需要铺设轨道，且装拆和转移不便，台班费用较高。轨道式塔式起重机分为上回转式（塔顶回转）和下回转式（塔身回转）两类。

（3）附着式塔式起重机

附着式塔式起重机是固定在建筑物近旁混凝土基础上的起重机械，为上回转、小车变幅或俯仰变幅起重机械。塔身由标准节组成，相互间用螺栓连接，可以借助顶升系统随着建筑施工进度而自行向上接高。为了减少塔身的计算高度，规定每隔 20m 左右将塔身与建筑物用锚固装置连接起来，以保证塔身的刚度和稳定性。一般附着式塔式起重机高度为 70～100m，其特点是用于狭窄工地施工。

①附着式塔式起重机基础　附着式塔式起重机底部应设钢筋混凝土基础，其构造方法有整体式和分块式两种。采用整体式混凝土基础时，塔式起重机通过专用塔身基础节和预埋地脚螺栓固定在混凝土基础上；采用分块式混凝土基础时，塔身结构固定在行走架上，而行走架的 4 个支座则通过垫板支在 4 个混凝土基础上。基础尺寸应根据地基承载力和防止塔吊倾覆的需要确定。

在高层建筑深基础施工阶段，如果需在基坑边附近构筑附着式塔式起重机基础，则可采用灌注桩承台式钢筋混凝土基础；在高层建筑综合体施工阶段，如果需在地下室顶板或裙房屋顶楼板上安装附着式塔式起重机，则应对安装塔吊处的楼板结构进行验算和加固，并在楼板下面加设支撑（至少连续两层），以保证安全。

②附着式塔式起重机的锚固　附着式塔式起重机在塔身高度超过限定自由高度时，即应加设附着装置与建筑结构进行拉结。一般来说，设置 2～3 道锚固即可满足施工需要。第一道锚固装置在距塔式起重机基础在进行超高层建筑施工时，不必设置过多的锚固装置，可将下部锚固装置抽换到上部使用，以便节省购买锚固装置的费用。表面30～40m 处，附着装置由锚固环和附着杆组成。锚固环由两块钢板或型钢组焊成的 U 形梁拼装而成。锚固环宜设置在塔身标准节对接处或有水平腹杆的断面处，塔身节主弦杆应视需要加以补强。锚固环必须箍紧塔身结构，不得松脱。附着杆由型钢、无缝钢管组成，也可以是型钢组焊的桁架结构。安装和固定附着杆时，必须用经纬仪对塔身结构的垂直度进行检查，如果发现塔身偏斜，则可通过调节螺母来调整附着杆的长度，以消除垂直偏差。锚固装置应尽可能保持水平，附着杆最大倾角不得大于 10°。

固定在建筑物上的锚固支座，可套装在柱子上或埋设在现浇混凝土墙板里，锚固点应紧靠楼板，其距离以不大于 20cm 为宜。墙板或柱子混凝土强度应提高一级，并应增加配筋。在墙板上设锚固支座时，应通过临时支撑与相邻墙板相关联，以增强墙板刚度。

③附着式塔式起重机的顶升接高　附着式塔式起重机可借助塔身上端的顶升机构，随着建筑施工进度而自行向上接高。自升液压顶升机构主要由顶升套架、长行程液压千斤顶、顶升横梁及定位销组成，液压千斤顶装在塔身上部结构的底端承座上，活塞杆通过顶升横梁支撑在塔身顶部。需要接高时，利用塔顶的长行程液压千斤顶，将塔顶上部结构（起重臂等）顶高，并用定位销固定，千斤顶回油，推入标准节，用螺栓与下面的塔身连成整体，每次可接高 2.5m。

（4）爬升式塔式起重机

爬升式塔式起重机又称为内爬式塔式起重机，通常安装在建筑物的电梯井或特设的开间内，也可安装在筒形结构内，依靠爬升机构随着结构的升高而升高，一般是每建造 3～8m 起重机就爬升一次，塔身自身高度只有 20m 左右，起重高度随施工高度而定。

爬升机构有液压式和机械式两种。液压爬升机构由爬升梯架、液压缸、爬升横梁和支腿等组成。爬升梯架由上、下承重梁构成，两者相隔两层楼，工作时用螺栓固定在筒形结构的墙或边梁上，梯架两侧有踏步。其承重梁对应于起重机塔身的四根主肢，装有 8 个导向滚子，在爬升时起导向作用。塔身套装在爬升梯架内，顶升液压缸的缸体铰接于塔身横梁上，而下端（活塞杆端）铰接于活动的下横梁中部。塔身两侧装支腿，活动横梁两侧也装支腿，依靠这两对支腿轮流支撑在爬梯踏步上，使塔身上升。

爬升式塔式起重机的优点是起重机以建筑物作为支撑，塔身短，起重高度大，而且不占建筑物外围空间；缺点是司机作业往往不能看到起吊全过程，需靠信号指挥，施工结束后拆卸复杂，一般需设辅助起重机拆卸。

2. 塔式起重机的选用

塔式起重机的选用要综合考虑建筑物的高度、建筑物的结构类型、构件的尺寸和质量、施工进度、施工流水段的划分和工程量以及现场的平面布置和周围环境条件等各种情况，同时要兼顾装拆塔式起重机的场地和建筑结构满足塔架锚固、爬升的要求。

首先根据施工对象确定所要求的参数，包括幅度（又称为回转半径）、起重量、起重力矩和吊钩高度等；然后根据塔式起重机的技术性能，选定塔式起重机的型号；最后根据施工进度、施工流水段的划分及工程量和所需吊次、现场的平面布置，确定塔式起重机的配量台数、安装位置及轨道基础的走向等。

根据施工经验，16 层及其以下的高层建筑采用轨道式塔式起重机最为经济；25 层以上的高层建筑，宜选用附着式塔式起重机或内爬式塔式起重机。

选用塔式起重机时，应注意以下事项。

（1）在确定塔式起重机的形式及高度时，应考虑塔身锚固点与建筑物相对应的位置以及塔式起重机平衡臂是否影响臂架正常回转等问题。

（2）在多台塔式起重机作业条件下，应协调好相邻塔式起重机塔身高度差，以防止两塔碰撞，应使彼此工作互不干扰。

（3）在考虑塔式起重机安装的同时，应考虑塔式起重机的顶升、接高、锚固以及完工后的落塔、拆运等事项，如起重臂和平衡臂是否落在建筑物上、辅机停车位置及作业条件、场内运输道路有无阻碍等。

（4）在考虑塔式起重机安装时，应保证顶升套架的安装位置（塔架引进平台或引进轨道应与臂架同向）及锚固环的安装位置正确无误。

（5）应注意外脚手架的支搭形式与挑出建筑物的距离，以免与下回转塔式起重机转台尾部回转时发生碰撞。

7.2.2 建筑施工电梯

建筑施工电梯又称为外用施工电梯，是一种安装于建筑物外部，供运送施工人员和建筑器材用的垂直提升机械。采用施工电梯运送施工人员上下楼层，可节省工时，减轻工人体力消耗，提高劳动生产率，所以施工电梯被认为是高层建筑施工不可缺少的关键设备之一。

1. 施工电梯的分类

施工电梯按驱动方式不同一般分为齿轮齿条驱动施工电梯和绳轮驱动施工电梯两类。

（1）齿轮齿条驱动施工电梯

齿轮齿条驱动施工电梯由塔架（又称为立柱，包括基础节、标准节、塔顶天轮架节）、吊厢、地面停机站、驱动机组、安全装置、电控柜站、门机电联锁盒、电缆、电缆接收筒、平衡重、安装小吊杆等组成，如图 7-4 所示。塔架由钢管焊接格构式矩形断面标准节组成，标准节之间采用套柱螺栓连接。齿轮齿条驱动施工电梯的特点：刚度好，安装迅速；电动机、减速机、驱动齿轮、控制柜等均装设在吊厢内，检查维修、保养方便；采用高效能的锥鼓式限速装置，当吊厢下降速度超过 0.65m/s 时，吊厢会自动制动，从而保证不发生坠落事故；可与建筑物拉结，并随建筑物施工进度而自升接高，升运高度可达 100~150m。

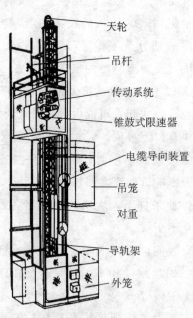

天轮

吊杆

传动系统

锥鼓式限速器

电缆导向装置

吊笼

对重

导轨架

外笼

图 7-4 齿轮齿条驱动施工电梯

齿轮齿条驱动施工电梯按吊厢数量分为单吊厢式和双吊厢式，吊厢尺寸一般为 3m×3m×2.7m；按承载能力分为两级，一级载质量为 1 000kg 或乘员 11~12 人，另一级载质量为 2000kg 或乘员 24 人。

（2）绳轮驱动施工电梯

绳轮驱动施工电梯是近年来开发的新产品，由三角形断面钢管塔架、底座、单吊厢、卷扬机、绳轮系统及安全装置等组成，如图 7-5 所示。绳轮驱动施工电梯的特点是结构轻巧、构造简单、用钢量少、造价低、能自升接高。其吊厢平面尺寸为 2.5m×1.3m×1.9m，可载货 1 000kg 或乘员 8～10 人，因此绳轮驱动施工电梯在高层建筑施工中的应用范围逐渐扩大。

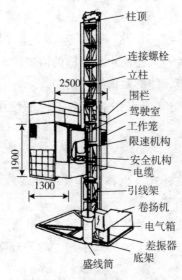

图 7-5　绳轮驱动施工电梯

2. 施工电梯的选择

高层建筑外用施工电梯的机型选择应根据建筑体型、建筑面积、运输总重、工期要求、造价等确定。从节约施工机械费用出发，对 20 层以下的高层建筑工程，应使用绳轮驱动施工电梯，对 25 层特别是 30 层以上的高层建筑应选用齿轮齿条驱动施工电梯。根据施工经验，一台单吊厢式齿轮齿条驱动施工电梯的服务面积为 20 000～40 000m^2，参考此数据可为高层建筑工地配置施工电梯，并尽可能地选用双吊厢式。

7.3　脚手架工程

脚手架是指在施工现场为安全防护、人工操作和解决楼层水平运输而搭设的支架，是施工的临时设施，也是施工作业中必不可少的工具和手段。脚手架工程对施工人员的操作安全、工程质量、工程成本、施工进度以及邻近建筑物和场地的影响都很大，在工程造价中占有相当重要的地位。

7.3.1 脚手架的基本要求与分类

1. 脚手架的基本要求

（1）要有足够的宽度（一般为 1.5～2.0m）、步架高度（砌筑脚手架为 1.2～1.4m，装饰脚手架为 1.6～1.8m），且能够满足工人操作、材料堆置以及运输的要求。

（2）应具有稳定的结构和足够的承载力，能确保在各种荷载和气候条件下，不超过允许变形、不倾倒、不摇晃，并有可靠的防护设施，以确保在架设、使用和拆除过程中的安全可靠性。

（3）应与楼层作业面高度统一，并与垂直运输设施（如施工电梯、井字架等）相适应，以满足材料由垂直运输转入楼层水平运输的需要。

（4）搭拆简单，易于搬运，能够多次周转使用。

（5）应考虑多层作业、交叉流水作业和多工种平行作业的需要，减少重复搭拆次数。

2. 脚手架的分类

（1）按构造形式分为多立杆式（也称为杆件组合式）、框架组合式（如门式）、格构件组合式（如桥式）和台架等。

（2）按支固方式分为落地式、悬挑式、悬吊式（吊篮）等。

（3）按搭拆和移动方式分为人工装拆脚手架、附着升降脚手架、整体提升脚手架、水平移动脚手架和升降桥架。

（4）按用途分为主体结构脚手架、装修脚手架和支撑脚手架等。

（5）按搭设位置分为外脚手架和里脚手架。

（6）按使用材料分为木脚手架、竹脚手架和金属脚手架。

这里仅介绍几种常用的脚手架。

7.3.2 多立杆式脚手架

多立杆式脚手架主要由立杆（又称立柱）、纵向水平杆（大横杆）、横向水平杆（小横杆）、底座、支撑及脚手板（构成受力骨架和作业层）及安全防护设施组成。常用的有扣件式钢管脚手架（扣件式节点）和碗扣式钢管脚手架（碗扣式节点）两种。

1. 扣件式钢管脚手架

扣件式钢管脚手架主要由钢管和扣件组成，如图 7-6 所示，它具有承载能力大、装拆方便、搭设高度大、周转次数多、摊销费用低等优点，是目前使用最普遍的周转材料之一。

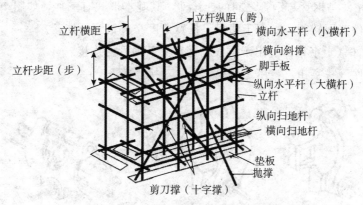

图 7-6　扣件式钢管脚手架构成示意图

（图中未画出挡脚板、栏杆、连墙件及各种扣件）

（1）扣件式钢管脚手架的主要组成部件及其作用

①钢管　脚手架钢管的质量应符合《碳素结构钢》（GB/T 700—2006）中 Q235A 级钢的规定，其尺寸按表 7-1 所示采用，宜采用 $\phi 48mm \times 3.5mm$ 的钢管，每根质量不应大于 25kg。

表 7-1　扣件式钢管脚手架钢管尺寸　　　　单位：mm

截面尺寸		最大长度	
外径	壁厚	横向水平杆	其他杆
48	3.5	2200	4000～6500
51	3.0		

根据钢管在脚手架中的位置和作用的不同，钢管可分为立杆、大横杆、小横杆、连墙杆、剪刀撑、水平斜拉杆纵向水平扫地杆、横向水平扫地杆等，其作用分别如下。

a. 立杆　平行于建筑物并垂直于地面，将脚手架荷载传递给底座。

b. 大横杆　平行于建筑物并在纵向水平连接各立杆，承受、传递荷载给立杆。

c. 小横杆　垂直于建筑物并在横向连接内、外大横杆，承受、传递荷载给大横杆。

d. 剪刀撑　设在脚手架外侧面并与墙面平行的十字交叉斜杆，可增强脚手架的纵向刚度。

e. 连墙杆　连接脚手架与建筑物，承受并传递荷载，且可防止脚手架横向失稳。

f. 水平斜拉杆　设在有连墙杆的脚手架内、外立柱间的步架平面内的"之"字形斜杆，可增强脚手架的横向刚度。

g. 纵向水平扫地杆　采用直角扣件固定在距底座上皮不大于 200mm 处的立杆上，起约束立杆底端在纵向发生位移的作用。

h. 横向水平扫地杆　采用直角扣件固定在紧靠纵向水平扫地杆下方的立杆上的横向水平杆，起约束立杆底端在横向发生位移的作用。

②扣件　扣件是钢管与钢管之间的连接件，其基本形式有三种，如图7-7所示。

a. 旋转扣件（回转扣）　用于两根呈任意角度交叉钢管的连接。

b. 直角扣件（十字扣）　用于两根呈垂直交叉钢管的连接。

c. 对接扣件（一字扣）　用于两根钢管的对接连接。

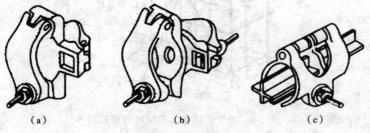

图7-7　扣件形式

（a）直角扣件　（b）旋转扣件　（c）对接扣件

③脚手板　脚手板是提供施工作业条件并承受和传递荷载给水平杆的板件，可用竹、木等材料制成。脚手板若设于非操作层则起安全防护作用。

④底座　底座设在立杆下端，承受并传递立杆荷载给地基，如图7-8所示。

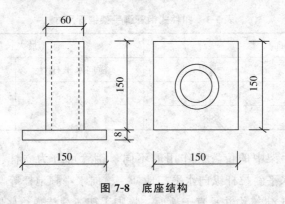

图7-8　底座结构

⑤安全网　安全网用于保证施工安全，减少灰尘、噪声、光污染，包括立网和平网两部分。

（2）扣件式钢管脚手架的构造

扣件式钢管脚手架的基本构造形式有单排架和双排架两种，如图7-9所示。单排架和双排架一般用于外墙砌筑与装饰。

①立杆　横距为1.0~1.5m，纵距为1.2~2.0m，每根立杆均应设置标准底座。由标准底座底面向上200mm处，必须设置纵、横向扫地杆，用直角扣件与立杆连接固定。立杆接长除顶层可以采用搭接外，其余各层必须采用对接扣件连接。立杆的对接搭接应满足下列要求。

a. 立杆上的对接扣件应交错布置，两相邻立杆的接头应错开一步，其错开的垂直距离不应小于500mm，且与相近的纵向水平杆距应小于1/3步距。

b. 对接扣件距主节点（立杆、大横杆、小横杆三者的交点）的距离不应大于 1/3 步距。

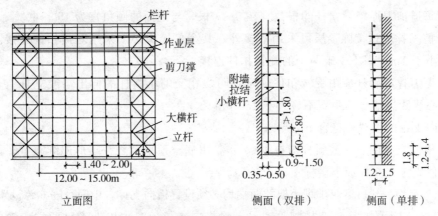

图 7-9　扣件式钢管脚手架构造形式（单位：m）

c. 立杆的搭接长度不应小于 1m，用不少于两个的旋转扣件固定，端部扣件盖板的边沿至杆端距离不应小于 100mm。

②大横杆　它要设置为水平，长度不应小于 2 跨，大横杆与立杆要用直角扣件扣紧，且不能隔步设置或遗漏。两根大横杆的接头必须采用对接扣件连接，接头位置与立杆轴心线的距离不宜大于跨度的 1/3，同一步架中内外两根纵向水平杆的对接接头应尽量错开一跨，上下相邻两根纵向水平杆的对接接头也应尽量错开一跨，错开的水平距离不应小于 500mm。

③小横杆　它设置在立杆与大横杆的相交处，用直角扣件与大横杆扣紧，且应贴近立杆布置，小横杆与立杆轴心线的距离不应大于 150mm。当为单排脚手架时，小横杆的一端与大横杆连接，另一端插入墙内，长度不小于 180mm；当为双排脚手架时，小横杆的两端应用直角扣件固定在大横杆上。

④支撑　它有剪刀撑（又称为十字撑）和横向支撑（又称为横向斜拉杆、"之"字撑）。剪刀撑设置在脚手架外侧面，并与外墙面平行的十字交叉斜杆，可增强脚手架的纵向刚度，如图 7-10 所示；横向支撑是设置在脚手架内外排立杆之间的呈"之"字形的斜杆，可增强脚手架的横向刚度。双排脚手架应设剪刀撑与横向支撑，单排脚手架应设剪刀撑。

剪刀撑的设置应符合下列要求。

a. 高度在 24m 以下的单、双排脚手架均应在外侧立面的两端各设置一道剪刀撑，由底至顶连续设置；中间每道剪刀撑的净距不应大

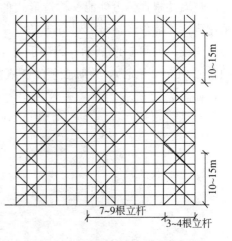

图 7-10　高层脚手架的剪刀撑布置

于 15m。

b. 高度在 24m 以上的双排脚手架应在外侧立面整个长度和高度上连续设置剪刀撑

c. 每道剪刀撑跨越立杆的根数宜在 5～7 根，与地面的倾角宜为 45°～60°。

d. 剪刀撑的连接除顶层可采用搭接外，其余各接头必须采用对接扣件连接。搭接长度不小于 1m，用不少于两个的旋转扣件连接。

e. 剪刀撑的斜杆应用旋转扣件固定在与之相交的小横杆的伸出端或立杆上，旋转扣件中心线距主节点的距离不应大于 150mm。

横向支撑的设置应符合下列要求。

a. 横向支撑的每一道斜杆应在 1～2 步，由底至顶呈"之"字形连续布置，两端用旋转扣件固定在立杆或小横杆上。

b. 一字型、开口型双排脚手架的两端均必须设置横向支撑，中间每隔 6 跨设置一道。

c. 24m 以下的封闭型双排脚手架可不设横向支撑，24m 以上者除两端应设置横向支撑外，中间应每隔 6 跨设置一道。

⑤连墙件 又称为连墙杆，是连接脚手架与建筑物的部件。它既要承受、传递风荷载，又要防止脚手架横向失稳或倾覆。连墙件的布置形式、间距大小对脚手架的承载能力有很大影响，它不仅可以防止脚手架的倾覆，还可以加强立杆的刚度和稳定性。连墙件的布置间距见表 7-2。

表 7-2　连墙件布置间距　　　　　　　　　　　　　　　　　　单位：m

脚手架高度 H		竖向间距	水平间距
双排	≤50	≤6（3 步）	≤6（3 跨）
	>50	≤4（2 步）	≤6（3 跨）
单排	≤24	≤6（3 步）	≤6（3 跨）

连墙件根据传力性能、构造形式的不同，可分为刚性连墙件和柔性连墙件。通常采用刚性连墙件连接脚手架与建筑物。24m 以上的双排脚手架必须采用刚性连墙件与墙体连接，如图 7-11 所示；当脚手架高度在 24m 以下时，也可采用柔性连墙件（如用铁丝或 ϕ6mm 钢筋），这时必须配备顶撑顶在混凝土梁、柱等结构部位，以防止向内倾倒，如图 7-12 所示。

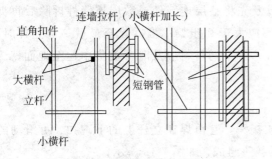

图 7-11　刚性连墙件固定

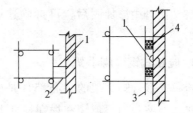

图 7-12　柔性连墙件固定

1—8 号铅丝与墙内埋设的钢筋环拉住；

2—顶墙横杆；3—短钢管；4—木楔

（3）扣件式钢管脚手架的搭设与拆除

①扣件式钢管脚手架的搭设　脚手架的搭设要求钢管的规格相同，地基平整夯实，对高层建筑物脚手架的基础要进行验算，脚手架地基的四周应排水畅通，立杆底端要设底座或垫木，垫板长度不小于 2 跨，木垫板厚度不小于 50mm，也可用槽钢。

通常，脚手架的搭设顺序：放置纵向水平扫地杆→逐根树立立杆（随即与扫地杆扣紧）→安装横向水平扫地杆（随即与立杆或纵向水平扫地杆扣紧）→安装第一步纵向水平杆（随即与各立杆扣紧）→安装第一步横向水平杆→安装第二步纵向水平杆→安装第二步横向水平杆→加设临时斜撑杆（上端与第二步纵向水平杆扣紧，在装设两道连墙杆后可拆除）→安装第三、四步纵横向水平杆→安装连墙杆、接长立杆、加设剪刀撑→铺设脚手板→挂安全网→向上安装，重复以上步骤。

开始搭设第一节立杆时，每 6 跨应暂设 1 根抛撑；当搭设至设有连墙件的构造点时，应立即设置连墙件与墙体连接，当装设两道连墙件后抛撑便可拆除；双排脚手架的小横杆靠墙端应离开墙体装饰面至少 100mm，杆件相交的伸出端长度不小于100mm，以防止杆件滑脱；扣件规格必须与钢管外径一致，扣件螺栓拧紧，扭力矩为40～65N·m；除操作层的脚手板外，宜每隔 1.2m 高满铺一层脚手板，在脚手架全高或高层脚手架的每个高度区段内，铺板层不多于 6 层，作业层不超过 3 层，或者根据设计搭设。

对于单排脚手架的搭设应在墙体上留脚手架眼，但在墙体下列部位不允许留脚手架眼：

a. 砖过梁上与过梁两端成 60°角的三角形范围内及过梁净跨度 1/2 的高度范围内；

b. 宽度小于 1m 的窗间墙；

c. 梁或梁垫下及其两侧各 500mm 的范围内；

d. 砖砌体的门窗洞口两侧 200mm 和墙转角处 450mm 的范围内；

e. 其他砌体的门窗洞口两侧 30mm 和转角处 60mm 的范围内；

f. 独立柱或附墙砖柱，设计上不允许留脚手架眼的部位。

②扣件式脚手架的拆除　扣件式脚手架的拆除应按由上而下、后搭者先拆、先搭

者后拆的顺序进行。严禁上下同时拆除以及先将整层连墙件或数层连墙件拆除后再拆其余杆件；如果采用分段拆除，其高差不应大于 2 步架；当拆除至最后一节立杆时，应先搭设临时抛撑加固后，再拆除连墙件；拆下的材料应及时分类集中运至地面，严禁抛扔。

2. 碗扣式钢管脚手架

碗扣式钢管脚手架的核心部件是碗扣接头，它由焊在立杆上的下碗扣、可滑动的上碗扣、上碗扣的限位销和焊在横杆上的接头组成，如图 7-13 所示。

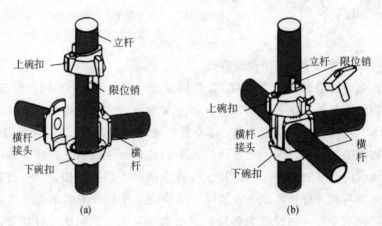

图 7-13 碗扣接头
(a) 连接前；(b) 连接后

连接时，只需将横杆插入下碗扣内，将上碗扣沿限位销扣下，顺时针旋转，靠近上碗扣螺旋面使之与限位销顶紧，从而将横杆和立杆牢固地连接在一起，形成框架结构。碗扣式接头可同时连接 4 根横杆，横杆可以相互垂直也可以偏转成一定的角度，位置随需要确定。碗扣式钢管脚手架具有多功能、高功效、承载力大、安全可靠、便于管理、易改造等优点。

(1) 碗扣式钢管脚手架的构配件及用途

碗扣式钢管脚手架的构配件按其用途可分为主要构件、辅助构件和专用构件三类。

① 主构件

a. 立杆　由一定长度的 $\phi48\text{mm}\times3.5\text{mm}$ 钢管上每隔 600mm 安装碗扣接头，并在其顶端焊接立杆焊接管制成，用作脚手架的垂直承力杆。

b. 顶杆　即顶部立杆，在顶端设有立杆的连接管，以便在顶端插入托撑，用作支撑架（柱）、物料提升架等顶端的垂直承力杆。

c. 横杆　由一定长度的 $\phi48\text{mm}\times3.5\text{mm}$ 钢管两端焊接横杆接头制成，用作立杆横向连接管或框架水平承力杆。

d. 单横杆　仅在 $\phi48\text{mm}\times3.5\text{mm}$ 的钢管一端焊接横杆接头，用作单排脚手架横向水平杆。

e. 斜杆　用于增强脚手架的稳定性，提高脚手架的承载力。

f. 底座　由 150mm×150mm×8mm 的钢板在中心焊接连接杆制成，安装在立杆的底部，用作防止立杆下沉，并将上部荷载分散传递给地基的构件。

②辅助构件（用于作业面及附壁拉结等的杆部件）

a. 间横杆　为满足普通钢或木脚手板的需要而专设的杆件，可搭设于主架横杆之间的任意部位，用以减小支撑间距和支撑挑头脚手板。

b. 架梯　由钢踏步板焊在槽钢上制成，两端带有挂钩，可牢固地挂在横杆上，用作作业人员上下脚手架的通道。

c. 连墙撑　为脚手架与墙体结构间的连接件，用以加强脚手架抵抗风载及其他永久性水平荷载的能力，可提高脚手架稳定性，防止倒塌。

③专用构件（有专门用途的杆部件）

a. 悬挑架　由挑杆和撑杆用碗扣接头固定在楼层内支撑架上构成，用于在其上搭设悬挑脚手架，可直接从楼内挑出，不需在墙体结构设预埋件。

b. 提升滑轮　用于提升小物料而设计的杆部件，由吊柱、吊架和滑轮等组成。吊柱可插入宽挑梁的垂直杆中固定，与宽挑梁配套使用。

（2）碗扣式钢管脚手架的搭设要点

①组装顺序　底座→立杆→横杆→斜杆→接头锁紧→脚手板→上层立杆→立杆连接→横杆。

②注意事项

a. 立杆、横杆的设置　一般，双排外脚手架立杆的横向间距取 1.2m，横杆的步距取 1.8m，立杆的纵向间距根据建筑物结构及作用荷载等具体要求确定，常选用 1.2m、1.8m、4m 三种尺寸。

b. 直角交叉　对一般方形建筑物的外脚手架，在拐角处两直角交叉的排架要连在一起，以增加脚手架的整体稳定性。

c. 斜杆的设置　斜杆用于增强脚手架的稳定性，可装成节点斜杆，也可装成非节点斜杆，一般情况下斜杆应尽量设置在脚手架的节点上。对于高度在 30m 以下的脚手架，可根据荷载情况，设置斜杆的框架面积为整架立面面积的 1/5～1/2；对于高度在 30m 以上的高层脚手架，设置斜杆的框架面积不小于整架立面面积的 1/2。在拐角边缘及端部必须设置斜杆，中间可均匀间隔布置。

d. 连墙撑的设置　连墙撑是脚手架与建筑物之间的连接件，用于提高脚手架的横向稳定性，承受偏心荷载和水平荷载等。一般情况下，对于高度在 30m 以下的脚手架，可 4 跨 3 步布置一个（约 40m²）；对于高层及重载脚手架，则要适当加密；高度在 50m 以下的脚手架至少应 3 跨 3 步布置一个（约 25m²）；高度在 50m 以上的脚手架至少应 3 跨 2 步布置一个（约 20m²）。连墙撑尽量连接在横杆层碗扣接头内，与脚手架、墙体保持垂直，并随建筑物及架子的升高及时设置，尽量采用梅花形布置方式。

7.3.3 其他脚手架

1. 门式钢管脚手架

门式钢管脚手架是 20 世纪 80 年代初由国外引进的一种多功能型脚手架，它由门架及配件组成。门式钢管脚手架结构设计合理、受力性能好、承载能力高、装拆方便、安全可靠，是目前国际上应用较为广泛的一种脚手架。

（1）门式钢管脚手架主要组成部件

门式钢管脚手架由门架、剪刀撑（交叉拉杆）、水平梁架（平行架）、挂扣式脚手板、连接棒和锁臂等构成基本单元，如图 7-14 所示。再将基本单元相互连接起来并增设梯形架、栏杆等部件即构成整片脚手架。

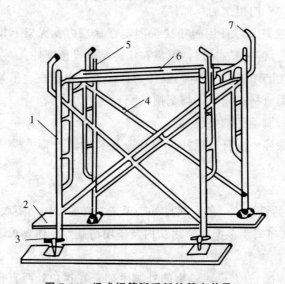

图 7-14　门式钢管脚手架的基本单元

1—门架；2—平板；3—螺旋基脚；4—剪刀撑；5—连接器；6—水平梁架；7—锁臂

（2）门式钢管脚手架的搭设与拆除

①搭设　门式钢管脚手架的搭设顺序：铺放垫木（垫板）→拉线，放底座→自一端起立门架，并随即装剪刀撑→装水平梁架（或脚手板）→装梯形架→装通长大横杆→装连墙件→装连接棒→装上一步门架→装锁臂→重复以上步骤，逐层向上安装→装长剪刀撑→装设顶部栏杆。

②拆除　拆除门式钢管脚手架时，应设置警戒区和警戒标志，并由专职人员负责警戒；然后应自上而下进行拆除，各部件拆除的顺序与安装顺序相反，不允许将拆除的部件从高空抛下，而应收集分类后，用垂直吊运机具运至地面，集中堆放保管。

2. 悬吊式脚手架

悬吊式脚手架也称为吊篮，主要用于建筑外墙的施工和装修。它是将架子（吊篮）

的悬挂点固定在建筑物顶部悬挑出来的结构上，通过设在每个架子上的简易提升机械和钢丝绳使吊篮升降，以满足施工要求。悬吊式脚手架具有可节约大量钢管材料、节省劳力、缩短工期、操作方便灵活、技术经济效益好等优点。吊篮可分为两大类，一类是手动吊篮，利用手扳葫芦进行升降；另一类是电动吊篮，利用电动卷扬机进行升降

（1）手动吊篮的基本组成

手动吊篮由支撑设施（建筑物顶部悬挑梁或桁架）、吊篮绳（钢丝绳或钢筋链杆）、安全绳、手扳葫芦（或倒链）和吊架组成，如图 7-15 所示。

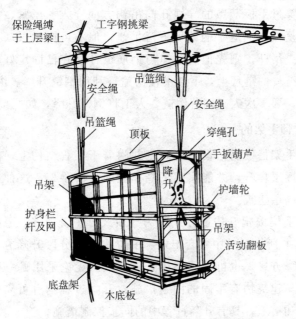

图 7-15　双层作业的手动提升式吊篮

（2）支设要求

①吊篮内侧与建筑物间隙为 0.1～0.2m，两个吊篮之间的间隙不得大于 0.2m，吊篮的最大长度不宜超过 8.0m，宽度为 0.8～1.0m，高度不宜超过两层。吊篮外侧端部防护栏杆高 1.5m，每边栏杆间距不大于 0.5m，挡脚板不低于 0.18m。吊篮内侧必须于 0.6m 和 2m 处各设防护栏杆一道，挡脚板不低于 0.18m。吊篮顶部必须设防护棚，外侧面与两端面用密目网封严。

②吊篮的立杆（或单元片）纵向间距不得大于 2m。通常支撑脚手板的横向水平杆间距不宜大于 1m，脚手板必须与横向水平杆绑牢或卡牢，不允许有松动或探头板。

③吊篮架体的外侧面和两端面应加设剪刀撑或斜撑杆卡牢。

④吊篮内侧两端应装有可伸缩的护墙轮等装置，使吊篮在工作时能紧靠建筑物，以减少架体晃动。同时，超过一层架高的吊篮架要设爬梯，每层架的上下人孔要有盖板。

⑤悬挂吊篮的挑梁必须按设计规定与建筑结构固定牢靠，挑梁挑出长度应保证悬

挂吊篮的钢丝绳（或钢筋链杆）垂直地面。挑梁之间应用纵向水平杆连接成整体，以保证挑梁结构的稳定。

⑥吊篮绳若用钢筋链杆，其直径应不小于16mm，每节链杆长800mm，每5～10根链杆应相互连成一组，使用时用卡环将各组连接至需要的长度。安全绳均采用直径不小于13mm的钢丝绳通长到底布置。

⑦挑梁与吊篮绳连接端应有防止滑脱的保护装置。

（3）操作方法

先在地面上用倒链组装好吊篮架体，并在屋顶挑梁上挂好承重钢丝绳和安全绳；然后将承重钢丝绳穿过手扳葫芦的导绳孔向吊钩方向穿入、压紧，往复扳动前进手柄即可提升吊篮，往复扳动倒退手柄即可下落吊篮，但不可同时扳动上下手柄。如果采用钢筋链杆作为承重吊杆，则先把安全绳与钢筋链杆挂在已固定好的屋顶挑梁上，然后把倒链挂在钢筋链杆的链环上，下部吊住吊篮，利用倒链升降。由于倒链行程有限，所以在升降过程中，要多次人工倒替倒链，人工将倒链升降，如此接力升降。

3. 附着升降式脚手架的

附着升降式脚手架指仅需搭设一定高度并附着于工程结构上，依靠自身的升降设备随工程结构施工逐层爬升，并能实现下降作业的外脚手架。这种脚手架适用于现浇钢筋混凝土结构的高层建筑。

附着升降式脚手架按爬升构造方式分为导轨式、主套架式、悬挑式、吊拉式（互爬式）等，如图7-16所示。其中主套架式、吊拉式采用分段升降方式；悬挑式、轨道式既可采用分段升降方式，也可采用整体升降方式。无论采用哪一种附着升降式脚手架，其技术关键是与建筑物有牢固的固定措施，升降过程均有可靠的防倾覆措施，设有安全防坠落装置和措施，具有升降过程中的同步控制措施。

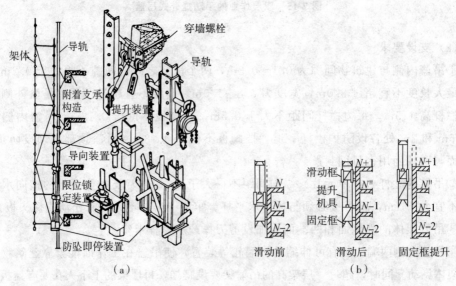

（a） （b）

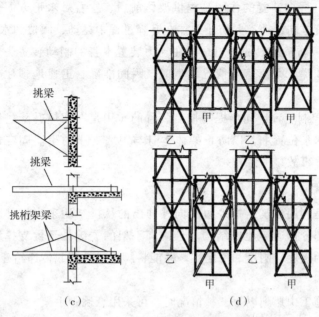

图 7-16 附着升降式脚手架示意图

(a) 导轨式;(b) 主套架式;(c) 悬挑式;(d) 吊拉式

附着升降式脚手架主要由架体结构、爬升机构、动力及控制设备、安全装置等组成。

(1)**架体结构** 架体常用桁架作为底部的承力装置,桁架两端支撑于横向刚架或托架上,横向刚架又通过与其连接的附墙支座固定于建筑物上。架体本身一般均采用扣件式钢管搭设,架高不应大于楼层高度的 5 倍,架宽不宜超过 1.2m,分段单元脚手架长度不应超过 8m。其主要构件有立杆、纵向和横向水平杆、斜杆、剪刀撑、脚手板、梯子、扶手等。脚手架的外侧设密目式安全网进行全封闭,每步架设防护栏杆及挡脚板,底部满铺一层固定脚手板。整个架体的作用是提供操作平台、物料搬运、材料堆放、操作人员通行和安全防护等。

(2)**爬升机构** 爬升机构是实现架体升降、导向、防坠、固定提升设备、连接吊点和架体、通过横向刚架与附墙支座连接等。它的作用主要是进行可靠的附墙和保证将架体上的恒载与施工活荷载安全、迅速、准确地传递到建筑结构上。

(3)**动力及控制设备** 提升用的动力设备主要有手拉葫芦、环链式电动葫芦、液压千斤顶、螺杆升降机、升板机、卷扬机等。目前采用电动葫芦者居多,原因是其使用方便、省力、易控。当动力设备采用电控系统时,一般均采用电缆将动力设备与控制柜相连,并用控制柜进行动力设备控制;当动力设备采用液压系统控制时,一般采用液压管路与动力设备和液压控制台相连,然后液压控制台再与液压管路相连,并通过液压控制台对动力设备进行控制。总之,动力设备的作用是为架体升降提供动力。

(4)**安全装置** 安排装置包括导向装置、防坠装置、同部提升控制装置。

a. 导向装置　导向装置的作用是提供架体前后、左右对水平方向位移的约束，限定架体只能沿垂直方向运动，并防止架体在升降过程中晃动、倾覆和水平错动。

b. 防坠装置　防坠装置的作用是能在动力装置本身的制动装置失效、起重钢丝绳或吊链突然断裂和梯吊梁掉落等情况发生时，瞬间准确、迅速地锁住架体，防止其下坠造成伤亡事故。

c. 同步提升控制装置　同步提升控制装置的作用是在架体升降过程中，控制各提升点保持在同一水平位置上，以防止架体本身与附墙支座的附墙固定螺栓产生次应力和超载而发生伤亡事故。

4. 悬挑脚手架

悬挑脚手架是利用建筑结构外边缘向外伸出的悬挑结构来支撑外脚手架，将脚手架的荷载全部或部分传递给建筑结构。悬挑脚手架的关键是悬挑支撑结构，悬挑支撑结构必须有足够的强度、刚度和稳定性，并能将脚手架的荷载传递给建筑结构。

（1）适用范围

在高层建筑施工中遇到以下三种情况时，可采用悬挑脚手架。

①±0.000以下结构工程回填土不能及时回填，而主体结构工程必须立即进行，否则将影响工期；

②高层建筑主体结构四周为裙房，脚手架不能直接支撑在地面上；

③对于超高层建筑施工，脚手架搭设高度超过了架子的允许搭设高度，所以将整个脚手架按允许搭设高度分成若干段，每段脚手架支撑在由建筑结构向外悬挑的结构上。

（2）悬挑支撑结构

①用型钢作为梁挑出，端头加钢丝绳（或用钢筋花篮螺栓拉杆）斜拉，组成悬挑支撑结构。由于悬出端支撑杆件是斜拉索（或拉杆），可简称为斜拉式。斜拉式悬挑外脚手架悬出端支撑杆件是斜拉索（或拉杆），其承载能力由拉杆的强度控制，所以断面较小，能节省钢材，且自重轻。

②用型钢焊接的三角桁架作为悬挑支撑结构，悬出端的支撑杆件是三角斜撑压杆，又称为下撑式。下撑式悬挑外脚手架悬出端支撑杆件是斜撑受压杆杆，其承载能力由压杆稳定性控制，所以断面较大，钢材用量较多。

（3）构造及搭设要点

①斜拉式支撑结构可在楼板上预埋钢筋环，外伸钢梁（工字钢、槽钢等）插入钢筋环内固定，或钢梁一端埋置在墙体结构的混凝土内，另一端加钢丝绳斜拉，钢丝绳固定到预埋在建筑物内的吊环上。

②下撑式支撑结构可将钢梁一端埋置在墙体结构的混凝土内，另一端利用由钢管或角钢制作的斜杆连接，斜杆下端焊接到混凝土结构中的预埋钢板上。当结构中钢筋过密、挑梁无法埋入时，可采用预埋件将挑梁与预埋件焊接。预埋件的锚固筋要采用锚塞焊，并由计算确定。

③根据结构情况和工地条件采用其他可靠的形式与结构连接。

④当支撑结构的纵向间距与上部脚手架立杆的纵向间距相同时，立杆可直接支撑在悬挑的支撑结构上；当支撑结构的纵向间距大于上部脚手架立杆的纵向间距时，则立杆应支撑在设置于两个支撑结构之间的两根纵向钢梁上。

⑤上部脚手架立杆与支撑结构应有可靠的定位连接措施，以确保上部架体的稳定。通常在挑梁或纵向钢梁上焊接长 150～200mm、外径为 40mm 的短钢管，将立杆套在短钢管上顶紧固定，并同时在立杆下部设置扫地杆。

⑥悬挑支撑结构以上部分的脚手架搭设方法与一般外脚手架相同，并按要求设置连墙杆。悬挑脚手架的高度（或分段的高度）不得超过 25m。悬挑脚手架的外侧立面一般均应采用密目网（或其他围护材料）全封闭围护，以确保架上人员操作安全，避免物件坠落。

⑦新设计组装或加工的定型脚手架段，在使用前应进行不低于 1.5 倍使用施工荷载的静载试验和起吊试验，试验合格（未发现焊缝开裂、结构变形等情况）后方能投入使用。

⑧塔式起重机应具有满足整体吊升（降）悬挑脚手架段的起吊能力。

⑨必须设置可靠的供人员上下的安全通道（出入口）。

⑩使用中应经常检查脚手架段和悬挑支撑结构的工作情况，当发现异常时应立即停止作业，进行检查和处理。

7.4 高层建筑施工安全措施

1. 地基基础

高层建筑地基基础施工主要是桩基施工和地下室施工。在桩基施工中，相应的国家规范和地方条例对目前常用的钢筋混凝土预制桩、钢筋混凝土钻孔灌注桩、挖孔灌注桩和沉管灌注桩等都做了详细的技术要求，同时对施工中的安全操作也做了明确规定。

（1）人工挖孔桩施工时，孔内必须设置应急软爬梯，供人员上下井，使用的电葫芦、吊笼等应安全可靠，并配有自动卡紧保险装置，使用前检查其安全工作性能。

（2）人工挖孔桩施工，每日开工前必须检测井下的有毒有害气体含量，桩孔开挖深度超过 10m 时，应有专门向井下送风的设备。

（3）人工挖孔桩孔口四周必须设置护栏。

（4）挖出的土方应及时运离孔口，不得堆放在孔口四周 1m 范围内，机动车辆的通行不得对井壁的安全造成影响。

（5）施工现场的一切电源、电路的安装和拆除必须由持证电工操作完成。各孔用电必须分闸，严禁一闸多用。孔内电缆、电线必须有防磨损、防潮、防断等保护措施。

（6）在地下室施工中，需考虑支护结构的可靠度以及周围建筑物、道路、地下管线及整个环境的安全问题，采取相应的安全保障措施。

2. 脚手架

搭设脚手架在高层建筑施工中是必不可少的一项重要工程，也是各项生产安全进行的有效保证，在施工中必须做好以下安全措施。

（1）搭设前，检查脚手架材料的质量是否合格，如钢管脚手架的钢管上禁止打孔，门式脚手架钢管应平直、没有硬伤等。

（2）钢管脚手架的主节点处必须设置一根横向水平杆；一字形、开口形双排脚手架的两端必须设置横向斜撑；脚手架外侧立面两端需设剪刀撑；各节点的连接必须安全可靠。

（3）脚手架的高度达到一定值时，必须设置连墙件与建筑物可靠连接。

（4）当脚手架基础下有设备基础、管沟时，在脚手架使用过程中不应开挖，否则必须采取加固措施。

（5）脚手架的搭设必须配合施工进度，一次搭设高度不应超过相邻连墙件以上两步。

（6）连墙件、剪刀撑等加固杆件的搭设应与脚手架搭设保持同步。

（7）脚手架搭设必须设置防电避雷措施。

（8）拆脚手架时应由专业架子工操作完成，施工时戴安全帽、穿防滑鞋。

（9）拆除作业必须由上而下逐层进行，严禁上下同时作业；连墙件必须随脚手架逐层拆除，严禁先将连墙件整层或数层拆除后再拆脚手架。

3. 运输系统

高层建筑施工中的运输系统主要有起重机、施工电梯和混凝土泵送设备。运输系统的安全问题在高层建筑施工中尤为重要，应采取下列相应的措施。

（1）起重机在安装完毕后，必须经正式验收，符合要求后方可投入使用。

（2）必须有安全停靠装置或断绳保护装置。

（3）附墙架与架体及建筑之间必须是刚性连接，固定可靠。

（4）紧急断电开关应设在便于司机操作的位置，在紧急情况下，应能及时切断起重机的总控制电源。

（5）卷扬机应安装在平整坚实的位置上，应远离危险作业区，且视线应良好。

（6）在安装、拆除以及使用起重机的过程中设置的临时缆风绳，必须使用钢丝绳，严禁使用铅丝、钢筋或麻绳等代替。

（7）物料在吊篮内应均匀分布，不得超出吊篮。当长料在吊篮中立放时，应采取防滚落措施；散料应装箱或装笼；电梯使用时也要防止偏重，严禁超载使用。

（8）运输设备在施工时如遇大雨、大雾、大风，应马上停止工作，并切断电源。

（9）设备运行中发现机械有异常情况时，应立即停机检查，排除故障后方可继续运行。

（10）混凝土泵送过程中，机械操作和喷射操作人员应密切联系，加料、送风、停机、停风及发生堵塞等应相互配合。泵送混凝土时，在喷嘴的前方或周围 5m 范围内不得站人；工作停歇时，喷嘴不得朝向有人的方向。平时应注意检查设备，并按要求对设备加以维修和养护。

4. 高处作业

高层施工过程绝大部分是在高空进行，因此对于高处作业安全十分重要，对高空施工必须执行下列安全措施。

（1）雨天和雪天进行高处作业时，必须采取可靠的防滑、防寒和防冻措施，凡水、冰、霜、雪均应及时清除。

（2）对高耸建筑物，应事先设置避雷设施。遇有六级以上强风、浓雾等恶劣气候，不得进行露天攀登与悬空高处作业；台风暴雨过后，应对高处作业安全设施逐一加以检查，发现有问题，应立即修理完善。

（3）临边高处作业，必须设置防护措施。

（4）当临边的外侧面临街道时，除设防护栏杆外，敞口立面必须采取满挂安全网或其他可靠措施做全封闭处理。

（5）进行洞口作业、因工程和工序需要而产生的使人与物有坠落危险区域或危及人身安全的其他洞口等，均应根据具体情况按防护要求采取设置稳固的盖件，如采取设防护栏杆、张挂安全网、安装栅门等措施。

（6）支模应按规定的作业程序进行，模板未固定前不得进行下一道工序。严禁在连接件和支撑件上攀登上下。

（7）工作人员应从规定的通道上下，不得在阳台之间等非通道进行攀登，也不得利用吊车臂架等设备进行攀登。上下梯子时应面向梯子，不得手持器物。

（8）防护棚搭设与拆除时，应设警戒区，并应派专人监护，严禁上下同时拆除。

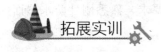 拓展实训

问答题

1. 高层建筑是如何界定的，有哪些类型？

2. 高层建筑有哪些结构形式，有哪些相应的施工方法？

3. 高层建筑施工中如何组织施工运输？

4. 高层建筑垂直运输方式有哪些，其适用范围是什么，施工中的安全要求有哪些？

5. 高层建筑施工中脚手架有哪些类型，各有什么特点，施工需注意哪些安全事项？

第8章 防水工程施工技术

　章节概述

　　防水工程是一项系统工程，它涉及防水材料、防水工程设计、施工技术、建筑物的管理等各个方面。其目的是保证建筑物不受水侵蚀，内部空间不受危害，提高建筑物使用功能和生产、生活质量，改善人居环境，其会直接影响到整栋建筑物的使用寿命。由此可见防水效果的好坏，对建筑物的质量至关重要，所以说防水工程在建筑工程中占有十分重要的地位。在整个建筑工程施工中，必须严格、认真地做好建筑防水工程。

　　建筑工程防水工程分为屋面工程防水和地下工程防水。防水工程质量的优劣，不仅关系到建（构）筑物的使用寿命，还直接关系到使用功能。

　教学目标

　　1. 了解常用防水材料的类型、性能及使用。

　　2. 掌握卷材防水、涂料防水和细石混凝土防水屋面的施工要点及质量控制措施。

　　3. 了解地下工程防水方案，掌握卷材防水、涂料防水、水泥砂浆防水和自防水混凝土的构造及施工要点。

　　4. 掌握刚性防水屋面的概念，了解刚性防水屋面的材料要求，熟悉刚性防水屋面的构造及施工方法。

　课时建议

　　8 课时。

8.1　屋面防水工程施工

　　屋面防水工程是建筑工作的一个重要组成部分，不但关乎建筑施工的整体效果，而且对于建筑物性能有着直接和深远的影响，更会直接对人们认识建筑行业和评价建筑行业形成直观的感受。因此，必须加强屋面防水工程的相关工作。

渗漏是屋面防水工程常见的通病，由于屋面防水工程设计、屋面防水工程材料应用、屋面防水工程结构和屋面防水工程施工技术等原因会直接或间接产生渗漏，对建筑工程和人们生产生活的正常进行带来影响，所以值得建筑行业对此加强关注。在屋面防水工程施工的实践中，提高工程的施工质量是一个复杂的过程，应该将屋面防水工程渗漏的防治作为突破口加强相关的工作，确保屋面防水工程施工的效果。要在掌握屋面防水工程施工原则的前提下，客观分析产生屋面防水工程裂缝的原因，以技术为中心探寻屋面防水工程施工中应用的技术要点，在做好卷材防水施工、涂膜防水施工、刚性防水施工中技术运用的基础上，提高屋面防水工程施工的品质。

8.1.1　基本要求

1. 设计要求

《屋面工程质量验收规范》（GB 50207—2012）中根据建筑物的性质、重要程度、使用功能要求及防水层使用年限，将屋面工程的防水等级划分为 4 个等级，其防水等级标准及设防要求见表 8-1。

表 8-1　屋面工程的防水等级和设防要求

项目	屋面防水等级			
	I	II	III	IV
建筑物类别	特别重要或对防水有特殊要求的建筑	重要建筑和高层建筑	一般建筑	非永久性的建筑
使用年限	≥25 年	≥15 年	≥10 年	≥5 年
防水层选用材料	合成高分子防水卷材、高聚物改性沥青防水卷材、金属板材、合成高分子防水涂料、细石防水混凝土等	高聚物改性沥青防水卷材、合成高分子防水涂料、细石防水混凝土高聚物改性沥青防水涂料等	高聚物改性沥青防水卷材、合成高分子防水涂料、细石防水混凝土、高聚物改性沥青防水涂料、刚性防水层等	高聚物改性沥青防水卷材、高聚物改性沥青防水涂料等
设防要求	三道或三道以上设防，其中必须有一道合成高分子防水卷材	二道设防，其中必须一道防水卷材	一道设防或两种防水涂料复合使用	一道设防

设计人员应严格按《屋面工程技术规范》（GB 50345—2012）的要求进行设计，施工单位必须按照工程设计图纸和施工技术标准施工，不得擅自修改工程设计，不得偷工减料，只有按设计和规范施工，才能保证工程质量。

根据屋面防水层所选用的材料不同，防水屋面可分为柔性防水层屋面（卷材防水

层、涂料防水层）和刚性防水层屋面（细石混凝土防水层）及其他防水屋面。

2. 材料要求

防水、保温、隔热材料对于屋面工程的质量起到决定性的作用，屋面工程所采用的材料应该有产品合格证书和性能检测报告，对材料的品种、规格、性能等要求应符合现行国家产品标准和设计要求。

（1）防水材料品种繁多，按其主要原料可分为以下四类。

①沥青类防水材料　以天然沥青、石油沥青和煤沥青为主要原材料，制成的沥青油毡、纸胎沥青油毡、溶剂型和水乳型沥青类或沥青橡胶类涂料、油膏，具有良好的黏结性、塑性、抗水性、防腐性和耐久性。

②橡胶塑料类防水材料　以氯丁橡胶、丁基橡胶、三元乙丙橡胶、聚氯乙烯、聚异丁烯和聚氨酯等原材料，可制成弹性无胎防水卷材、防水薄膜、防水涂料、涂膜材料及油膏、胶泥、止水带等密封材料，具有抗拉强度高，弹性和延伸率大，黏结性、抗水性和耐气候性好等特点，可以冷用，使用年限较长。

③水泥类防水材料　对水泥有促凝密实作用的外加剂，如防水剂、加气剂和膨胀剂等，可增强水泥砂浆和混凝土的憎水性和抗渗性；以水泥和硅酸钠为基料配置的促凝灰浆，可用于地下工程的堵漏防水。

④金属类防水材料　薄钢板、镀锌钢板、压型钢板、涂层钢板等可直接作为屋面板，用以防水。薄钢板用于地下室或地下构筑物的金属防水层。薄铜板、薄铝板、不锈钢板可制成建筑物变形缝的止水带。金属防水层的连接处要焊接，并涂刷防锈保护漆。

（2）防水涂料　硬性灰浆、柔性灰浆、丙烯酸酯、单组分聚氨酯。

8.1.2　屋面找平层

屋面找平层是防水层的基层，直接影响到整个防水层的质量。屋面防水层要求基层有较好的结构整体性和刚度。

1. 基本要求

目前，大部分的建筑均以钢筋混凝土结构为主，所以较多采用水泥砂浆、细石混凝土找平层或沥青砂浆找平层作为防水层的基层。找平层的厚度和技术要求必须符合要求，见表8-2。

表 8-2　找平层的厚度和技术要求

类　别	基层类型	厚度/mm	技术要求
水泥砂浆找平层	整体混凝土	15～20	1：2.5～1：3（水泥：砂）体积比，水泥强度不得低于32.5级
	整体或板状材料保温层	15～20	
	装配混凝土板，松散材料保温层	20～30	
细石混凝土找平层	松散材料保温层	30～35	混凝土强度不得低于C20

表 8-2（续）

类　别	基层类型	厚度/mm	技术要求
沥青砂浆找平层	松散材料保温层	15～20	1：8（沥青：砂）质量比
	装配混凝土板，整体或板状，材料保温层	20～25	

找平层的排水坡度必须符合设计要求。屋面防水应以防为主，以排为辅。在完善设防的基础上，应将水迅速排走，以减少渗水的机会，所以正确的排水坡度很重要。平屋面在建筑功能许可情况下应尽量作成结构找坡。

对找平层的质量要求，除排水坡度必须满足设计要求外，还规定找平层要在收水后一次压光，使表面坚固、平整；水泥砂浆终凝后，应采取浇水、覆盖浇水、喷养护剂、涂刷冷底子油等手段充分养护，保护砂浆中的水泥充分水化，以确保找平层质量。

沥青砂浆找平层，除强调配合比准确外，施工中应注意拌合均匀和表面密实。找平层表面不密实会产生蜂窝，使卷材胶结材料或涂膜的厚度不均匀，直接影响防水层的质量。屋面防水基层与突出屋面结构的交接处以及基层的转角处是防水层应力集中的部位，基层与突出屋面结构（女儿墙、立墙、天窗壁、变形缝、烟囱等）的交接处以及基层的转角处（水落口、檐口、天沟、檐沟、屋脊等），均应做成圆弧，转角处圆弧半径的大小也会影响卷材的铺贴，找平层圆弧半径应根据材料种类按表 8-3 选用。内部排水的水落口周围应做成略低的凹坑。

表 8-3　找平层圆弧半径

卷材种类	圆弧半径/mm
沥青防水卷材、高聚物改性防水涂料	100～150
高聚物改性沥青防水卷材、合成高分子防水涂料	50
合成高分予防水卷材	20

找平层宜设分隔缝，并嵌填密封材料。由于找平层收缩和温差的影响，水泥砂浆或细石混凝土找平层应预先留设分隔缝，使裂缝集中于分隔缝中，减少找平层大面积开裂的可能性。分隔缝宽度一般为 5～20mm，其纵横缝的最大间距，对水泥砂浆或细石混凝土找平层，不宜大于 6m；对沥青砂浆找平层，不宜大于 4m。

2. 找平层施工（以水泥找平层为例）

（1）施工工艺流程

基层清理→管根封堵→标定标高、坡度—浇水湿润或喷涂沥青稀料→找平层→刮平→抹平压实→养护→填缝→验收。

（2）施工要点

①基层清理　将结构层、保温层表面的松散杂物清扫干净，将凸出基层表面的灰渣等黏结杂物铲平，不得影响找平层的有效厚度。

②管根封堵　大面积做找平层前，应先将出屋面的预埋管件、女儿墙、檐沟、伸缩缝根部处理好。

③找平层施工　按设计坡度方案标定出标高和坡度，贴点标高、冲筋并设置分隔缝，也可以在施工找平层后切割。

④浇水湿润　抹找平层前，根据找平层类型，应适当浇水湿润但不可洒水过量，不能积水。

⑤铺装水泥砂浆　按分格块装水泥砂浆、铺平，用刮扛靠冲筋条刮平，找坡后用木抹子抹平，铁抹子压光。待浮浆沉失后，以人踏上去有脚印但不下陷为准，再用铁抹子压第二遍可完工。找平层水泥砂浆配合比一般为1∶3，黏稠度控制在7cm。

⑥养护　找平层抹平、压实以后24h可浇水、覆盖养护，一般养护期为7d，经干燥后铺设防水层。

⑦填缝　用弹性材料嵌缝非常重要，可以防止防水层在这个薄弱环节开裂，一般可以采用玛蹄脂。施工缝与找平层应齐平，不得有明显的凸起和凹陷。

8.1.3　屋面保温层

屋面保温层是保温屋面的重要组成部分，它提高了建筑物的热工性能，节约了能源，为人们提供了一个适宜的内部环境。屋面保温层一般位于防水层的下面，保温材料主要有松散材料、板状材料、整体现浇（喷）保温材料。

1. 屋面保温层的施工方法

（1）工艺流程

基层清理→管根封堵→涂刷隔气层→标定标高、坡度→施工保温层→找坡层→验收。

（2）施工要点

①铺设保温材料的基层应平整、干燥和干净。

②涂刷隔气层是为了防止结构层或室内的潮气进入保温层，可使用掺0.2%～0.3%乳化剂的水溶液，也可使用沥青溶液（冷底子油），基层处理剂应涂刷均匀，无露底，无堆积。涂刷时，应用刷子用力涂，使处理剂尽量刷进基层表面的毛细孔中，这样才能起到防潮作用。

③在与室内空间有关联的天沟、檐沟处，均应铺设保温层，天沟、檐沟、檐口与屋面交接处屋面保温层的铺设应延伸到墙内，其伸入的长度不应小于墙厚的1/2。

④按设计坡度方案标定出标高和坡度。根据坡度要求拉线找坡，一般按1～2m贴点标高（贴灰饼）；铺抹找平砂浆时，先按流水方向以间距1～2m冲筋。

⑤板状材料保温层施工应符合下列规定：板状保温材料应紧靠在需保温的基层表面上，并应铺平垫稳，要在基面上、板与板之间都满涂胶结材料后，再将板块粘牢、

铺平、压实、贴严，表面平整；分层铺设的板块上下层接缝应相互错开；板间缝隙应采用网类材料嵌填密实，当采用水泥蛭石（珍珠岩）砂浆粘贴时，板缝隙采用保湿灰浆填实并勾缝。保温灰浆的体积配合比为 1∶1∶10（水泥∶石灰膏∶同类保温材料碎粒），避免产生冷桥。

⑥保证现浇保温层质量的关键是表面平整、找坡正确和厚度满足设计要求。保温层厚度体现屋面保温的效果，过厚则浪费材料，过薄则达不到设计要求。其允许偏差：松散保温材料和整体现浇保温层为＋10％，－5％；板状保温材料为±5％，且不得大于 4mm。采用钢针插入和尺量的方法检查保温层厚度。

2. 倒置式屋面

倒置式屋面是将保温层置于防水层的上面，倒置式屋面坡度不宜大于 3％。

保温层的材料必须是低吸水率的材料和长期浸水不腐烂的保温材料。保温层可采用干铺或粘贴泡沫玻璃、聚苯泡沫板、硬质聚氨酯泡沫板等板状保温材料，也可采用现喷硬质聚氨酯泡沫塑料。

倒置式屋面板状保温材料的铺设应平稳，拼缝应严密。在檐沟、水落口等部位，应采用现浇混凝土或砖砌堵头，并做好排水处理。

倒置式屋面保温层直接暴露在大气中，为了防止紫外线的直接照射和人为的损害以及防止保温层泡雨水后上浮，在保温层上应采用混凝土块、水泥砂浆或卵石作保护层如图 8-1 所示。

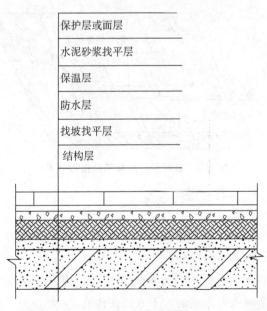

图 8-1　倒置式屋面构造

保护层与保温层之间应铺设隔离层，可以干铺一层聚酯纤维无纺布。采用卵石保护层时，卵石应分布均匀，通过观察检查，并按堆密度计算其质量。卵石的质量应符

合设计要求，防止过量，以免加大屋面荷载，导致结构开裂或变形过大，甚至造成结构被破坏。

8.1.4 卷材防水层

卷材防水层是采用柔性材料粘贴而成的一整片能防水的屋面覆盖层。卷材防水层适用于防水等级为Ⅰ－Ⅳ级的屋面防水。

1. 卷材铺贴方向

高聚物改性沥青防水卷材和合成高分子防水卷材耐温性好、厚度较薄，不存在流淌问题，所以对铺贴方向不予限制。

针对沥青防水卷材，考虑到沥青软化点较低，防水层较厚，当屋面坡度较大时需垂直屋脊方向铺贴，以防止发生流淌。要求：当屋面坡度小于3％时，卷材宜平行屋脊铺贴，如图8-2所示；当屋面坡度在3％～15％时，卷材可平行或垂直屋脊铺贴；当屋面坡度大于15％或屋面受震动时，沥青防水卷材应垂直屋脊铺贴，高聚物改性沥青防水卷材和合成高分子防水卷材可平行或垂直屋脊铺贴。无论何种卷材，上下层卷材不得相互垂直铺贴。

屋面防水层施工时，应先做好节点、附加层和屋面排水比较集中等部位的处理，然后由屋面最低处向上进行施工。铺贴天沟、檐沟卷材时，宜顺天沟、檐沟方向铺贴，减少卷材的搭接。

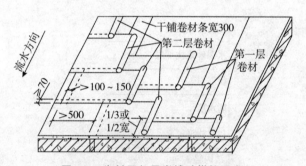

图 8-2 卷材平行屋脊铺贴搭接要求

2. 卷材搭接铺贴

卷材应采用搭接法铺贴。平行于屋脊的搭接缝，应顺流水方向搭接；垂直于屋脊的搭接缝，应顺年最大频率风向搭接。

叠层铺贴的各层卷材，在天沟与屋面的交接处，应采用叉接法搭接，搭接缝应错开，且搭接缝宜留在屋面或天沟侧面，不宜留在沟底。

为确保卷材防水屋面的质量，所有卷材均应采用搭接法。上下层及相邻两幅卷材的搭接缝应错开。各种卷材搭接宽度应符合表8-4的要求，卷材搭接宽度的允许偏差为－10mm。

表 8-4　卷材搭接宽度　　　　　　　　　　　　　　单位：mm

卷材种类 ＼ 铺贴方法		短边搭接		长边搭接	
		满粘法	空铺、点粘、条粘法	满粘法	空铺、点粘、条粘法
沥青防水卷材		100	150	70	100
高聚物沥青防水卷材		80	100	80	100
合成高分子防水卷材	胶黏剂	80	100	80	100
	胶黏带	50	60	50	60
	单焊缝	60，有效焊接宽度不小于 25			
	双焊缝	80，有效焊接宽度不小于 10×2＋空腔宽			

3. 施工工艺

屋面防水卷材施工应根据设计要求、工程具体条件和选用的材料选择施工工艺。常用的施工工艺有热熔法、热风焊接法、冷粘法、自粘法、机械钉压法和压埋法，具体见表 8-5。

表 8-5　防水卷材施工工艺和适应范围

工艺类别	名称	施工方法	适用范围
热施工工艺	热熔法	采用火焰加热熔化热熔型防水卷材底层的热溶胶进行黏结的施工方法	底层涂有热熔胶的高聚物改性沥青防水卷材，如 SBS、APP 改性沥青防水卷材
	热风焊接法	采用热风或热焊接进行热塑性卷材黏合搭接的施工方法	合成高分子防水卷材搭接焊接，如 PVC 热风焊接法搭接的施工方法
冷施工工艺	冷粘法	在常温下采用胶黏剂（带）将卷材与基层或卷材之间黏结的方法	高分子防水卷材、高聚物改性沥青防水卷材，如三元乙丙、氯化乙烯、SBS 改性沥青防水卷材
	自粘法	直接粘贴基面采用带有自黏胶的防水卷材进行黏结的施工方法，无须涂刷黏结剂	自黏高分子防水卷材，自黏高聚物改性沥青防水卷材
机械固定工艺	机械钉压法	采用镀锌钢钉或铜钉固定防水卷材的施工方法	多用于木基面上铺设高聚物改性沥青防水卷材或穿钢钉后热风焊焊接搭接缝，局部固定基面的高分子防水卷材
	压埋法	卷材与基面大部分不黏结，上面采用卵石压埋，搭接缝及其周边要全粘	用于空铺法、倒置式屋面

工艺流程：各种工艺的流程除在铺贴阶段不同外，其他过程基本相同，即基层清

理→落水口等细部密封处理→涂刷基层处理剂→细部附加层铺设→定位、弹线→从天沟或落水口开始铺贴→收头固定密封→检查修理→蓄水试验→保护层。

细部处理：天沟、檐沟、檐口、水落口、泛水、变形缝和伸出屋面管道等处，是当前屋面防水工程渗漏最严重的部位，施工中要严格按设计和规范要求的细部构造进行处理定位、弹线试铺。为保证搭接尺寸和避免接头位于天沟底等薄弱位置，一般在找平层上以卷材幅宽弹出粉线作为标准，进行预排。

（1）冷粘法

冷粘法施工是指在常温下采用胶黏剂等材料进行卷材与基层、卷材与卷材间黏结的施工方法。

①铺贴流程　基面清理→涂刷黏结胶→卷材反面涂胶→卷材粘贴→滚压排气→搭接、涂胶黏合压实→搭接缝封密。

②施工要点

a. 清理基层。剔除基层上的隆起异物，清除基层上的杂物，清扫干净尘土。

b. 喷涂基层处理剂。高聚物改性沥青防水卷材的基层处理剂可选用氯丁沥青胶乳、橡胶改性沥青溶液、沥青溶液等，将基层处理剂搅拌均匀，先将节点部位涂刷一遍，然后进行大面积涂刷，涂刷应均匀，不得过厚或过薄，一般涂刷后 4h 左右，方可进行下道工序的施工。

c. 节点的附加增强处理　在构造节点部位及周边扩大 200mm 范围内，均匀涂刷一层厚度不小于 1mm 的弹性沥青胶黏剂，随即粘贴一层聚酯纤维无纺布，并在布上涂一层厚 1mm 的胶黏剂，构成无接缝的增强层。

d. 定位、弹线　按卷材排布配置，弹出定位和基准线。

e. 涂刷基层胶黏剂　基层胶黏剂可用胶皮刮板涂刷，涂刷在基层上的胶黏剂要求厚薄均匀，不漏底，不堆积，厚度约 0.5mm。空铺法、条粘法、点粘法应在屋面周边 800mm 宽的部位满涂刷胶黏剂，进行满粘贴。点粘和条粘还应按规定的位置和面积涂刷胶黏剂，保证达到点粘和条粘的质量要求。

f. 粘贴防水卷材　要根据各种胶黏剂的性能和施工环境要求的不同，安排粘贴的时间和控制两次涂刷的间隔时间。粘贴时，要推赶、滚压、排气、粘牢一气呵成。即一人在后均匀用力推赶铺贴卷材，并注意排除卷材下面的空气，防止温度升高气体膨胀而使卷材起鼓；一人手持压辊，滚压卷材面，使之与基层更好地黏结，溢出的胶黏剂随即刮平。整个卷材的铺贴应平整顺直，不得扭曲、皱褶等。卷材与立面的粘贴，应从下面均匀用力往上推赶，使之黏结牢固。当气温较低时，可考虑用热熔法施工。

g. 卷材接缝黏结　卷材接缝处应满涂胶黏剂（与基层胶黏剂品种相同），经过合适的间隔后，进行接缝处卷材黏接，并用压辊压实，溢出的胶黏剂随即刮平。搭接缝黏结质量的关键是搭接宽度和黏结力。为保证搭接尺寸，一般在已铺卷材上量好搭接宽度，弹出粉线作为标准。为了保证黏结可靠，卷材与卷材搭接缝也可用热熔法黏结。

h. 卷材接缝密封　为提高防水层的密封抗渗性能，接缝口应用密封材料封严，宽度不小于 10mm。

i. 蓄水试验　防水层完工后，按卷材热玛蹄脂黏结施工的要求做蓄水试验。

j. 保护层施工　屋面经蓄水试验合格后放水，待面层干燥后，立即进行保护层施工，以避免防水层受损。做法同热法铺贴高聚物改性沥青防水卷材。

（2）热熔法

热熔法施工是指利用火焰加热器熔化热熔型防水卷材底层的热熔胶进行粘贴的方法。施工时，在卷材表面热熔后（以卷材表面熔融至光亮黑色为度），应立即滚铺卷材，使之平展，并辊压黏结牢固。搭接缝处必须以溢出热熔的改性沥青胶为度，并应随即刮封接口。

①铺贴流程　热源烘烤滚铺防水卷材→排气压实→接缝热熔焊实压牢→接缝密封。

②热熔法铺贴卷材施工要点

a. 火焰加热器加热卷材应均匀，不得过分加热或烧穿卷材，如图 8-3 所示。厚度小于 3mm 的高聚物改性沥青防水卷材严禁采用热熔法。

b. 卷材表面热熔后应立即滚铺卷材，卷材下面的空气应排空，并辊压黏结牢固，不得有空鼓现象。

c. 卷材接缝部位必须以溢出热熔的改性沥青为度。溢出的改性沥青宽度以 2mm 左右为度，并均匀顺直。接缝处的卷材有铝箔或矿物粒（片）料时，应清除干净后再进行热熔和接缝处理，以使接缝黏结牢固、密封严密。

d. 应沿预留的或现场弹出的粉线作为基准进行施工作业，保证铺贴的卷材平整顺直、搭接尺寸准确，不得扭曲、皱褶。

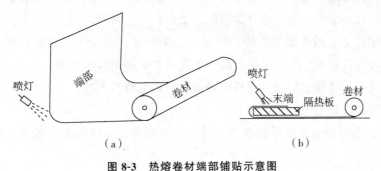

图 8-3　热熔卷材端部铺贴示意图
(a) 卷材端部加热；(b) 卷材末端加热

（3）自粘法

自粘法施工是指自粘型改性沥青卷材的铺贴方法。自粘型改性沥青卷材在工厂生产过程中，在其底面涂上了一层高性能的胶黏剂，胶黏剂表面敷有一层隔离纸，在施工中剥去隔离纸，就可以直接铺贴，如图 8-4 所示。

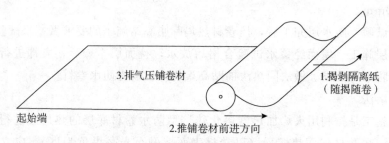

图 8-4 自粘型卷材滚铺法施工示意图

①铺贴流程 卷材就位并撕去隔离纸→自粘卷材铺贴→滚压排气、黏合牢固→搭接缝热压黏合→黏合密封胶条。

②自粘法铺贴卷材施工要点

a. 铺贴卷材前基层表面应均匀涂刷基层处理剂，干燥后应及时铺贴卷材。为了提高卷材与基层的黏结性能，基层应涂刷处理剂，并及时铺贴卷材。

b. 铺贴卷材时，应将自粘型卷材底面的隔离纸全部撕净，否则不能实现完全粘贴。

c. 卷材下面的空气应排尽，并辊压黏结牢固。

d. 铺贴的卷材应平整顺直，搭接尺寸准确，不得扭曲、皱褶；搭接部位宜采用热风加热，随即粘贴牢固；接缝口应用材性相容的密封材料封严，搭接宽度不应小于10mm。在铺贴立面或大坡面卷材时，立面和大坡面处卷材容易下滑，可采用加热方法使自粘卷材与基层黏结牢固，必要时还应采用钉压固定等措施。

（4）热风焊接法

热风焊接法是用经过预热的压缩空气或惰性气体加热塑料焊件和焊条，使它们达到黏稠状态，在不大的压力下进行焊接的方法。

热风焊接法主要用于聚氯乙烯、聚烯烃、聚甲醛、尼龙等塑料的焊接，也可用于聚苯乙烯、ABS、聚碳酸酯、氯化聚醚、氯化聚乙烯等塑料的焊接。

①铺贴流程 搭接边清理→焊机准备调试→搭接缝口焊接。

②热风焊接法铺贴卷材施工要点

a. 焊接前卷材的铺设应平整顺直，搭接尺寸准确，不得扭曲、皱褶，确保卷材的焊接质量。

b. 卷材的焊接面应清扫干净，无水滴、油污及附着物，以使接缝焊接牢固、封闭严密。

c. 焊接时应先焊长边搭接缝，后焊短边搭接缝。

d. 控制热风加热温度和时间，焊接处不得有漏焊、跳焊、焊焦或焊接不牢现象。

e. 焊接时不得损害非焊接部位的卷材。

4. 铺设方法

防水卷材的铺设方法有多种，常用的有满粘法、空铺法、点粘法和条粘法。一般来说，在选用铺设方法时要优先考虑空铺法、点粘法和条粘法。因为屋面受地基变形、结构荷载、温差变形、找平层及防水层收缩变形等因素的影响，若防水层与基层满粘，则其适应变形的能力差，防水层常被拉裂破坏。解决这一问题的办法无非是提高卷材的延伸率，减少结构变形和改变铺贴工艺，而改变铺贴施工工艺最为简便易行。具体做法及适应范围见表 8-6。

表 8-6　卷材的铺粘方法和适用范围

铺贴方法	具体做法	适用范围
满粘法	铺贴防水卷材时，与基层采用全部黏结的施工方法，常用热熔法、冷粘法、自粘法等工艺粘贴防水卷材	适用于屋面防水面积小，结构变形不大，找平层干燥，立面或大坡面铺贴的屋面
空铺法	铺贴防水卷材时，卷材与基层在周边一定宽度内黏结，其余部分不黏结的施工方法，施工时檐口、屋脊、屋面转角、伸出屋面的出气孔、烟囱等部位满粘；黏结宽度不小于 800mm	适用于基层潮湿、找平层水汽难以排除及结构变形较大的屋面防水
条粘法	铺贴防水卷材时，卷材与基层采用条状黏结的施工方法。其做法是卷材与基层采用条状黏结，每幅卷材与基层黏结面不少于两条，每条宽度不小于 150mm。卷材与卷材搭接应满粘，叠层铺贴也应满粘	适用于结构变形较大、基面潮湿，排气困难的屋面防水
点粘法	铺贴防水卷材时，卷材或打孔卷材与基层采用点状黏结的施工方法；每平方米黏结不少于 5 个点，每点面积为 100mm×100mm	结构变形较大、基面潮湿、排气有一定难度的屋面排水

5. 细部构造要求

天沟、檐沟、檐口、水落口、泛水、变形缝和伸出屋面管道等处，是当前屋面防水工程渗漏最严重的部位，施工中要严加控制细部构造处理。

应根据屋面的结构变形、温差变形、干缩变形和振动等因素，使节点设防能够满足基层变形的需要；应采用柔性密封、防排结合、材料防水与构造防水相结合的做法；应采用防水卷材、防水涂料、密封材料和刚性防水材料等材性互补并用的多道设防（包括设置附加层）。

天沟、檐沟与屋面交接处和檐口、泛水与立面卷材收头的端部常发生裂缝，在这个部位要采用增铺卷材或防水涂膜附加层。但由于卷材铺贴较厚，檐沟卷材收头又在沟边顶部，不采用固定措施就会由于卷材的弹性而发生翘边胶落现象。卷材采用机械固定时，固定件应与结构层固定牢固，固定件间距应根据当地的使用环境与条件确定，并不宜大于 600mm。当采用金属制品时，所有零件均应做防锈处理。

8.1.5 刚性防水层

采用较高强度和无延伸性的防水材料,如防水砂浆、防水混凝土所构成的防水层,依靠结构构件自身的密实性或采用刚性材料作防水层以达到建筑物的防水目的,称为刚性防水。

在混凝土中掺入膨胀剂、减水剂、防水剂等混凝土外加剂,使浇筑后的混凝土工程细致密实,液态水难以通过,从而达到防水目的的刚性内防水技术,工艺简单,成本低廉。刚性防水层的浇筑和养护每道工序都应严格按要求进行施工,否则将失去防水效果。刚性防水层的抗结构变形能力较低。刚性防水层适用于防水等级为Ⅲ级的屋面防水,当屋面采用多道防水层设防时,刚性防水层也可用作Ⅰ、Ⅱ级防水屋面中的一道防水层。目前,较为理想的防水措施是采用刚柔并用的复合防水技术,特别是重点工程,大多采用刚柔互补复合防水措施。刚性防水屋面的一般构造形式如图 8-5 所示。

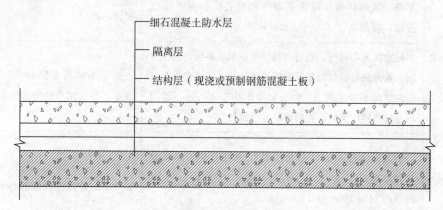

图 8-5　刚性防水屋面一般构造

1. 施工工艺

细石混凝土防水层施工工艺流程:隔离层施工→绑扎钢筋→安装分隔缝板条和边模→现浇防水层混凝土→混凝土二次压光→养护混凝土→分隔缝清理及刷处理剂→嵌填密封材料→密封材料保护层施工。

隔离层施工:在找平层上干铺塑料膜、土工布或卷材作为隔离层,也可铺抹低强度等级砂浆作隔离层。

绑扎钢筋:按设计要求绑扎钢筋,网片应处于普通细石混凝土防水层的中部,施工中钢筋下宜放置15~20mm厚的水泥垫块。

分格条安装:位置应准确,起条时不得损坏分隔缝处的混凝土;当采用切割法施工时,分隔缝的切割深度宜为防水层厚度的3/4。

混凝土二次压光:收水后进行二次压光。

混凝土养护:屋面防水混凝土的养护一般采用自然养护法。

2. 刚性屋面防水层施工要求

细石混凝土防水层在天沟、檐沟、檐口、水落口、泛水、变形缝、伸出屋面管道等处是防水屋面的薄弱环节，要严格按设计和规范施工，确保细石混凝土防水层的整体质量，具体构造要求参阅有关规范和卷材防水要求。

(1) 在浇捣混凝土前，应将隔离层表面的浮渣、杂物清除干净；检查隔离层的质量及平整度、排水坡完整性；支好分隔缝模板，标出混凝土的浇筑厚度，厚度不宜小于40mm。

(2) 混凝土搅拌应采用机械搅拌，搅拌时间不少于2min，在混凝土运输过程中应防止漏浆和离析。

(3) 采用掺加抗裂纤维的细石混凝土时，应先加入纤维干拌均匀后再加水，干拌时间不得少于2min。

(4) 混凝土的浇筑按"先远后近，先高后低"的原则进行。

(5) 一个分隔缝范围内的混凝土必须一次浇捣完成，不得留施工缝。

(6) 混凝土宜采用小型机械振捣，如无振捣器，可先用木棍等插捣，再用小滚（重30～40kg，长600mm左右）来回滚压，直至密实和表面泛浆，泛浆后用铁抹子压实抹平，并确保防水层的设计厚度和排水坡度。

(7) 铺设、振动、滚压混凝土时，必须严格保证钢筋间距及位置的准确。

(8) 混凝土初凝后，及时取出分隔缝隔板，用铁抹子第二次压实抹光，并及时修补分隔缝的缺损部分，做到平直整齐；到混凝土终凝前进行第三次压实抹光，要求做到表面平光，不起砂、不起皮、无抹板压痕，抹压时，不得撒干水泥或干水泥砂浆。

8.2 地下防水工程

8.2.1 水泥砂浆防水层

水泥砂浆防水层是一种刚性防水层，即在结构的底面和侧面分别涂抹一定厚度的水泥砂浆，利用砂浆本身的憎水性和密实性来达到抗渗防水的效果。水泥砂浆防水层适用于地下工程主体结构的迎水面或背水面，不适用于受持续振动或环境温度高于80℃的地下工程。水泥砂浆防水层应在基础垫层、围护结构验收合格后方可施工。

防水砂浆工艺流程：作业准备→砂浆搅拌→砂浆运输→砂浆浇筑→养护。各部分要求如下。

(1) **砂浆配制** 水泥砂浆品种和配合比设计应根据防水工程要求确定。施工中要求有严格的计量措施，确保准确执行配合比。设计没要求时，普通水泥砂浆防水层的配合比应按表8-7选用。

表 8-7　水泥砂浆配合比

名称	配合比（质量比）		水灰比	适用范围
	水泥	砂		
水泥浆	1	—	0.55～0.60	水泥浆防水层第一层
	1	—	0.37～0.40	水泥浆防水层第三、五层
水泥砂浆	1	1.5～1.2	0.40～0.50	水泥浆防水层第二、四层

（2）工艺要求。水泥砂浆防水层施工时应符合下列要求。

①分层铺抹或喷涂，铺抹时应压实、抹平，最后一层表面应提浆压光，并在砂浆收水后二次压光。

②防水层各层应紧密贴合，每层宜连续施工，必须留施工缝时应采用阶梯坡形槎，但离开阴阳角外不得小于 200mm。

③水泥砂浆终凝后（12～24h）应及时进行养护，养护温度不宜低于 5℃，并保持湿润养护时间不得少于 14d。聚合物水泥防水砂浆未达到硬化状态时，不得浇水养护或直接受雨水冲刷，硬化后应采用干湿交替的养护方法。在潮湿环境中，可在自然条件下养护。

8.2.2　卷材防水层

卷材防水层用于建筑物地下室结构主体底板垫层至墙体顶端的基面上，在外围形成封闭的防水层，适用于受侵蚀性介质或受振动作用的地下工程主体迎水面铺贴。

1. 一般要求

卷材防水层所用卷材及主要配套材料必须符合设计要求，要认真检查其出厂合格证、质量检验报告和现场抽样试验报告。

2. 施工工艺

一般采用外防外贴和外防内贴两种施工方法。由于外防外贴法的防水效果优于外防内贴法，所以在施工场地和条件不受限制时一般均采用外防外贴法。

（1）外防外贴法施工

外防外贴法，简称外贴法，是在垫层上先铺好底板卷材防水层，进行混凝土底板与墙体施工，待墙体模板拆除后，再将卷材防水层直接铺贴在墙面上，然后砌筑保护墙，如图 8-6 所示。

外防外贴法的施工工艺如下。

①在混凝土底板垫层上做 1：3 水泥砂浆找平层。

②水泥砂浆找平层干燥后，铺贴底板卷材防水层，并在四周伸出一定长度，以便与墙身卷材防水层搭接。

③四周砌筑保护墙。保护墙分为两部分，下部为永久性保护墙，高度不小于 $B+$

100mm（B 为底板厚度）；上部为临时保护墙，高度一般为 300mm，用石灰砂浆砌筑，以便拆除。

④将伸出四周的卷材搭接接头临时贴在保护墙上，并用两块木板或其他合适材料将接头压于其间，进行保护，防止接头断裂、损伤、弄脏。

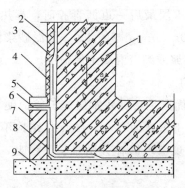

图 8-6 外防外贴法

1—结构墙体；2—柔性防水层；3—柔性保护层；4—柔性附加防水层；5—防水层搭接部位保护层；6—防水层搭接部位；7—保护墙；8—柔性防水加强层；9—混凝土垫层

⑤底板与墙身混凝土施工。

⑥混凝土养护，拆墙体。

⑦在墙面上抹水泥砂浆找平层并刷冷底子油。

⑧拆除临时保护墙，找出各层卷材搭接接头，并将其表面清理干净。

⑨接长卷材进行墙体卷材铺贴，卷材应错槎接缝，依次逐层铺贴。

⑩砌筑永久保护墙。

（2）外防内贴法施工

外防内贴法是在垫层四周先砌筑保护墙，然后将卷材防水层铺贴在垫层与保护墙上，最后进行混凝土底板与墙体施工，如图 8-7 所示。

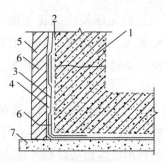

图 8-7 外防内贴法

1—结构墙体；2—砂浆保护层；3—柔性防水层；4—砂浆找平层；

5—保护墙；6—柔性防水层；7—混凝土垫层

外防内贴法的施工工艺如下。

①在混凝土底板垫层四周砌筑永久性保护墙。

②在垫层表面及保护层墙面上抹 1∶3 水泥砂浆找平层。

③找平层干燥后，满涂冷底子油，沿保护墙及底板铺贴防水卷材。

④在立面上，在涂刷防水层最后一道沥青胶时，趁热粘上干净的热砂或散麻丝，待其冷却后，立即抹一层 10～20mm 厚的 1∶3 水泥砂浆保护层；在平面上铺设一层 30～50mm 厚的 1∶3 水泥砂浆或细石混凝土保护层。

⑤底板和墙体混凝土施工。

内贴法与外贴法相比，优点是卷材防水层施工较简便，底板与墙体防水层可一次铺贴完成，不必留接槎，施工占地面积小，缺点是结构不均匀沉降对防水层影响大，易出现漏水现象，竣工后出现漏水修补会困难。工程上，只有当施工条件受限制时，才采用内贴法施工。

卷材防水层完工并经验收合格后应及时做保护层，保护层应符合下列规定：顶板的细石混凝土保护层与防水层之间宜设置隔离层。细石混凝土保护层厚度：机械回填时不宜小于 70mm，人工回填时不宜小于 50mm；底板的细石混凝土保护层厚度不应小于 50mm；侧墙宜采用软质保护材料或铺抹 20mm 厚 1∶2.5 水泥砂浆。

8.3　厨房、卫生间防水施工

目前，厨房、卫生间楼面防水主要选用高弹性的聚氨酯涂膜防水或选用弹塑性的氯丁胶乳沥青涂料防水等涂膜防水新材料、新工艺，可在卫生间、厨房间的地面和墙面形成一个没有接缝、封闭严密的整体防水层，从而提高其防水工程质量。

1. 聚氨酯涂膜防水施工

聚氨酯涂膜防水材料是双组分化学反应固化型的高弹性防水涂料，多以甲、乙双组分形式使用，主要材料有聚氨酯涂膜防水材料甲组分、聚氨酯涂膜防水材料乙组分和无机铝盐防水剂等，施工用辅助材料应备有二甲苯、醋酸乙酯、硝酸等。施工工艺要点如下。

（1）基层处理　卫生间的防水基层必须用 1∶3 的水泥砂浆找平，要求抹平、压光、无空鼓，表面坚实，不应有起砂、掉灰现象。在抹找平层时，在管道根部的周围，应使其略高于地面；在地漏的周围，应做成略低于地面的洼坑。找平层的坡度以 1%～2% 为宜，坡向地漏。凡遇到阴、阳角处，要抹成半径不小于 10mm 的小圆弧，与找平层相连接的管件、卫生洁具、排水口等，必须安装牢固，收头圆滑，按设计要求用密封膏嵌固。基层必须基本干燥，一般在基层表面均匀泛白无明显水印时，才能进行涂膜防水层施工。施工前要把基层表面的尘土杂物彻底清扫干净。

①涂布底胶 将聚氨酯甲、乙两组分和二甲苯按 1：1.5：2 的比例（质量比，以产品说明为准）配合搅拌均匀，再用小滚刷或油漆刷均匀涂布在基层表面上，涂量为 $0.15\sim0.2\mathrm{kg/m^2}$，涂刷后应干燥固化 4h 以上，才能进行下道一道工序施工。

②配制聚氨酯涂膜防水涂料 将聚氨酯甲、乙组分和二甲苯按 1：1.5：0.3 的比例配合，用电动搅拌器强力搅拌均匀备用，应随配随用，一般在 2h 内用完。

（2）涂膜防水层施工 用小滚刷或油漆刷将已配好的防水涂料均匀涂布在底胶已干固的基层表面上，涂完第一度涂膜后，一般需固化 5h 以上，在基本不黏手时，再按上述方法涂布第二、三、四度涂膜，并使后一度与前一度的涂布方向相垂直，对管子根部、地漏周围以及墙转角部位，必须认真涂刷，涂刷厚度不小于 2mm。在涂刷最后一度涂膜固化前及时稀撒少许干净的粒径为 $2\sim3\mathrm{mn}$ 的小豆石，使其与涂膜防水层黏结牢固，作为与水泥砂浆保护层黏结的过渡层。

（3）做好保护层 当聚氨酯涂膜防水层完全固化和通过蓄水试验合格后，即可铺设一层厚度为 $15\sim25\mathrm{mm}$ 的水泥砂浆保护层，然后按设计要求铺设饰面层。聚氨酯涂膜防水材料的技术性能应符合设计要求或材料标准规定，并应有质量证明文件和现场取样进行检测的试验报告以及其他有关质量的证明文件，聚氨酯的甲、乙组分必须密封存放，甲组分开盖后，吸收空气中的水分会起反应面固化，如在施工中混有水分，则聚氨酯固化后内部会有水泡，影响防水能力，涂膜厚度应均匀一致，总厚度不应小于 1.5mm。涂膜防水层必须均匀固化，不应有明显的凹坑、气泡和渗漏水的现象。

2. 氯丁胶乳沥青防水涂料施工

氯丁胶乳沥青防水涂料是以氯丁橡胶和沥青为基料，经加工合成的一种水乳型防水涂料。它兼有橡胶和沥青的双重优点，具有防水、抗渗、耐老化、不易燃、无毒、抗基层变形能力强等优点，且冷作业施工，操作方便。

施工工艺要点如下。

（1）基层处理 与聚氨酯涂膜防水施工要求相同。

（2）"二布六油"防水层施工 布六油"防水层的工艺流程：基层找平处理→满刮一遍氯丁胶乳沥青水泥腻子→满刮第一遍涂料→做细部构造加强层→铺贴玻璃布，同时刷第二遍涂料→刷第三遍涂料→铺贴玻纤网格布，同时刷第四遍涂料→涂刷第五遍涂料→涂刷第六遍涂料并及时撒砂粒→蓄水试验→按设计要求做保护层和面层→防水层二次试水，验收。

在清理干净的基层上满刮一遍氯丁胶乳沥青水泥腻子，管根和转角处要厚刮并抹平整。腻子的配制方法是将氯丁胶乳沥青防水涂料倒入水泥中，边倒边搅拌至稠浆状即可刮涂于基层，腻子厚度为 $2\sim3\mathrm{mm}$，待腻子干燥后，满刷一遍防水涂料，但涂刷不能过厚，不得漏刷，要表面均匀、不流滴、不堆积，立面刷至设计标高，在细部构造部位，如阴阳角、管道根部、地漏、大便器蹲坑等处分别附加"一布二涂"附加层。附加层干燥后，大面铺贴玻纤网格布同时涂刷第二遍防水涂料，使防水涂料浸透布纹渗入下层，玻纤网格布搭接宽度不小于 100mm，立面贴到设计高度，顺水接搓，收口

处贴牢。

所刷涂料实干后（约24h），满刷第三遍涂料，表干后（约4h）铺贴第二层玻纤网格布同时满刷第四遍防水涂料。第二层玻纤布与第一层玻纤布接槎要错开，涂刷防水涂料时应均匀，将布展平无褶皱。上述涂层实干后，满刷第五遍、第六遍防水涂料，整个防水层实干后，可进行第一次蓄水试验，蓄水时间不少于24h，无渗漏才合格，然后做保护层和饰面层，工程交付使用前，应进行第二次蓄水试验。

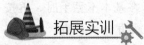 **拓展实训**

一、单项选择题

1.（　　）主要依靠建筑物构件自身的密实性及某些构造措施，以达到防水的目的。

A. 结构自防水　　　　B. 防水层防水　　　　C. 柔性防水　　　　D. 刚性防水

2.（　　）是在建筑物需防水的部位用防水材料做成防水层，以达到防水的目的。

A. 结构自防水　　　　　　　　　　B. 防水层防水

C. 人工防水　　　　　　　　　　　D. 机械防水

3. 使用（　　）作为建筑构件上的防水层，为柔性防水层。

A. 防水砂浆　　　　　　　　　　　B. 细石混凝土

C. 混凝土自防水　　　　　　　　　D. 防水卷材桩

4. 屋面防水等级为Ⅲ级的防水层合理使用年限为（　　）年。

A. 5　　　　　　　　B. 10　　　　　　　　C. 15　　　　　　　　D. 20

5. 屋面基层与突出屋面结构（如女儿墙等）的连接处以及基层的转角处（如檐沟等）找平层均应做成（　　）。

A. 直角　　　　　　　B. 直线形　　　　　　C. 折线形　　　　　　D. 圆弧形

6. 屋面找平层坡度应符合设计要求，纵向天沟坡度不宜小于（　　）。

A. 1％　　　　　　　B. 2％　　　　　　　C. 3％　　　　　　　D. 4％

7. 为了避免或减小屋面找平层开裂，找平层宜留设分隔缝，分隔缝的纵横最大间距不宜大于（　　）。

A. 3m　　　　　　　B. 4m　　　　　　　C. 5m　　　　　　　D. 6m

8. 当卷材防水屋面的基层不干燥，气体排除不彻底，卷材黏结不牢，易产生的质量问题是（　　）。

A. 脱落　　　　　　　B. 滑移　　　　　　　C. 空鼓　　　　　　　D. 渗漏

9. 刚性防水屋面内的钢筋网片在屋面分隔缝处（　　）。

A. 不断开　　　　　　B. 应断开

C. 不一定断开　　　　D. 由监理工程师根据现场情况确定是否断开

10. 刚性防水屋面内的钢筋网片安放位置，以处于防水层的（　　）为宜。

A. 居中　　　　　　　　　　　　B. 居中偏下

C. 居中偏上　　　　　　　　　　D. 任意位置均可

二、判断题

1. 房屋屋面、地下室、浴室必须做防水处理，而卫生间可以不做防水处理。（　　）

2. 倒置式屋面就是将憎水性材料或吸水率低的保温绝热材料设置在防水层的下面。（　　）

3. 高聚物改性沥青卷材防水层的铺贴方向为屋面坡度小于 3% 时垂直于屋脊的方向铺贴。（　　）

4. 刚性屋面防水是指用普通细石混凝土、补偿收缩混凝土、预应力混凝土、纤维混凝土做屋面的防水层，利用混凝土的密实性或憎水性达到防水目的。（　　）

5. 刚性防水屋面适用于设有松散材料保温层的屋面，以及受较大震动或冲击的建筑屋面。（　　）

三、填空题

1. 土木工程防水按照构造做法，可分为结构自防水和_____。

2. 用刚性材料做卷材屋面的保护层时，保护层应设置分隔缝，保护层与防水层之间应设置_____。

3. 防水混凝土应采用机械搅拌，搅拌时间不得少于_____ min。

4. 卷材防水层的基面应_____、清洁、干燥。

5. 卷材地下防水工程采用外防外贴法施工时，先铺贴底面，后铺贴立面；采用外防内贴法时，先铺贴立面，后铺贴_____。

四、问答题

1. 细石混凝土屋面防水层的材料有哪些要求？

2. 简述屋面找平层的施工流程。

3. 简述卷材屋面防水层的施工工艺。

4. 卷材防水层面卷材铺贴方向有何规定？

5. 卷材防水常见的质量事故有哪些？

6. 简述热熔法的施工工艺。

第9章 装饰装修工程施工技术

 章节概述

　　装饰工程包括室内外抹灰工程、饰面安装工程和玻璃、油漆、粉刷、裱糊工程三大部分。装饰工程能增加建筑物的美观和艺术形象，且有隔热、隔声、防潮的作用，还可以保护墙面，提高围护结构的耐久性。装饰工程的施工特点是工程量大，材料品种繁多、工期长、耗用的劳动量多。在一般民用建筑中，平均每平方米的建筑面积就有 $3\sim5m^2$ 的内抹灰，有 $0.15\sim0.75m^2$ 的外抹灰；其劳动量占总劳动量的 $25\%\sim30\%$，工期占总工期的 $30\%\sim40\%$，装饰要求高的约占总工期的 50% 以上。为此，应大力开展技术革新，改进操作工艺，实现机械化施工。装饰材料的改进对装饰工程的施工起很大的作用，应大力发展新型的装饰材料，尽可能减少湿作业，以加快施工速度和降低劳动量消耗。

　　建筑装饰施工是建筑工程施工的一个重要组成部分，其任务就是按现行的规范和有关行业标准，依据设计图纸和建设单位要求，采用合理的构造措施，选用合乎规定要求的装饰材料，运用适当的施工工艺，采取安全有效的施工手段和保证工程质量的施工组织计划，精心组织施工，确保装饰工程实现设计意图，达到建筑物的使用功能要求，确保装饰工程验收合格。

 教学目标

　　1. 掌握一般抹灰施工工艺，会分析产生各种抹灰工程质量问题的原因及处理措施。

　　2. 掌握饰面工程施工工艺，学会分析饰面板（砖）工程中产生各种问题的原因及处理措施。

　　3. 掌握玻璃幕墙、石材幕墙、金属幕墙的施工工艺、施工方法及幕墙工程安全技术措施。

　　4. 掌握整体楼地面施工、板块地面施工工艺及质量验收、质量要求。

　　5. 学会一般吊顶施工工艺及吊顶工程质量要求。

12 课时。

9.1 一般抹灰施工

9.1.1 抹灰工程的分类、组成

1. 抹灰工程的分类

（1）抹灰工程的分类

根据施工工艺和装饰效果不同，抹灰工程分为一般抹灰和装饰抹灰两类。

一般抹灰是用石灰砂浆、水泥砂浆、水泥混合砂浆、聚合物水泥砂浆和麻刀石灰浆、纸筋石灰浆、石膏灰浆等材料涂抹在建筑结构表面。装饰抹灰主要是指水刷石、干黏石、崭假石、假面砖等装饰做法。一般其底层、中层采用一般抹灰的高级抹灰标准施工，然后用涂抹的方法将水泥石子浆（或黏结底层砂浆）等材料涂抹在基层上，待达到一定条件后用水刷、斧剁、划痕等工艺进行二次处理，形成类似彩色粒石、天然石材或面砖等装饰效果。

（2）一般抹灰工程的分类

根据施工工序和质量要求的不同，一般抹灰分为普通抹灰和高级抹灰两个等级。抹灰等级由设计单位在施工图纸中注明，当设计无要求时，按普通抹灰施工。

高级抹灰要求做一层底层、数层中层和一层面层，主要工序是阴阳角找方，设置标筋，分层赶平、修整和表面压光。其表面质量要求：表面应光滑、洁净、颜色均匀、无抹纹，分隔缝和灰线应清晰美观。普通抹灰要求做一层底层、一层中层和一层面层，主要工序是阳角找方，设置标筋，分层赶平、修整和表面压光。其表面质量要求：表面应光滑、洁净、接槎平整，分隔缝应清晰。

一般抹灰工程根据抹灰砂浆材料不同，分为石灰砂浆、水泥砂浆、水泥混合砂浆、聚合物砂浆和麻刀石灰浆、纸筋石灰浆、石膏灰浆等。

2. 抹灰工程的组成

为使抹灰层与建筑主体表面黏结牢固，防止开裂、空鼓和脱落等质量弊病的产生并使之表面平整，在装饰工程中所采用的普通抹灰和高级抹灰均应分层操作，即将抹灰饰面分为底层、中层和面层三个构造层次，如图 9-1 所示。

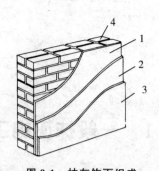

图 9-1　抹灰饰面组成

1—基体；2—底层；3—中层；4—面层

①抹灰为黏结层，又叫底层，其作用主要是确保抹灰层与基层牢固结合并初步找平。

②抹灰为找平层，又叫中层，主要起找平作用。根据具体工程的要求可以一次抹成，也可以分遍完成，所以材料通常与底层抹灰相同。

③抹灰为装饰层，又叫面层，对于以抹灰为饰面的工程施工，不论一般抹灰或装饰抹灰，其面层均通过一定的操作工艺使表面达到规定的效果，起到饰面美化作用。

9.1.2　抹灰工程常用材料及要求

1. 胶凝材料

（1）水泥

一般抹灰可采用普通硅酸盐水泥、矿渣硅酸盐水泥、火山灰硅酸盐水泥、粉煤灰硅酸盐水泥，强度等级应不低于 32.5MPa；装饰抹灰可以用白水泥和彩色水泥。不同品种、强度等级的水泥不得混用，水泥应存放在仓库内，防止受潮，受潮后结块的水泥应过筛试验后方可使用。

（2）石灰

①抹灰用的石灰　熟化期不应少于 15d，用于罩面时熟化期不少于 30d；石灰膏不得含有未熟化的颗粒，不得使用已冻结或风干结硬的石灰膏。

②抹灰用的磨细生石灰粉　细度通过 0.125mm 的方孔筛，累计筛余量不大于 13%，使用前熟化期不少于 3d。

（3）石膏

一般用建筑石膏，应磨成细粉，不得有杂质，凝结时间不迟于 30min。

（4）骨料

①砂　抹灰宜选用中砂，细砂也可以使用，但特细砂不宜使用。砂使用前应用孔径不大于 5mm 的筛子过筛，并不得含有杂质。

②石料　石料主要用石渣，又称石粒、石米等，由天然大理石、白云石、花岗石、方解石等经破碎加工而成，有多种颜色。一般在装饰抹灰的面层中掺入，石渣要求颗

粒坚硬、整齐、粒径均匀、颜色一致，不含黏土等杂质和有害物质。

（5）纤维增强材料

纤维增强材料在抹灰层中主要起增强抗裂性作用，同时也能减轻抹灰层自重，使抹灰层不易开裂脱落。

①纸筋　使用前用水浸透、捣烂，按 100kg 石灰膏、1.75kg 纸筋的比例在使用前 4～5d 调好，且使用前应过筛。

②麻刀　要求干燥、不含杂质，使用前先剪成 20～30mm 长，敲打松散，每 100kg 石灰膏大约掺入 1kg 麻刀。

（6）颜料

颜料应用耐碱、耐光的矿物颜料，常用品种有氧化铁黄、铬黄、氧化铁红、甲苯胺红、铬蓝、酞青蓝、钴蓝、铬绿、氧化铁棕、氧化铁紫、氧化铁黑、炭黑、锰黑、松烟、钛白粉等。选用时应根据砂浆种类、抹灰部位、结合造价等因素综合考虑。

（7）有机聚合物

在灰浆中掺入适量的有机聚合物既便于施工又能改善涂层的性能，能提高抹灰层强度和黏结性能，不易粉酥、爆皮、剥落；能增加涂层的柔韧性，减少开裂；能使抹灰层颜色均匀，增加美观性。

2. 一般抹灰工程技术要求

基体或基层的质量是影响建筑装饰装修工程质量的一个重要因素。基体或基层表面有灰尘、油污，会使抹灰层与基体或基层黏结不牢，引起抹灰层空鼓、开裂、脱落；基体或基层不牢固，有松动部分，如黏附的砂浆颗粒、松动的水泥浆层等，也会使抹灰层与基体或基层黏结不牢而剥落，甚至因抹灰层坠落伤人而造成严重后果；基体或基层太光滑或湿润不够，都会使抹灰层不能与基层很好黏结而影响抹灰质量。对抹灰基体或基层处理的根本要求是牢固、平整、干净、粗糙、湿润。不同材料基层处理如图 9-2 所示。

对不同基层或基体处理的具体做法分述如下。

（1）砖砌体

①补洞、嵌缝　墙面和楼板上的孔洞（包括脚手眼）、剔槽，墙体与门窗框交接处的缝隙应在预先冲洗湿润但无积水的前提下用 1：3 水泥砂浆分层嵌塞密实或堵砌好。

②灰缝处理　灰缝砂浆凸出墙面部分要清除，最好处理成凹缝式，能使抹灰砂浆嵌入灰缝内与基体黏结牢固。

②浇水湿润　应在抹灰前一天浇水两遍，以使湿润浸透深度达到 8～10cm 为宜，灰砂砖和粉煤灰砖砌体应在湿润的基体表面刷一道水泥浆。

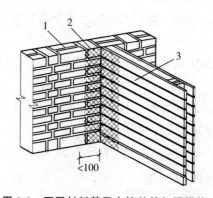

图 9-2　不同材料基层交接处的加强措施

1—砖墙；2—钢丝网；3—砖板墙、砖墙或混凝土墙

2. 现浇混凝土基体

一般平整光滑的混凝土表面可不抹灰，采用刮腻子处理，如需抹灰时应做以下处理。

（1）清除油污　混凝土表面如有隔离剂等油污，应用清洗剂清洗干净。

（2）凿毛或甩毛　因混凝土表面较光滑，不利于抹灰层与基层黏结，应进行凿毛或划痕；如施工困难，可在清洗干净并湿润的基体上刷水泥浆一道或甩一道水泥砂浆颗粒层。

（3）浇水湿润　混凝土基体宜在抹灰前一天浇水，以使水渗入混凝土表面 2～3mm 为宜。

3. 轻质混凝土表面以下处理

（1）开始抹灰前 24h 浇水 2～3 遍，抹灰前 1h 再浇水 1～2 遍，紧接着刷水泥浆一道。

（2）在基层清扫干净并湿润后，钉两道网孔为 1cm 的钢丝网，然后再抹灰。

（3）浇水一遍，冲去浮渣、灰尘后，刷一道界面处理剂（刷掺聚合物胶的水泥浆），以加强黏结。

（4）浇水一遍，冲去浮渣、灰尘后，刷一道水泥浆，随即用 1:3 或 1:2.5 的水泥砂浆在基面上做刮糙处理，厚度 5mm 左右，刮糙面积占基面的 70%～80%。

9.1.3　一般抹灰施工工艺

一般抹灰随抹灰部位和等级不同，工序会略有不同，但施工工艺流程大致相同，内墙抹灰的施工工艺为基层处理→吊垂直、套方、找规矩→抹灰饼→墙面冲筋→分层抹灰→保护成品。

基层处理属于施工前的准备工作，前面已经介绍，在此不再赘述。

1. 做灰饼

为了有效控制抹灰层的厚度、垂直度和平整度，抹灰层施工前应根据设计要求的抹灰等级和基层表面平整度、垂直度情况确定抹灰层厚度，并做灰饼、冲灰筋，以此作为控制抹灰层厚度的标准，具体做法如下。

（1）吊垂直、套方、找规矩

先用托线板检查基层的平整度和垂直度，再将房间找方或找正（房间面积较大或有柱网时应先在地面弹出十字中心线），然后根据实际检查的墙面平整度和垂直度情况和抹灰总厚度的规定与找方线比较，确定抹灰层的厚度（最薄处一般不小于 7mm），在地面上弹出墙角线，随后在距墙阴角 100mm 处吊垂线并弹出铅垂线，接着再从地面上弹出的墙角线往墙上翻引出阴角两面墙上的抹灰厚度控制线，作为抹灰饼、冲灰筋的依据。

（2）抹灰饼（标志块）

先做两个上灰饼，上灰饼距顶棚约 200mm，距阴角边 100～200mm，一般为边长 50mm 的四方形，用水泥砂浆或混合砂浆制作。灰饼的厚度等于抹灰层底层加中层的厚度。再做两个下灰饼，下灰饼的位置一般在踢脚线上方 200mm 处。以上下四个灰饼为依据，在两个灰饼之间拉通线（用钉子钉在两个灰饼附件墙缝里，拴上准线），每隔 1.2～1.5m 做一个灰饼。墙面抹灰灰饼施工操作如图 9-3 所示。

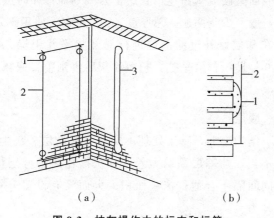

（a）　　　　　　　　　（b）

图 9-3　抹灰操作中的标志和标筋

（a）灰饼和标筋；（b）灰饼的剖面

1—灰饼；2—引线；3—标筋

2. 墙面冲筋

当灰饼砂浆达到七八成干时，用与底层抹灰砂浆成分相同的砂浆在两个灰饼之间抹出一条梯形灰梗（标筋），灰筋底部宽度一般为 50mm（与灰饼宽度相同），顶部宽度为 10mm 左右。一般分两遍抹，第二遍要比灰饼高出 5～10mm，然后用刮杠紧贴灰饼左右上下搓动，直至把灰筋搓得与灰饼一样平齐，最后用刮尺将灰筋两边修成斜面。灰筋填充好后要检查其垂直平整度，误差大于 0.5mm 的必须修整。

一般当墙面高度小于 3.5m 时宜做立筋（垂直标筋），大于 3.5m 时宜做横筋（水平标筋），同一墙面上的各个高度的水平标筋应在同一垂直面内，灰筋通过墙面阴角

时，可用带垂球的阴角尺靠在阴角处上下搓动，直至上下两条灰筋形成标高相同且角顶在同一垂直线上的阴角。同样阳角可用长阳角尺合在上下两条灰筋的阳角处上下搓动，形成角顶在同一垂直线上的标筋阳角。水平标筋可使墙体在阴、阳角处的交线顺直，并垂直于地面，避免出现阴、阳角交线扭曲不直的缺陷。同时，做水平标筋时，因有标筋控制，可使门窗框处的端面与框面接合平整。

3. 分层抹灰

当灰筋稍干后即可抹底层灰，方法是将砂浆涂抹于两条灰筋之间，由上往下抹，底层灰的厚度要低于灰筋。

用水泥砂浆和水泥混合砂浆抹灰时，前一层凝结后，方可抹后一层；用石灰砂浆抹灰时，待前层七八成干（发白）后方可抹后一层。抹中层灰时，根据灰筋厚度装满砂浆，使砂浆面略高于灰筋，然后用刮杠刮平。凹陷处补抹砂浆，直到与灰筋平齐，紧接着用木抹子搓磨一遍，使抹灰表面平整密实。

面层抹灰应在中层灰稍干后进行。近几年来，有很多地方内墙不抹罩面灰，用刮腻子取代。其优点是操作简单、节约用工，能很好地与涂饰层衔接。面层刮大白腻子，要在中层砂浆干透、表面坚硬成灰白色，且用铲刀刻划显白印时进行。

面层刮大白腻子一般不少于两遍，总厚度1mm左右。使用钢片或橡胶刮板，每遍按同一方向往返刮。在基层修补过的部位进行局部找平并干燥、打磨后刮头遍腻子，头遍腻子干透后，用0号砂纸打磨平整，扫净浮灰后再刮第二遍腻子。

4. 质量通病防治

（1）抹灰层空鼓、脱层

产生原因主要有　结构变形，基层处理不好（有松散层、灰尘或油污）或未湿润，底层灰品种或配合比不当，与基层黏结力差；抹灰操作时未分层抹灰，或每层厚度过厚，或两层抹灰的时间间隔不合适；抹灰面积太大而没有设置分隔缝；未做好成品保护，过早受到撞击等外力。

（2）抹灰层裂缝

产生原因主要有　抹灰砂浆配合比不当；抹灰层过厚；基层处理不好，未充分湿润，使得砂浆中的水分很快被基层吸收，影响了砂浆的正常硬化；不同材料的基体热胀冷缩系数不同，交接处又未用防裂网；未及时充分养护，使得抹灰层干燥过快而产生干缩裂缝；未做好成品保护，过早受到撞击等外力。

（3）面层爆灰

产生原因主要有　石灰膏或石灰粉末未充分熟化，存在过火石灰颗粒；面层砂浆配合比不当；抹灰材料和基体或基层材料产生化学反应。

9.2　饰面装饰施工

9.2.1　饰面装饰概述

1. 饰面材料及适用范围

饰面材料种类很多，常用的饰面材料有天然石材（花岗石、大理石、青石板等）、人造石材（人造大理石、合成花岗石等），陶瓷制品（瓷砖、面砖、陶瓷锦砖、陶瓷马赛克），水泥石渣预制板（如水刷石、斩假石、水磨石饰面板等）。一般来说，这些都既可以作内墙又可以作外墙装饰。有的品种质感细腻，但耐候性相对较差，不适于室外日晒雨淋，多用于室内，如塑料板、木装饰板块、天然大理石等。有的品种则因质感粗放、耐候性较强，适用于外墙，如瓷质面砖、各种花岗石、复合装饰板等。在公共建筑体量较大的厅堂内还可运用质感丰富的面砖、彩绘烧成图案的陶板来装的墙面，均能取得良好的建筑艺术效果。

2. 饰面板（砖）工程分类及材料技术要求

（1）饰面板（砖）工程的分类

饰面板（砖）工程根据装饰材料的不同，有陶瓷面砖粘贴、玻璃面砖粘贴、天然石材饰面板安装、人造石材饰面板安装、金属饰面板安装和塑料饰面板安装等。根据装饰的位置不同，有内墙饰面工程、外墙饰面工程和柱面饰面工程等。

（2）饰面板（砖）工程材料技术要求

①天然大理石饰面板　天然大理石是由石灰岩变质而成的一种变质岩，矿物组分主要是方解石、石灰石、白云石，主要成分是碳酸钙，其结构致密、强度较高、吸水率低。由于大理石一般都含有杂质，而且碳酸钙在大气中受二氧化碳、碳化物、水汽的作用，也容易风化和溶蚀，而使表面很快失去光泽，所以除少数质纯、比较稳定且耐久（如汉白玉、艾叶青等）的品种可用于室外，其他品种不宜用于室外，一般只用于室内装饰面。

大理石板材分为优等品、一等品和合格品三个等级，其物理性能及外观质量应符合表 9-1 的规定。

表 9-1　大理石板材物理性能及外观质量要求

类别	名　称	指　标		
		优等品	一等品	合格品
物理性能	镜面光泽度（抛光面具有镜面光泽，能清晰地反映出景物）（光泽单位）	60～90	50～80	40～70
	表观密度不小于/（g/cm³）	2.60		
	吸水率不大于/%	0.75		
	干燥抗压强度不小于/MPa	20.00		
	抗弯强度不小于/MPa	7.00		
正面外观缺陷	翘曲	不允许	不明显	有，但不影响使用
	裂纹			
	砂眼			
	凹陷			
	色斑			
	污点			
	正面棱缺陷长小于 8mm，宽小于或等于 3mm			1 处
	正面角缺陷长小于 3mm，宽小于或等于 3mm			2 处

②天然花岗石饰面板　花岗石是各类岩浆岩（又称火成岩）的统称，如花岗岩、安山岩、辉绿岩、辉长岩、片麻岩等，矿物组分主要是石英、长石、云母等，质地坚硬密实，具有良好的抗风化性、耐磨性、耐酸碱性，使用年限达 75～200 年，广泛用于墙基础和外墙饰面。由于花岗石硬度较高、耐磨，所以也常用于高层建筑装修工程。

花岗石板材的物理性能及外观质量应符合表 9-2 的相关规定。

表 9-2　花岗石板材物理性能及外观质量要求

类别	名称	内　容	指　标		
			优等品	一等品	合格品
物理性能	镜面光泽度	正面应具有镜面光泽度，能清晰反映出景物	光泽度不低于 75 光泽或按双方协议		
		表观密度不小于/（g/cm³）	2.50		
		吸水率不大于/%	1.0		
		干燥抗压强度不小于/MPa	60.0		
		抗弯强度不小于/MPa	8.0		

表 9-2（续）

类别	名称	内　　容	指　　标		
			优等品	一等品	合格品
正面外观缺陷	缺棱	长度不超过 10mm（长度小于 5mm 不计），周边每米长/个	不允许	1	2
	缺角	面积不超过 5mm×2mm（面积小于 2mm×2mm 不计），每块板/个			
	裂纹	长度不超过两端顺延至板边总长度的 1/10（长度小于 20mm 不计），每块板/条			
	色线	长度不超过两端顺延至板边总长度的 1/10（长度小于 40mm 不计），每块板/条			
	色斑	面积不超过 20mm×30mm（面积小于 15mm×15mm 不计），每块板/个		2	3
	坑窝	粗面板材的正面出现坑窝		不明显	有，但不影响使用

③人造石饰面板　人造石饰面材料是用天然大理石、花岗岩的碎石、石屑、石粉作为填充材料，由不饱和聚酯树脂作为胶黏剂（或用水泥为胶黏剂），经搅拌成型、研磨、抛光等工序制成的，与天然大理石、花岗石装饰效果相似的材料。人造石饰面板材不仅花纹图案可由设计控制确定，而且具有质量轻、强度高、厚度薄、耐腐蚀、抗污染、加工性较好等优点，能制成弧形、曲面，施工方便，装饰效果好。人造石饰面板材一般有人造大理石饰面板（花岗石）和预制水磨石饰面板。

④金属饰面板　常见的金属饰面板是在中密度纤维板（MDF）的基础上，用各种花色的铝箔热压在 MDF 表面，可以制作单面及双面各种花色图案风格的金属饰面板。其效果多样，拥有金属光亮质感，再加上花纹处理，可满足各种各样的装饰需求。金属饰面板一般有彩色铝合金饰面板、彩色涂层镀锌钢饰面板和不锈钢饰面板 3 种，具有质量轻、安装简便、防水防火、耐候性好的特点，不仅可以装饰建筑的外表面，同时还起到保护被饰面免受雨雪等侵蚀的作用。

⑤陶瓷面砖　陶瓷面砖是指以陶瓷为原料制成的面砖，主要分为釉面瓷砖、外墙面砖、陶瓷锦砖和玻璃锦砖等。

a. 釉面瓷砖　因陶面上挂有一层釉，故称釉面瓷砖。釉面瓷砖釉面光滑，图案丰富多彩，有单色、印花、高级艺术图案等。釉面瓷砖具有不吸污、耐腐蚀、易清洁的特点，所以多用于厨房、卫生间等室内墙面装饰。

b. 外墙面砖　外墙面砖是用陶瓷面砖做成的外墙饰面。按外墙面砖表面处理可分为有釉、无釉两种。外墙面砖具有质地密实、釉面光亮、耐磨、防水、耐腐和抗冻性好的特点，普遍应用于外墙贴面装饰。

c. 陶瓷锦砖　陶瓷锦砖又名马赛克，是用优质瓷土烧成，具有色泽多样、质地坚实、经久耐用，能耐酸、耐碱、耐火、耐磨，抗压力强，吸水率小，不渗水，易清洗等特点，可用于内外墙面装饰，也可用于地面装饰。

d. 玻璃锦砖　玻璃锦砖又名玻璃马赛克，是一种小规格的彩色饰面玻璃，由天然矿物质和玻璃粉制成，具有色调柔和、朴实、典雅、美观大方、化学稳定性和冷热稳定性好等优点；而且还有不变色、不积尘、容重轻、黏结牢等特性，广泛应用于宾馆、大厅、地面、墙面、游泳池、体育馆、厨房、卫生间及企业的形象商标等。

9.2.2　饰面砖镶贴施工

1. 材料准备工作

（1）对已到场的饰面材料进行数量清点和核对。

（2）按设计要求，进行外观检查。

①进料与选定样品的图案、花色、颜色是否相符，有无色差；

②各种饰面材料的规格是否符合质量标准规定的尺寸和公差要求；

③各种饰面材料是否有表面缺陷或破损现象。

（3）检测饰面材料所含污染物是否符合规定。

2. 内墙面砖镶贴施工工艺

内墙面砖镶贴的施工工艺流程：基层处理→抹底中层灰找平→弹线分格→选面砖→浸砖→做标志块→铺贴→勾缝→清理→养护。

（1）基层处理

①混凝土表面处理。当基体为混凝土时，先剔凿混凝土基体上凸出部分，使基体基本保持平整、毛糙，在不同材料的交接处或表面有孔洞处，需用 1：2 或 1：3 水泥砂浆找平。填充墙与混凝土地面结合处还应用钢板网压盖接缝，射钉钉牢。

②砖端表面处理。当基体为砖砌体时，应用钢錾子剔除砖墙面多余灰浆，然后用钢丝刷清除浮土，并用清水将墙体充分湿润，使湿润深度为 2～3mm。

（2）做找平层

①贴灰饼、做冲筋。

②打底。

③抹找平层。

（3）弹线分格

依照室内标准水平线，找出地面标高，按贴砖的面积，计算纵横的皮数，用水平尺找平，并弹出釉面砖的水平和垂直控制线。

对要求面砖贴到顶的墙面，应先弹出顶棚边或龙骨下标高线。按饰面砖上口镶贴伸入吊顶线内 25mm 计算，确定面砖铺贴上口线，然后从上往下按整块饰面砖的尺寸分划到最下面面的饰面砖。当最下面砖的高度小于半块砖时，最好重新分划，使最下面一层面砖高度大于半块砖。重新排饰面砖出现的超出尺寸，可将面砖伸入到吊顶内。

如用阴阳三角镶边，应将镶边位置预先分配好。横向不足整块的部分，留在最下一皮与地面连接处。竖向弹线时应兼顾门窗之间的尺寸，将非整砖排列在邻墙连接的阴角处。

（4）选面砖

选面砖是保证饰面砖镶贴质量的关键工序。为保证镶贴质量，必须在镶贴前按颜色的深浅不同进行挑选归类，然后再对其几何尺寸大小进行分选。挑选饰面砖几何尺寸的大小，可采用自制分选"口"形套模，将砖逐块塞入"口"形套模检查，然后取出，转 90°再塞入检查，由此分出大、中、小，分类堆放备用。同一类尺寸应用于同一层间或同一墙上，以做到接缝均匀一致。在分选饰面砖的同时，还必须挑选配件砖，如阴角条、阳角条、压顶砖等。

（5）浸砖

面砖粘贴前应放入清水中浸泡 2h 以上，泡透后取出抹干，表面无水迹后方可使用（俗称面干饱和），冬期宜在掺入 2％盐的温水中浸泡。没有用水浸泡的瓷砖吸水性较大，在铺贴后会迅速吸收砂浆中的水分，影响黏结质量；而浸透吸足水而没晾干时（表面还有较多水分），由于水膜的作用，铺贴瓷砖时会产生瓷砖浮滑现象，对操作不利。对于砖墙要提前 1d 湿润，混凝土墙可以提前 3～4d 湿润，以避免吸走黏结砂浆中的水分。

（6）做标志块

为了控制墙面贴砖的表面平整度，正式镶贴前，在墙上粘贴若干块废瓷砖作为标志块，上下用托线板挂直，作为精贴厚度的依据，横向每隔 1.5m 左右做一个标志块，用拉线或靠尺校正平整度。在阴角处，如有阴阳三角条镶边，应将其尺寸留出，先铺贴一侧的墙面瓷砖，并用托线板校正靠直；如无镶边，应双面挂直。

（7）面砖镶贴

在面砖背面满抹砂浆，四周刮成斜面，厚度 5mm 左右，注意边角满浆。贴于墙面的面砖就位后应用力按压，用靠尺板使横、竖向靠平直，有偏差处用灰铲木柄轻击砖面，使砖紧密黏于墙面。

铺贴完整行的面砖后，用长靠尺横向校正一次，对高于标志块的应轻轻敲击，使其平齐；若低于标志块，应取下重新抹满刀灰铺贴，然后依次往上铺贴。不得在砖口处塞灰，否则会产生空鼓。在有条件的情况下，可用专用的砖缝卡子，及时校正横竖缝的平直度。铺贴时应随时擦净溢出的砂浆，保持墙面的整洁和灰缝的密实。

如面砖的规格尺寸或几何形状不等，应在铺贴时随时调整，使缝隙宽窄一致。当贴到最上一行时，要求上口成一直线。上口若没有压条（镶边），应用一边圆的砖，阳角的大面一侧也用一边圆的砖，这一列的最上面一块应用两面圆的砖。饰面砖镶贴形

式如图 9-4 所示。

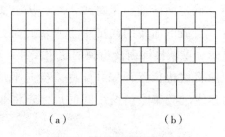

（a）　　　　　　　　（b）

图 9-4　饰面砖镶贴形式

（a）矩形砖对缝；（b）方形砖对缝

（8）嵌缝、清理

粘贴完成后，进行全面检查，合格后，表面应清理干净，取出砖缝卡子，擦净缝隙处原有的黏结砂浆，并适当洒水湿润。用符合设计要求的水泥浆进行嵌缝，用塑料或橡胶制品将调制好的水泥浆刮入缝隙，并用力适当挤压使嵌缝砂浆密实，以防止砖缝渗水，再将面砖上多余的砂浆擦净。

（9）养护

镶贴后的面砖应防冻、防暴晒，以免砂浆酥松。在完工 24h 后，墙面应洒水湿润，以防早期脱水。施工场地、地面的残留水泥浆应及时铲除干净，多余的面砖应集中堆放。

3. 外墙面砖镶贴施工工艺

（1）施工工艺

施工工艺流程：基层处理、抹底子灰→排砖、弹线分格→选砖、浸砖→做灰饼→镶贴面砖→勾缝、擦洗。

（2）操作要点

①基层处理同室内镶贴面砖。

②排砖、弹线分格　根据设计图纸尺寸进行排砖分格，并绘制大样图，水平缝应与窗台等齐平；竖向要求阳角及窗口处都是整砖，分格按整块分均，并根据已确定的缝大小做分格条和划出皮数杆、窗间墙、墙垛等。

③选砖、浸砖　镶贴前先挑选颜色、规格一致的砖，然后浸泡 2h 以上再取出阴干备用。

④做灰饼　用面砖做灰饼，找出墙面、柱面、门窗套等横、竖标准，阳角处要双面排直，灰饼间距不大于 1.5m。

⑤镶贴面砖　粘贴时，在砖的背面满铺黏结砂浆。粘贴后，用小铲柄轻轻敲击，使之与基层黏牢，随时用靠尺找平找方。贴完一皮后须将砖上口灰刮平。

⑥分格条处理　木质分格条在使用前应用水充分浸泡，以防胀缩变形。在粘贴面砖次日或当日取出，起条时应避免碰动面砖。在完成一个流水段后，用 1∶1 水泥细砂浆勾缝，凹进深度为 3mm。

⑦细部处理　在与抹灰交接的门窗套、窗间墙、柱子等处应先抹好底子灰，然后镶贴面砖。单面灰可在面砖镶贴后进行。面砖与抹灰交接处做法可按设计要求处理。

⑧勾缝　墙面釉面砖用水泥砂浆擦缝，用布将缝内的素浆擦匀。

⑨擦洗　勾缝后用抹布将砖面擦净。如砖面污染比较严重，可以用稀盐酸酸洗后用清水冲洗干净。整个过程完工后，应注意养护。

4. 质量通病及防治

（1）瓷砖空鼓、脱落

造成的原因有　基层表面光滑，铺贴前基层没有充分湿润，黏结砂浆中的水分被基层吸收而影响黏结力；基层偏差大，抹底子灰时一次抹灰过厚，干缩过大；瓷砖未用水浸透，或铺贴前瓷砖未阴干；砂浆配合比不当，砂浆过干或过稀，黏结不密实；黏结砂浆初凝后拨动瓷砖；门窗框边封堵不严，开启时引起瓷砖松动，造成瓷砖空鼓；使用质量不合格的瓷砖。

（2）瓷砖接缝不平直、不均匀，墙面凹凸不平

造成的原因有　找平层垂直度、平直度超出允许偏差的规定；瓷砖厚薄、尺寸相差较大，使用变形的瓷砖；瓷砖预选、预排不认真，排砖未弹线，操作不跟线；瓷砖镶贴时未及时调缝和检查。

（3）砖裂、变色或表面污染

造成的原因有　瓷砖材质松脆，吸水率大，抗拉、抗折性差；瓷砖在运输、操作中有暗伤，成品保护不好；瓷砖材质疏松，施工前浸泡了不洁净的水而变色；粘贴后被污染变色。

9.2.3　饰面板施工

1. 饰面板安装前的准备工作

（1）做好施工大样图

饰面板材安装前，首先应根据建筑设计图纸要求，认真核实饰面板安装部位的结构实际尺寸变化情况，如墙面基体的垂直度、平整度以及由于纠正偏差（凿后用细石混凝土或水泥砂浆修补）所增减的尺寸，绘出修正图。

根据墙、柱校核实测的规格尺寸，并将饰面板间的接缝宽度包括在内，计算出板块的排列，按安装顺序编号，绘制分块大样图以及节点大样图，作为加工饰面板和各种零配件（锚固件、连接件）以及安装施工的依据。

饰面板所用的锚固件、连接件，一般用镀锌铁件。镜面和光面的大理石、花岗石饰面板，应用不锈钢制的连接件。

（2）饰面板进场

饰面板进场拆包后，应逐块进行检查，将破碎、变色、局部污染和缺棱掉角的全部挑拣出来另行堆放；符合要求的饰面板，应进行边角垂直度测量、平整度检验、裂

缝检验、棱角缺陷检验，确保安装质量。

（3）选板、预拼、排号

对照排板图编号检查复核所需板的几何尺寸，并按误差大小归类；检查板材磨光面的疵点和缺陷，按纹理和色彩选择归类。对有缺陷的板，应改小使用或安装在不显眼的部位。

在选板的基础上进行预拼，尤其是天然板材，由于具有天然纹理和色差，因此必须通过预拼使上下左右的颜色花纹一致，纹理通顺，接缝严密吻合。预拼好的石材应编号，然后分类竖向堆放待用。

2. 石材湿贴法施工工艺

（1）传统湿作业工艺

测量放线→绑扎钢筋网片→预拼选板编号→防碱背涂处理→石材背面粘贴玻璃纤维→钻孔、剔凿、挂丝→弹线→饰面板安装→分层灌浆→嵌缝、清洁板面。

①测量放线　对于柱面，先测出柱的实际高度和柱子中心线以及柱与柱之间的距离，柱与上部、中部、下部拉水平通线后的结构尺寸，然后定出柱饰面板外面边线，依次计算出饰面板排列分块尺寸。对于外形变化较复杂的墙面（如楼梯墙裙、圆形及多边形墙面等），特别是需要异型饰面板镶嵌的部位，须用镀锌薄钢板进行实际放样，以便确定其实际的规格尺寸。在排板计算时应将拼缝宽计算在内，然后绘出分块图与节点加工图，编号以后作为加工和安装的依据。

②绑扎钢筋网片　先剔凿出墙面或柱面结构施工时的预埋钢筋，使其外露，然后连接绑扎（或焊接）$\phi 8mm$ 钢筋（竖向钢筋的间距，如设计无规定，可按饰面板宽度距离设置），随后绑扎横向钢筋，其间距以比饰面板竖向尺寸小 20～30mm 为宜。饰面板钢筋网片固定及安装方法如图 9-5 所示。如基体未预埋钢筋，可钻孔径 10～20mm，孔深大于 60mm 的孔，用 M16 胀杆螺栓固定预埋钢件，然后再按上述方法进行绑扎或焊接竖筋和横筋。

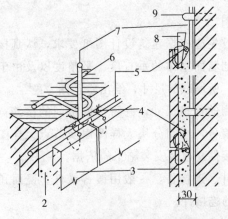

图 9-5　饰面板钢筋网片固定及安装方法

1—墙体；2—水泥砂浆；3—大理石板；4—钢丝或铁丝绑牢；5—横筋；

6—铁环卧于墙内；7—立筋；8—定位木楔；9—铁环；

③预选拼板编号 为了使石材安装时能上下左右颜色、花纹一致，纹理通顺，接缝严密吻合，安装前必须按大样预拼，使颜色、纹理、规格尺寸等符合要求。

④防碱背涂处理 由于水泥砂浆在水化时析出大量的氢氧化钙，在石材表面产生不规则的花斑，俗称反碱现象，严重影响建筑物室内外石材饰面的装饰效果。为此，在天然石材安装前，必须对石材饰面采用防碱背涂处理剂进行背涂处理。

⑤石材背面粘贴玻璃纤维网布 对强度较低或较薄的石材，应在背面粘贴玻璃纤维网布做加强处理。

⑥板材钻孔、剔凿、挂丝 饰面板上钻孔是传统的做法。其做法是将饰面板的上下两侧用电钻各打 2～4 个孔径 5mm、深 12mm 的直孔，以孔中心距石板背面 8mm 为宜，形成牛鼻子孔。若板材宽度较大（≥600mm），可增加孔数。钻孔后用金刚石錾子把石板背面的孔壁轻轻剔一道槽，深 5mm 左右，以便埋卧铜丝用，此种方法较烦琐。另一种常用的钻孔方法是只打直孔，挂丝后孔内充填环氧树脂或用薄钢板卷好挂丝挤紧，再灌入胶黏剂将挂丝嵌固于孔内。挂丝宜用铜丝，因铁丝易腐蚀断脱，镀锌铝丝在拧紧时镀层易损坏，在灌浆不密实、勾缝不严的情况下，也会很快锈断。目前，石板材钻孔打眼的方法已逐步淘汰，而采用工效高的四道或三道槽扎钢丝方法。即用电动手提式石材无齿切割机的圆锯片，在需绑扎钢丝的部位上开槽，四道槽的位置为板块背面的边角处开两条竖槽，其间距为 30～40mm；板块侧边处的两道竖槽位置上开一条横槽，再在板块背面上的两条竖槽位置下部开一条横槽。

⑦弹线 安装饰面板时应首先确定下部第一层板的安装位置。其方法是用线坠将墙面、柱面和门窗套从上至下吊垂直（高层应用经纬仪找垂直），考虑石板材的厚度、灌注砂浆的空隙和钢筋网所占的尺寸，一般石板外皮距结构面以 50～70mm 为宜。找出垂直后，在地面上顺墙弹出饰面板材的外廓尺寸线，此线即为板材的安装基准线，编好号的石板材在弹好的基准线上画出就位线，每块留 1mm 缝隙（如设计有要求，则按设计规定留出缝隙）。

⑧饰面板安装 从最下一层的一端开始固定板材。将石板就位，石板上口外仰，单手伸入石板背面把石板下口金属丝绑扎在横筋上，绑扎时不要太紧，只要拴牢即可（灌浆后便会铺固）；把石板竖起，便可绑扎石板上口金属丝，并用木楔垫稳，石板与基层间的缝隙一般为 30～50mm（灌浆厚度）。用靠尺检查调整木楔，达到质量标准后再拴紧金属丝，如此依次向下进行。柱面按顺时针方向安装，一般先从正面开始。第一层安装固定完毕再用靠尺板找垂直，水平尺找平整，方尺找阴阳角方正，在安装石板时如发现石板规格不准确或石板之间缝隙不符，应用铅皮垫牢，使石板之间缝隙均匀一致，并保持第一层石板上口的平直。找完垂直、平整、方正后，调制熟石膏，将其贴在上下两层板材之间，使两层石板成黏结一整体，作临时固定用，再用靠尺检查饰面板有无变形，待石膏硬化后方可灌浆。

⑨分层灌浆 石板墙面关键是防止空鼓。施工时应将石材背面和基层充分湿润。灌浆一般采用 1：2.5 水泥砂浆，稠度控制在 8～15cm，用铁簸箕将砂浆舀起徐徐灌入

板背与基体间的缝隙，注意不要碰石板。第一层灌浆很重要，应小心操作，防止碰撞和猛灌。第一层灌浆高度为 150mm，不能超过石板高度 1/3；边灌浆边用橡皮锤轻轻敲击石板面或用短钢筋轻捣，使灌入砂浆密实。如发现石板外移错动，应立即拆除重新安装。第一层灌浆后 1～2h，待砂浆初凝，应检查是否有移动，再灌第二层（灌浆高度一般为 200～300mm），待初凝后再灌第三层，第三层灌浆至低于板上口 50～100mm处为止。但必须注意防止临时固定石板的石膏块掉入砂浆内，避免因石膏膨胀导致外墙面泛白、泛浆。

⑩嵌缝、清洁板面　全部石板块安装完毕后，应铲去临时固定用的石膏，将表面清理干净，然后按板材颜色调制水泥色浆嵌缝，边嵌边将溢在板块上的色浆擦干净，使缝隙密实干净，颜色一致。

（2）注意事项

根据墙面、柱面、门窗套等饰面板安装与地面块材铺设的关系，一般采取先做立面后做地面的方法，这种做法要求地面分块尺寸准确，边部块材须切割整齐。当然亦可采用先做地面后做立面的方法，这样可以解决边部块材不齐的问题，但地面应加以保护，防止损坏。

3. 石材干挂法施工工艺

干挂法施工工艺是直接在饰面板上打孔，然后用不锈钢连接件与埋在钢筋混凝土墙体内的螺栓相连，石板与墙体间形成 80～90mm 宽的空气层，一般多用于高速在30m 以下的钢筋混凝土结构，不适用于砖墙和加气混凝土墙。

干挂法免除了灌浆湿作业，施工不受季节性影响；可由上往下施工，有利于成品保护；不受黏结砂浆析碱的影响，可保持石材饰面色彩鲜艳，提高装饰质量。

干挂法施工流程：清理结构表面、弹线→石料打孔、背面刷胶、粘贴增强层→支底层板托架→放置底层板→调节与临时固定→灌水泥砂浆→结构钻孔并插固定螺栓→镶不锈钢固定件→用胶黏剂灌下层墙板上孔→插入连接钢针→用胶黏剂灌上层墙板下孔→临时固定上层墙板→钻孔插入膨胀螺栓→镶不锈钢固定件→镶顶层墙板→嵌板缝密缝胶→饰面板刷二遍罩面剂。

图 9-6 为用扣件固定大规格石材饰面板的干作业做法。

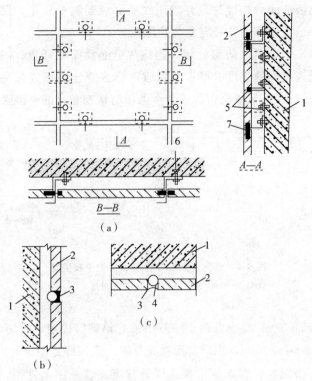

$A—A$

$B—B$

（a）

（b）

（c）

图 9-6　用扣件固定大规格石材饰面板的干作业做法

（a）板材安装立面图；（b）板块水平接缝剖面图；（c）板块垂直接缝剖面图

1—混凝土外墙；2—饰面石板；3—泡沫聚乙烯嵌条；

4—密封硅胶；5—钢扣件；6—胀锚螺栓；7—销钉

4. 金属饰面板施工工艺

（1）施工流程

施工流程：放线→安装连接件→安装骨架→安装铝合金板→收口构造处理。

（2）施工要点

①放线　在主体结构上按设计图要求准确地弹出骨架安装位置，并详细标注固定件位置。如果设计无要求则按垂直于条板、扣板的方向布置龙骨（构件），间距500mm左右。如果装修的墙面面积较大或是将安装铝合金方板，龙骨（构件）应横竖焊接成网架，放线时应依据网架的尺寸弹线、放线。放线的同时应对主体结构尺寸进行校核，如果发现较大误差应进行修理。放线应一次放完。

②安装连接件　一般采用膨胀螺栓固定连接件，这种方法较灵活，尺寸误差小，容易保证准确性，故采用较多。连接件也可采用与结构上的预埋件焊接。对于木龙骨架则可采用钻孔、打入木楔的办法。

③安装骨架　骨架可采用型钢骨架、轻钢和铝合金型材骨架、木骨架。骨架和连接件固定可采用螺栓或焊接方法，安装中应随时检查标高、中心线位置。对面积较大、

层高较高的外墙铝板饰面骨架竖杆，必须用线坠和仪器测量校正，保证垂直度和平整度。变形缝、沉降缝、变截面处等应妥善处理。

所有骨架表面应做防锈、防腐处理，连接焊缝必须涂防锈漆。固定连接件应做隐蔽检查记录（包括连接焊缝长度、厚度、位置，膨胀螺栓的埋置标高、数量与嵌入深度），必要时还应做抗拉、抗拔测试。铝合金条板与特制龙骨的卡接固定如图 9-7 所示。

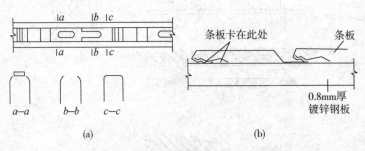

图 9-7　铝合金条板与特制龙骨的卡接固定

（a）龙骨顶面；（b）龙骨侧面

④安装铝合金装饰板　金属饰面板一般用抽芯铝铆钉固定，中间必须垫橡胶垫圈，抽芯铝铆钉间距 100～150mm，用锤钉固在龙骨上。采用螺钉固定时，先用电钻在拧螺钉的位置钻孔，再将铝合金装饰板用自攻螺钉拧牢。若采用木骨架，可用木螺钉将铝合金装饰板钉固在木骨架上。板条的一边用螺钉固定，另一边则插入前一根条板槽口一部分，正好盖住螺钉，安装完成的墙、柱面螺钉不外露。板材应采用搭接，不得对接，搭接长度应符合设计要求，不得有透缝现象。

铝合金方板与骨架连接可以采用配套的连接板或钢板连接件。铝合金方板没有做槽口承插，固定时要留缝，板与板之间缝宽一般为 10～20mm。为遮挡螺钉及配件，缝隙用橡胶条或其他密封胶等弹性材料做嵌缝处理。

阴阳角宜采用预制装饰角板安装，角板与大面搭接应与主导风向一致。

为了保护成品，铝合金饰面板材上原有的不干胶保护膜，在施工中应保留完好，不得损坏或揭掉。对没有保护膜的材料，在安装完成后应用塑料胶纸覆盖，加以保护或加栏杆防护，直至工程交验。

⑤收口构造处理　在压顶、端部、伸缩缝、沉降缝位置应进行收口处理，以满足美观和使用功能的要求。收口处理一般采用铝合金盖板或槽钢盖板封盖。

9.3　楼地面工程施工

在楼地面上，人们从事着各类活动，放置着各类家具和设备，地面要经受各种侵蚀、摩擦、冲击并保证室内环境，因此要求楼地面有足够的强度以及防潮、防火和耐腐蚀性能，其主要功能是创造良好的空间氛围，保护结构层。

9.3.1　整体楼地面施工

整体式楼地面（楼地面面层无接缝）是按照设计要求选用不同材料及配合比，经现场施工铺设而成。楼地面由基层和面层构成。

基层有基土、灰土垫层、找平层、砂石垫层、碎砖垫层、三合土垫层、炉渣垫层、水泥混凝土垫层、隔离层、填充层等。

面层有水泥混凝土面层、水泥砂浆面层、水石面层、水泥铁屑面层等，本节重点介绍水泥砂浆面层和水磨石面层。

1. 水泥砂浆地面

水泥砂浆地面是由胶结材料、水泥和细骨料、砂加水拌制成砂浆经抹平压光后而成。

（1）材料要求

①水泥应优先采用硅酸盐水泥、普通硅酸盐水泥，强度等级不得低于 32.5 级。

②砂应采用中砂和粗砂，含泥量不得大于 3%。

（2）施工工艺

①基层处理　水泥砂浆面层下的垫层多采用素混凝土、碎砖三合土等，要求垫层应粗糙、洁净，铺设面层前应清除浮灰、油渍、杂质等。表面比较光滑的基层应进行凿毛，并用清水冲洗干净，冲洗后的基层最好不要上人。

②抄平弹线　抹灰前，应先检测各个房间的地面标高，并将同一水平标高基准线弹在四周墙壁上，一般离地面 500mm 处，作为确定水泥砂浆面层标高的依据。

③做标筋　面积不大的房间，可根据水平基准线直接用长木杠抹标筋；面积较大的房间应根据水平基准线，在四周墙角处每隔 1.5～2.0m 用 1∶2 水泥砂浆抹标志块，待标志块结硬后，再以标志块的厚度做出纵、横方向通长的标筋以控制面层的厚度。对于厨房、浴室、厕所等房间的地面，应找好流水坡度；有地漏的房间，要在地漏四周找出坡度不小于 5% 的泛水，并要弹好水平线，以避免地面出现倒流水或积水。

④面层铺抹　铺抹前，先将垫层清扫干净并洒水湿润后，刷一道水灰比为 0.4～0.5 的素水泥浆结合层，随即铺上水泥砂浆，随铺随用木抹子拍实，用短木杠按标筋标高刮平，然后再用木抹子搓平，待砂浆初凝后终凝前，用铁抹子压平、压实、压光，要求三遍成活。做到面层表面平整、光滑、无抹纹。

⑤养护　面层抹完后，在常温下铺盖草垫或锯木屑进行浇水养护，养护时间不少于 7d，如采用矿渣水泥则不少于 14d。面层强度达到 5MPa 后，方允许上人或进行其他作业。

2. 细石混凝土地面

（1）材料要求

①混凝土所用的碎石或卵石应级配良好，粒径不大于 15mm 或面层厚度的 2/3，含

泥量不大于 2%。

②砂应采用中砂或粗砂，含泥量不大于 3%。

③混凝土的强度等级不低于 C20，浇筑时的混凝土坍落度不大于 3cm，采用 32.5 级普通硅酸盐水泥。

（2）施工工艺

①操作要点

a. 细石混凝土必须搅拌均匀，铺设混凝土之前，在地坪四周的墙上弹出水平线，以控制面层的厚度，混凝土铺设后应用机械振捣。

b. 铺设时，应按由远向近、由里面向门口方向铺设。铺设的细石混凝土按标筋厚度刮平拍实后，待混凝土稍收水，即用铁抹子预压一遍，使地面平整，不使石子显露，或用铁滚筒来回交叉滚压 3～5 遍，滚至表面泛浆，即可进行压光工作。

c. 抹光工作基本与水泥砂浆面层施工相同，在水泥初凝前完成抹平工作，水泥终凝前完成压光工作，要求抹压 2～3 遍，使其表面色泽一致，表面光滑，且无抹子印迹。

②养护　细石混凝土面层铺设后 1d 内，可用锯木屑、砂或其他材料覆盖，洒水湿润，并在常温下养护，养护时间一般不少于 7d。养护期间，禁止上人走动或进行其他操作活动，以免损伤面层。

3. 现浇水磨石地面

现浇水磨石地面是在水泥砂浆找平层已完成的基础上，根据设计要求弹线分格，镶贴分格条，然后抹水泥石子浆面层，待水泥石子浆硬化后，磨光露出的石渣，并经补浆、细磨、打蜡而做成。

（1）材料要求

①水泥　白色或浅色的水磨石面层，应采用白色硅酸盐水泥；深色的水磨石面层，可采用硅酸盐水泥、普通硅酸盐水泥或矿渣硅酸盐水泥。水泥强度等级不低于 32.5 级。

②石粒　应采用质地坚硬、耐磨、洁净的大理石、花岗石、白云石等，要求石粒中不含风化颗粒和草屑、泥块、砂粒等杂质。石粒的最大粒径以比水磨石面层厚度小 1～2mm 为宜。

③颜料　一般采用耐碱、耐光、耐潮湿的矿物颜料，要求无结块，掺量根据设计要求并做样板确定，一般不大于水泥质量的 12%。

（2）施工工艺

现浇水磨石地面面层应在完成顶棚和墙面抹灰后，再施工水磨石地面面层。其工艺流程为基层清理→浇水冲洗润湿→设置标筋→做水泥砂浆找平层→养护→镶嵌玻璃条（或金属条）→铺抹水泥石子浆面层→养护、试磨→第一遍磨平浆面并养护→第二遍磨平、磨光浆面并养护→第三遍磨光并养护→酸洗打蜡。

①弹线并嵌分格条　铺水泥砂浆找平层并经养护 2～3d 后，即可进行嵌条工作。

先在找平层上按设计要求弹上纵、横垂直水平线或图案分格墨线，然后按墨线固定 3mm 厚玻璃条或铜条，并予以埋牢，作为铺设面层的标志。嵌条时，用木条顺线找齐，用素水泥浆涂抹嵌条两边形成八字角，素水泥浆涂抹的高度应比分格条低 3mm。

分格条嵌好后，应拉 5m 长通线对其进行检查并整修，嵌条应平直，交接处要平整、方正，镶嵌牢固，接头严密，经 24h 后即可洒水养护，一般养护 3～5d。

②铺设水泥石子浆面层　分格条粘嵌养护后，清除积水、浮砂，在找平层表面刷一道与面层颜色相同的水灰比为 0.40～0.50 的素水泥浆作结合层，随刷随铺水泥石子浆。水泥石子浆的虚铺厚度比分格条高出 1～2mm，要铺平整，并用滚筒滚压密实。待表面出浆后，再用抹子抹平。在滚压过程中，如发现表面石子偏少，可在水泥浆较多处补撒石子并拍平，次日即开始洒水养护。做多种颜色的彩色水磨石面层时，应先做深色后做浅色；先做大面，后做镶边。且待前一种色浆凝结后再做后一种色浆，以免混色。

③磨光　常温养护 3～5d 后进行试磨，以石子不松动为准。当试磨合格后，随即用 60～80 号粗石磨开始第一遍磨平。磨石机边磨边用水冲洗，并用 2m 靠尺检查平整度。磨光应达到浆层磨透、磨平，石子均匀显露，分格条全部露出，表面基本平整，并用清水将泥浆冲洗干净。经检查合格后，用同色的水泥素浆擦涂上浆，用以填补砂眼，并修补个别掉粒处。擦浆后次日应洒水养护 2～3d。

第二遍用 120～180 号细石磨磨光，磨法同第一遍，磨平、磨光后再第二次上浆，方法同第一次，并同样进行养护。

第三遍用 180～240 号油石磨，磨至表面石子粒粒显露、平整光滑、无砂眼细孔，然后用水冲净，涂草酸溶液（热水∶草酸＝1∶0.35，溶化冷却后使用）一遍，最后可用 280～320 号油石研磨至出白浆、表面光滑为止，再用水冲洗干净并晾干，准备上蜡。

④上蜡　水磨石面层上蜡工作，应在影响面层质量的其他工序全部完成后进行。其方法是在水磨石面层上薄薄涂一层蜡，稍干后用磨光机研磨，或用钉有细帆布（或麻布）的木块代替油石，装在磨石机上研磨出光亮后，再涂蜡研磨一遍，直到光滑、洁亮为止。上蜡后铺锯末进行养护。

9.3.2　板块楼地面施工

板块地面是采用陶瓷锦砖、地砖、大理石、花岗石、碎块大理石、水泥花砖以及预制水磨石板块等铺设的地面。

这类地面具有光洁、美观、耐用、耐腐蚀、耐磨、易于保持清洁等优点。适用于人流量大、清洁程度要求高或经常受潮的建筑物的楼地面。

1. 陶瓷面砖地面面层

陶瓷地砖包括缸砖、地砖和陶瓷锦砖（马赛克），其施工工序如下。

（1）清理基层抹底灰

方法和要求同水泥砂浆地面做法，找平底灰用 15～20mm 厚 1∶3 水泥砂浆，表面刮平搓毛，浇水养护。

（2）弹线、拉线

在找平层达到一定强度后，在其上弹出定位中线，按照砖的规格拉线，排砖尺寸要考虑缝宽，缸砖缝宽不大于 6mm，也可采用碰缝，即不留缝，从门口开始往室内铺，边部出现非整砖需要切线时则不需考虑缝宽。

（3）铺贴

①铺贴前，先将砖浸水 2～3h，后取出阴干。

②地面如镶边，应先铺有镶边部分，再铺中间有图案部分和其他部分，铺贴时，竖缝按线比齐，横缝放米厘条，待面砖拍实拨直后取出，以统一缝宽。

③面砖铺贴前，在找平层上撒一层干水泥，浇水后随即铺贴，也可以在砖背面刮素水泥浆，或铺 10～15mm 厚水泥砂浆，然后粘贴，用小木槌拍实，如果在水泥浆中加入适量的 107 胶，可以增加黏结强度。

④铺完后的面砖，宜用喷壶浇水，等砖稍收水后，随即用小木槌拍打一遍，将缝拨直，再拍打一遍，再拨缝。

陶瓷马赛克铺贴牢后，用水润湿背纸，30min 后掀去背纸，将缝隙调整均匀。

（4）填缝、养护

地面全部铺完后，用体积比为 1∶1 的水泥砂浆填缝，再拍打一遍，水泥砂浆一收水，即可用锯末清扫表面，在常温下铺砌 24h 后浇水养护 3～4d，养护期间不得上人。

2. 大理石、花岗石、预制水磨石板地面面层

（1）清理基层，抹底层

方法和要求同其他地面。

（2）弹出中心线

在房间内四周墙上取中，在地面上弹出十字中心线，按板的尺寸加预留缝放样分块，铺板时按分块的位置，每行依次挂线（此挂线起到面层标筋的作用）。地面面层标高由墙面水平基准线返下找出。

（3）安放标准块

标准块是整个房间水平的标准和横缝的依据，在十字中心线交叉点处最中间安放，如十字中心线为中缝，可在十字线交叉点对角线安放两块标准块，标准块应用水平尺和角尺校正。

（4）铺贴

①铺贴前板块应先浸水湿润，阴干后擦去背面浮灰方可使用。

②大理石板地面缝宽为 1mm。

③黏结层砂浆为 15～20mm 厚干硬性水泥砂浆，抹黏结层前在基层上刷素水泥浆一道，随抹随铺板块，一般先由房间中部往两侧退步铺贴。也可以在沿墙处两侧按弹线和地面标高线先铺一行大理石或水磨石板，再以此板作为标筋在两侧挂线，中间铺

设以此线为准。

④安放时四角同时往下落，并用橡皮锤或木槌敲击平实，调好缝隙，铺贴时随时检查砂浆黏结层是否平整、密实，如有孔隙不实之处，应及时用砂浆补上。大块板材，应用水平尺对每块进行校平。

（5）灌缝

板块铺贴后 24h，用浆壶将素水泥浆或 1：1 稀水泥砂浆灌入缝内 2/3 高度，再用与板面相同颜色的水泥浆将缝灌满，待缝内的水泥砂浆凝结后，再将面层清洗干净，用干锯末擦净、擦亮。

（6）养护

在擦净的地面上，用干锯末和席子覆盖保护，2～3d 内禁止上人。

拓展实训

一、选择题

1. 按现行规范规定，一般抹灰工程分为（　　）

A. 普通抹灰、高级抹灰

B. 普通抹灰、中级抹灰、高级抹灰

C. 普通抹灰、装饰抹灰

D. 普通抹灰、中级抹灰、高级抹灰、装饰抹灰

2. 一般抹灰工程，当设计无要求时，按（　　）验收。

A. 普通抹灰　　　　　　　　　B. 装饰抹灰

C. 一般抹灰　　　　　　　　　D. 高级抹灰

3. 下列装饰做法中，（　　）不属于装饰抹灰。

A. 涂抹腻子　　　　B. 水刷石　　　　C. 斩假石　　　　D. 彩色抹灰

4. （　　）属于一般抹灰工程。

A. 普通抹灰　　　　　　　　　B. 装饰抹灰

C. 特种砂浆抹灰　　　　　　　D. 防水砂浆抹灰

5. 下列材料中不属于抹灰工程常用的胶结材料的是（　　）。

A. 石膏　　　　B. 水泥　　　　C. 石灰　　　　D. 粉煤灰

6. 在抹灰层中，（　　）主要起找平、黏结作用，还可以弥补底层灰的干缩裂缝。

A. 普通抹灰　　　　B. 底层灰　　　　C. 中间层灰　　　　D. 饰面层灰

7. 常温下，石灰膏熟化时间一般不少于（　　）d。

A. 5　　　　B. 10　　　　C. 15　　　　D. 30

8. （　　）的石材饰面板适宜于粘贴的施工方法。

A. 边长为 350mm，且安装高度为 1000mm

B. 边长为 350mm，且安装高度为 2000mm

C. 边长为 5000mm，且安装高度为 1000mm

D. 边长为 5000mm，且安装高度为 2000mm

8. 在抹灰层中，（　　）主要起与基层黏结作用，还起初步找平的作用。

A. 普通抹灰　　　　B. 底层灰　　　　　C. 中间层灰　　　　D. 饰面层灰

9. 在抹灰层中，（　　）主要起装饰美化作用，要求表面平整、色彩均匀、无裂缝。

A. 普通抹灰　　　　　　　　　　　B. 底层灰

C. 中间层灰　　　　　　　　　　　D. 饰面层灰

10. 内墙抹灰施工的程序为（　　）。

A. 基层处理→做护角→挂钢丝网→贴灰饼→抹底层灰→抹中间层灰→抹面层灰

B. 基层处理→挂钢丝网→贴灰饼→做护角→抹底层灰→抹中间层灰→抹面层灰

C. 基层处理→做护角→贴灰饼→挂钢丝网→抹底层灰→抹中间层灰→抹面层灰

D. 基层处理→贴灰饼→做护角→挂钢丝网→抹底层灰→抹中间层灰→抹面层灰

二、判断题

1. 保温隔热砂浆抹灰和耐酸砂浆抹灰都属于装饰抹灰的范围。（　　）

2. 用水泥砂浆对墙面分层抹灰时，为了使抹灰层更好的黏结，应待前一层抹灰完成后立即进行下一层的抹灰。（　　）

3. 在填充墙与柱、梁等接缝处抹灰时，必须挂设钢丝网。（　　）

4. 顶棚抹灰施工中，先根据顶棚的水平面，确定抹灰的厚度，然后在墙面的四周与顶棚交接处弹出水平线，作为抹灰的水平基准。（　　）

5. 抹灰时，不能一次抹得太厚，否则容易出现干裂、起鼓或脱落。（　　）

6. 对天然石材饰面板预拼时，要考虑板材的天然纹理和色差，以达到预定效果。
（　　）

三、填空题

1. 饰面板（砖）镶贴前基尘表面的层土、_____、油渍等应清除干净，并应洒水润湿。

2. 室外粘贴面砖时，粘贴应_____进行。

3. 抹灰前的准备工作包括基层处理和_____。

4. 抹灰工程根据使用材料和面层做法不同可分为_____和_____。

5. 抹灰熟化应有足够的时间，常温下一般不少于_____，罩面用石灰膏不少于_____。

6. 抹灰的底层主要起_____的作用，中层主要起_____的作用，面层主要起_____的作用。

四、简答题

1. 一般抹灰（或装饰抹灰）工程的表面质量应符合哪些规定？

2. 简述抹灰前的准备工作和抹灰施工的工序。

3. 简述釉面瓷砖（面砖）的镶贴施工工艺。

4. 大理石饰面工程的施工方法以及绑扎固定灌浆法的步骤是什么？

5. 釉面砖贴灰饼与抹灰前贴灰饼有何区别？

第10章 季节性施工技术

 章节概述

　　季节性施工是指工程建设中按照季节的特点进行相应的建设，考虑到自然环境所具有的不利于施工的因素存在，应该采取措施来避开或者减弱其不利影响，从而保证工程质量、工程进度、工程费用、施工安全等各项均达到设计或者规范要求。

　　我国地域辽阔、气候复杂、北方广大地区每年都有较长时间的负温天气，南方地区冬期出现负温时间则较短。此外，我国大部分地区还存在雨季施工，特别是沿海一带，到了雨季，不仅雨水频繁，而且伴有台风、暴雨、山洪等恶劣气象。而建筑施工大部分是露天作业，气候的变化给建筑施工带来了很多困难，为缩短工期、加速基本建设，我们应尽可能保证全年不间断施工。为保证工程质量，除应按正常施工条件下完成各项要求外，还必须在冬期和雨季合理安排施工程序，制订切实可行的冬期和雨季施工方案，保证工程的顺利进行。

 教学目标

　　1. 了解雨季、冬期施工必须采取的措施。
　　2. 了解并掌握季节性施工的一般知识，注重季节性施工应注意的安全措施。
　　3. 了解各分部工程季节性施工安全技术措施。

 课时建议

　　4 课时。

10.1　冬期施工

10.1.1　冬期施工概述

1. 冬期施工的特点、原则及施工准备

在冬期施工中，由于持续较长时间的负温冰雪、反复冰冻的影响，如果没有采取妥善的施工措施，极易造成质量事故，而且在冬期发生的质量事故具有滞后性，当时不易发现，等到春天解冻后，一系列质量事故才会暴露出来，这种滞后性又给处理质量事故带来很大的困难，因此必须选择合理的施工方法，制订严格的技术措施，遵循冬期施工原则，充分做好施工准备。

（1）遵循冬期施工原则

①确保工程质量符合要求。

②选择冬期施工方案时，应确保经济合理。

③所需热源及冬期施工用材料应有可靠来源。

④工期满足要求。

（2）做好施工准备工作

①掌握当地气温情况，搜集有关气象资料作为选择冬期施工措施的依据。特别是即将进入冬期施工时，应密切注意天气变化情况，如遇突然降温，必须采取相应的应急措施。

②核对施工图纸，检查施工内容是否能适应冬期施工要求，如果不能，则应及早合理安排施工程序，将不适宜冬期施工的分项工程合理地错开冬期，或采取合理的施工措施。

③冬期施工的设备、机具、材料等应提前做好准备。

④对参加冬期施工的人员做好技术培训工作。

2. 冬期施工准备

（1）编制冬期施工组织设计

冬期施工组织设计，一般应在入冬前编审完毕。冬期施工组织设计包括的内容：确定冬期施工工艺的方案、工程施工进度计划、施工工艺技术规划、施工劳动力配置计划、能源供应计划；冬期施工的总平面布置图（包括临时性建筑、道路交通能力、管线布置等），防火安全措施，劳动保护用品；冬期施工安全措施；冬期施工各项安全技术经济指标和节约能源措施。

（2）冬期施工安全教育培训

应根据冬期施工的特点，重新调整好机构和人员，并制订好岗位责任制，加强安

全生产管理。其中主要应当加强保温、测温、冬期施工技术检验和热源管理等机构，并充实相应的人员；安排气象预报人员，了解近期、中长期天气，防止寒流突袭；对测温人员、保温人员、能源工（锅炉和电热运行人员）、管理人员组织专门的技术业务培训，学习相关知识，明确岗位责任，经考核合格方可上岗。

（3）冬期施工现场及物资准备

冬期施工现场的准备：场地要在土方冻结前平整完工，道路必须畅通，并有防止路面结冰的具体措施；生产用水系统应采取防冻措施，并设专人管理，生产排水系统应畅通。

①按照规划落实职工宿舍、办公室、临时设施等的取暖措施。

②搭设加热用的锅炉房、搅拌站，敷设管道，对锅炉房进行试压、试运行，对各种加热材料、设备进行检查，确保安全可靠；蒸汽管道应保温良好，保证管路系统不被冻坏。

冬期施工物资的准备：外加剂、保温材料；测温仪表计及施工检测工器具；劳动保护用品；现场管理和技术管理的资料、表格，施工记录本；燃料及防冻材料；电热设施物资等。

10.1.2　各分部工程冬期施工

1. 土方工程冬期施工

（1）土方的防冻

为了减少冬期挖土困难，如有大量土方开挖，应在进入冬期前就采取措施进行防冻。土的防冻应尽量利用自然条件，以就地取材为原则，主要方法如下。

①翻松耙平防冻法　进入冬期施工前，在准备施工的部位将表层土翻松耙平，其深度宜为25～30cm，宽度宜为开挖时冻结深度的两倍加基槽底宽之和。经翻松的土壤中，有许多充满空气的空隙，可降低土的导热性，起到保温作用。该法适用于大面积的土方工程。

②雪覆盖防冻法　在初冬降雪量较大的土方工程施工地区，宜采用雪覆盖防冻法。如地面较大，可在地面上设篱笆或雪堤，或用其他材料堆积成墙，高度宜为50～100cm，间距宜为10～15m，并应与主导风向垂直。对面积较小的基槽，可在预定的位置上挖积雪沟，深度宜为30～50cm，宽度为预计深度的两倍加基槽底宽之和，并随即用雪填满。

③保温材料防冻法　对于开挖面积较小的基槽，宜采用保温材料覆盖法，保温材料可用草帘、炉渣、膨胀珍珠岩（可装入袋内使用）等，再加盖一层塑料布。保温材料的铺设深度亦为待挖基坑宽度的两倍加基槽底宽之和。

④暖棚法　该法主要适用于基础工程或地下工程，在已挖好的基槽上搭设骨架铺上基层，覆盖保温材料，也可搭设塑料大棚，在棚内采取供暖措施。

（2）土方工程开挖

土已冻结时，比较经济的土方施工方法是先破碎冻土，然后挖掘，一般有人工法、机械法、爆破法三种。现主要介绍机械法，机械挖掘冻土可根据冻土的厚度选用推土机松动、挖掘机开挖或重锤冲击破碎冻土等方法，其设备根据现场实际情况进行选用。

当采用重锤冲击破碎冻土时，重锤可为铸铁楔形或球形，质量宜为 2～3t。

土方开挖过程中应注意以下几点：

①必须有周密计划，组织强有力的施工队伍，连续施工，尽可能减少继续加深冻结深度；

②挖完一段，覆盖一段，以防已挖完的基土冻结，如果间歇时间较长，则应在地基上留一层土（约 30cm 厚）暂不挖除；

③对各种管道、机械设备等采取保温措施；

④对运输道路采取防滑措施，如撒上炉渣、砂子等，保证运输安全。

（3）土方工程回填

冬期回填土方必须或尽量选用未受冻的、不冻胀的土壤，并清除基础上的冰雪和保温材料，其基础表层 1m 以内不得用冻土填筑。具体要求如下：

①上层用未冻、不冻胀的或透水性差的土料；

②每层铺土减少 20%～25%，预留沉降量的增加；

③土料中冻土块的粒径≤150mm；

④铺填时冻土块应均匀分布、逐层压实。

2. 砌体工程冬期施工

冬期施工指连续 10d 内的平均气温低于 5℃，或当日最低温度低于 −3℃。冬期砌筑施工具体工艺如下。

（1）冬期砌筑施工掺抗冻剂砂浆法

在砂浆中掺入抗冻剂，可降低水的冰点，保证液态水存在，使水泥水化反应在负温下进行，强度也能继续缓慢增长。可用抗冻剂有氯化钠、氯化钙、亚硝酸钠、碳酸钾和硝酸钙等。

①适用范围 除以下特殊要求的工程外，如近高压电路、热工要求高的建筑物；特殊装饰、湿度≥60%工程；遇水接触结构；配有钢筋而未处理的砌体。

②对砂浆的要求 材料符合冬期施工规范规定；清除冻霜，采用普通硅酸盐水泥、石灰膏等；防冻砂中不含≥10mm 的冻结块；水温≤80℃；砂温≤40℃。

③砂浆配制 掺盐砂浆配制时，应按不同负温界限控制掺盐量；掺盐砂浆法的砂浆使用温度不应低 5℃；气温≤15℃，砂浆强度提高一级；机械拌合延长搅拌时间，注意保温。

④砌筑施工工艺 "三一"砌砖法，浇热盐水润湿，增大砂浆的稠度，采取一顺一丁的方法组砌。

（2）冬期砌筑施工冻结与解冻法

冻结法施工，砂浆先冻结，保证砌体稳定，砂浆融化后用水泥水化，砂浆硬化强

度从零逐渐增长。

①适用范围　空斗墙、毛石墙、承受侧压力的砌体，在解冻期间可能受到振动或动力荷载的砌体，在解冻期间不允许发生沉降的砌体。

②对砂浆的要求　气温应≥−10℃；若气温≥−25℃，强度提高一级；若气温＜−25℃，强度提高两级；解冻期间稳定性较差，保证不出裂缝；清除剩余的临时荷载；洞口解冻前应填砌完毕；跨度＞0.7m 的过梁用预制构件；约 5mm 的空隙作为预留沉降量；转角处设置 2 根 ϕ46mm 钢筋拉结。

（3）冬期砌筑施工暖棚法

冬期施工暖棚法是用简易结构或保温材料封闭工作面，使砌体在正温下（≥5℃）砌筑和养护。

①适用范围　地下室墙、挡土墙、局部性事故工程的砌筑。

②对砂浆的要求　用快硬硅酸盐水泥、热水和砂浆制成的快硬砂浆砌筑。适用于热工要求高、湿度＞60％及接触高压输电线路和配筋的砌体。

3. 混凝土工程冬期施工

在严寒季节，由于气温常处于负温以下，新浇筑的混凝土若任其敞露在大气条件下，必将遭受冻害，混凝土的强度和耐久性将大大降低，严重影响结构的承载能力和工程寿命，因此必须采取冬期施工的技术措施，防止新浇筑混凝土的早期受冻，保证混凝土工程的质量能达到规定的要求。

（1）混凝土工程冬期施工的一般原理

①温度对混凝土强度增长的影响　混凝土强度的高低和增长速度，决定于水泥水化反应的程度和速度。水泥的水化反应必须在有水和一定的温度条件下才能进行，其中温度决定水化反应速度的快慢，温度越高，反应越快，混凝土强度增长也越快；反之，温度越低，反应起慢，混凝土强度增长也越慢。

②冻结对混凝土强度的影响　新浇筑的混凝土如果遭受冻结，水泥的水化作用会停止进行。同时，由于拌合水冻结成冰后，体积要增大 9％，故在混凝土内部产生冻胀应力，当混凝土的冻胀应力大于混凝土的强度时，混凝土内部结构将因遭受冻胀破坏而产生裂缝。实验证明：遭受冻结的混凝土后期强度有不同程度的损失，其强度损失值的大小与混凝土受冻的龄期有关，受冻龄期越早，混凝土强度越低，后期强度损失值就越大；反之，受冻龄期越晚，混凝土强度越高，后期强度损失值就越小。

③抗冻临界强度　由上可知，当混凝土具有一定的强度后，其结构坚固到足以抵抗冻胀应力的破坏作用时，混凝土的强度损失就较小，甚至不损失。混凝土遭受冻结时具备的能够抵抗冻胀应力的最低强度，称为混凝土的抗冻临界强度，因此在混凝土工程冬期施工中，必须采取措施防止混凝土在达到抗冻临界强度前受冻。

（2）混凝土工程冬期施工

①钢筋工程　在负温条件下，钢筋的屈服强度和抗拉强度增加，伸长率和抗冲击韧性降低，脆性增加，这种性质称为冷脆性。钢筋在冷拉后冷脆性增加。钢筋的接头

经焊接后热影响区内的韧性将要降低，如果焊接接头冷却过快或接触冰雪，也会使接头产生淬硬组织，从而增加其冷脆性，因此在施工时应注意以下几点。

a. 钢筋冷拉温度不宜低于 −20℃，预应力钢筋张拉温度不宜低于 −15℃。在负温条件下采用控制应力方法冷拉钢筋时，由于伸长率随温度降低而减小，所以如果控制应力不变，则伸长率不足，钢筋强度将达不到要求，因此在负温条件下冷拉钢筋的控制应力应较常温提高，规范规定将冷拉应力提高 30MPa，方能获得与常温冷拉后相同的力学性能，而冷拉率的确定应与常温施工相同。

b. 钢筋负温焊接可采用闪光对焊、电弧焊及气压焊等焊接方法，当环境温度低于 −20℃时不宜进行施焊，当风力超过 3 级时应有挡风措施。在负温条件下焊接钢筋，应尽量安排在室内进行，焊后未冷却的接头严禁碰到冰雪。

c. 热轧钢筋负温闪光对焊，宜采用预热闪光焊或闪光—预热—闪光焊工艺。钢筋端面比较平整时，宜采用预热闪光焊；端面不平整时，宜采用闪光—预热—闪光焊工艺。

d. 钢筋负温绑条焊或搭接焊的焊接工艺要求

（a）绑条焊时绑条与主筋之间用四点定位焊固定，搭接焊时用两点固定，定位焊缝应离绑条或搭接端部 20mm 以上。绑条焊与搭接焊的焊缝厚度应不小于 $0.3d$，焊缝宽度不小于 $0.7d$。

（b）为防止接头热影响区的温度梯度突然增大，进行绑条焊和搭接焊时，第一层焊缝应先从中间引弧，再向两端运弧，以使接头端部的钢筋达到一定的预热效果，在以后各层焊缝的焊接时，采取分层控温施焊，层间温度控制在 150~350℃，以起到缓冷的作用。

②混凝土配制和搅拌

a. 对材料的要求　应优先选用硅酸盐水泥或普通硅酸盐水泥，水泥强度等级不应低于 42.5，最小水泥用量不宜少于 300kg/m³，水灰比不应大于 0.6，骨料必须清洁，不得带有冰、雪冻块等冻结物及其他易冻裂的物质。整体结构采用蒸汽养护时，水泥用量不宜超过 350kg/m³，水灰比宜为 0.4~0.6，坍落度不宜大于 5cm。

b. 混凝土的搅拌时间　应比常温下的搅拌时间延长 50%。

c. 混凝土搅拌时应防止出现假凝现象，水泥不得与超过表 10-1 规定温度以上的拌合水直接接触。

d. 混凝土中掺有外加剂时，外加剂必须严格计量，并由专人负责。

表 10-1　拌合水及骨料加热最高温度　　　　　　　　　　　单位:℃

水泥品种及强度等级	拌合水	骨料
强度等级小于 52.5 的普通硅酸盐水泥、矿渣硅酸盐水泥	80	60
强度等级等于或大于 52.5 的硅酸盐水泥、普通硅酸盐水泥	60	40

③混凝土搅拌与运输

a. 浇筑混凝土前，应先清除模板上的冰雪和污垢。

b. 运输和浇筑混凝土用的容器应有保温措施，尽量缩短运输距离，减少转运次数。

c. 注意控制混凝土在运输、浇筑过程中的温度。混凝土出搅拌机温度应不低于10℃，入模温度应不低于5℃。

④混凝土养护

a. 采用蓄热法和综合蓄热法养护时，应在混凝土表面采用塑料布等防水材料覆盖，然后用草垫等材料进行保温。

b. 蒸汽加热养护混凝土应注意以下几个问题。

（a）加热要均匀，及时排除冷凝水，防止结冰。

（b）必须使用低压饱和蒸汽，高压蒸汽必须通过减压阀或过水装置后方可使用。

（c）当采用普通硅酸盐水泥时，最高养护温度不超过80℃；当采用矿渣硅酸盐水泥时，最高养护温度可提高到85℃；当采用内部通气法时，最高加热温度不应超过60℃。

⑤混凝土质量检查　冬期施工时，混凝土的质量检查除应按《混凝土结构工程施工质量验收规范》（GB 50204—2015）规定留置试块外，尚应检查混凝土表面是否有受冻、粘连、收缩裂缝以及边角是否脱落，施工缝处有无受冻痕迹；检查同条件养护试块的养护条件是否与施工现场结构养护条件相一致；采用成熟度法检验混凝土强度时，应检查测温记录与计算公式要求是否相符、有无差错；采用电加热法养护时，应检查供电变压器二次电压和二次电流强度，每一工作班不应少于两次。混凝土试件的试块留置应较常规施工增加不少于两组与结构同条件养护的试件，分别用于检验受冻前的混凝土强度和转入常温养护28d的混凝土强度。与结构构件同条件养护的受冻混凝土试件，解冻后方可试压。

10.2　雨季施工

10.2.1　雨季施工概述

季节性施工主要指雨季施工和冬期施工。雨季施工应当采取措施防雨、防雷击，并组织好排水。同时，注意做好防止触电和坑槽坍塌措施，沿河流域的工地做好防洪准备，傍山的施工现场做好防滑坡、塌方措施，脚手架、塔机等应做好防强风措施。春秋季天气干燥、风大，应注意做好防火、防风措施；秋季还应注意饮食卫生，防治腹泻等流行性疾病。任何季节遇6级以上（含6级）强风、大雪、浓雾等恶劣气候，严禁露天起重吊装和在高处作业。

1. 施工现场要求

雨季施工主要是解决雨水的排除,在施工现场必须做好临时排水系统的整体规划,主要包括阻止场外水流入现场和使现场内的水及时排出场外两部分。施工现场应设置排水沟。

(1) 排水沟设置的要求

①排水沟的纵向排水坡度一般不少于 2%。

②排水沟的横断面尺寸应根据施工期内可能遇到的最大流量确定。

③排水沟的边坡坡度应根据土质和沟的深度确定,黏性土边坡坡度一般为 1∶0.7~1∶1.5。

(2) 施工现场道路的要求

①必须保证雨季施工的正常进行。

②对临时路面,必须采取措施,避免道路泥泞,可在道路两侧做好排水,对临时路面应加铺炉渣、碎石等材料。

(3) 雨季临时设施及其他施工准备工作

施工现场的大型临时设施,在雨季前应整修加固完毕,保证不漏、不塌、不倒,且周围不积水,严防水冲入设施内。选址要合理,避开滑坡、泥石流、山洪、坍塌等灾害地段。大风和大雨后,应当检查临时设施地基和主体结构情况,发现问题及时处理。

①雨季前应清除沟边多余的弃土,减轻坡顶压力。

②雨后应及时对坑槽沟边坡和固壁支撑结构进行检查,深基坑应当派专人进行认真测量,观察边坡情况,如果发现边坡有裂缝、疏松、支撑结构折断、走动等危险征兆,应当立即采取措施。

③雨季施工中遇到气候突变,如发生暴雨、水位暴涨、山洪暴发或因雨发生坡道打滑等情况,应当停止土石方机械作业施工。

④在大风和大雨后作业,应当检查起重机械设备的基础、塔身的垂直度、缆风绳和附着结构以及安全保险装置并先试吊,确认无异常后方可作业。对于轨道式塔机,还应对其轨道基础进行全面检查,检查轨距偏差轨顶倾斜度、轨道基础沉降、钢轨不直和轨道通过性能等。

⑤落地式钢管脚手架底应当高于自然地坪 50mm,并夯实整平,留一定的散水坡度,在周围设置排水措施,防止雨水浸泡脚手架。

2. 雨季施工的用电与防雷

(1) 雨季施工的用电

雨季施工现场各种露天使用的电气设备应选择在较高的干燥处放置。

①机电设备(配电盘、闸箱、电焊机、水泵等)应有可靠的防雨措施,电焊机应加防护雨罩。

②雨季前应检查照明和动力线有无混线、漏电，电杆有无腐蚀，埋设是否牢靠等，防止触电事故发生。

③雨季要检查现场电气设备的接零、接地保护措施是否牢靠，漏电保护装置是否灵敏，保证电线绝缘接头良好状态。

(2) 雨季施工的防雷

雨季防雷装置的设置范围：施工现场高出建筑物的塔吊、外用电梯、井字架、龙门架以及较高金属脚手架等高架设施，如果在相邻建筑物、构筑物的防雷装置保护范围以外，则应当在规定范围内按照规定设防雷装置，并经常进行检查；施工现场内机械设备需要安装防雷装置的规定，如最高机械设备上的避雷针，其保护范围按照60°计算能够保护其他设备；若最后退出现场，其他设备可以不设置避雷装置。

防雷装置的构成及操作要求：施工现场的防雷装置一般由避雷针、接地线和接地体三部分组成。

①避雷针 避雷针装在高出建筑物的塔吊、人货电梯、钢脚手架等的顶端。机械设备上的避雷针（接闪器）长度应当为 1～2m。

②接地线 接地线可用截面面积不小于 $16mm^2$ 的铝导线，或用截面面积不小于 $12mm^2$ 的铜导线，或者用直径不小于 8mm 的圆钢，也可以利用该设备的金属结构体，但应当保证电气连接。

③接地体 接地体有棒形和带形两种。棒形接地体一般采用长 1.5m、壁厚不小于 2.5mm 的钢管或 $50mm×50mm$ 的角钢，将其一端垂直打入地下，其顶端离地平面不小于 50mm。带形接地体可采用截面面积不小于 $50mm^2$，长度不小于 3m 的扁钢，平卧于地下 500mm 处。

防雷装置的避雷针、接地线和接地体必须焊接（双面焊），焊缝长度应为圆钢直径的 6 倍或扁钢厚度的 2 倍以上。

10.2.2 各分部工程雨季施工

1. 土方工程

土方工程在雨季施工中一旦遇到大雨，基槽被雨水浸泡，不仅影响地基土质量，而且拖延工期，增加施工费用，还带来了很大的麻烦，因此土方工程宜避开雨季施工，如果确实无法避开，则应采取以下措施。

(1) 土方的开挖

①基坑开挖前，首先在挖土范围外先挖好挡水沟，沟边做土堤，防止雨水流入坑内，设置挡水沟措施。

②为防止基坑被雨水浸泡，开挖后应在坑内做好排水沟、集水井。

③土方边坡坡度留设应适当放缓，如果施工现场无法满足，则可设置支撑或采取边坡加固等措施。在施工中应随时注意边坡稳定性，加强对边坡和支撑的检查。

④土方工程施工时，工作面不宜过大，宜分段作业。可先预留 20～30cm 不挖，待

大部分基槽已挖到距基底 20~30cm 时，再采用人工挖土清槽。

⑤土方施工过程中，应尽可能减小基坑边坡荷载，不得堆积过多的材料、机具和土方。

⑥土方开挖完后，应抓紧进行基础垫层的施工，基础施工完后，应立即进行土方回填。

（2）土方的回填

①雨季施工中，回填用土应及时采取覆盖措施，保证土方的含水量符合要求。

②若采取措施后，土方含水量仍偏大，应晾一段时间待含水量符合要求后再进行回填，严格防止形成橡皮土。若工期很紧，要求必须立即回填，则应与建设单位、施工单位共同协商后进一步采取其他措施，如用灰土回填等。土的密实度必须满足要求。

2. 砌筑工程

（1）材料防护

①水泥　应放置在水泥库中，水泥库应位于地势较高处，地面应有防潮措施，垛底应高出地面 0.5m；坚持及时收发、先进先用原则，不积压水泥，严防久存受潮；散装水泥应放置在密闭的金属料仓内。

②砖、砌块　应采取遮盖措施，避免块材吸水过多而对砌筑不利。

（2）施工要求

①必须注意使砖、砌块的含水量满足要求，湿度较大的砖不可上墙。含水量太小，砖、砌块易吸收砂浆内的水分，降低砂浆和砖、砌块间的黏结力；含水量太大，砖、砌块表面有一层水膜，也不利两者的黏结。

②雨季施工，日砌筑高度不宜超过 1.2m。

③砌砖收工时，应在砖墙顶铺一层干砖，避免大雨冲刷砂浆。

④砌体施工时，如遇大雨必须停止施工，大雨过后，受雨水冲刷过的墙体应翻砌最上面的两皮砖。

⑤在气温高、天气干燥的地区施工时，应注意将砖、砌块提前一天浇水湿润，砂浆稠度可适当增大。如天气特别干燥，可在砂浆初凝后适当往墙上洒，使墙面保持湿润，有利于砌体强度的提高。

⑥台风季节时，砌筑中要控制墙体的砌筑高度，最好四周同时砌筑以形成整体刚度，内外墙及转角处尽量同时砌筑。对于无横向支撑的独立山墙、窗间墙、独立砖柱等应及时浇筑钢筋混凝土圈梁或在与风向相反的方向加设临时支撑，以增加墙体的稳定性。

3. 混凝土工程

（1）对原材料的要求

①水泥　袋装水泥必须放置在水泥库中，水泥库的防水防潮必须满足要求。散装水泥必须放置在密封金属仓内。

②钢筋　钢筋必须放入仓库，且应架空离地，防止雨水浸泡锈蚀。焊接工艺必须

在室内或工作棚内进行，防止雨水对焊接处突然降温着水而产生裂缝。

③骨料 砂、石砂、石可露天放置，但应堆放在地势较高处并利于排水的地方，要及时测定砂、石的含水量，并据此调整搅拌混凝土的用水量，将混凝土由实验室配合比换算成施工配合比。

（2）施工操作

①浇筑混凝土时如遇大雨，应根据结构情况将施工缝留设在适宜的位置，将混凝土振捣密实，停止施工，已浇混凝土应加以覆盖。

②大面积的混凝土浇筑前，应注意收听天气预报，尽量避开大雨。对于必须连续施工、不允许出现施工缝的工程，必须采取完善的防雨措施，保证施工的连续性。

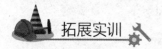 拓展实训

一、选择题

1. 当日平均气温连续 5d 降到（　　）以下时，混凝土工程必须采取冬期施工技术措施。

A. 0℃ 　　　　 B. −3℃ 　　　　 C. 5℃ 　　　　 D. 10℃

2. 水泥不宜与（　　）以上的水直接接触，以防水泥假凝。

A. 40℃ 　　　　 B. 50℃ 　　　　 C. 60℃ 　　　　 D. 80℃

3. 冬期施工中配制混凝土用的水泥宜优先采用（　　）的硅酸盐水泥。

A. 活性小，水化热大 　　　　 B. 活性大，水化热小

C. 活性小，水化热小 　　　　 D. 活性大，水化热大

4. 冬期施工中，混凝土入模温度不得低于（　　）。

A. 0℃ 　　　　 B. 5℃ 　　　　 C. 4℃ 　　　　 D. 3℃

5. 冬期施工混凝土的搅拌比常温规定时间（　　）。

A. 缩短 50% 　　　　 B. 延长 50% 　　　　 C. 缩短 80% 　　　　 D. 延长 80%

二、问答题

1. 混凝土工程冬期施工对水泥有哪些要求？

2. 简述雨季施工的安全技术措施。

3. 简述冬期混凝土施工的养护方法。

4. 简述冬期施工的安全技术措施。

5. 简述雨季施工准备工作包括哪些？

第11章 BIM 技术在施工组织中的应用

BIM（Building Information Modeling）技术是 Autodesk 公司在 2002 年率先提出的，目前已经在全球范围内得到业界的广泛认可，它可以帮助实现建筑信息的集成，从建筑的设计、施工、运行直至建筑全寿命周期的终结，各种信息始终整合于一个三维模型信息数据库中，设计团队、施工单位、设施运营部门和业主等各方人员可以基于 BIM 进行协同工作，有效提高工作效率、节省资源、降低成本，以实现可持续发展。

BIM 技术是一种应用于工程设计、建造、管理的数据化工具，通过对建筑的数据化、信息化模型整合，在项目策划、运行和维护的全生命周期过程中进行共享和传递，使工程技术人员对各种建筑信息做出正确理解和高效应对，为设计团队以及包括建筑、运营单位在内的各方建设主体提供协同工作的基础，在提高生产效率、节约成本和缩短工期方面发挥重要作用。

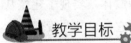

1. 了解 BIM 的发展起源。
2. 了解 BIM 技术的基本知识。
3. 熟悉 BIM 技术在施工中的应用。

6 课时。

11.1 BIM 技术概述

11.1.1 BIM 概述

基于建筑行业在长达数十年间不断涌现出的诸如碰撞冲突、屡次返工、进度质量

不达标等顽固问题，造成了大量的人力、资源损失，也导致建筑业生产效率长期处于较低水平，建筑从业者们痛定思痛后也在不断发掘解决这一系列问题的有效措施。

新兴的 BIM 技术，贯穿工程项目的设计、建造、运营和管理等全生命周期阶段，是一种螺旋式的智能化的设计过程，同时 BIM 技术所需要的各类软件，可以为建筑各阶段的不同专业搭建三维协同可视化平台，为上述问题的解决提供了一条新的途径。BIM 信息模型中除了集成建筑、结构、暖通、机电等专业的详尽信息之外，还包含了建筑材料、场地、机械设备、人员乃至天气等诸多信息，具有可视化、协调性、模拟性、优化性以及可出图性的特点，可以对工程进行参数化建模，施工前进行三维技术交底，以三维模型代替传统二维图纸，并根据现场情况进行施工模拟，及时发现各类碰撞冲突以及不合理的工序问题，可以极大地减少工程损失和提高工作效率。

当建筑行业相关信息的载体从传统的二维图纸变化为三维的 BIM 信息模型时，工程中各阶段、各专业的信息就从独立的、非结构化的零散数据转换为可以重复利用；而在各参与方中传递的结构化信息。2010 年英国标准协会的一篇报告中指出了二维 CAD 图纸与 BIM 模型传递信息的差异，其中便提到了 CAD 二维图纸是由几何图块作为图形构成的基础骨架，而这些几何数据并不能被设计流程的上下游所重复利用。三维 BIM 信息模型将各专业间独立的信息整合归一，使之结构化，在可视化的协同设计平台上，参与者们在项目的各个阶段可以重复利用各类信息，效率得到了极大的提高。

上述两种建筑信息载体也经历了各自的发展历程。20 世纪 60 年代人们从手工绘图中解放出来，甩掉沉重的绘图板，转换为以 CAD 为主的绘图方式，如今人们，正逐步从二维 CAD 绘图转换为三维可视化 BIM。人们认为 CAD 技术的出现是建筑业的第一次革命，而 BIM 模型为一种包含建筑全生命周期中各阶段信息的载体，实现了建筑从二维到三维的跨越，因此 BIM 也被称为是建筑业的第二次革命，它的出现与发展必然推动三维全生命周期设计取代传统二维设计及施工的进程，拉开建筑业信息化发展的新序幕，如图 11-1 所示。

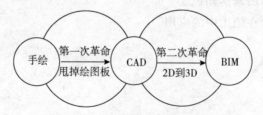

图 11-1　建筑业信息革命过程

11.1.2　BIM 技术基本知识

1. BIM 技术概述

BIM 全称是"Building Information Modeling"，译为建筑信息模型。目前较为完整的定义是美国国家 BIM 标准（National Building Information Modeling Standard，

NBIMS）的定义："BIM 是设施物理和功能特性的数字表达；BIM 是一个共享的知识资源，通过分享有关这个设施的信息，为该设施从概念到拆除的全寿命周期中的所有决策提供可靠依据的过程；在项目不同阶段、不同利益相关方通过在 BIM 中插入、提取、更新和修改信息，以支持和反映各自职责的协同工作。"

从这段话中可以提取的关键词如下。

（1）数字表达　BIM 技术的信息是参数化集成的产品。

（2）共享信息　工程中 BIM 参与者通过开放式的信息共享与传递进行配合。

（3）全寿命周期　从概念设计到拆除的全过程。

（4）协同工作　不同阶段、不同参与方需要及时沟通交流、协作，以取得各方利益的操作。

通俗来说，BIM 可以理解为利用三维可视化仿真软件将建筑物的三维模型建立在计算机中，这个三维模型中包含着建筑物的各类几何信息（几何尺寸、标高等）与非几何信息（建筑材料、采购信息、耐火等级、日照强度、钢筋类别等），是一个建筑信息数据库。项目的各个参与方在协同平台上建立 BIM 模型，根据所需提取模型中的信息，及时交流与传递，从项目可行性规划开始，到初步设计，再到施工与后期运营维护等不同阶段均可进行有效的管理，显著提高效率，并减少风险与浪费，这便是 BIM 技术在建筑全生命周期的基本应用。

2. BIM 的主要特征

（1）可视化的三维模型

随着建筑行业的不断发展，各式各样的新兴建筑设计理念给建筑带来了更多的观赏性，复杂结构也层出不穷，在提升建筑格调的同时也给传统二维设计模式带来了巨大的麻烦。可视化这个词语，往往让人们联想到了各类工程前期、竣工时的展示效果图，这的确是属于可视化的范畴，但 BIM 的可视化远不止效果图这么简单。

可视化就是"所见即所得"，BIM 通过建模软件将传统二维图纸所表达的工程对象以全方位的三维模型展示出来，三维模型严格遵守工程对象的一切指标和属性。建模过程中，由于构件之间的互动性和反馈性的可视化，使得工程设计的诸多问题与缺陷提前暴露出来。除去以效果图形式展现的可视化结果外，最为重要的是可视化覆盖了设计、施工、运营的各个阶段，各参与方的协调、交流、沟通、决策均在可视化的状态中进行。BIM 可视化能力的价值占 BIM 价值的半壁江山。

（2）面向工程对象的参数化建模

作为 BIM 技术中重要的特征之一，参数化建模是利用一定规则确定几何参数和约束，完成面向各类工程对象的模型搭建，模型中每一个构件所含有的基本元素是数字化的对象，例如建筑结构中的梁、柱、板、墙、门、窗、楼梯等。在表现其各自物理特性和功能属性的同时，还具有智能的互通能力，例如建筑中梁柱、梁板的搭接部分可以自动完成扣减，实现功能与几何关系的统一。

参数化使得 BIM 在与 CAD 技术的对比中脱颖而出，每一个对象均是包含了标识

自身所有属性特征的完整参数，从最为直观的外观，到对象的几何数据，再到内部的材料、造价、供应商、强度等非几何信息。

参数化建模的简便之处在于关联性的修改。例如在一项工程中，梁高不符合受力要求，需要修改所有相关梁的几何信息，此时只需要将代表梁高的参数更正即可使相关构件统一更正，大大减少了重复性的工作。

（3）覆盖全程的各专业协作

协作对于整个工程行业都是不可或缺的重点内容。在一个建筑流程中，业主与设计方的协作是为了使设计符合业主的需求，各设计方之间的协作是为了解决不同专业间的矛盾和问题，设计方与施工方的协作是为了解决实际施工条件与设计理念的冲突。传统的工作模式往往是在出现了问题之后，相关人员才开展会议进行协调并商讨问题的解决办法，随后再做出更改和补救，这种被动式的协作通常会浪费大量的人力、财力。

基于BIM的可视化技术，提供给各参与方一个直观、清晰、同步沟通协作的信息共享平台。业主、设计方、施工方在同一平台上，各参与方通过BIM模型有机的整合在一起共同完成项目。由于BIM的协作特点，某个专业的设计发生变更时，BIM相关软件可以将信息即时传递给其他参与方，平台数据也会实时更新。这样，其他专业的设计人员可以根据更新的信息修改本专业的设计方案。例如结构专业的设计师在结构分析计算后发现需要在某处添加一根结构柱以符合建筑承载力的要求，故在平台上更新自己的设计方案，建筑设计师收到信息更新后会根据这根柱子影响建筑设计的情况来决定是否同意结构设计师的修改要求；在协商解决建筑功能、美观等问题的前提下，机电设计师即可根据添加结构柱后生成的碰撞数据，对排风管道的位置进行修改，避免实际施工中的碰撞冲突。

（4）全面的信息输出模式

基于国际IFC标准的BIM数据库，包含各式各样的工程相关信息，可以根据项目各阶段所需随时导出，例如从BIM三维参数化模型中可以提取工程二维图纸，如结构施工图、建筑功能分区图、综合管线图、MEP预留洞口图等。同时，各类非图形信息也可以根据报告的形式导出，如构件信息、设施设备清单、工程量统计、成本预算分析等。而协同工作平台的关联性使得模型中的任何信息发生变动时，图纸和报告也能够即时的更新，极大地提高了信息的使用率和工作效率。

3. BIM实施原理与流程

工程项目的建设涉及政府、业主、设计方、施工方、运营商等，其中设计方包含建筑设计、结构设计、机电设计等；施工方包括基础工程、主体结构、装饰装修、机电安装等。其中所包含的诸如材料供应商、管理方以及运营、环保、能源等参与方多达数百家，甚至上千家。建筑使用年限短则数十年，长则上百年。BIM技术贯穿建筑全生命周期，在可行性研究、初期规划、设计、施工、运营、维护以及最后的拆除阶段均以信息作为纽带，连接项目各阶段的参与方。

基于 BIM 技术的应用流程：建筑、结构、机电在同一个协同平台上进行各自的专业建模设计，通过各方多次协调、讨论、修改后形成 BIM 总模型。该模型的特点是具有前期规划、设计相关的一切结构化信息，并且可以在任何时间和地点进行有效的存取和传递。随着项目的进展，施工及后期运维的相关人员参与进来，更多的信息通过协同平台进入总模型中。不同阶段的人员可根据自身所需提取信息开展相关应用，诸如施工与设计的碰撞冲突检测、构件细部可视化设计、工程进度模拟与图纸输出等。保证信息的及时传递与高效应用也正是 BIM 技术的初衷。

4. BIM 的内涵

（1）以模型为信息载体

BIM 技术的信息载体是 BIM 模型，而这个载体的维度也从传统 CAD 图纸的二维变化到了三维，同时可以根据时间、造价等需求增加更多的维度。下面用几个简单的等式来解释 BIM 模型的维度：

2D＝长＋宽

3D＝长＋宽＋高，3D＝2D＋高

4D＝长＋宽＋高＋时间，4D＝3D＋时间

5D＝长＋宽＋高＋时间＋造价，5D＝4D＋造价

BIM 的应用将促使建筑业从二维到三维甚至多维的转型，但 CAD 二维设计施工的习惯并非一朝一夕能够改变的。传统二维专业设计、施工图纸是由点、线构成，从长、宽两个维度组成建筑，CAD 的三维仅仅是在二维的基础上添加了高度，如此构成的 3D 模型也仅仅只有 3D 这一个功能。

BIM 的多维参数化信息模型中，3D 仅仅是其众多功能中的基础。在解决传统二维图纸无法进行信息整合与信息传递问题的基础上，其多维的动态模型也带给工程人员极大的便利。例如加入时间维度的 4D 模型，可以大大增加工程在进度、施工组织流水、项目优化等方面的把控性；在 4D 基础上再加入造价维度的 5D 模型，能够对项目各阶段预算进行提前模拟和控制，可以大大减少浪费与风险。基于政府部门或者业主方对建筑能耗、低污染、可持续发展等方面的需求，BIM 模型可以添加更多的维度。如此一来，建筑经济、舒适、低能耗、低污染、可持续的理念与应用也达到了新的程度。

（2）以软件为实现途径

工程离不开设计，设计离不开软件。传统设计方式是以 AutoCAD 软件为核心，以平面元素描绘建筑设计师心中的理念，结构设计师再以诸如 PKPM 一类的结构分析软件实现抗震以及承载力的分析。BIM 技术的实现，同样离不开软件，在 BIM 所提供的协同平台上，单一建模软件的应用显得捉襟见肘，往往需要大量功能相异的软件对模型进行支持。一个软件解决问题的时代将一去不复返，这是未来 BIM 技术取代 CAD 技术成为主导的必然结果。

11.2　BIM 技术在施工组织中的具体应用

11.2.1　施工组织概述

1. 建筑项目与建筑施工

（1）建设项目及其内容

基本建设是指建设单位利用国家预算拨款、国内外贷款、自筹基金以及其他专项资金进行投资，以扩大生产能力、改善工作和生活条件为主要目标的新建、扩建、改建等建设经济活动。如工厂、矿山、铁路、公路、桥梁、港口、机场、农田、水利商店、住宅、办公用房、学校、医院、市政基础设施、园林绿化、通信等建造性工程，建设单位也称为业主单位或项目业主，指建设工程项目的投资主体或投资者，它也是建设项目管理的主体，主要履行提出建设规划、提供建设用地和建设资金的责任。

①基本建设项目的概念　基本建设项目简称建设项目，是指按一个总体设计组织施工，建成后具有完整的系统，可以独立地形成生产能力或者使用价值的建设工程工业建设中的一座工厂、一个矿山，民用建设中的一个居民区、一幢住宅、一所学校等均为一个建设项目。

②建设工程项目的分类　基本建设的分类方法有很多种，按建筑性质划分为新建项目、扩建项目、改建项目、迁建项目和恢复项目；按建设项目的用途划分为生产性建设工程项目和非生产性建设工程项目；按国民经济各行业性质和特点划分为竞争性项目、基础性项目和公益性项目；按项目的规模大小划分为大型、中型、小型建设项目。

③建设项目的组成内容　按照建设项目分解管理的需要，可将建设项目分解为单项工程、单位工程（子单位工程）、分部（子分部）工程、分项工程、检验批。

a. 单项工程具有独立的设计文件，竣工后能单独发挥设计所规定的生产能力或效益，如某工厂建设项目中的生产车间、办公楼、住宅等即可称为单项工程；某学校建设项目中的教学楼、食堂、宿舍等也可称为单项工程

b. 单位（子单位）工程具有单独设计和独立施工条件，不能独立发挥生产能力或效益，它是单项工程的组成部分。如生产车间这个单项工程是由一般土建工程、给排水及暖卫工程、通风空调工程、电器照明工程和机械设备及安装工程、电气设备及安装工程、热力设备及安装工程等单位工程组成。

c. 分部（子分部）工程是建筑物按单位（子单位）工程的部位专业性质划分的，即单位（子单位）工程的进一步分解。《建筑工程施工质量验收统一标准》（GB 50300—2013）将建筑工程划分为地基与基础、主体结构、建筑装饰装修、建筑屋面、建筑

给水排水及采暖、建筑电气、智能建筑、通风与空调、电梯等 9 个分部工程。当分部（子分部）工程较大或较复杂时，可按材料种类、施工特点、施工程序、专业系统及类别等划分为若干子分部工程。

d. 分项工程是分部（子分部）工程的组成部分，一般是按主要工种、材料、施工工艺、设备类别等进行划分。例如，混凝土结构工程中按主要工种分为钢筋工程、模板工程、混凝土工程等；按施工工艺分为预应力、现浇结构、装配式结构等分项工程。分项工程是建筑施工生产活动的基础，也是计量工程用工用料和机械台班消耗的基本单元。分项工程的具体划分见《建筑工程施工质量验收统一标准》（GB 50300—2013）。

e. 检验批。分项工程可由一个或若干个检验批组成，检验批可根据施工及质量控制和专业验收的需要按照施工段、楼层、变形缝等进行划分。建筑工程地基基础分部工程中的分项工程一般划分为一个检验批；有地下层的基础工程按不同地下层划分检验批；屋面分部工程中的分项工程按照不同楼层屋面划分为不同的检验批；单层建筑工程中的分项工程按变形缝等划分检验批，多层及高层建筑工程中主体分部工程的分项工程按照楼层或施工段来划分检验批；对工程量较少的分项工程可统一划分为一个检验批。安装工程一般按照一个设计系统划分为一个检验批。室外工程统一划分为一个检验批。散水、台阶、明沟等含在地面检验批中。

（2）基本建设程序

基本建设程序是指一个建设项目从决策、实施、验收及交付使用的全部过程。整个工程建设过程中，工作量大、涉及面广、活动空间有限、协作关系复杂且工程风险较大，因此工程建设必须要分阶段、按步骤进行。根据中国现行工程建设法规规定，基本建设程序一般概括为项目决策、建设准备和工程实施三大阶段。

①项目决策阶段

项目决策阶段可以分为项目建议书和可行性研究两项工作。

a. 项目建议书。项目建设单位依据国民经济和社会发展的长远规划、行业规划、产业政策、生产力布局、市场、所在地的内外部条件等要求，经过调查、预测分析后，提出的某一具体项目的建议文件，是基本建设程序中最初阶段的工作，是对拟建项目的框架性设想，也是政府选择项目和可行性研究的依据。项目建议书的内容一般包括以下几个方面：

（a）建设项目提出的必要性和依据；

（b）拟建规模、建设方案；

（c）建设的主要内容；

（d）建设地点的初步设想情况、资源情况、建设条件、协作关系等的初步分析；

（e）投资估算和资金筹措及还贷方案；

（f）项目进度安排；

（g）经济效益和社会效益的估计；

（h）环境影响的初步评价。

项目建议书编制完成后，报送有关部门审批。

b. 可行性研究。项目建议书获得批准后，要对项目在技术上是否可行和经济上是否合理进行科学的分析和论证。通过对建设项目在技术和经济上的合理性和可行性进行全面分析论证和多方案比选，提出科学的评价意见。可行性研究报告主要内容包括技术方案是否可行、生产建设条件是否具备、项目建设是否经济合理以入项目建成后的经济效益、社会效益、环境效益等。可行性研究报告的审批与项目建议书的审批程序基本相同。获得批准后的可行性研究报告是建设项目的最终决策文件，其一经审查通过，拟建的建设项目便可正式获得批准立项。

②建设准备阶段

建设项目获准立项后，进行建设准备工作，主要包括工程项目设计工作和施工准备工作。

a. 工程项目设计工作　工程项目设计由建设单位通过招标或委托有相应资质的设计单位进行设计。编制设计文件是复杂的工作，是分阶段进行的。一般项目进行两阶段设计，即初步设计和施工图设计。技术上比较复杂、缺少设计经验的项目进行三阶段设计，在初步设计后增加技术设计阶段。

(a) 初步设计　根据批准的可行性研究报告和与建设项目相关的设计基础资料，对建设项目进行概略的设计，在指定的时间、空间等限制条件下，做出技术上可行、经济上合理的设计，同时要编制工程建设项目的总概算。初步设计由建设单位组织审批，批准后不得随意改变建设规模、建设地址等主要指标。

(b) 技术设计　在初步设计的基础上，深入调查研究资料，确定建筑、结构、工艺、设备等技术要求，以便建设项目的设计更具体、更完善。

(c) 施工图设计　在前一阶段的基础上完成建筑、结构、设备、智能化系统等全部的施工图纸以及设计说明书、结构计算书和施工图预算等内容。依据《建设工程质量管理条例》的规定，建设单位应将设计单位设计的施工图设计文件，报当地相应一级建设行政主管部门或其他有关部门进行施工图审查，批准后方可使用，未经审查批准的施工图设计文件不得使用。

b. 施工准备工作　施工准备是工程建设中非常重要的一个环节，在可行性研究报告批准后就要着手进行。其主要工作内容如下：

(a) 征地、拆迁和场地平整；

(b) 工程地质勘察；

(c) 完成施工用水、电路等工程；

(d) 收集设计基础资料，组织设计文件的编审；

(e) 组织材料订货；

(f) 组织施工招投标，选定施工单位；

(g) 办理开工报建手续。

③工程实施阶段

工程实施阶段是在建设程序中时间最长、工作量最大、资源消耗最多的阶段，也是关键环节。这个阶段的主要内容是按照施工图进行建筑施工以及做好生产准备、试车运行、竣工验收、交付使用等内容。

a. 建筑施工。建筑施工是将设计施工图变为实物的过程，是建设程序中的一个重要环节。各单位应各司其职。

（a）建设单位在施工阶段的主要工作：主持建设项目施工阶段与项目建设有关的工作；为建设项目建成投产做准备工作。

（b）施工单位在施工阶段的主要工作：执行国家工程建设有关法律、法规及工程建设合同等强制性条文；加强施工安全管理，实现安全文明施工；完成工程技术资料的编制、整理及归档。

（c）勘察设计单位在施工阶段的主要工作：监督设计文件的执行情况；对工程中重要施工阶段及重要部位进行现场监督。

（d）监理单位在施工阶段的主要工作：按照国家工程建设有关法律、法规及工程建设的技术标准、规范、规程，实现"三控三管一协调"，确保工程建设目标的实现。

b. 生产准备　生产准备是项目投资前由建设单位进行的一项工作，是建设和生产的桥梁。建设单位应及时组成专门班子做好生产准备工作。

c. 竣工验收　按照设计文件和合同规定的内容建成的工程项目，都要及时组织竣工验收，办理移交固定资产手续。竣工验收是考核建设成果、检验设计和工程质量的重要步骤，是投资成果转入生产使用的标志。

d. 项目后评价　建设项目经过 1～2 年生产运营后，要进行一次系统的项目后评价，目的是总结经验、研究问题、吸取教训、提出建议、改进工作，不断提高项目决策水平。项目后评价一般分为项目法人的自我评价、项目行业的评价和主要投资方的评价。

2. 建筑施工

（1）建筑施工及其内容

建筑施工是各类建筑物的建造过程，也就是把设计图纸，在指定的地点，变成实物的过程。建筑施工包括土方工程、基础工程、主体结构、屋面工程、装饰工程、电气设备工程、给排水工程等的施工。建筑施工生产周期长，耗资大，可变因素多，必须有严密的组织计划和有效的管理体系，才能完成。由此可见，建筑施工是基本建设意图能否最终实现的关键步骤。建筑施工作业场所称为"建筑施工现场"，也叫施工现场、工地。

（2）建筑施工管理程序

①编制投标书并进行投标，签订施工合同　施工单位承接工程任务的方式一般有三种，一是国家或上级主管单位统一安排，直接下达的任务；二是建筑施工企业自己主动对外接受的任务或是建设单位主动委托的任务；三是参加社会公开的招标而中标得到的任务。投标前施工单位要从多方面掌握大量信息，编制既能使企业盈利，又有

竞争力和有望中标的投标书。如果中标，则依法签订施工合同，合同中应明确规定承包范围、工期、合同价、供料方式、工程付款和结算方法、甲乙双方的责任义务等条款。

②选定项目经理，组建项目经理部　签订施工合同后，施工单位应选定项目经理，项目经理接受企业法定代表人的委托组建项目经理部，配备管理人员。企业法定代表人依据施工合同和经营管理目标，与项目经理签订"项目管理目标责任书"，明确规定项目经理部应达到的成本、质量、进度和安全等控制目标。

③项目部编制施工组织设计，进行项目开工前的准备　施工组织设计是在工程开工之前由项目经理主持编制的，用于指导施工项目实施阶段管理活动的文件。施工组织设计应经会审后，由项目经理签字并报企业主管领导审批。

④在施工组织设计的指导下进行施工　在施工过程中，项目经理应按照施工组织设计组织施工，加强各单位、各部门的配合，使施工活动顺利开展，保证质量、进度、成本、安全目标的实现。

⑤项目验收、交工与竣工结算　在工程项目具备竣工验收条件后，由建设单位组织勘察、设计、施工、监理等相关单位进行竣工验收。建设工程经过工程竣工验收后，建设单位应按照规定到项目所在地的建设工程主管部门备案后才能交付使用。

⑥工程回访保修　工程竣工验收之后，按照《建设工程质量管理条例》的规定，工程进入保修期。保修期内施工单位对发生的质量问题应按照施工合同的约定和"工程质量保修书"的承诺，进行修理并承担相应的经济责任。

11.2.2　绘制施工现场布置图

传统模式下的施工场地布置策划是由编制人员依据现场情况及自己的施工经验指导现场的实际布置。一般在施工前很难分辨其布置方案的优劣，更不能在早期发现布置方案中可能存在的问题，施工现场活动本身是一个动态变化的过程，施工现场对材料、设备、机具等的需求也是随着项目施工的不断推进而变化的。随着项目的进行，布置方案很有可能变得不适应项目施工的需求。这样一来，就得重新对场地布置方案进行调整，再次布置必然会需要更多的拆卸、搬运等程序，需要投入更多的人力、物力，进而增加施工成本，降低项目效益，布置不合理的施工场地甚至会产生施工安全问题。所以随着工程项目的大型化、复杂化，传统的、静态的、二维的施工场地布置方法已经难以满足实际需要。基于 BIM 的场地布置策划运用三维信息模型技术表现建筑施工现场，运用 BIM 动画技术形象地模拟建筑施工过程，将现场的施工情况、周边环境和各种施工机械等运用三维仿真技术形象地表现出来，并通过模拟进行合理性、安全性、经济性评估，实现施工现场场地布置的合理、规范。

1. 软件系统

市面上可以得到的主要软件有广联达 BIM 施工现场布置软件、Autodesk 公司的 Revit、Robert McNeel 公司的犀牛软件、谷歌公司的草图大师（Sketchup）等，该类系统的典型功能如下。

（1）基于 BIM 的场地布置规划主要用于对施工现场进行可视化信息模型描述，可参数化设计施工现场的围墙、大门及场区道路。

（2）可设计标识企业的 UI 展示，并可生成施工现场各种生产要素与主体结构，包括主体、基坑、塔吊、水电线路、围栏、模板体系、脚手架体系、临时板房、加工棚、料堆等，可置入各种工程机械、绿植、地形。

（3）在规划过程中，可自动检测现场 BIM 布置与相关规范的符合性，当绘制构件与相关规范不符时，系统出现提示框告知所违反规范的名称、条目及正确的规范内容及合理性建议。

（4）基于 BIM 的施工现场布置策划完成后，可以自由设置成 360°任意视角、任意路径的场地漫游，输出漫游视频动画，根据进度计划或设置时间节点输出施工模拟动画。

2. 广联达 BIM 施工现场布置软件

下面以广联达 BIM 施工现场布置软件为例进行介绍。BIM 施工现场布置软件提供多种临建 BIM 模型构件，可以通过绘制或者导入 CAD 电子图纸、GCL 文件快速建立模型，同时还可以导出自定义构件和导出构件。软件按照规范进行场地布置合理性的检查，支持导出和打印三维效果图片，导出 DXF、IGMS、3D 等多种格式文件，还提供场地漫游、录制视频等功能，使现场临时规划工作更加轻松、更形象直观、更合理、更加快速，其应用流程如下。

（1）利用广联达 BIM 施工现场布置软件导入二维施工总平面图，通过菜单栏进行临建平面布置构件二维或三维绘图，此部分由 BIM 施工现场组依据图纸及现场实际进行绘制。

（2）通过绘制好的三维场地模型，查看或导出临建工程各构件工程量，相关人员能够利用三维模型进行工程量查询及分包对量工作。

（3）导入广联达 GCL 土建模型，将土建模型定位到施工总平面图拟建位置，通过漫游操作进行施工现场三维漫游，形象、直观地了解项目布置情况，通过进度关联模型进行进度模拟。

通过建立建筑模型库，在 BIM 现场布置软件中导入 DWG、GCL、OBJ、SKP 等格式的建筑设计文件，可实现现场构件库的快速完善。系统提供便捷的模型绘制能力，可自由建立和编辑特殊构件模型，补充构件库。基于总平面，确定围墙和拟建物位置以及场区围墙与拟建物的位置关系，系统可自动生成围墙、大门，并支持编辑不同企业的 UI 标识以及墙面材质、大门样式。在施工过程中，根据地基与基础施工、主体结构施工、装饰装修施工，设置不同的时间阶段与各构件的施工工序进行动态施工模拟，检查可能出现的碰撞或者安全隐患，最后生成的方案如图 11-2 所示。

图 11-2　基于 BIM 的场地布置图

利用广联达 BIM 场地布置软件绘制临时三维模型，可一键提取临建需要的临水、临电、活动板房及临时道路等工程量，解决了传统手算工程量无法追踪的问题，方便相关人员后期对量等工作。通过软件的应用，在相关工作临建计量方面效率约提升了50%，包括施工现场各类临时设施工程量计量。

3. 案例任务

（1）建设概况

①工程名称　双福新区综合办公大厦。

②建设地点　江津区双福新区。

③建设规模　本工程占地面积 4 985.5m²，由主楼、圆形和扇形裙楼组成，总建筑面积 31 828m²（其中主楼地上 5 层，地下 1 层，建筑面积 22 365m²；裙楼 4 层，建筑面积 9 463m²，含 350 座报告厅一座），建筑总高度 21.2m。

④参与建设单位　本工程由西南勘测设计研究院承担工程地质勘察，××市建筑设计院承担施工图设计，××监理公司承担工程监理，××建工集团有限公司总承包施工。

（2）结构概况

①基础形式　本工程采用筏板基础。

②结构形式　主楼为 6 层框架结构，柱网尺寸 8.1m×9m；圆形裙楼为 36m 直径的 4 层框架结构，径向跨距 9m，环向最大跨距 9.42m；楼盖及部分屋盖为现浇钢筋混凝土肋形梁板，部分曲梁；柱为方柱、局部圆柱；混凝土强度等级：四层以下墙柱C35，梁、板 C30；四层以上墙柱 C30，梁、板 C30。

③墙体　外墙为 240mm 厚页岩砖，框架内隔墙为 190mm 厚混凝土空心砌块。

（3）装饰装修概况

①室内装修　除主楼一层目录厅和圆形裙楼一层大厅墙面、圆柱面贴花岗岩，卫生间、开水间贴瓷砖外，其他内墙面均为混合砂浆打底，刮仿瓷涂料，面刷乳胶漆。

②室外装修　小青砖和白色墙面砖混贴，局部铝塑板装饰。

（4）工期要求

①开工时间　2018 年 2 月 23 日；竣工时间：2019 年 11 月 10 日，共计 183 天。

②质量标准　按质量评定及验收标准一次验收达到合格标准。

4. 案例实施

（1）塔式起重机布置

本工程采用固定式塔式起重机，布置在拟建建筑物长度方向的居中位置，与拟建建筑外边线距离 6m。为满足塔式起重机的工作范围覆盖整个施工区域，避免出现死角，其最小起重半径为

$$R = \sqrt{25.2^2 + 28.5^2} = 38\text{m}$$

其中 R 为最小臂长，按 38m 计。

完成模板安装所需塔吊的最小高度为

$$H = h_1 + h_2 + h_3 + h_4 = 19.6 + 2 + 3 + 3 = 27.6\text{m}$$

最大起重质量为 3t，经分析选用 QTZ50（4810）塔吊，其工作参数见表 11-1。

表 11-1　QTZ50（4810）塔吊主要工作参数

主要工作参数	QTZ50（4810）塔吊	实际需要值	备　注
独立起重高度	30m	27.6m	
最大起重高度	5t	3t	
最大回转半径	48m	38m	

（2）各种仓库及堆场所需面积

计算方式如下，生产性临时建筑一览表如表 11-2 所示。

①钢筋堆场

$$F = \frac{Q}{PK_2} = \frac{60.5}{2.4 \times 0.11} = 230\text{m}^2$$

式中　F——占地面积；

Q——存储量；

P——单位面积储量堆场面积；

K_2——堆场利用系数。

②水泥仓库

$$F = \frac{Q}{PK_2} = \frac{50}{1.5 \times 0.6} = 56\text{m}^2$$

③木模板仓库

$$F = \frac{Q}{PK_2} = \frac{659}{6.0 \times 0.7} = 157 \text{m}^2$$

④砂石堆场

$$F = \frac{Q}{PK_2} = \frac{114}{2.4 \times 0.8} = 60 \text{m}^2$$

表 11-2　生产性临时建筑一览表

序号	名称	面积/m²	规格数量/m
1	钢筋堆场	230	10×23
2	水泥仓库	56	8×7
3	模板堆场	157	10×15.7
4	砂石堆场	60	6×10
5	钢筋加工棚	80	8×10
6	木工加工棚	80	8×10
7	材料加工棚	80	8×10

劳务宿舍按照施工高峰人数 150 人计算，按照行政生活福利临时建筑面积参考指标，经过分析，非生产性临时建筑面积如表 11-3 所示。

表 11-3　非生产性临时建筑面积

序号	名称	面积/m²	规格数量/m
1	办工用房	240	5.0×4.0×12
2	劳务宿舍	400	5.0×4.0×20
3	食堂	90	5.0×18
4	厕所	35	5×7×1
5	淋浴室	20	5×7×1
6	门卫岗亭	8	2×2×2

（3）用水量计算

①计算工程用水量

$$q_1 = K_1 \times \frac{\sum Q_1 \times N_1}{T_1 \times b} \times \frac{K_2}{8 \times 3600} = 9.4 \text{L/s}$$

式中　K_1——未预见的施工用水系数，取 1.10；

　　　K_2——用水不均匀系数，取 1.50；

　　　T_1——年度有效工作日（d），取 1.0；

b——每天工作班数（班），取 1.0；

Q_1——年（季）度工程量（以实物计量单位表示），取值见表 11-4；

N_1——施工用水定额，取值见表 11-4。

表 11-4　工程施工用水定额

序号	用水名称	用水额定/（L/d）	工程量
1	混凝土自然养护	400.00	300.00m³
2	模板浇水湿润	10.00	800.00m²
3	砌筑工程全部用水	200.00	60.00m³
4	抹灰工程全部用水	30.00	600.00m²
5	楼地面抹砂浆	30.00	200.00m²

②计算机械用水量无拌制和浇筑混凝土以外的施工机械，不考虑 q_2 用水量。

③计算工地生活用水量。

$$q_3 = \frac{K_4 \times P \times N_2}{b \times 8 \times 3600} = \frac{1.4 \times 180 \times 40}{2 \times 8 \times 3600} = 0.18 \text{L/s}$$

式中　q_3——施工工地生活用水量；

　　　P——施工现场高峰期生活人数；

　　　N_2——施工工地生活用水定额，取 40；

　　　K_4——施工工地生活用水不均匀系数，取 1.40；

　　　b——每天工作班数（班），取 2.0。

施工工地用水定额列表见表 11-5。

表 11-5　施工工地用水定额

序号	用水名称	用水量/L	用水人数
1	盥洗、饮用用水	40.00	0
2	食堂	15.00	0
3	沐浴带大池	60.00	0
4	洗衣房	60.00	0
5	施工现场生活用水	40.00	180

④计算生活区生活用水量

$$q_4 = \frac{K_5 \times P_2 \times N_4}{24 \times 3600} = \frac{2.5 \times 180 \times 100}{24 \times 3600} = 0.52 \text{L/s}$$

式中　q_4——生活区生活用水量；

P_2——生活区居住人数；

N_4——生活区昼夜全部生活用水定额；

K_5——生活区生活用水不均匀系数，取 2.5。

生活区生活用水定额见表 11-6。

表 11-6　生活区生活用水定额

序号	用水名称	用水量/L	用水人数
1	盥洗、饮用用水	40.00	100.00
2	食堂	15.00	100.00
3	沐浴带大池	60.00	100.00
4	洗衣房	60.00	100.00

⑤计算消防用水量

本工程施工场地小于 $25 \times 10^4 \, m^2$，根据消防范围确定消防用水量 $q_5 = 10 L/s$。

⑥计算总用水量

$$q_5 + (q_1 + q_2 + q_3 + q_4)/2 = 10 + (9.4 + 0 + 0.18 + 0.52)/2 = 15.05 L/s$$

考虑 10% 水管漏水损失，总用水量为

$$Q = (1 + 10\%) \times 10.1 = 16.56 L/s$$

故工地总用水量为 16.56L/s。

（4）供水管径计算

供水管径由下式计算

$$D = \sqrt{\frac{4Q}{\pi \times v \times 1000}} = \sqrt{\frac{4 \times 16.56}{3.14 \times 1.5 \times 1000}} = 0.119 m$$

式中　D——配水管直径/m；

Q——施工工地总用水量（L/S），取 $Q = 16.56$（L/S）；

V——管网中水流速度/（m/s），取 $v = 2.00$（m/s）。

所以临时供水管网需要用公称直径 120mm 的焊接钢管。

5. 案例操作

根据办公大厦相关资料，利用广联达三维施工平面设计软件按照基础阶段、主体阶段、装修阶段，绘制三维场地布置图。

软件操作流程：启动软件→新建工程→导入案例 CAD 底图→地形地貌参数设置→建筑外围→交通枢纽→施工区→办公生活区→临时用水用电。

（1）启动软件

①通过"开始"菜单启动软件，如图 11-3 所示。

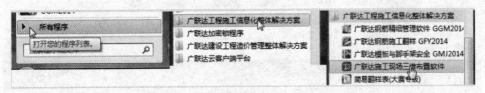

图 11-3　"开始"菜单启动软件

②通过点击快捷图标启动软件，如图 11-4 所示。

图 11-4　快捷图标启动软件

（2）新建工程

新建工程界面如图 11-5 所示。

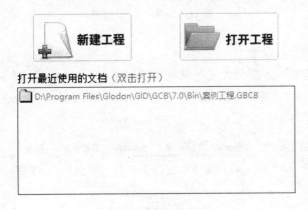

图 11-5　新建工程界面

③导入案例 CAD 底图

点击导入 DWG→鼠标左键指定图纸插入点→弹出文件路径窗口→选择文件（＊，dwg）打开即可，如图 11-6 所示。

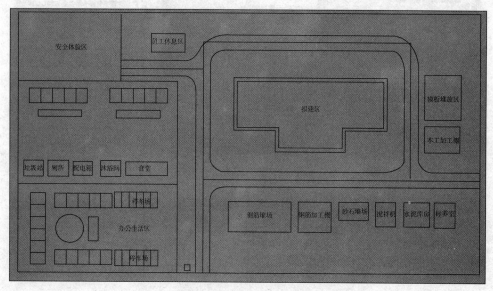

图 11-6　导入 CAD 底图

（4）地形地貌参数设置

①选择地形地貌　本办公大厦基础筏板顶标高为－4.3m，底板厚度为0.5m，集水坑底标高为－6.3m。地形地貌深度至少超过6.3m，本工程取8.0m，如图11-7所示。

图 11-7　选择地形地貌

②选择平面地形　平面地形选择平面地形，如图11-8所示。采用直线的绘制方式，把地形轮廓线围合起来，形成闭合的线型。

图 11-8　选择平面地形

（5）建筑外围

①围墙　围墙是施工现场的一种常见维护构件，软件提供两种绘制方法。可以选

用直线绘制方式、起点→终点→中点弧线绘制方式、起点→中点→终点弧线绘制方式、矩形绘制方式，圆形绘制方式。

利用 CAD 识别，选择 CAD 线，选择时可连续点击实现多选 CAD 线，选择后点击"识别围墙线"即可快速生成围墙。可以点击围墙，通过围墙属性栏，选择填充体材质，通过"更多"选项可以为其选择其他材质。

②施工大门　施工大门是供人员、施工机械和材料运输车进出的必备构件，软件提供旋转点的绘制方式，用鼠标左键指定大门的插入点和大门的角度即可绘制完成。一般施工大门是与围墙相互依存的，因此绘制施工大门时在围墙上点击插入，大门即可依附围墙绘制完成，如图 11-9 所示。

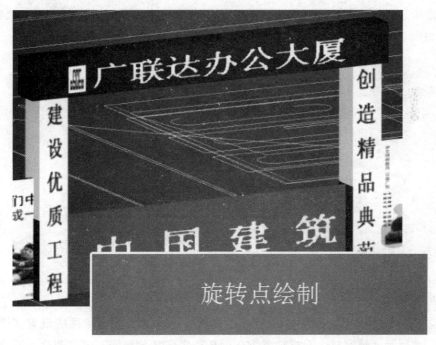

图 11-9　施工大门绘制

（6）交通枢纽

①道路　道路是供各种车辆和行人等通行的工程设施，施工现场主要有现有永久道路、拟建永久道路、施工临时道路、场地内道路、施工道路几种类型。绘制方法主要有直线、起点→终点→中点画弧、起点→中点→终点画弧三种绘制方式，对于道路的转弯路口、交叉路口，或者 T 字形路口，软件在绘制过程中能自动生成，不用重复绘制，如图 11-10 所示。

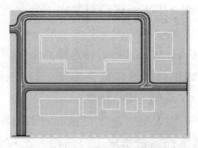

图 11-10　施工现场道路绘制

②洗车池　为了不污染社会道路，相关规范要求在施工出入口处设置洗车池，因此可以依附于道路绘制，选择洗车池，在施工道路上点击，即可绘制完成，绘制完成后效果如图 11-11 所示。

图 11-11　洗车池绘制

（7）施工区

①基础阶段　基础阶段的基坑是通过基底部标高以及放坡角度的设置实现开挖，如图 11-12 所示。绘制时，开挖轮廓线是指开挖底部的轮廓线，若是角度小于 90°，基坑上部的范围要更大一些，顶部的范围不能超出地形的范围，否则会无法生成。绘制时通过连续绘制封闭区域。

图 11-12　基础开挖设置

②主体阶段　对于主体阶段中的拟建建筑，软件只采用外轮廓线简易处理，可以采用以下两种方式。

a. 选择直线多边形绘制方式，选择拟建建筑，按鼠标左键指定直线的第一个端点，再按鼠标左键指定直线的下一个端点，绘制时必须指定的端点数是 3 个以上，在绘制的过程中若指定端点错误，可按 U 键退回一步。

b. 在导入 CAD 的情况下，选择封闭的 CAD 线，选择后点击"识别拟建物轮廓"即可快速绘制完成拟建建筑，效果如图 11-13 所示。

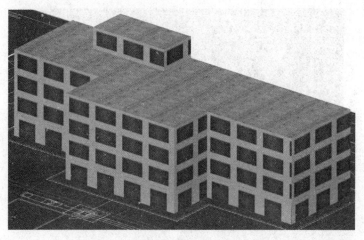

图 11-13　主体施工

③脚手架。脚手架布置方式有两种：一种是智能布置脚手架；另一种是手动布置、绘制脚手架。

a. 智能布置脚手架软件会根据绘制的拟建物自动绘制脚手架，依附于建筑物，然后在脚手架的属性栏中简单修改属性，就可以得到脚手架。

b. 手动布置、绘制脚手架。选择直线或者弧形布置，可以不依附于建筑物，绘制完成后选择布置方向即可。

绘制完成后效果如图 11-14 所示。

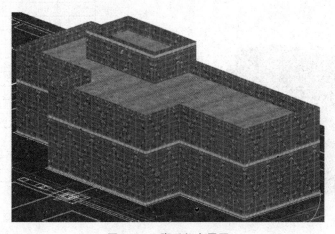

图 11-14　脚手架布置图

④安全通道　施工现场的安全通道，通常是指在建筑物的出入口位置用脚手架、安全网及硬质木板搭设的通道，目的是避免上部掉落物伤人。因为安全通道常常依附脚手架绘制，软件默认提供点式绘制方式。当安全通道插入点在拟建建筑物或者脚手架附近时，安全通道能自动依附脚手架绘制。

绘制完成后效果如图 11-15 所示。

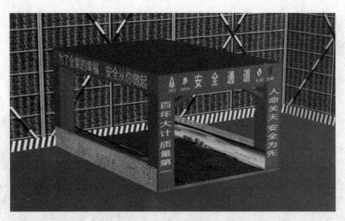

图 11-15　安全通道绘制效果

⑤塔吊　塔吊为施工现场内常见的运输工具，软件绘制方式为点式和旋转点绘制。选择塔吊，按鼠标左键指定插入点，按右键终止或者 ESC 键即可绘制完成。选择旋转点绘制时，用鼠标左键指定塔吊的插入点，再指定塔吊的角度即可绘制完成，如图 11-16 所示。

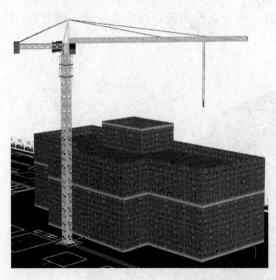

属性栏

尖头塔	
名称	尖头塔_1
显示名称	□
规格型号	QTZ5010
功率/kW	23
吊臂长度/mm	38 000
后臂长度/mm	10 000
塔身长度/mm	31 500
塔吊基础长度/mm	2 500
塔吊基础宽度/mm	2 500
塔吊基础高度/mm	2 000
塔吊基础角度	0
吊臂角度	59.16
颜色	黄色
公司名称	
公司LOGO	默认
基础底标高/m	-2
锁定	□

图 11-16　塔吊布置

⑥加工棚　用于施工现场的加工棚，绘制方法以矩形为主，钢筋加工棚完成效果

如图 11-17 所示。

图 11-17　钢筋加工棚设置

⑦施工机械　软件提供多种常用的施工机械，如汽车吊、混凝土罐车、挖掘机等，这些施工机械为内置的 obj 构件，绘制方式为点式和旋转点绘制，绘制完成效果如图 11-18 所示。

图 11-18　施工机械设置

（8）办公生活区

①活动板房　对于施工现场常见的办公室、宿舍、食堂等，软件提供活动板房构件绘制。活动板房的绘制方式为直线拖拽，绘制完成后可以自由修改房间的间数、层高等属性。活动板房绘制效果如图 11-19 所示。

图 11-19　活动板房设置

②公告牌　公告牌主要体现工地安全文明施工，有"五牌一图"等。软件提供了直线绘制的方法，绘制完成后，在属性栏可以对公告牌的内容进行修改，如图 11-20 所示。

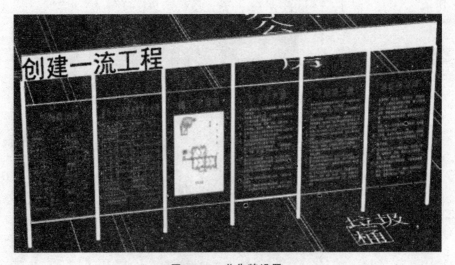

图 11-20　公告牌设置

（9）临时用水用电

施工现场的临水临电采用外部引入，软件提供了图 11-21 所示施工水源、施工电源。在布置图中根据策划方案进行绘制即可。消防设施也是通过点式绘制和旋转点绘制的方法完成的。

施工现场配电系统应设置配电柜或总配电箱、分配电箱、开关箱，实行三级配电。软件中采用点式绘制和旋转点绘制两种方式。

图 11-21　临时水电设置

（10）施工布置图预览

施工总平面图是指拟建项目施工场地的总布置图。它是按照施工部署、施工方案和施工总进度计划的要求，将施工现场的交通道路、材料仓库、附属生产或加工企业、临时建筑及临时水、电、管线等合理规划和布置，并以图纸的形式表达出来，从而正确处理全工地施工期间所需各项设施与永久建筑、拟建工程之间的空间关系，指导现场进行有组织、有计划的文明施工，如图 11-22。

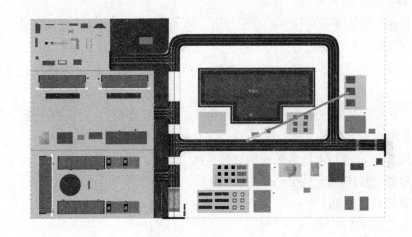

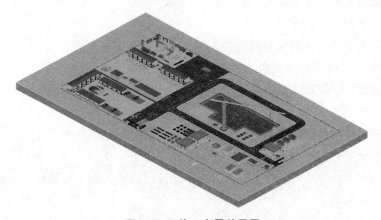

图 11-22　施工布置效果图

11.2.3　编制专项施工方案

　　某些专项施工方案是因在工程中采用新技术、新工艺、新材料、新设备等需要进行编制的,除此之外,目前大部分专项施工方案是指针对危险性较大的分部分项工程编制的施工方案。危险性较大的分部分项工程专项施工方案与一般的施工方案内容类似,如均有编制依据、工程概况、施工计划等,主要不同点在于其有监测监控措施、突发事件处理、相应的计算书及相关的图纸等。

　　在编制前,需要熟悉图纸,根据工程实际情况和施工单位或市场的实际情况,选择合适的专项施工方案类型,例如根据建筑物的高度、标准层的平面形状等工程情况,决定采用合适的脚手架方案(落地式脚手架、悬挑式脚手架、附着式升降脚手架、吊篮脚手架等)。在决定了专项施工方案的类型后,根据工程的实际情况,关注本类型施工方案的施工关键点,进行相关计算并绘制图纸,编制出相应的专项施工方案。随着技术的发展,大多数的计算及绘制图纸可以由软件完成,编制者需要将各项参数输入,经验算后,根据需要调整相关参数后再重新验算,直到达到安全要求和成本要求。

1. 脚手架工程概况

　　描述建筑物的平面尺寸、层数、层高、总高度、建筑面积、结构形式、地质情况、工程所处位置及周边环境等。可附施工平面图、相关结构平面图、剖面图,描述脚手果的施工及使用时间,使用脚手架操作的工作内容,脚手架工程施工的重点、难点、特点。

　　(1)根据《危险性较大的分部分项工程安全管理办法》,对于脚手架工程,以下范围属于危险性较大的脚手架工程:

　　①高度 24m 及以上的落地式钢管脚手架工程;

　　②附着式整体和分片提升脚手架工程;

　　③悬挑式脚手架工程;

　　④吊篮脚手架工程;

　　⑤自制卸料平台、移动操作平台工程;

　　⑥新型及异型脚手架工程。

　　(2)以下属于超过一定规模的危险性较大的脚手架工程范围:

　　①搭设高度 50m 及以上的落地式钢管脚手架工程;

　　②提升高度 150m 及以上的附着式整体和分片提升脚手架工程;

　　③架体高度 20m 及以上的悬挑式脚手架工程。

　　(3)悬挑式外脚手架适用范围和支撑结构在高层建筑施工中,遇到以下三种情况时,可采用悬挑式外脚手架。

　　①标高为±0.000 以下结构工程回填土不能及时回填,而主体结构工程必须立即进行,否则将影响工期;

　　②高层建筑主体结构四周为裙房,脚手架不能直接支撑在地面上,也不能支撑在

――　330　―

裙房屋面上；

③超高层建筑施工，脚手架搭设高度超过了架子的容许搭设高度，因此将整个脚手架按容许搭设高度分成若干段，每段脚手架支撑在由建筑结构向外悬挑的结构上。

2. 案例导入

本工程位于扬州高新区东部新城，北临海关国检和公检法大楼，东临医药高新区管委会行政办公楼，南临大华商务中心。项目由商务办公、休闲商业配套功能区构成。本工程建筑面积 45 112.83m²，裙房 4 层，塔楼地下 2 层，地上 24 层，高 103.45m，剪力墙结构。

本工程拟采用双排落地式钢管脚手架和悬挑式脚手架，1～4 层的塔楼和裙楼均采用双排落地式钢管脚手架，最高搭设高度为 20.65m。自 5 层起因塔楼的南边为裙楼，无法架设落地式钢管脚手架，因此自 5 层向上塔楼拟采用悬挑式脚手架，每 5 层设一道悬挑式脚手架，即从第 5 层、10 层、15 层、20 层分别进行悬挑，悬挑高度均为 5×3.9＝19.5m。在 24 层再设一层悬挑手脚手架，高 6.8m，用于屋顶层的施工。各悬挑脚手架高度均不超过 20m。其属于危险性较大的分部分项工程。

（1）编制依据

本工程编制依据如下：

①《建筑施工扣件式钢管脚手架安全技术规范》（JGJ 130－2011）；

②《建筑施工安全检查标准》（JGJ 59－2011）；

③《钢管脚手架扣件》（GB 15831－2006）；

④建筑《施工高处作业安全技术规范》（GJ 80－2016）；

⑤本工程的施工组织设计总设计及相关文件，本工程的施工图纸，广联达 BIM 模板脚手架设计软件（版本号 1.4.0.634）。

（2）施工组织与管理

描述搭设脚手架应由具有相应资质的专业施工队伍施工，操作人员应持证上岗等组织管理措施。

（3）施工工艺

详细描述型钢安装、锚固要求，脚手架搭设与拆除工艺流程、施工方法、检查验收（质量标准）等。特别是对脚手架构配件的质量和允许缺陷的规定，脚手架的构架方案、尺寸以及对控制误差的要求，连墙件的设置方式、布点间距，对支撑物的加固要求（需要时）以及某些部位不能设置时的弥补措施；在工程体型和施工要求变化部位的构架措施，作业层铺板和防护设置要求，对脚手架中荷载大、跨度大、空间高部位的加固措施，对实际使用荷载（包括架上人员、材料机具以及多层同时作业）的限制，对施工过程需要临时拆除杆部件和拉结的限制以及在恢复前的安全弥补措施，安全网及其他防（围）护措施的设置要求；脚手架支撑物的技术要求和处理措施。

悬挑支撑结构主要有以下两类。

①用型钢作梁挑出，端头加钢丝绳（或用钢筋花篮螺栓拉杆斜拉，组成悬挑支撑

结构。由于悬出端支撑杆件是斜拉索或拉杆，又简称为斜拉式悬挑支撑结构。

②用型钢焊接的三角桁架作为悬挑支撑结构，悬出端的支撑杆件是三角斜撑压杆，又称为下撑式悬挑支撑结构。

（4）技术参数

①斜拉式悬挑钢管双排脚手架，搭设高度 19.5m，立杆采用单立管，采用的钢管类型为 $\phi48mm\times3.0mm$，在首层楼板预留锚环、安放钢梁。

②立杆距结构 0.30m（同时满足幕墙装修用）、立杆横距为 0.8m，立杆纵距为1.5m，脚手架步距 1.2m。

③在有梁无板处（即井道结构）的结构边缘设置加长钢梁。

④活荷载为 $3.0kN/m^2$，同时考虑 2 层施工。

⑤脚手板采用竹笆片脚手板，荷载为 $0.35kN/m^2$，按照铺设三层计算。

⑥栏杆采用木板，荷载为 $0.15N/m^2$，安全网荷载取 $0.0050kN/m^2$。

⑦脚手板下小横杆在大横杆上面，且主节点间增加一根小横杆。

⑧基本风压 $0.3kN/m^2$，高度变化系数 0.84，体型系数 1.3。

⑨悬挑水平钢梁选型：悬挑长度为 1.5m，锚固长度取 2m（注：锚固长度不小于悬挑长度的 1.25 倍），因此本工程悬挑梁选用 4.5m 长的 18 号工字钢。

⑩采用直径 15.5mm 的钢丝绳卸载，卸载间距为每三跨钢梁设置一道；

⑪连墙件采用 2 步 2 跨，竖向间距 4.5m，水平间距 4.5m。

（5）工艺流程

①工字钢梁悬挑式脚手架的搭设、拆除工艺流程

a. 搭设工艺流程　结构施工时预埋锚环→安装悬挑梁→搭设底部水平杆及其临时支撑→铺操作脚手板→逐根树立立杆，随即与扫地杆扣紧→装扫地小横杆，并与立杆或扫地杆扣紧→铺脚手板→安装第一步大横杆（与各立杆扣紧）→安装第一步小横杆→第二步大横杆→第二步小横杆→设置预埋件、地锚→设置钢丝绳→连墙件→接立杆→加设剪刀撑→铺脚手板→挂安全网→架体验收。

b. 拆除工艺流程　安全网→护身栏→挡脚板→脚手板→剪刀撑→小横杆→大横杆→立杆→连柱杆→水平安全网→卸荷。

②脚手架搭设要求与措施

a. 预埋锚环及悬挑梁　结构施工时，按本方案的要求预埋各种预埋件，预埋位置必须准确，位置偏差不超过 10mm。悬挑型钢采用 3m 长 16 号工字钢，悬挑支点应设在结构梁上，悬挑端应按梁长起拱 0.5%～1%。悬挑钢梁应按架体立杆位置对应位置，每一纵距设置一根，在工字钢上按立杆位置焊接直径为 25mm、长 100mm 的 HRB335级短钢筋，使竖向钢筋插入脚手架立杆内部，保证架子根部的稳定性，防止钢管位移。悬挑钢梁放入预留的锚环后必须用木楔子楔实、楔紧，保证悬挑钢梁牢固，不得晃动。悬挑工字钢安装完成后，在悬挑工字钢上铺设临时施工脚手板和挡脚板，铺设宽度不得小于 700mm，不得有悬挑板、探头板，脚手板的材质必须符合本方案的相关规定。

有梁无板的结构（即有框架梁、柱，无楼板）处采用加长钢梁，钢梁锚固远端边梁处均埋设预埋锚固件，洞口区城设置满堂红架体进行维护。

b. 立杆　立杆支设位置必须按本方案距离要求。施工前专业工长应对操作人员进行详细施工技术安全交底。立杆用扣件与上横杆连结，拧紧力矩不得大于 65N·m。建筑物转角处横杆应建立一一对应的连接方式，并用扣件连结牢国，末端超出扣件的长度不应小于 150mm，建筑物转角处应设置横向斜撑和钢丝绳拉结。

立杆支设时，先支设大横杆（纵向水平杆）两端的立杆，再支设大横杆中间的立杆。立杆支设时，里、外排立杆同时支设，并及时用小横杆连结，立杆的接长采用对接，相邻立杆接头位置不可设置在同一步距内，同步内隔一根立杆的两个相隔接头在高度方向错开的距离不宜小于 500m，各接头中心至主节点的距离不宜大于步距的 1/3。

c. 纵向水平杆（大横杆）

(a) 大横杆步距为 1.5m，设置在立杆内侧，其长度不小于 3 跨。

(b) 大横杆常采用对接扣件连接，对接扣件应交错布置，两根相邻纵向水平杆的接头不宜设置在同步同跨内，不同步或不同跨两个相邻接头在水平方向错开的距离不应小于 500mm。各接头中心至最近主节点的距离不宜大于纵距的 1/3。同一排大横杆的水平偏差不大于该片脚手架总长度的 1/250，且不应大于 50mm。

(c) 操作层外排架距主节点 600mm 和 1200mm 高度处各搭设一根纵向水平横杆作为防护栏杆。

(d) 脚手架必须连续设置纵向扫地杆。纵向扫地杆钢管中心距工字钢顶面不得大于 200mm，脚手架底部主节点处应设置横向扫地秆，其位置应在纵向扫地杆下方。

d. 横向水平杆（小横杆）　主节点处必须设置一根横向水平杆，横向水平杆应放置在纵向水平杆上部，用直角扣件连接且严禁拆除。主节点处两个直角扣件的中心距不应大于 150mm。

小横杆靠墙一端至墙装饰面距离不宜大于 100mm。小横杆要贴近立杆布置，在相邻立杆之间根据需要加设 1～2 根，搭于大横杆之上，并用直角扣件扣紧。在任何情况下，均不得拆除作为基本构架结构杆件的小横杆。

小横杆在立杆的位置应按上下步距合理地设置在立杆两侧，这样可抵消立杆因上下横杆偏心荷载所引起的纵向弯曲，使立杆基本上处于轴心受力状态。操作层上非主节点处的横向水平杆，需根据支撑脚手架的需要等间距设置，最大间距不应大于柱距的 1/2。

e. 剪刀撑　从架子两端转角处开始沿高度、水平方向连续设置剪刀撑，每道剪刀撑面的倾角为 45°～60°。剪刀撑斜杆的接长采用搭接，搭接长度不应小于 1m，采用 3 个旋转扣件固定，端部扣件盖板的边缘至杆端距离不应小于 100mm；剪刀撑斜杆应用旋转扣件固定在与之相交的横向水平杆的伸出端或立杆上，旋转扣件中心线至主节点的距离不宜大于 150mm。

f. 脚手板　作业层脚手板沿纵向铺满、铺稳，距墙面 120～150mm；脚手板之间以及脚手板与脚手架之间用 16 号铅丝拧紧；脚手板设置在三根横向水平杆上。当脚手板长度小于 2m 时，可采用两根横向水平杆支撑，但应将脚手板两端与其可靠固定，严防倾覆；脚手板对接平铺时，接头处必须设两根横向水平杆，脚手板外伸长应取 130～150mm，两块脚手板外伸长度的和不应大于 300mm；脚手板搭接铺设时，接头必须支在横向水平杆上，搭接长度应大于 200mm，其伸出水平杆的长度不应小于 100m；作业层端部脚手板探头取 150mm，其板长两端均应与支撑杆可靠固定。

g. 安全防护　栏杆和挡脚板均应搭设在外立杆的内侧，上栏杆上皮高度为 1.2m，中栏杆应居中设置；挡脚板高度不小于 180mm，立挂密目安全网；顶层作业面内立杆内侧应设一道防护栏杆；沿脚手架外立杆内侧满挂密目安全网，用 14 号镀锌钢丝绑扎牢固，不留缝隙，四周应交圈。

悬挑层底层满铺脚手板及兜设大眼安全网，并与结构封严绑牢；重要出入口通道处设大眼安全网，并与结构封严绑牢；所有进入楼内的通道上方均必须用钢管搭设防护棚，防护棚应宽于出入口宽度，其大小为 4.0m×3.5m×3.5m（长×宽×高）；顶棚铺设双层脚手板，设两道防砸棚，间距为 0.5m，上部铺满 50mm 厚的脚手板。在出入口两侧采用双立杆，立杆横向间距 0.75m，纵向间距 1.8m，大横杆步距 1.65m，小横杆间距 1.8m，立柱用短管斜撑相互联系，门洞两侧分别增加两根斜腹杆，并用旋转扣件固定在与之相交的小横杆的伸出端上，旋转扣件中心线至主节点的距离在 150mm内。当斜腹杆在 1 跨内跨越 2 个步距时，应在相交的大横杆处增设一根小横杆，将斜腹杆固定在其伸出端上；斜腹杆宜采用通长杆件，必须接长时用对接扣件连接，并用密目安全网封闭。

h. 脚手架的卸荷　本工程中悬挑脚手架采用直径 15.5mm 的钢丝绳斜拉的措施卸荷，每处悬挑钢管与外立杆的交点处设置一卸荷点，钢丝绳从钢梁底部兜紧，且穿过结构预留洞与结构外墙或圆钢拉环拉结牢固，每三跨一道。

卸荷吊件由花篮螺栓和钢丝绳组成，卸荷吊件安装好后，拧动花篮螺栓使吊件拉紧程度达到基本一致，且受力均匀。钢丝绳接头位置应设置安全弯，以便检查钢丝蝇的松动情况。结构预留洞用直径 25mm 的 PVC 套管进行预留。

i. 钢筋悬挑架角部做法　楼层转角处由于荷载过于集中，考虑悬挑 4 根水平钢梁，并在外角增加钢丝绳拉结。角部悬挑梁两根长 4.5m，其中臂 1.8m、固定端 2.7m；两根长 3.5m，其中悬挑 1.4m、固定 2.1m。梁上沿纵向焊接 14 号槽钢做脚手架竖向钢管支撑用，钢与脚手架连接方法同工字钢梁与脚手架连接做法，角部脚手架应相互连通，悬挑外角设一过钢丝绳拉结。

③脚手架使用要求与措施

a. 脚手架搭设完成后，工长必须组织技术、安全人员进行验收，验收合格办理手续后可准于使用。

b. 结构施工阶段，双排架只作为防护架，结构支撑架、泵管固定架不得与防护架相连，施工荷载不得大于 30kg/m²，严禁使用架子起吊重物。

c. 脚手架使用时，应避免交叉作业，作业面不得超过一层，并在上层作业面满铺脚手板封严；工长应做好交底，不得乱扔杂物。

④脚手架拆除要求与措施

a. 脚手架拆除前应由单位工程负责人召集有关人员对工程进行全面检查与签证，确认建筑物已施工完毕，确已不需要脚手架时方可拆除。

b. 脚手架拆除前对架子工进行技术、安全交底，把脚手架上的存留材料、杂物等清理干净，应设置警戒区，并设专人负责警戒。

c. 脚手架拆除应按"自上而下，先横杆后立杆，先搭后拆，后搭先拆"的原则进行，严禁先拆除或松开下层脚手架的杆件连接和拉结。

d. 脚手架拆除自上而下逐步进行，一步一清，不得采用踏步式拆法，不准上下层同时作业，拆除大横杆、剪刀撑时应先拆中间扣，然后托住中间，再解端头扣。

e. 连墙件应随脚手架逐层拆除，分段拆除时高差不得大于两步，否则应增加临时连墙件。

f. 拆除的各构配件严禁抛至地面。

（6）脚手架施工质量要求

脚手架施工质量应满足规范、设计技术要求、安全要求、允许偏差与检查验收方法。

①对脚手架的基础、构架、结构、连墙件等必须进行设计，复核验算其承载力，做出完整的脚手架搭设、使用和拆除施工方案。对超高或大型复杂的脚手架，必须做专项方案，并通过必要的专家论证后方可实施。

②脚手架按规定设置斜杆、剪刀撑、连墙件（或撑、拉件），对通道和洞口或承受超规定荷载的部位，必须做加强处理。

③脚手架的连结节点应可靠，连接件的安装和紧固力应符合要求。

④脚手架的基础应平整，具有足够的承载力和稳定性。脚手架立杆距坑、台的上边缘应不小于 1m，立杆下必须设置垫座和垫板。

⑤脚手架的连墙点、拉撑点和悬挂（吊）点必须设置在可靠的、能承力的结构部位，必要时做结构验算。

⑥脚手架应有可靠的安全防护设施。作业面上的脚手板之间不留孔隙，脚手板与墙面之间的孔隙一般不大于 20mm；脚手板间的搭接长度不得小于 300mm；砌筑用脚手架的宽度一般为 1.5m。作业面的外侧面应有挡脚板（或高度小于 1m 竹笆，或满挂安全网），加 2 道防护栏杆，或密目式聚乙烯网加 3 道栏杆。对临街面要做完全封闭。

（7）计算书及相关图纸

设计计算书包含荷载计算、横杆强度变形计算、立杆稳定计算、连墙件计算、悬挑梁验算（包括阳角特殊部位悬挑梁验算）、边梁局部承压验算等，一般包括以下图纸：脚手架平面图，脚手架立面图，脚手架剪刀撑布置图，脚手架连墙件布置图，悬挑脚手架、悬挑梁布置图、剖面图、节点大样图。

参考文献

[1] 中华人民共和国住房和城乡建设部．建筑施工扣件式钢管脚手架安全技术规范：JGJ 130－2011［S］．北京：中国建筑工业出版社，2011.

[2] 姚谨英．建筑施工技术［M］．3版．北京：中国建筑工业出版社，2007.

[3] 危道军，李进．建筑施工技术［M］．北京：人民交通出版社，2007.

[4]《建筑施工手册》编写组．建筑施工手册［M］．4版．北京：中国建筑工业出版社，2003.

[5] 中华人民共和国住房和城乡建设部．混凝土结构工程施工质量验收规范：GB 50204－2015［S］．北京：中国建筑工业出版社，2015.

[6] 中华人民共和国住房和城乡建设部．建筑施工门式钢管脚手架安全技术规范：JGJ 128－2010［S］．北京：中国建筑工业出版社，2010.

[7] 中华人民共和国住房和城乡建设部．碗扣式钢管脚手架构件：GB 24911－2010［S］．北京：中国标准出版社，2011.

[8] 中华人民共和国住房和城乡建设部．钢管脚手架扣件：GB/T 15831－2006［S］．北京：中国标准出版社，2007.

[9] 中华人民共和国住房和城乡建设部．建筑施工高处作业安全技术规范：JGJ 80－2016［S］．北京：中国建筑工业出版社，2016.

[10] 中华人民共和国住房和城乡建设部．屋面工程质量验收规范：GB 50207－2012［S］．北京：中国建筑工业出版社，2012.

[11] 中华人民共和国住房和城乡建设部．地下防水工程质量验收规范：GB 50208－2011［S］．北京：中国建筑工业出版社，2012.

[12] 中华人民共和国住房和城乡建设部．地下工程防水技术规范：GB 50108－2008［S］．北京：中国计划出版社，2008.

[13] 中华人民共和国住房和城乡建设部．建筑施工塔式起重机安装、使用、拆卸安全技术规程：JGJ 196－2010［S］．北京：中国建筑工业出版社，2010

[14] 中华人民共和国住房和城乡建设部．龙门架及井架物料提升机安全技术规范：JGJ 88－2010［S］．北京：中国建筑工业出版社，2011.

[15] 中华人民共和国住房和城乡建设部．建筑地基基础工程施工质量验收标准：GB 50202－2018［S］．北京：中国计划出版社，2018.

[16] 中华人民共和国住房和城乡建设部.砌体结构工程施工质量验收规范：GB 50203
    −2011［S］.北京：中国建筑工业出版社，2012.

[17] 中华人民共和国住房和城乡建设部.建筑工程施工质量验收统一标准：GB 50300
    −2013［S］.北京：中国建筑工业出版社，2014.

[18] 李仙兰，建筑施工技术［M］.北京：中国计划出版社，2008.

[19] 中华人民共和国住房和城乡建设部.建筑工程大模板技术标准：JGJ/T 74−2017
    ［S］.北京：中国建筑工业出版社，2017.

[20] 中华人民共和国住房和城乡建设部.砌筑砂浆配合比设计规程：JGJ/T 98−2010
    ［S］.北京：中国建筑工业出版社，2011.

[21] 李继业．新型混凝土技术与施工工艺［M］.北京：中国建材工业出版社，2002.

[22] 中华人民共和国住房和城乡建设部.大体积混凝土施工标准：GB 50496−2018
    ［S］.北京：中国计划出版社，2018.

[23] 中华人民共和国住房和城乡建设部.建筑工程冬期施工规程：JGJ/T 104−2011
    ［S］.北京：中国建筑工业出版社，2011.

[24] 赵志缙，应惠清．建筑施工［M］.4 版．上海：同济大学出版社，2004.

[25] 中华人民共和国住房和城乡建设部.钢结构工程施工质量验收规范：GB 50205−
    2001［S］.北京：中国计划出版社，2002.

[26] 姚谨英，砌体结构工程施工［M］.北京：中国建筑工业出版社，2005.

[27] 迟培云，现代混凝土技术［M］.上海：同济大学出版社，2003.

[28] 徐羽白，新型混凝土工程施工工艺［M］.北京：化学工业出版社，2004.

[29] 中华人民共和国住房和城乡建设部.建筑装饰装修工程质量验收标准：GB 50210
    −2018［S］.北京：中国建筑工业出版社，2018.

[30] 王星华．地基处理与加固［M］.3 版．长沙：中南大学出版社，2002.